생산자동화산업기사
필기 2000제

이학재 편저

일진사

　지금 우리나라의 산업현장은 과거의 뿌리산업을 근간으로 하여 제조업분야가 꾸준한 성장을 거듭하면서 국가경제를 견인하여 왔다. 양적으로나 질적으로 눈부신 성장을 해오면서 산업설비의 첨단화가 이루어졌고 이에 따른 생산시스템도 혁신적인 발전을 거듭하여 왔다.

　산업이 급속도로 고도화되고 첨단화되면서 산업현장에서의 생산자동화는 더욱더 필요해졌으며, 생산자동화 전문기술인력의 역할은 그 어느 때보다도 중요시되고 증대되고 있는 실정이다.

　이에 본 책자는 생산자동화산업기사의 자격시험을 준비하는 수검자를 위하여 반드시 필요한 지침서가 될 수 있도록 다음과 같이 편집하였다.

첫째, 국가기술자격시험을 준비하는 수검자를 위하여 빠른 시간에 효과적으로 자격증을 취득할 수 있게 방대한 이론은 배제하고 기출문제만을 모아 풀이하였다.
둘째, 최근에 시행된 과년도 출제문제를 철저히 분석하여 문제의 난이도에 따라 충분하고 명쾌하게 해설하였다.
셋째, 부족할 수 있는 이론은 각각의 문항마다 요점식 해설로 보충하여 주었고 짧은 시간에 목표를 달성할 수 있도록 도표와 그림 등으로 쉽게 정리하였다.
넷째, 부록으로 모의고사를 실어 시험의 흐름을 확실히 파악할 수 있도록 하였다.

　끝으로, 이 책이 생산자동화산업기사 자격시험을 준비하는 수검자에게 도움이 될 수 있는 지침서가 되기를 희망하며, 특히 책자가 완성되기까지 헌신적으로 도움을 주신 **김형오** 교수님과 도서출판 **일진사** 직원여러분께 깊은 감사를 드린다.

저자 씀

4

CONTENTS
차 례

2012년 출제문제
2012년 3월 4일 시행 ·· 8
2012년 5월 20일 시행 ·· 18
2012년 8월 26일 시행 ·· 29

2014년 출제문제
2013년 3월 10일 시행 ·· 42
2013년 6월 2일 시행 ·· 53
2013년 8월 18일 시행 ·· 64

2014년 출제문제
2014년 3월 2일 시행 ·· 76
2014년 5월 25일 시행 ·· 90
2014년 8월 17일 시행 ·· 105

2015년 출제문제
2015년 3월 8일 시행 ·· 120
2015년 5월 31일 시행 ·· 133
2015년 8월 16일 시행 ·· 147

2016년 출제문제
2016년 3월 6일 시행 ·· 162
2016년 5월 8일 시행 ·· 176
2016년 8월 21일 시행 ·· 190

2017년 출제문제

2017년 3월 5일 시행 ··· 206
2017년 5월 7일 시행 ··· 220
2017년 8월 26일 시행 ··· 234

2018년 출제문제

2018년 3월 4일 시행 ··· 250
2018년 4월 28일 시행 ··· 269
2018년 8월 19일 시행 ··· 285

2019년 출제문제

2019년 3월 3일 시행 ··· 300
2019년 4월 27일 시행 ··· 316
2019년 8월 4일 시행 ··· 331

부 록

모의고사 ··· 348
모의고사 정답 및 해설 ··· 359

생산자동화산업기사 필기

2012년

출제문제

2012년 3월 4일 시행

자격종목 및 등급(선택분야)	종목코드	시험시간	문제지형별	수검번호	성 명
생산자동화산업기사	2034	2시간	A		

제1과목 : 기계가공법 및 안전관리

1. 드릴의 날끝각이 118°로 되어 있으면서도 날끝의 좌우 길이가 다르다면 날끝의 좌우 길이가 같을 때보다 가공 후의 구멍치수 변화는?

① 더 커진다.　　　② 변함없다.
③ 타원형이 된다.　④ 더 작아진다.

2. 연삭숫돌에서 눈메움 현상의 발생 원인이 아닌 것은?

① 숫돌의 원주 속도가 느린 경우
② 숫돌의 입자가 너무 큰 경우
③ 연삭 깊이가 큰 경우
④ 조직이 너무 치밀한 경우

해설 눈메움 현상은 숫돌 입자가 너무 작은 경우에 발생한다.

3. 보통 선반 작업 시의 안전사항으로 올바른 것은?

① 칩에 의한 상처를 방지하기 위해 소매가 긴 작업복과 장갑을 끼도록 한다.
② 칩이 공작물에 걸려 회전할 때는 즉시 기계를 정지시키고 칩을 제거한다.
③ 거친 절삭일 경우는 회전 중에 측정한다.
④ 측정 공구는 주축대 위나 베드 위에 놓고 사용한다.

4. 전기 스위치를 취급할 때 틀린 것은?

① 정전 시에는 반드시 끈다.
② 스위치가 습한 곳에 설비되지 않도록 한다.
③ 기계 운전 시 작업자에게 연락 후 시동한다.
④ 스위치를 뺄 때는 부하를 크게 한다.

5. 다음은 정밀 입자가공을 나타낸 것이다. 이에 속하지 않는 것은?

① 슈퍼피니싱　　② 배럴가공
③ 호닝　　　　　④ 래핑

해설 정밀 입자가공은 연삭가공한 후에 다시 표면 정밀도를 올리기 위한 입자가공으로 호닝, 래핑, 슈퍼피니싱을 말한다. 배럴가공은 통 속에 가공물과 미디어(media)를 함께 넣고 회전시켜 거스러미를 제거하여 치수 정밀도를 높이는 입자가공이지만 미디어로 석영, 모래 외에 나무, 피혁, 톱밥 등도 사용되므로 정밀 입자가공으로 분류하지 않는다.

6. 시준기와 망원경을 조합한 것으로 미소 각도를 측정할 수 있는 광학적 각도 측정기는?

① 베벨 각도기
② 오토 콜리메이터
③ 광학식 각도기
④ 광학식 클리노미터

7. 텔레 스코핑 게이지로 측정할 수 있는 것은?

① 진원도 측정　　② 안지름 측정
③ 높이 측정　　　④ 깊이 측정

정답　1. ①　2. ②　3. ②　4. ④　5. ②　6. ②　7. ②

8. 밀링머신에 사용되는 부속장치가 아닌 것은?

① 아버　　　　　　② 어댑터
③ 바이스　　　　　④ 방진구

해설 • 밀링머신용 부속장치 : 아버, 어댑터, 바이스
• 선반용 부속장치 : 면판, 회전판, 돌리개, 방진구

9. 기어가공에서 창성에 의한 절삭법이 아닌 것은?

① 형판에 의한 방법
② 랙 커터에 의한 방법
③ 호브에 의한 방법
④ 피니언 커터에 의한 방법

10. 다음 중 나사산의 각도 측정 방법으로 틀린 것은?

① 공구 현미경에 의한 방법
② 나사 마이크로미터에 의한 방법
③ 투영기에 의한 방법
④ 만능 측정 현미경에 의한 방법

11. 초경합금의 사용 선택 기준을 표시하는 내용 중 ISO 규격에 해당되지 않는 공구는?

① M계열　　　　　② N계열
③ K계열　　　　　④ P계열

12. 다음 연삭숫돌의 입자 중 주철이나 칠드주물과 같이 경하고 취성이 많은 재료의 연삭에 적합한 것은?

① A 입자　　　　　② B 입자
③ WA 입자　　　　④ C 입자

13. 선반의 나사 절삭 작업 시 나사의 각도를 정확히 맞추기 위하여 사용되는 것은?

① 플러그 게이지　　② 나사 피치 게이지
③ 한계 게이지　　　④ 센터 게이지

14. 1인치에 4산의 리드 스크루를 가진 선반으로 피치 4 mm의 나사를 깎고자 할 때, 변환 기어 잇수를 구하면?

① $A : 80,\ B : 137$　　② $A : 120,\ B : 127$
③ $A : 40,\ B : 127$　　④ $A : 80,\ B : 127$

해설 리드 스쿠르가 인치식인 선반에서 미터나사를 가공하는 경우이므로, 다음 식을 사용한다.

$$\frac{5 \times P \times t}{127} = \frac{A}{B}$$

$$\therefore \frac{5 \times 4 \times 4}{127} = \frac{A}{B} = \frac{80}{127}$$

15. 스패너 작업 시 안전사항으로 옳은 것은?

① 너트의 머리치수보다 약간 큰 스패너를 사용한다.
② 꼭 조일 때는 스패너 자루에 파이프를 끼워 사용한다.
③ 고정 조(jaw)에 힘이 많이 걸리는 방향에서 사용한다.
④ 너트를 조일 때는 스패너를 깊게 물려서 약간씩 미는 식으로 조인다.

16. 테이블의 이동거리가 전후 300 mm, 좌우 850 mm, 상하 450 mm인 니형 밀링머신의 호칭번호로 옳은 것은?

① 1호　　　　　　② 2호
③ 3호　　　　　　④ 4호

17. 밀링분할대로 3°의 각도를 분할하는 데, 분할 핸들을 어떻게 조작하면 되는가? (단, 브라운 샤프형 No.1의 18열을 사용한다.)

① 5구멍씩 이동　　② 6구멍씩 이동
③ 7구멍씩 이동　　④ 8구멍씩 이동

정답　8. ④　9. ①　10. ②　11. ②　12. ④　13. ④　14. ④　15. ③　16. ③　17. ②

18. 보통 선반에서 테이퍼 나사를 가공하고자 할 때 절삭 방법으로 틀린 것은?

① 바이트의 높이는 공작물의 중심선보다 높게 설치하는 것이 편리하다.
② 심압대를 편위시켜 절삭하면 편리하다.
③ 테이퍼 절삭 장치를 사용하면 편리하다.
④ 바이트는 테이퍼부에 직각이 되도록 고정한다.

19. 절삭 유제에 관한 설명으로 틀린 것은?

① 극압유는 절삭 공구가 고온, 고압 상태에서 마찰을 받을 때 사용한다.
② 수용성 절삭 유제는 점성이 낮으며, 윤활 작용은 좋으나 냉각작용이 좋지 못하다.
③ 절삭 유제는 수용성과 불수용성, 그리고 고체 윤활제로 분류한다.
④ 불수용성 절삭 유제는 광물성인 등유, 경유, 스핀들유, 기계유 등이 있으며, 그대로 또는 혼합하여 사용한다.

20. CNC 공작기계 서보기구의 제어 방식에서 틀린 것은?

① 단일회로
② 개방회로
③ 폐쇄회로
④ 반폐쇄회로

제2과목 : **기계제도 및 기초공학**

21. 그림과 같은 도면에서 "가" 부분에 들어갈 가장 적절한 기하 공차 기호는?

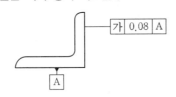

① //
② ⊥
③ ∠
④ ⊕

22. 다음 나사의 도시법에 관한 설명 중 옳은 것은?

① 암나사의 골지름은 가는 실선으로 표현한다.
② 암나사의 안지름은 가는 실선으로 표현한다.
③ 수나사의 바깥지름은 가는 실선으로 표현한다.
④ 수나사의 골지름은 굵은 실선으로 표현한다.

23. [보기]와 같이 정면도와 평면도가 표시될 때 우측면도가 될 수 없는 것은?

[보기]

① △
② △
③ □
④ ○

24. KS 재료 기호 중 열간압연 연강판 및 강대에서 드로잉용에 해당하는 재료 기호는?

① SNCD
② SPCD
③ SPHD
④ SHPD

해설 KS D 3501 열간압연 연강판 및 강대

SPHC	일반용
SPHD	드로잉용
SPHE	디프 드로잉용

25. 그림과 같은 도면에서 치수 20 부분의 굵은 1점 쇄선 표시가 의미하는 것으로 가장 적합한

설명은?

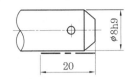

① 공차가 $\phi 8h9$ 되게 축 전체 길이 부분에 필요하다.
② 공차 $\phi 8h9$ 부분은 축 길이 20 되는 곳까지만 필요하다.
③ 치수 20 부분을 제외하고 나머지 부분은 공차가 $\phi 8h9$ 되게 가공한다.
④ 공차가 $\phi 8h9$보다 약간 적게 한다.

해설 굵은 1점 쇄선은 특수한 가공을 하는 부분 등 특별한 요구사항을 적용할 수 있는 범위를 표시하는 데 사용된다. 특수 지정선이라고도 한다.

26. 표면의 결 도시 방법에서 가공에 의한 커터 줄무늬 방향이 기입한 면의 중심에 대하여 대략 동심원 모양일 때 기호는?

① X ② M
③ C ④ R

27. 다음 중 가공 방법과 그 기호의 관계가 틀린 것은?

① 호닝가공 : GH ② 래핑 : FL
③ 스크레이핑 : FS ④ 줄 다듬질 : FB

해설 줄 다듬질은 FF이다.
```
    F F
    │ └──── Filing(줄작업)
    └────── Finishing(다듬질)
```

28. 기계제도에서 사용하는 기호 중 치수 숫자와 병기하여 사용되지 않는 것은?

① SR ② □
③ C ④ ■

29. 다음 중 치수 공차가 가장 작은 것은?

① 50 ± 0.01 ② $50^{+0.01}_{-0.02}$
③ $50^{+0.02}_{-0.01}$ ④ $50^{+0.03}_{+0.02}$

해설 치수 공차(tolerance)는 최대 허용치수와 최소 허용치수와의 차이다. 즉, 위치수 허용차와 아래치수 허용차와의 차로서 공차라고도 한다.
$50^{+0.03}_{+0.02}$의 치수 공차 = 50.03 − 50.02 = 0.01이다.

30. 단면도의 절단된 부분을 나타내는 해칭선을 그리는 선은?

① 가는 2점 쇄선 ② 가는 실선
③ 가는 파선 ④ 가는 1점 쇄선

31. 다음 중 옴의 법칙을 나타낸 식으로 옳은 것은? (단, V : 전압, I : 전류, R : 저항이다.)

① $V = 2R + I$ ② $V = \dfrac{R}{I}$
③ $V = I \times R$ ④ $V = \dfrac{I}{R}$

32. 재료의 지름이 20 mm이고, 길이가 100 mm인 환봉의 부피(mm³)를 구하는 식은?

① $V = \pi \times 20^2 \times 100$
② $V = 2\pi \times 20 \times 100$
③ $V = \dfrac{\pi \times 10^2}{4} \times 100$
④ $V = \dfrac{\pi \times 20^2}{4} \times 100$

33. 물체의 형태나 크기가 달라지지 않는 한 그 물체의 무게가 달라진다고 볼 수 없는데 이와 같이 변치 않는 물체 고유의 무게를 무엇이라고 하는가?

① 질량   ② 중력
③ 힘   ④ 가속도

34. 다음 중 전류가 잘 흐르지 못하도록 방해하는 작용을 하는 것으로 맞는 것은?

① 전압   ② 전류
③ 저항   ④ 전기장

35. 다음 중 모멘트에 대한 설명으로 맞는 것은?

① 모멘트는 방향성을 갖지 않는다.
② 모멘트는 모멘트의 중심에서 접선 방향의 힘의 작용점까지의 거리가 길수록 작아진다.
③ 모멘트는 작용점의 거리가 0이면 모멘트는 0이다.
④ 모멘트는 힘을 가하여 물체를 수평 이동시키는 경우에 발생한다.

36. 다음 중 입력의 단위인 파스칼(Pa)과 같은 것은?

① $kg \cdot m/s^2$ ② $N \cdot m$
③ N/m^2 ④ J

37. 다음 중 응력에 대한 설명으로 잘못된 것은?

① 인장응력 – 인장하중에 의해 생성
② 압축응력 – 압축하중에 의해 생성
③ 수직응력 – 인장응력 또는 압축응력
④ 접선응력 – 전단응력 또는 굽힘응력

38. 힘의 3요소가 아닌 것은?

① 힘의 크기
② 힘의 방향
③ 힘의 작용점
④ 힘의 작용선

39. 컨베이어 시스템에서 물체가 5분에 9 m 이동하였다면 이 컨베이어 시스템의 속도는 몇 cm/s인가?

① 0.3   ② 1.8
③ 3   ④ 18

40. 힌지로 고정된 길이가 L인 봉의 끝에 직각 방향으로 힘 F를 작용시킬 때 힌지에 발생하는 모멘트 M을 구하는 식은?

① $M = F \times L^2$ ② $M = F \times L$
③ $M = F \div L$ ④ $M = L \div F$

제3과목 : 자동제어

41. 다음 중 전달 함수 $G(s) = \dfrac{(s+b)}{(s+a)}$ 를 갖는 회로가 진상보상회로의 특성을 갖기 위한 조건은? (단, a와 b의 값은 절댓값이다.)

① $a > b$ ② $b > a$
③ $s = b$ ④ $s = a$

해설 보상회로

- 진상보상회로(lead compensation, 앞섬 보상) : 과도 응답을 개선시킨다.
- 지상보상회로(lag compensation, 뒤섬 보상) : 정상 상태 정확도를 개선시킨다.
- 전달 함수가 일반적으로 $G(s) = K\dfrac{s+z}{s+p}$ 라고 할 때 진상보상회로는 $z > p$이어야 한다.

42. 다음 중 전기자 반작용에 의한 여자작용을 이용하는 회전증폭기는?

① 로터트롤 ② 앰플리다인
③ 자기증폭기 ④ 차동증폭기

정답 34. ③ 35. ③ 36. ③ 37. ④ 38. ④ 39. ③ 40. ② 41. ① 42. ②

해설 회전증폭기는 전기량을 증폭하기 위하여 사용되는 직류발전기의 일종으로 전기적 제어 요소에 속하며 앰플리다인, 로터트롤이 있다.
1. 제어용 기기
   - 기계적 요소(스프링, 피스톤, 다이어프램 등)
   - 전기적 요소(회전증폭기, 자기증폭기, 차동변압기 등)
2. 회전증폭기
   - 앰플리다인(amplidyne) : 전기자 반작용에 의한 여자작용을 이용
   - 로트트롤(rototrol) : 계자권선의 자기 여자 작용을 이용

43. 아날로그 센서에서 출력되는 전기신호를 컴퓨터에서 처리할 수 있도록 디지털 값으로 변환해 주는 장치는?

① OP 앰프　　　② 인버터
③ D/A 컨버터　　④ A/D 컨버터

44. 1차 시스템의 시정수에 관한 다음 설명 중 옳은 것은?

① 시정수가 클수록 오버슈트가 크다.
② 시정수가 클수록 정상 상태 오차가 작다.
③ 시정수가 작을수록 응답속도가 빠르다.
④ 시정수는 응답속도에 영향을 주지 않는다.

45. 공기압 발생장치에서 보내온 공기 중 수분, 먼지 등이 포함되어 있다. 이러한 것을 막아 공압기기를 보호하기 위해 설치하는 것은?

① 압축공기 필터
② 압축공기 조절기
③ 압축공기 드라이어
④ 압축공기 윤활기

해설 • 압축공기 필터 : 응축된 물과 먼지 등을 제거한다.
• 압축공기 조절기 : 감압 밸브를 이용하여 압력을 조절한다.

• 압축공기 드라이어 : 압축공기를 건조시킨다.
• 압축공기 윤활기 : 공압기기의 마찰을 감소시키고 부식을 방지한다.

46. 다음 중 제어량을 어떤 일정한 목표값으로 유지하는 것을 목적으로 하는 정치제어에 속하지 않는 것은?

① 암모니아 합성 프로세서 제어
② 주파수 제어
③ 자동전압 조정장치
④ 발전기의 조속기

47. 다음 중 입력이 어떤 정상 상태에서 다른 상태로 변화했을 때, 출력이 정상 상태에서 도달할 때까지의 응답은?

① 과도 응답　　　② 스텝 응답
③ 램프 응답　　　④ 임펄스 응답

48. 시퀀스 제어와 비교한 되먹임 제어의 가장 큰 특징은?

① 출력을 검출하는 장치가 있다.
② 입력과 출력을 비교하는 장치가 있다.
③ 응답속도를 빠르게 하는 장치가 있다.
④ 비상 정지를 할 수 있는 장치가 있다.

49. 다음 중 유압 회로에서 유압 실린더나 액추에이터로 공급하는 유체의 흐름의 양을 변화시키는 밸브는?

① 유량제어 밸브　　② 압력제어 밸브
③ 압력 스위치　　　④ 방향제어 밸브

50. 다음 중 되먹임 제어의 특징과 관계없는 것은?

① 제어기 성능이 나빠지더라도 큰 영향을 받지 않는디.

② 전체 제어계가 불안정해질 수 있다.

③ 제어 특성이 향상되고 목표값에 정확히 도달할 수 있다.

④ 구조가 간단해지므로 설치비가 저렴하다.

해설 되먹임 제어는 구조가 복잡하고 설치비가 많이 든다.

51. 다음 서보기구에 대한 설명 중 옳지 않은 것은?

① 제어량이 기계적 변위인 자동제어계를 의미한다.

② 일반적으로 신호변환부와 파워변환부로 구성된다.

③ 신호 변환 시 전기식보다는 유압식이 많이 사용된다.

④ 서보기구의 파워변환부는 증력 및 조작을 행하는 부분이다.

52. 다음 제어기 중에서 제어 결과에 빨리 도달하도록 미분동작을 부가하여 응답속도만을 개선한 것은?

① P 제어기   ② PI 제어기

③ PD 제어기   ④ PID 제어기

해설 • P 제어기 : proportional controller (비례제어기)

• PI 제어기 : proportional integral controller (비례적분제어기)

• PD 제어기 : proportional differential controller (비례미분제어기)

• PID 제어기 : proportional integral differential controller (비례적분미분제어기)

53. 릴리프 밸브 등에서 밸브 시트를 두들겨서 비교적 높은 음을 발생시키는 일종의 자력 진동현상은?

① 캐비테이션   ② 서지압력

③ 채터링   ④ 크래킹압력

54. $F(t)te^{-t}$의 라플라스(laplace) 변환을 구한 것은?

① $\dfrac{1}{(s+1)^2}$ ② $\dfrac{1}{s+1}$

③ $\dfrac{1}{s-1}$ ④ $\dfrac{1}{(s-1)^2}$

해설 $f(t)=t^n e^{-at}$의 라플라스 변환공식은

$F(s)=\dfrac{n!}{(s+a)^{n+1}}$ 이다.

$n=1$, $a=1$인 경우이므로 위 식에 대입하면

$F(s)=\dfrac{1!}{(s+1)^{1+1}}=\dfrac{1}{(s+1)^2}$ 이 된다.

55. 물체의 위치, 방위, 자세 등의 기계적 변위를 제어량으로 해서 목표값의 임의의 변화에 추종하도록 구성된 제어계는?

① 서보기구   ② 프로세스 제어

③ 자동 조정   ④ 정치제어

56. 다음 중 로터리 인코더에서 출력되는 펄스 신호를 PLC에 입력시키기 위해서 사용하는 특수 유닛 명칭은?

① 컴퓨터 링크 유닛   ② PID 유닛

③ 고속 카운터 유닛   ④ 위치 결정 유닛

57. 전달 함수 $G(s)=1+sT$인 제어계에서 $\omega T=$ 1,000일 때, 이득은 약 몇 dB인가?

① 80   ② 60

③ 30   ④ 10

58. PLC에서 입력시키는 프로그램을 기억하기 위해 RAM을 사용하는 메모리는?

① 연산제어 메모리

② 제어용 메모리

③ 입출력 메모리

④ 프로그램 메모리

정답   51. ③   52. ③   53. ③   54. ①   55. ①   56. ③   57. ②   58. ④

59. 다음 개루프 전달 함수에 대한 제어 시스템의 근궤적의 개수는?

$$G(s)H(s) = \frac{K(s+1)}{\{s(s+2)(s+3)\}}$$

① 1　　　② 2　　　③ 3　　　④ 4

해설 근궤적이란 개루프 전달 함수의 이득정수 K 를 0에서 ∞까지 변화시켰을 때의 특성방정식의 근의 이동 궤적을 말한다. 근궤적의 개수는 극점의 수와 같다. 여기서, 특성방정식이란 전달 함수의 분모를 0으로 놓은 방정식을 말한다.

참고 폐루프 시스템의 블록 선도가 그림과 같을 때 되먹임 신호는 $B(s) = H(s)C(s)$

개루프 전달 함수는 $\dfrac{B(s)}{E(s)} = G(s)H(s)$

앞먹임 전달 함수는 $\dfrac{C(s)}{E(s)} = G(s)$

폐루프 전달 함수는 $\dfrac{C(s)}{R(s)} = \dfrac{G(s)}{1+G(s)H(s)}$

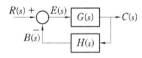

60. PC 제어의 장점이 아닌 것은?

① 비용 절감
② 호환성 증대
③ 유지보수 용이
④ 메이커 전용의 카드 사용

제4과목 : 메카트로닉스

61. 마이크로프로세서에서 인터럽트 발생의 일반적인 요인이 아닌 것은?

① 정전이 발생
② 서브루틴을 콜하는 경우
③ 오버플로가 발생되는 경우

④ 입·출력장치의 작업 완료

62. 자기장 내에 있는 도체에 전류를 흐르게 하면 발생되는 힘 F [N]는? (단, B는 자속밀도, l은 도체의 길이, I는 전류, θ는 자기장과 도체가 이루는 각도이다.)

① $F = BIl\sin\theta$　　② $F = BIl\cos\theta$
③ $F = BIl\tan\theta$　　④ $F = BIl\tan^{-1}\theta$

63. 다음 중 게이지 블록으로 치수 조합하는 방법을 설명한 것으로 틀린 것은?

① 조합의 개수를 최소로 한다.
② 정해진 치수를 고를 때는 맨 끝자리부터 고른다.
③ 소수점 아래 첫째자리 숫자가 5보다 큰 경우 5를 뺀 나머지 숫자부터 고른다.
④ 두꺼운 것과 얇은 것과의 밀착은 두꺼운 것을 얇은 것의 한쪽에 대고 누르면서 밀착한다.

64. 콘덴서의 용량을 결정하는 요소가 아닌 것은?

① 극판 간의 거리
② 서로 대면하는 극판의 넓이
③ 극판 사이의 유전체 종류
④ 극판을 만드는 금속체의 종류

65. 일반적인 선반가공 작업으로 적합하지 않은 것은?

① 외경 절삭 작업　　② 구멍 파기 작업
③ 기어 절삭 작업　　④ 나사 절삭 작업

66. 거리 계측이나 두께를 측정할 때 초음파의 강한 반사성과 전파성의 지연을 효과적으로 응용한 센서는?

정답　59. ③　60. ④　61. ②　62. ①　63. ④　64. ④　65. ③　66. ②

① 광센서   ② 초음파 센서

③ 자기 센서   ④ 레이저 가이드 센서

67. 100 V의 전위차로 5 A의 전류가 2분간 흘렀을 때 이때 전기는 몇 J의 일을 하는가?

① 100   ② 6,000

③ 60,000   ④ 500

해설 전기 에너지(J) = 전력(W) × 시간(s)
$$= 100\,\text{V} \times 5\,\text{A} \times 2 \times 60\,\text{s}$$
$$= 60,000\,\text{J}$$

68. 스테핑 모터의 종류를 나타낸 것 중 틀린 것은?

① 영구자석형 스테핑 모터

② 가변 릴럭턴스형 스테핑 모터

③ 브러시형 스테핑 모터

④ 하이브리드형 스테핑 모터

69. 스텝 각이 1.8°인 2상 HB형 스테핑 모터를 반 스텝 시퀀스(1-2상 여자)로 구동하면 1펄스당 회전각은?

① 0.9°   ② 1.8°

③ 3.6°   ④ 9.9°

70. 프로그램의 문제점을 찾아내서 수정하는 작업을 무엇이라 하는가?

① 어셈블링   ② 디버깅

③ 컴파일링   ④ 인터프리팅

71. 다음 게이트 회로의 등가 논리식은?

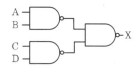

① X = (A·B)+(C·D) ② X = (A·B)·(C·D)

③ X = (A+B)+(C+D) ④ X = (A+B)·(C+D)

해설 드 모르간의 법칙

$\overline{A \cdot B} = \overline{A} + \overline{B}$ 를 이용한다.

$$\overline{\overline{(A \cdot B)} \cdot \overline{(C \cdot D)}} = \overline{\overline{(A \cdot B)}} + \overline{\overline{(C \cdot D)}}$$
$$= (A \cdot B) + (C \cdot D)$$

72. 패리티(parity) 비트의 목적으로 맞는 것은?

① 데이터 변환   ② 속도 가변

③ 에러 검사   ④ 부호 변환

73. 다음 중 열전쌍은 어떤 변환을 이용하는 기기 인가?

① 변위를 전류로 변환

② 압력을 전류로 변환

③ 각도를 전압으로 변환

④ 온도를 전압으로 변환

74. 유리, 세라믹 등 취성이 강한 재료에 정밀한 구멍가공을 하려고 한다. 이 작업 공정에 가장 적합한 특수가공법은?

① 초음파가공   ② 밀링가공

③ 연삭가공   ④ 방전가공

75. 동기 전동기에서 자극수가 4극이면 60 Hz의 주파수로 전원 공급할 때, 회전수는 몇 rpm이 되는가?

① 1,200   ② 1,800

③ 3,600   ④ 7,200

해설 전동기의 극수를 P, 주파수(Hz)를 f, 회전수(rpm)를 N이라고 하면,

$$N = 120 \times \frac{f}{P} = 120 \times \frac{60}{4} = 1,800\,\text{rpm}$$

76. 논리식 $x + \overline{x}y$ 와 같은 식은?

① $x + \overline{y}$ ② $\overline{x} + y$

③ $x + y$ ④ xy

해설 분배법칙 $A + (B \cdot C) = (A+B) \cdot (A+C)$ 를 이용한다.

$x + \overline{x}y = (x + \overline{x}) \cdot (x + y) = 1 \cdot (x + y) = x + y$

77. 저항 R_1, R_2, R_3이 직렬로 연결되어 있을 때와 이들이 병렬로 연결되어 있을 때의 합성 저항의 비(직렬/병렬)는 얼마인가? (단, $R_1 = R_2 = R_3$이다.)

① 1   ② 3

③ 6   ④ 9

78. 트랜지스터에서 각 단자에 흐르는 전류가 베이스는 50 mA, 컬렉터는 500 mA가 흐른다면 이미터 전류 I_E로 맞는 것은?

① 100 mA   ② 450 mA

③ 550 mA   ④ 25,000 mA

해설 $I_E = I_B + I_C = 50 + 500 = 550$ mA

79. 다음 중 체결용 나사로 적합한 것은?

① 삼각나사   ② 볼나사

③ 사다리꼴 나사   ④ 사각나사

80. 다음 논리식을 간단히 한 것 중 틀린 것은?

① $A + A \cdot B = A$

② $A \cdot (A + B) = A$

③ $A \cdot \overline{B} + B = B$

④ $(A + \overline{B}) \cdot B = A \cdot B$

해설 $A \cdot \overline{B} + B = (A + B) \cdot (\overline{B} + B)$
$= (A + B) \cdot 1 = A + B$

2012년 5월 20일 시행

자격종목 및 등급(선택분야)	종목코드	시험시간	문제지형별	수검번호	성 명
생산자동화산업기사	2034	2시간	A		

제1과목 : 기계가공법 및 안전관리

1. 밀링머신의 주축베어링 윤활 방법으로 가장 적합하지 않은 것은?

① 그리스 윤활
② 오일 미스트 윤활
③ 강제식 윤활
④ 패드 윤활

해설 패드 윤활은 무명이나 털 등을 섞어 만든 패드의 한쪽을 오일 통에 담그고 모세관 현상을 이용하여 빨아올려 급유하는 방법이다. 이 방법은 급유량이 적으므로 주축베어링의 윤활에는 적합하지 않다.

2. 주철을 드릴로 가공할 때 드릴 날끝의 여유각은 몇 도(°)가 적합한가?

① 10° 이하
② 12~15°
③ 20~32°
④ 32° 이상

3. 다음 브로칭(broaching)에 관한 설명 중 틀린 것은?

① 제작과 설계에 시간이 소요되며 공구의 값이 고가이다.
② 각 제품에 따라 브로치의 제작이 불편하다.
③ 키 홈, 스플라인 홈 등을 가공하는 데 사용한다.
④ 브로치 압입 방법에는 나사식, 기어식, 공압식이 있다.

해설 브로치 압입 방법에는 나사식, 기어식, 유압식이 있다. 공압식은 큰 힘을 내기 어려우므로 브로치 압입 방법으로는 사용되지 않는다.

4. 절삭 공구 인선의 파손 원인 중 절삭 공구의 측면과 피삭재의 가공면과의 마찰에 의하여 발생하는 것은?

① 크레이터 마모
② 플랭크 마모
③ 치핑
④ 백래시

5. 마이크로미터의 스핀들 나사의 피치가 0.5 mm이고 딤블의 원주 눈금이 50등분 되어 있다면 최소 측정값은?

① 2 μm
② 5 μm
③ 10 μm
④ 15 μm

해설 최소 측정값 $= \dfrac{0.5}{50} = 0.01 \, \text{mm} = 10 \, \mu\text{m}$

6. 연삭숫돌의 표시에서 WA 60 K m V 1호 205×19×15.88로 명기되어 있다. K는 무엇을 나타내는 부호인가?

① 입자
② 결합체
③ 결합도
④ 입도

7. 분할대를 이용하여 원주를 18등분하고자 한다. 신시내티형(Cincinnati type) 54구멍 분할판을 사용하여 단식분할하려면 어떻게 하는가?

① 2회전하고, 2구멍씩 회전시킨다.
② 2회전하고, 4구멍씩 회전시킨다.
③ 2회전하고, 8구멍씩 회전시킨다.
④ 2회전하고, 12구멍씩 회전시킨다.

정답 1. ④ 2. ② 3. ④ 4. ② 5. ③ 6. ③ 7. ④

해설 분할 크랭크의 회전수를 n, 일감의 분할수를 N이라고 하면,

$$n = \frac{40}{N} = \frac{40}{18} = 2\frac{4}{18} = 2\frac{4\times3}{18\times3} = 2\frac{12}{54}$$

이므로 분할 크랭크를 2회전하고, 54구멍 중 12구멍씩 더 회전시키면 된다.

8. 다음 중 가공물을 절삭할 때 발생되는 칩의 형태에 미치는 영향이 가장 적은 것은?

① 절삭 깊이　　　　② 공작물의 재질
③ 절삭 공구의 형상　④ 윤활유

9. 다음 중 각도측정기가 아닌 것은?

① 사인바　　　　　② 옵티컬 플랫
③ 오토 콜리메이터　④ 탄젠트바

해설 옵티컬 플랫은 평면도 측정기이다.

10. 선반에서 지름 50 mm의 재료를 절삭 속도 60 m/min, 이송 0.2 mm/rev, 길이 30 mm로 1회 가공할 때 필요한 시간은?

① 약 10초　　　　② 약 18초
③ 약 23초　　　　④ 약 39초

해설 가공길이를 l, 공작물의 회전수를 N, 이송을 f라고 하면,

가공시간 $T = \dfrac{l}{Nf}$ 이다.

회전수 $N = \dfrac{1{,}000v}{\pi d} = \dfrac{1{,}000\times60}{3.14\times50}$

　　　　　$= 382.2$ 이므로

$T = \dfrac{30}{382.2\times0.2} = 0.392$분 ≒ 23초

11. 다음 래핑(lapping) 작업에 관한 사항 중 틀린 것은?

① 경질 합금을 래핑할 때는 다이아몬드로 해서는 안 된다.
② 래핑유(lap-oil)로는 석유를 사용해서는

안 된다.
③ 강철을 래핑할 때는 주철이 널리 사용된다.
④ 랩 재료는 반드시 공작물보다 연질의 것을 사용한다.

해설 래핑유로는 석유나 경유가 사용된다.

12. 퓨즈가 끊어져서 다시 끼웠을 때 또다시 끊어졌을 경우의 조치사항으로 가장 적합한 것은?

① 다시 한 번 끼워본다.
② 조금 더 용량이 큰 퓨즈를 끼운다.
③ 합선 여부를 검사한다.
④ 굵은 동선으로 바꾸어 끼운다.

해설 퓨즈는 합선에 의해 과도한 전류가 흘렀을 때 발생되는 열에 의해 끊어지므로 퓨즈 파손 시 먼저 합선 여부를 검사해야 한다.

13. 다음 연삭가공 중 강성이 크고, 강력한 연삭기가 개발됨으로 한 번에 연삭 깊이를 크게 하여 가공능률을 향상시킨 것은?

① 자기 연삭　　　　② 성형 연삭
③ 그립 피드 연삭　　④ 경면 연삭

14. 마이크로미터의 사용 시 일반적인 주의사항이 아닌 것은?

① 측정 시 래칫 스톱은 1회전 반 또는 2회전 돌려 측정력을 가한다.
② 눈금을 읽을 때는 기선의 수직위치에서 읽는다.
③ 사용 후에는 각 부분을 깨끗이 닦아 진동이 없고 직사광선을 잘 받는 곳에 보관하여야 한다.
④ 대형 외측마이크로미터는 실제로 측정하는 자세로 0점 조정을 한다.

해설 직사광선에 의해 온도가 올라가서 팽창하면 정밀도에 영향을 줄 수 있으므로 직사광선을 피해야 한다.

정답 8. ④　9. ②　10. ③　11. ②　12. ③　13. ③　14. ③

15. 공작기계 작업에서 절삭제의 역할에 대한 설명으로 옳지 않은 것은?

① 절삭 공구와 칩 사이의 마찰을 감소시킨다.
② 절삭 시 열을 감소시켜 공구수명을 연장시킨다.
③ 구성인선의 발생을 촉진시킨다.
④ 가공면의 표면거칠기를 향상시킨다.

해설 절삭제는 공구와 절삭칩 사이에서 윤활제 역할을 하므로 구성인선의 발생을 억제한다.

16. 드릴링 머신으로 구멍 뚫기 작업을 할 때 주의해야 할 사항이다. 틀린 것은?

① 드릴은 흔들리지 않게 정확하게 고정해야 한다.
② 장갑을 끼고 작업을 하지 않는다.
③ 구멍 뚫기가 끝날 무렵은 이송을 천천히 한다.
④ 드릴이나 드릴소켓 등을 뽑을 때는 해머 등으로 두들겨 뽑는다.

17. NC 기계의 움직임을 전기적인 신호로 표시하는 회전 피드백 장치는 무엇인가?

① 리졸버(resolver)
② 서보모터(servo moter)
③ 컨트롤러(controller)
④ 지령 테이프 (NC tape)

해설 회전 피드백 장치로는 리졸버(아날로그 방식)와 인코더(디지털 방식) 등이 있다.

18. 다음 중 수평 밀링머신의 긴 아버(long arber)를 사용하는 절삭 공구가 아닌 것은?

① 플레인 커터 ② T홈 커터
③ 앵귤러 커터 ④ 사이드 밀링 커터

19. KS B에 규정된 표면거칠기 표시 방법이 아닌 것은?

① 산술평균거칠기(Ra)
② 최대높이(Ry)
③ 10점 평균거칠기(Rz)
④ 제곱 평균거칠기(Ra)

20. 표준 맨드릴(mandrel)의 테이퍼 값으로 적합한 것은?

① $\dfrac{1}{50} \sim \dfrac{1}{100}$ 정도

② $\dfrac{1}{100} \sim \dfrac{1}{1,000}$ 정도

③ $\dfrac{1}{200} \sim \dfrac{1}{400}$ 정도

④ $\dfrac{1}{10} \sim \dfrac{1}{20}$ 정도

제2과목 : 기계제도 및 기초공학

21. 다음 중 합금 공구강 강재에 해당하지 않는 재료 기호는?

① STS   ② STF
③ STD   ④ STC

해설 합금 공구강 강재에는 STS(절삭 공구용, 내충격공구용, 냉간금형용), STD(냉간금형용, 열간금형용), STF(열간 금형용)가 있다. STC는 탄소 공구강 강재이다.

22. 도면에서 가는 실선으로 표시된 대각선 부분의 의미는?

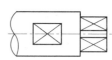

① 홈부분   ② 곡면
③ 평면   ④ 라운드 부분

23. 그림과 같은 제3각 정투상도의 입체도로 적합한 것은?

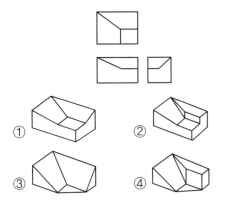

24. 다음 중 H7 구멍과 가장 헐겁게 끼워지는 축의 공차는?

① f6   ② h6   ③ k6   ④ g6

해설 a쪽으로 갈수록 헐겁고, z쪽으로 갈수록 빡빡하다. 보기에 있는 f, h, k, g 중 f가 a쪽에 가장 가깝다.

25. 테이퍼 핀의 호칭 치수는 다음 중 어느 것인가?

① 굵은 쪽의 지름
② 가는 쪽의 지름
③ 중앙부의 지름
④ 테이퍼 핀 구멍의 지름

26. 다음 중 억지 끼워맞춤에 해당하는 것은?

① H7/k6   ② H7/m6
③ H7/n6   ④ H7/p6

27. 다음 중 도면이 갖추어야 할 요건으로 타당하지 않은 것은?

① 도면에 그려진 투상이 너무 작아 애매하게 해석될 경우에는 아예 그리지 않는다.
② 도면에 담겨진 정보는 간결하고 확실하게

이해할 수 있도록 표시한다.
③ 도면은 충분한 내용과 양식을 갖추어야 한다.
④ 도면에는 제품의 거칠기 상태, 재질, 가공 방법 등의 정보도 포함하고 있어야 한다.

해설 투상이 너무 작으면 확대해서 그려야 하고, 그 배율을 기입해야 한다.

28. 다음 중 다이캐스팅용 알루미늄 합금에 해당하는 기호는?

① WM 1   ② ALDC 1
③ BC 1   ④ ZDC 1

29. 다음 중 가공에 의한 줄무늬 방향 기호와 그 의미가 맞지 않는 것은?

① M : 가공에 의한 컷의 줄무늬가 여러 방향으로 교차 또는 무방향
② X : 가공에 의한 컷의 줄무늬가 기호를 기입한 면의 중심에 대하여 거의 방사 모양
③ C : 가공에 의한 컷의 줄무늬가 기호를 기입한 면의 중심에 대하여 거의 동심원 모양
④ P : 줄무늬 방향이 특별하며 방향이 없거나 돌출(돌기가 있는)할 때

해설 X는 가공에 의한 컷의 줄무늬가 두 방향으로 교차한다는 것을 표시한다.

30. 도면에서 2종류 이상의 선이 같은 장소에 겹치게 될 경우에 다음 선 중에서 순위가 가장 낮은 것은?

① 중심선   ② 숨은선
③ 치수 보조선   ④ 절단선

31. 42.195 km의 거리를 3시간에 달리는 마라톤 선수의 평균속도는 몇 m/s인가?

① 3   ② 11.7   ③ 5.9   ④ 3.9

해설 거리의 단위를 m로, 시간의 단위를 s로 환산하여 계산해야 한다.

$$평균속도 = \frac{거리}{시간}$$

$$= \frac{42.195 \times 1,000}{3 \times 60 \times 60} = 3.9 \text{ m/s}$$

32. 어떤 물체를 8 N의 힘을 가하여 힘의 방향으로 10 m를 이동시켰다. 행한 일은?

① 0.08 N/m　　② 0.8 N/m
③ 80 N · m　　④ 800 N · m

해설 일 = 힘×힘의 방향으로 이동한 거리이므로
일 = 8 N×10 m = 80 N · m

33. 전선의 지름이 동일한 조건에서 길이가 길면 저항값은 어떻게 변하는가?

① 커진다.
② 작아진다.
③ 커지다가 작아진다.
④ 변함이 없다.

34. 다음 중 유량을 나타내는 식으로 옳은 것은?
(단, Q : 유량, P : 압력, A : 관의 단면적, V : 유체의 속도이다.)

① $Q = P \times A$　　② $Q = P \times V$
③ $Q = A \times V$　　④ $Q = A/P$

35. 다음 중 저항의 직렬 접속을 설명한 것으로 틀린 것은?

① 각 저항에는 같은 전압이 걸린다.
② 회로의 저항값은 각 저항의 합계와 같다.
③ 회로 안의 각 저항에는 같은 크기의 전류가 흐른다.
④ 각 저항에 걸리는 전압의 합계는 전원 전압과 같다.

해설 각 저항에 같은 전압이 걸리는 것은 병렬접속의 경우이다. 직렬 접속의 경우에는 저항의 비율에 따라 달라진다.

36. 다음 그림과 같이 받침점으로부터 420 mm 떨어진 곳에 80 kgf인 물체 W_1을 올려놓으면 받침점에서 840 mm 떨어진 곳에 중량이 얼마인 물체 W_2를 놓아야 평형이 유지되는가?

① 420 kgf　　② 160 kgf
③ 80 kgf　　④ 40 kgf

해설 받침점을 중심으로 모멘트가 평형을 이루어야 하므로 $W_1 \cdot l_1 = W_2 \cdot l_2$가 되어야 한다.
$$80 \times 420 = W_2 \times 840$$
$$W_2 = \frac{80 \times 420}{840} = 40 \text{ kgf}$$

37. "두 물질이 화합물로 변하는 경우 반응 전 두 물질의 질량의 합과 화합물의 질량은 항상 보존된다"는 법칙은?

① 질량보존의 법칙
② 뉴턴의 운동 법칙
③ 관성의 법칙
④ 작용과 반작용의 법칙

38. 그림과 같이 1,000 kgf의 전단력이 지름 20 mm의 볼트에 작용하고 있다. 이때, 볼트에 생기는 전단응력은 약 얼마인가?

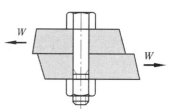

① 3.18 kgf/mm^2　　② 6.37 kgf/mm^2

③ $31.8\,\mathrm{kgf/mm}^2$　　④ $63.7\,\mathrm{kgf/mm}^2$

해설 그림에서 파단되는 단면은 나사가 없는 부분이므로 전단력을 받는 지름을 호칭지름으로 계산하면 된다.

전단응력 $\tau = \dfrac{W}{A}$ 이고, $A = \dfrac{\pi d^2}{4}$ 이므로

$$\tau = \frac{1,000}{\dfrac{\pi \cdot 20^2}{4}} = \frac{1,000}{314} = 3.18$$

39. 다음 중 동력의 단위로 알맞은 것은?

① W　　　　② N
③ N · m　　④ N/m^2

40. 다음 중 1라디안(rad)을 60분법으로 환산하여 바르게 나타낸 것은?

① $\dfrac{360°}{\pi}$　　② $\dfrac{270°}{\pi}$
③ $\dfrac{180°}{\pi}$　　④ $\dfrac{90°}{\pi}$

제3과목 : 자동제어

41. 실린더 내부의 오일이 유출되는 방향으로 유량제어 밸브를 설치하여 전·후진 속도조절이 가능한 속도제어 회로는?

① 미터 인 회로　　② 미터 아웃 회로
③ 블리드 오프 회로　④ 디퍼렌셜 회로

42. 다음 그림과 같은 회로에서 입력전류에 대한 출력전압의 전달 함수는? (단, s : 라플라스연산자이다.)

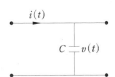

① Cs　　　　② $\dfrac{1}{Cs}$
③ $\dfrac{C}{1+sT}$　④ C

해설 입력이 $i(t)$ 이고, 출력이 $v(t)$ 이므로

$$G(s) = \frac{\mathcal{L}\,[v(t)]}{\mathcal{L}\,[i(t)]} = \frac{\mathcal{L}\left[\dfrac{1}{C}\displaystyle\int i(t)dt\right]}{\mathcal{L}\,[i(t)]}$$
$$= \frac{\dfrac{1}{C}\dfrac{I(s)}{s}}{I(s)} = \frac{1}{Cs}$$

43. 다음 중 유압제어의 특징을 설명한 것으로 틀린 것은?

① 작은 장치로 큰 출력을 얻을 수 있다.
② 전기, 전자의 조합으로 자동제어가 가능하다.
③ 무단 변속이 불가능하다.
④ 입력에 대한 출력 응답이 빠르다.

해설 유압제어에서는 교축밸브를 이용하여 무단변속을 대단히 쉽게 할 수 있다.

44. 공기 압축기에서 왕복 피스톤 압축기의 분류에 속하는 것은?

① 미끄럼 날개 회전 압축기
② 축류 압축기
③ 루트 블로어
④ 격판 압축기

해설 • 미끄럼 날개 회전 압축기 : 회전식이며 베인식 공기 압축기라고도 한다.
• 축류 압축기 : 터보형으로 많은 유량을 토출할 수 있지만 압력은 낮다.
• 루트 블로어 : 회전식으로 2개의 로터가 회전하며 압축공기를 토출한다.
• 격판 압축기 : 왕복식이며 다이어프램식 공기 압축기라고도 한다.

45. 목표값 400℃의 전기로에서 열전온도계의 지시에 따라 전압조정기로 전압을 조절하여 온도를 일정하게 유지시키고 있다. 이때 온도는 어느

것에 해당되는가?

① 검출부　　　　　② 조작부

③ 제어량　　　　　④ 조작량

46. 다음 중 PLC 구성 시 입력기기에 해당되지 않는 것은?

① 푸시 버튼 스위치

② 검출용 스위치 및 센서

③ 명령용 조작 스위치

④ 히터

해설 히터는 열을 발생하는 출력기기이다.

47. 속응성의 정도를 수량으로 표시하는 것은?

① 정확도　　　　　② 정밀도

③ 시정수　　　　　④ 오차

해설 속응성이란 제어의 출력이 얼마나 빨리 목표값에 도달할 수 있는지를 나타내는 특성이다. 시정수는 출력값이 최종값의 63.2 %에 도달하는 데 걸리는 시간이므로 속응성을 수치로 나타내는 방법이 된다.

48. PLC와 주변기기의 통신 방식 중 송신과 수신에 같은 회선을 사용하므로 반이중 방식으로만 통신이 가능한 것은?

① RS-232　　　　② RS-422

③ RS-485　　　　④ EtherNet

49. 과도응답의 소멸되는 정도를 나타내는 감쇠비는?

① $\dfrac{\text{최대 오버슈트}}{\text{제2 오버슈트}}$　　② $\dfrac{\text{제3 오버슈트}}{\text{제2 오버슈트}}$

③ $\dfrac{\text{제2 오버슈트}}{\text{최대 오버슈트}}$　　④ $\dfrac{\text{제2 오버슈트}}{\text{제3 오버슈트}}$

해설 과도응답이란 제어의 출력이 최종값에 도달할 때까지의 과도기에 나타나는 응답특성이며 첫 번째 오버슈트가 최대 오버슈트이고 그

다음 오버슈트가 제2 오버슈트이다.

감쇠비 $= \dfrac{\text{제2 오버슈트}}{\text{최대 오버슈트}}$

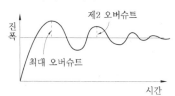

50. 다음 그림과 같은 타임 차트 형태로 동작하는 타이머의 명칭은?

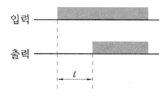

① 적산 타이머　　　② 감산 타이머

③ 온 딜레이 타이머　④ 오프 딜레이 타이머

해설 그림의 입력에 나타난 신호가 출력에 지연되어 나타나므로 온 딜레이 타이머의 동작이다.

51. 다음 중 엔코더를 이용해서 검출하기 어려운 것은?

① 기계장치의 이송거리 검출

② 모터의 회전부하 검출

③ 모터의 회전속도 검출

④ 모터의 회전방향 검출

52. 다음 중 자동조정에 속하지 않는 제어량은?

① 전류　　　　　　② 방위

③ 주파수　　　　　④ 전압

해설 방위는 서보제어의 제어량이다.

53. $f(t) = e^{-at}$의 라플라스 변환은?

① $\dfrac{1}{s-a}$　　　　② $\dfrac{1}{s+a}$

③ $\dfrac{1}{(s-a)^2}$　　　④ $\dfrac{1}{(s+a)^2}$

해설 $\mathcal{L}[e^{-at}] = \int_0^\infty e^{-at} e^{-st} dt$
$$= \int_0^\infty e^{-(a+s)t} dt = \frac{1}{s+a}$$

54. s – 평면에서 특성 방정식의 근이 허수축 상에 복소수 근으로 존재할 때 계단 응답의 형태는?

① 수렴   ② 발산
③ 지속 진동   ④ 무응답

55. 다음 중 1차 지연 요소의 전달 함수는? (단, K : 이득상수, T : 시정수, s : 라플라스 연산자)

① $\dfrac{K}{(1+sT)}$ ② $\dfrac{K}{(1+sT_1+s^2T_2)}$

③ Ks ④ $1+Ks+Ks^2$

56. 제어량을 어떤 일정한 목표값으로 유지하는 것을 목적으로 하는 제어를 무엇이라 하는가?

① 정치제어   ② 프로그램 제어
③ 조건제어   ④ 순서제어

57. 주파수 전달 함수가 $G(jw) = 1+j$일 때 보드 선도의 위상은?

① 0°   ② 45°   ③ 90°   ④ 180°

58. 서보기구의 제어량에 해당되지 않는 것은?

① 위치   ② 방위   ③ 중량   ④ 자세

59. 2차 지연 요소 전달 함수

$$G(s) = \frac{\omega_n^2}{s^2 + 2\zeta\omega_n s + \omega_n^2}$$ 의 감쇠계수 (ζ)에 대한 설명 중 옳은 것은?

① $\zeta > 1$인 경우는 부족제동이다.
② $\zeta = 1$인 경우는 임계제동이다.

③ $\zeta < 1$인 경우는 과제동이다.
④ $\zeta \neq 0$인 경우는 무제동이다.

60. 공압기기에서 윤활기는 어느 원리를 이용한 것인가?

① 벤투리(Venturi) 원리
② 보일(Boyle)의 법칙
③ 파스칼(Pascal)의 원리
④ 훅(Hooke)의 법칙

해설 벤투리 원리란 유체의 속도가 빨라지는 부분에서 압력이 낮아진다는 원리이다. 공압기기의 윤활기는 유체의 속도에 의해 낮아진 압력을 이용하여 윤활유를 통에서 빨아올려 압축공기와 함께 분사한다.

제4과목 : 메카트로닉스

61. 온도 센서로 이용되지 않는 것은?

① 금속(측온저항체)   ② CdS
③ 서미스터   ④ 열전쌍

62. 절대형(absolute type) 로터리 인코더의 설명 중 잘못된 것은?

① 잡음에 강하고 읽는 오차가 누적되지 않는다.
② 전원을 끊어도 정보가 없어지지 않으며 재복귀가 가능하다.
③ 회전방향 변경에 대한 방향판별회로가 필요하다.
④ 임의의 점을 영점으로 하기 위해서는 연산이 필요하다.

해설 방향판별회로가 필요한 것은 증가형(incremental type) 로터리 인코더이다.

63. 산업용 로봇에서 서보 레디(servo ready)란 무

정답 ▶ 54. ③   55. ①   56. ①   57. ②   58. ③   59. ②   60. ①   61. ②   62. ③   63. ③

엇인가?

① 정의된 위치 데이터를 키보드로 직접 입력하는 것

② 컨트롤러에서 이상 유무를 확인하여 신호를 발생시키는 것

③ 전원 공급 후 컨트롤러가 이상 유무를 확인하기 전에 드라이버 측에서 컨트롤러로 보내는 준비 신호

④ 아날로그 타입에서 드라이버로 출력하는 속도 명령어 신호

64. 연산증폭기에서 출력 오프셋 전압의 측정조건은?

① 입력단자 개방   ② 입력단자 접지

③ 입력단자 단락   ④ 출력단자 개방

65. 인코더에서 입력선의 숫자가 64개라면 출력선의 숫자는 얼마인가?

① 3   ② 4

③ 5   ④ 6

66. 다음 그림은 밀링 작업에서 상향절삭(up cutting) 방식이다. 하향절삭(down cutting)과 비교하여 올바르게 설명한 것은?

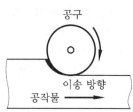

① 백래시를 제거해야 한다.

② 공구수명이 길다.

③ 표면거칠기가 나쁘다.

④ 가공물 고정이 유리하다.

해설 상향절삭은 마찰열의 작용으로 표면거칠기가 나쁘다.

67. 어떤 115개의 데이터 각각에 2진수로 번호를 붙이려고 한다. 몇 비트가 필요한가?

① 4   ② 5

③ 6   ④ 7

해설 6비트로는 $2^6 = 64$개의 데이터까지만 구분할 수 있다. 7개의 비트로는 $2^7 = 128$개의 데이터를 구분할 수 있으므로 115개의 데이터를 구분하려면 적어도 7개의 비트가 필요하다.

68. 다음 스테핑 모터에 대한 설명 중 옳지 않은 것은?

① 유니폴라 구동 방식은 여자 전류가 한 방향만인 방식이다. (+ 또는 0)

② 바이폴라 구동 방식은 유니폴라 구동 방식에 비하여 2배의 토크를 얻을 수 있다.

③ 1분간 가해진 펄스수를 n, 스텝각(deg)을 θ_s이라 하면 회전수(rpm) $N = n \times \theta_s \times 360$이다.

④ 영구자석 스텝모터의 경우 무여자 정지 때도 유지 토크를 갖는다.

해설 회전수 $N[\text{rpm}] = \dfrac{n \times \theta_s}{360}$이다.

69. 그림과 같은 공압적인 표현은 어떤 논리를 표현하는가?

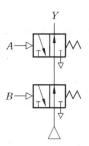

① NOT   ② AND

③ NOR   ④ NAND

해설 그림에서 A와 B가 입력신호이고 Y가 출력신호이다. 그림과 같은 공압회로의 진리표는

다음과 같이 된다. 이것은 OR 논리와 반대이므로 NOR 논리라고 한다.

A	B	Y
0	0	1
0	1	0
1	0	0
1	1	0

70. 다음 그림과 같은 기호를 무엇이라 하는가?

① 포토 다이오드
② 발광 다이오드
③ 다링톤 트랜지스터
④ 압전소자

71. 위치 검출기를 사용하지 않아도 모터 자체가 지령된 회전량만큼 회전할 수 있는 모터는?

① 직류 서보모터 ② 스텝모터
③ 교류 서보모터 ④ BLDC 모터

해설 스텝모터는 펄스 신호를 입력할 때마다 정해진 양만큼만 회전하므로 위치 검출기가 필요 없다.

72. 정전용량을 크게 하는 방법은?

① 유전율을 작게 한다.
② 비유전율을 작게 한다.
③ 금속판의 단면적을 크게 한다.
④ 극판 간격을 크게 한다.

73. 다음 중 프로그램 카운터를 설명한 것으로 적당한 것은?

① CPU 안에 정보가 저장되고, 처리될 장소를 제공한다.

② CPU의 상태를 제어한다.
③ 프로그램에서 다음에 수행될 명령어의 주소를 기억한다.
④ 입출력 신호를 제어한다.

해설 프로그램이란 CPU가 처리해야 할 명령어 리스트라고 할 수 있다. 프로그램 카운터는 명령어를 순차적으로 수행할 수 있도록 하기 위한 CPU 내에 있는 레지스터 중의 하나로서 다음에 수행될 명령어의 주소를 기억한다.

74. 다음 중 변압기의 기본이 되는 동작원리는 무엇인가?

① 자기 인덕턴스
② 상호 캐피시턴스
③ 코일 사이의 공기
④ 상호 인덕턴스

75. 어셈블리어에 관한 설명 중 맞는 것은?

① 기계어와 1 : 1로 대응시켜 기호화한 언어이다.
② 컴퓨터의 기종에 관계없이 명령어가 길다.
③ 컴파일러에 의하여 기계어로 번역된다.
④ 직접 컴퓨터가 처리할 수 있는 언어이다.

76. 서브루틴 프로그램이 끝난 다음, 주 프로그램으로 되돌아올 때, 주 프로그램의 어드레스를 저장하는 곳은?

① 데이터 레지스터 ② 스택
③ 프로그램 카운터 ④ 버퍼 레지스터

해설 스택(stack)은 푸시(push)와 팝(pop) 명령에 의해 리스트에 입력하고 빼내는 구조로 되어 있다. 가장 나중에 입력한 것이 가장 먼저 출력되는 후입선출(LIFO) 방식이므로 서브루틴으로 갔다가 되돌아올 때 유용하게 사용된다.

77. 다음 논리식의 성질 중 맞지 않는 것은?

① $1 + A = 1$
② $A \cdot A = A$
③ $A + \overline{A} = 1$
④ $0 \cdot A = A$

해설 $0 \cdot A = 0$

78. RLC 직렬회로에서 공진이 되기 위한 공급 전원의 주파수 f [Hz]는? (단, R [Ω], L [H], C [F]이다.)

① $f = \dfrac{1}{RC}$
② $f = \dfrac{1}{2\pi LC}$
③ $f = \dfrac{1}{\sqrt{2\pi LC}}$
④ $f = \dfrac{1}{2\pi \sqrt{LC}}$

해설 RLC 직렬회로에 흐르는 전류 (I)

$= \dfrac{V}{\sqrt{(R^2 + (X_L - X_C)^2}}$ 이며 여기에 공급되는 전

원의 주파수를 변화시킬 때 어느 한 주파수에서 $X_L = X_C$가 되면 이때는 임피던스가 저항성분만 남아 있게 되므로 전류가 최대가 된다. 이런 상태를 공진상태라고 하며 이때의 주파수 f_0는 다음과 같이 구한다.

$X_L = 2\pi f L$이고, $X_C = \dfrac{1}{2\pi f C}$ 이므로

$X_L = X_C$ 라고 하면, $X_L - X_C = 0$

$2\pi f_0 L - \dfrac{1}{2\pi f_0 C} = 0$

$f_0 = \dfrac{1}{2\pi \sqrt{LC}}$

79. 지름 16 mm인 고속도강 드릴을 사용하여 절삭 속도 25 m/min으로 공작물에 구멍을 뚫을 때 드릴링 머신의 스핀들 회전수는 몇 rpm이 적당한가?

① 300
② 400
③ 500
④ 600

해설 $N = \dfrac{1{,}000v}{\pi d} = \dfrac{1{,}000 \times 25}{3.14 \times 16}$

$= 497.6 \fallingdotseq 500$ rpm

80. 전기자 코일과 계자 코일이 직렬로 연결되어 있으며, 기동토크가 가장 높으며, 무부하 시 속도가 높고 코일에 공급되는 전류의 극을 바꾸더라도 모터의 회전방향은 변하지 않는 모터는?

① 복권형
② 분권형
③ 직권형
④ 타려형

2012년 8월 26일 시행

자격종목 및 등급(선택분야)	종목코드	시험시간	문제지형별	수검번호	성 명
생산자동화산업기사	2034	2시간	A		

제1과목 : 기계가공법 및 안전관리

1. NPL식 각도 게이지와 관계가 없는 것은?

① 쐐기형 블록   ② 12개조

③ 홀더   ④ 밀착이 가능

> **해설** NPL식 각도 게이지는 길이 90 mm, 폭 15 mm 정도의 쐐기형 블록 12개 중 몇 개의 블록을 밀착 조립하여 임의의 각도를 만들 수 있는 기구이다. 밀착이 가능하기 때문에 홀더가 필요 없다.

2. 수공구 작업에 따른 안전수칙의 내용으로 틀린 것은?

① 스패너는 너트의 크기에 맞는 것을 사용 한다.

② 녹이 있는 재료를 해머가공할 때는 보안 경을 착용한다.

③ 줄은 작업 전에 자루 부분을 점검하고 줄 의 균열 여부를 확인한다.

④ 쇠톱으로 절단 작업이 끝날 무렵에는 힘 을 주어 빨리 절단한다.

3. 절삭 공구의 수명을 판정하는 방법으로 잘못된 것은?

① 완성가공의 표면에 광택이 있는 색조 (色調) 또는 반점이 생길 때

② 완성가공된 치수가 일정량에 달했을 때

③ 공구인선 (工具刃先)의 마모가 없을 때

④ 절삭 저항의 주분력에는 변화가 나타나지 않더라도 배분력 또는 이송능력이 급격히 증가하였을 때

> **해설** 공구인선이란 공구 날의 끝 부분을 말한다. 공구인선에 마모가 있을 때 이 공구는 수명을 다한 것이다.

4. 트위스트 드릴은 절삭날의 각도가 중심에 가까 울수록 절삭 작용이 나쁘다. 이것을 보충하기 위 해 하는 것은?

① 그라인딩(grinding)

② 시닝(thinning)

③ 드레싱(dressing)

④ 트루잉(truing)

> **해설** 시닝(thinning)은 치즐 포인트를 연삭하여 중심부의 절삭 작용을 좋게 하는 것으로, 드릴 의 지름이 클 때 효과적이다.

5. 센터리스 연삭의 특성에 대한 설명으로 틀린 것은?

① 중공(中空)의 가공물 연삭이 곤란하다.

② 연삭 작업에 숙련을 요구하지 않는다.

③ 연삭 여유가 작아도 된다.

④ 연삭숫돌의 폭이 크므로 연삭숫돌 지름의 마멸이 적다.

> **해설** 중공 (中空)의 가공물은 척에 의해 강한 힘 으로 고정하면 찌그러지게 된다. 센터리스 연 삭기는 가공물을 척으로 고정하지 않으므로 중 공의 가공물 연삭이 용이하다.

6. 다음 중 해머의 안전수칙에 대한 설명으로 틀린 것은?

① 쐐기를 박아서 자루가 단단한 것을 사용한다.

② 담금질한 것은 함부로 두드리지 않는다.

③ 장갑이나 기름 묻은 손으로 자루를 잡지 않는다.

④ 많이 사용하여 타격면이 넓어진 것을 골라서 사용한다.

7. 삼침법은 나사의 무엇을 측정하는가?

① 골지름 측정   ② 바깥지름 측정

③ 체결상태 측정   ④ 유효지름 측정

8. 지름 70 mm의 연강을 가공 길이 320 mm로 선삭가공할 때 가공 시간은? (단, 이때 절삭 속도 = 140 m/min, 절삭 깊이 = 3 mm, 이송 = 0.25 mm/rev 이다.)

① 약 1분   ② 약 2분

③ 약 3분   ④ 약 4분

해설 가공 길이를 l, 공작물의 회전수를 N, 이송을 f라고 하면,

가공시간 $T = \dfrac{l}{Nf}$ 이다.

회전수 $N = \dfrac{1,000\,v}{\pi d}$

$= \dfrac{1,000 \times 140}{3.14 \times 70} = 637$ 이므로

$T = \dfrac{320}{637 \times 0.25} = 2$분

9. 다음 중 연삭숫돌의 원통도 불량에 대한 주된 원인과 대책으로 맞게 짝지어진 것은?

① 센터 구멍의 불량 : 센터 구멍의 홈 조정

② 테이블 운동의 정도 불량 : 정도 검사, 수리, 미끄럼면의 윤활을 양호하게 할 것

③ 연삭숫돌의 눈메움 : 연삭숫돌의 드레싱

④ 연삭숫돌의 입도가 거침 : 가는 입도의 연삭 숫돌 사용

해설 • 센터 구멍의 불량 : 진원도 불량의 원인

• 연삭숫돌의 눈메움 : 떨림 발생의 원인

• 연삭숫돌의 입도가 거침 : 가공면이 거칠고 이송흔적이 남는 원인

10. 어미나사의 피치가 8 mm인 선반에서 다음 그림과 같은 변환 기어를 사용할 때 깎아지는 나사의 피치(mm)는? (단, 기어의 잇수는 각각 A = 20, B = 80, C = 45, D = 90개이다.)

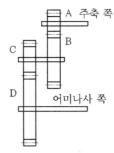

① 0.5 mm   ② 1 mm

③ 1.5 mm   ④ 2 mm

해설 어미나사의 피치를 P, 가공물의 피치를 p라고 하면,

$$\frac{p}{P} = \frac{A}{B} \times \frac{C}{D}$$

$$p = P \times \frac{A}{B} \times \frac{C}{D} = 8 \times \frac{20}{80} \times \frac{45}{90} = 1 \text{ mm}$$

11. 일반적으로 밀링에서 가공하는 방법이 아닌 것은?

① 더브테일 홈가공   ② 널링가공

③ 나선 홈가공   ④ 총형 밀링가공

해설 널링은 선반에서 가공한다.

12. 한계 게이지에 대한 설명 중 맞는 것은?

① 플러그 게이지는 최대 치수 측을 정지 측,

최소 치수 측을 통과 측이라 한다.

② 스냅 게이지는 최소 치수 측을 통과 측, 최대 치수 측을 정지 측이라 한다.

③ 양쪽 모두 통과하면 그 부분은 공차 내에 있다.

④ 통과 측이 통과되지 않을 경우는 기존 구멍보다 큰 구멍이다.

13. 다음 공작법 중 원통 내면의 치수 정밀도 및 표면거칠기를 향상시키되 연삭입자를 사용하지 않는 것은?

① 호닝   ② 래핑
③ 버핑   ④ 버니싱

해설 버니싱(burnishing)은 1차로 가공된 가공물의 안지름보다 다소 큰 강철 볼을 압입하여 통과시켜서 가공물의 표면을 소성 변형시켜 가공하는 방법이다.

14. 다이얼 게이지(dial gauge)의 특징이 아닌 것은?

① 측정 범위가 넓다.
② M1형, M2형, CB형, CM형 등이 있다.
③ 연속된 변위량의 측정이 가능하다.
④ 많은 개소의 측정을 동시에 할 수 있다.

해설 M1형, M2형, CB형, CM형이 있는 것은 버니어 캘리퍼스이다.

15. 다음 중 기계부품의 가공 시 최소의 경비로 가장 단순하게 사용할 수 있는 지그는?

① 템플릿 지그   ② 샌드위치 지그
③ 박스 지그   ④ 분할 지그

해설 템플릿 지그(template jig)는 가장 간단한 지그로서 공작물 위에 덮으면 가공될 구멍의 위치가 결정된다.

16. 다음 공작기계 중 공작물이 직선 왕복 운동을 하는 것은?

① 셰이퍼   ② 선반
③ 플레이너   ④ 밀링머신

17. 밀링머신의 부속장치에 관한 설명으로 틀린 것은?

① 회전 테이블 : 수평 밀링머신에 장치하는 것이며, 만능 밀링머신과 똑같이 헬리컬과 래크를 깎을 수 있는 장치이다.

② 슬로팅 장치 : 수평 및 만능 밀링머신의 기둥면에 설치하며, 스핀들의 회전 운동을 공구대의 왕복 운동으로 변환시킨다.

③ 래크 밀링장치 : 긴 래크를 깎는 데 사용되며, 별도로 테이블을 요구하는 피치만큼 정확히 이송하는 장치가 있다.

④ 수직 밀링장치 : 수평방향의 스핀들 회전을 기어를 거쳐 수직 방향으로 전환시키는 장치이며, 일감에 따라 요구 각도로 선회시켜 고정하는 형식도 있다.

해설 회전 테이블은 밀링머신의 테이블 위에 설치하여, 수동 또는 자동으로 회전시키면서 공작물의 외곽을 원형으로 가공하거나, 윤곽가공을 하는 데 사용되기도 하고, 간단한 등분을 할 때도 사용되는 부속장치이다.

18. 상향절삭과 하향절삭을 비교 설명한 것 중 틀린 것은?

① 상향절삭은 커터의 마멸이 빠르다.
② 하향절삭은 가공할 면을 잘 볼 수 있다.
③ 상향절삭이 하향절삭보다 가공면이 깨끗하다.
④ 하향절삭은 커터의 회전방향과 공작물의 이송방향이 같다.

해설 상향절삭은 마찰열의 작용으로 표면거칠기가 나쁘다.

19. 다음 선반의 주요부 중에서 기계 각 부분의 무게나 일감의 무게, 일감 지지력과 절삭 저항 등

여러 가지 외력을 받는 곳은?

① 주축대   ② 심압대
③ 왕복대   ④ 베드

20. 기어가 회전 운동을 할 때 접촉하는 것과 같은 상대 운동으로 기어를 절삭하는 방법은?

① 성형공구 기어 절삭법
② 창성식 기어 절삭법
③ 모형식 기어 절삭법
④ 원판식 기어 절삭법

제2과목 : 기계제도 및 기초공학

21. 데이텀(datum)에 관한 설명으로 틀린 것은?

① 형체에 지정되는 공차가 데이텀과 관련되는 경우 데이텀은 원칙적으로 데이텀을 지시하는 문자기호에 의하여 나타낸다.
② 데이텀을 표시하는 방법은 영어의 소문자를 정사각형으로 둘러싸서 나타낸다.
③ 관련 형체에 기하학적 공차를 지시할 때, 그 공차 영역을 규제하기 위하여 설정한 이론적으로 정확한 기하학적 기준을 데이텀이라 한다.
④ 지시선을 연결하여 사용하는 데이텀 삼각기호는 빈틈없이 칠해도 좋고, 칠하지 않아도 좋다.

해설 데이텀은 영어의 대문자를 정사각형으로 둘러싸서 나타낸다.

22. 다음 중 무하중 상태로 그려지는 스프링이 아닌 것은?

① 스파이럴 스프링   ② 접시 스프링
③ 겹판 스프링   ④ 벌류트 스프링

해설 겹판 스프링은 상용하중 상태로 그려야 한다.

23. 일감을 가공한 후에 줄무늬가 그림과 같이 나타났다. A부분에 들어갈 줄무늬 방향 기호로 맞는 것은?

① X   ② M   ③ C   ④ R

해설 C는 가공에 의한 커터의 줄무늬가 기입한 면의 중심에 대하여 대략 동심원 모양임을 나타낸다.

24. 가공 전 또는 가공 후의 모양을 표시하는 선은?

① 파단선   ② 절단선
③ 가상선   ④ 숨은선

25. 다음 베어링 호칭번호 중 안지름이 20 mm인 베어링은?

① 6002   ② 6203
③ 6304   ④ 6005

해설 안지름이 20 mm 이상인 베어링은 안지름을 5로 나눈 숫자를 베어링 형식 기호 뒤에 붙여서 안지름을 표시한다.

26. 다음 중 일반적인 스케치법이 아닌 것은?

① 페인팅법   ② 본 뜨기법
③ 사진촬영법   ④ 프린트법

27. 그림과 같은 비중이 7.7인 연강제 축의 질량은 약 몇 g인가?

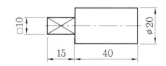

① 36   ② 72
③ 108   ④ 144

28. 가공 방법의 약호 중 호닝(honing) 가공 약호는?

① GSP   ② HG
③ GB   ④ GH

29. 치수 보조 기호의 설명으로 틀린 것은?

① R15 : 반지름 15
② t15 : 판 두께 15
③ (15) : 절대 치수 15
④ SR15 : 구의 반/지름 15

해설 (15) : 참고 치수 15

30. 기준 치수 50에 대한 구멍 기준식 억지 끼워 맞춤을 올바르게 표시한 것은?

① 50 X7/h7   ② 50 H7/h7
③ 50 H7/s6   ④ 50 F7/h7

해설 구멍 기준식이 되려면 구멍의 종류가 H 구멍이어야 한다. H7 구멍에 대한 끼워맞춤에 따른 축의 종류는 다음과 같다.
• 헐거운 끼워맞춤 : … f, g, h
• 중간 끼워맞춤 : js, k, m
• 억지 끼워맞춤 : n, p, r, s …

31. 질량 800 kg인 자동차가 36 km/h로 달리고 있을 때의 운동 에너지(kJ)를 구하면?

① 40   ② 50
③ 60   ④ 70

해설 36 km/h를 m/s의 단위로 환산하면,
$$v = 36 \text{ km/h} \times \frac{1,000 \text{ m}}{1 \text{ km}} \times \frac{1 \text{ h}}{3,600 \text{ s}} = 10 \text{ m/s}$$
운동 에너지 $= \frac{1}{2}mv^2$
$$= \frac{1}{2} \times 800 \text{ kg} \times (10 \text{ m/s})^2$$

$$= 40,000 \text{ kg} \cdot \text{m}^2/\text{s}^2$$
$$= 40,000 \text{ kg} \cdot \text{m/s}^2 \cdot \text{m}$$
$$= 40,000 \text{ N} \cdot \text{m} = 40,000 \text{J} = 40 \text{ kJ}$$

32. 저항값이 30 Ω인 어떤 금속선에 흐르는 전류가 2 A이면 가해지는 전압은 몇 V인가?

① 0.1 V   ② 10 V
③ 60 V   ④ 110 V

해설 $V = IR = 2 \times 30 = 60$ V

33. 그림과 같이 회전 중심에서부터 100 mm의 길이를 가진 막대 끝단 중심에서 회전 중심 방향으로 100 kgf의 힘이 작용하고 있을 때 발생되는 모멘트(kgf·mm)는?

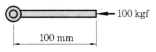

① 0   ② 1
③ 100   ④ 10,000

해설 회전의 중심 방향으로 가해지는 힘은 모멘트를 발생시키지 않는다.

34. 다음 저항에 대한 설명 중 틀린 것은?

① 도선의 저항은 도선의 길이가 길어짐에 따라 증가한다.
② 같은 길이를 갖는 전선의 경우 단면적이 넓은 전선이 적은 저항값을 갖는다.
③ 금속은 열을 가하면 저항값이 0이 된다.
④ 저항의 기본 단위는 Ω이다.

해설 일반적으로 금속은 열을 가하면 저항값이 커진다.

35. 어느 지점을 지날 때 5 m/s의 속도로 달리던 차량이 20초 후 6 m/s의 속도로 달리게 되었다. 이 차량의 가속도(m/s²)는?

① 0.05   ② 0.10

③ 0.15   ④ 0.20

해설 $a = \dfrac{\Delta v}{\Delta t} = \dfrac{6-5}{20} = \dfrac{1}{20} = 0.05 \ \mathrm{m/s^2}$

36. 그림과 같은 4개의 힘이 수직으로 작용할 때, 합력의 작용선 위치는 O점과 얼마나 떨어져 있는가?

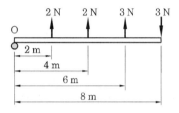

① 1.5 m   ② 2 m

③ 2.5 m   ④ 3 m

37. SI 단위계에서 힘의 단위는 어느 것인가?

① N   ② Pa

③ J   ④ kg

38. 다음 중 재료를 축 방향으로 잡아당기는 하중은?

① 인장하중   ② 전단하중

③ 비틀림하중   ④ 굽힘하중

39. 토리첼리의 실험 결과, 수은주의 높이가 38 cm 이었다면 실험장소의 대기압은 몇 atm이겠는가?

① 0.38   ② 0.5

③ 0.76   ④ 1

해설 760 mmHg = 1 atm이므로

$380 \ \mathrm{mmHg} = \dfrac{380}{760} \ \mathrm{atm} = 0.5 \ \mathrm{atm}$

40. 끈에 매달려 등속 원 운동을 하던 물체는 끈이 끊어지면 접선 방향으로 날아가게 되는데, 이때의 운동과 가장 관계가 있는 법칙은?

① 가속도의 법칙

② 관성의 법칙

③ 작용 · 반작용의 법칙

④ 케플러의 법칙

제3과목 : **자동제어**

41. 단위계단(unit step) 함수 $u(t)$의 라플라스 변환은?

① $\dfrac{1}{s}$ ② s

③ $\dfrac{1}{s^2}$ ④ s^2

해설 단위계단 함수란 $t < 0$일 때 $u(t) = 0$이고, $t \geq 0$일 때 $u(t) = 1$이 되는 함수이다.

$$F(s) = \pounds[u(t)] = \int_0^\infty 1 \cdot e^{-st} dt$$

$$= -\frac{1}{s} \cdot [e^{-st}]_0^\infty = -\frac{1}{s}(0-1) = \frac{1}{s}$$

42. 다음 중 되먹임 제어계의 특징을 설명한 것으로 틀린 것은?

① 제어 시스템이 비교적 안정적이다.

② 목표값을 정확히 달성할 수 있다.

③ 제어계의 특성을 향상시킬 수 있다.

④ 오픈 루프 제어가 대표적인 시스템이다.

해설 되먹임 제어는 클로즈드 루프(closed loop) 제어로서 오픈 루프(open loop)와는 다르다.

43. 다음 중 자동제어를 적용한 경우의 특징이 아닌 것은?

① 원자재비 증가   ② 제품 품질의 균일화

③ 연속 작업   ④ 신속한 작업

44. 로터리 인코더가 부착된 DC 서보모터에서 로터리 엔코더가 1회전할 때마다 360개의 펄스 신호가 출력된다고 한다. 이 모터가 회전할 때 로터리 인코더에서 나오는 펄스수를 카운터로 계수하였더니 720개의 펄스수가 계수되었다고 하면 모터는 몇 회전하였는가?

① 0.5회전　　　② 1회전
③ 2회전　　　④ 4회전

45. 온도, 유량, 압력 등을 제어량으로 하는 제어로서 프로세스에 가해지는 외란의 억제를 목적으로 하는 것은?

① 프로세스 제어　② 개루프 제어
③ 서보제어　　　④ 정치제어

46. 열처리로의 온도제어는 어느 것에 속하는가?

① 프로그램 제어　② 정치제어
③ 추종제어　　　④ 비율제어

해설 열처리로(熱處理爐)는 금속을 열처리하기 위해 일정 시간 적정 온도를 유지하고 냉각시키는 작업을 열처리 방법에 따라 다르게 설정하여 동작시켜야 하므로 프로그램 제어방식이 적합하다.

47. 전달 함수의 특성 방정식 $s^2 + 2\zeta\omega_n s + \omega_n^2 = 0$에서 ζ를 제동비(damping ratio)라고 할 때, $\zeta=1$인 경우 생기는 것은?

① 무제동 (non damping)
② 임계제동 (critical damping)
③ 과제동 (over damping)
④ 아제동 (under damping)

해설 특성 방정식의 해를 구하면,
$s_1, s_2 = -\zeta\omega_n \pm j\omega_n\sqrt{1-\zeta^2}$ 이 된다.
$\zeta>1$이면 $s_1, s_2 = -\zeta\omega_n \pm \omega_n\sqrt{\zeta^2-1}$ 이 되어 진동하지 않으면서 목표값에 도달한다.

$0<\zeta<1$이면 $s_1, s_2 = -\zeta\omega_n \pm j\omega_n\sqrt{1-\zeta^2}$ 이 되어 진동하면서 목표값에 도달한다.
$\zeta=1$는 진동하지 않으면서 목표값에 도달하는 최소의 제동비이다. $\zeta=1$인 경우의 제동을 임계제동이라고 한다.

48. 다음 전기식 서보기구에 관한 설명 중 틀린 것은?

① 유압식에 비해 취급이 간단하고 깨끗하다.
② 신호의 전송이 용이하다.
③ 높은 출력이 요구될 경우에는 직류식보다 교류식이 적합하다.
④ 전원을 어디서나 자유롭게 얻을 수 있다.

49. 다음 중 시퀀스 제어와 비교하여 피드백 제어에서만 필요한 장치는?

① 구동장치　　　② 제어장치
③ 입출력 비교장치　④ 입력장치

해설 입출력 비교장치란 피드백된 신호를 입력신호와 비교하여 오차 신호를 발생하는 장치이다.

50. 다음 중 공기압 서비스 유닛에 있는 윤활기의 사용 목적으로 적절한 것은?

① 액추에이터의 구동부의 윤활
② 공기 압축기의 축 윤활
③ 냉각기의 윤활
④ 압축 공기 필터의 윤활

51. PLC의 출력 형식이 아닌 것은?

① 릴레이 출력　　② SSR 출력
③ 변압기 출력　　④ 트렌지스터 출력

52. 제어계에서 전달 함수의 값이 1인 경우의 의미는?

① 입력량에 관계없이 출력은 1이다.

② 입력량이 0일 때, 출력은 1이다.

③ 입력량이 무한대일 때, 출력은 1이다.

④ 입력과 출력의 값이 같다.

해설 전달 함수는 입력과 출력의 비이므로 전달 함수가 1이라는 것은 입력과 출력이 같다는 것이다.

53. 다음 블록선도의 전달 함수의 값은?

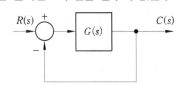

① $1 + \dfrac{1}{G(s)}$ ② $\dfrac{G(s)}{1 - G(s)}$

③ $\dfrac{G(s)}{1 + G(s)}$ ④ $2G(s)$

해설

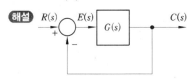

$E(s) = R(s) - C(s)$ ········ ①

$C(s) = E(s) \cdot G(s)$

$E(s) = \dfrac{C(s)}{G(s)}$ ················ ②

식 ②를 식 ①에 대입하면,

$\dfrac{C(s)}{G(s)} = R(s) - C(s)$

$C(s) = R(s)G(s) - C(s)G(s)$

$C(s) + C(s)G(s) = R(s)G(s)$

$(1 + G(s))\,C(s) = R(s)G(s)$

$\dfrac{C(s)}{R(s)} = \dfrac{G(s)}{1 + G(s)}$

54. 다음 중 공기압 서비스 유닛(압축공기 조정 유닛)의 기능으로 적합하지 않은 것은?

① 압축공기 속에 포함된 이물질을 제거한다.

② 진공을 발생시킨다.

③ 공기압 제어밸브와 실린더에 공급되는 압축 공기의 압력을 조절한다.

④ 압축공기 속에 윤활유를 섞어서 공급한다.

해설 공기압 서비스 유닛은 필터, 압력조절기, 윤활기로 구성된다. 진공은 진공발생기로 발생시켜야 한다.

55. 시리얼 통신의 전송 속도를 나타내는 것은?

① bit   ② byte

③ bus   ④ baud

56. 다음 중 PLC에서 가장 많이 사용되고 있는 방식 으로써 릴레이 회로와 유사한 형태로 표시할 수 있 도록 작성하는 프로그래밍 입력 방식은?

① 래더도 방식   ② 명령어 방식

③ 논리기호 방식   ④ 플로차트 방식

57. 되먹임 제어계에서 목표값 또는 기준입력에 대 한 출력의 시간적 변화를 무엇이라고 하는가?

① 진폭 감쇠비   ② 시간 응답

③ 최대 오버슈트   ④ 되먹임

58. 다음 중 서보모터의 관성을 줄이고 기계적 시 상수를 줄이기 위한 조치가 아닌 것은?

① 회전자의 크기를 가능한 크게 한다.

② 코어리스(coreless) 구조로 모터를 만든다.

③ 모터 회전자의 중량을 줄인다.

④ 모터 회전자의 지름을 작게 하고 축 방향 으로 길게 한 구조로 한다.

해설 회전자의 지름을 작게 해야 관성이 작아진다.

59. 다음 중 응답이 최초로 희망값의 50%까지 도달 하는 데 요하는 시간을 무엇이라고 하는가?

① 상승시간(rise time)

② 지연시간(delay time)

③ 응답시간(response time)

④ 정정시간 (setting time)

해설 • 상승시간 : 응답이 희망값의 10%에서부터 90%까지 도달하는 데 필요한 시간
• 지연시간 : 응답이 최초로 희망값의 50%까지 도달하는 데 필요한 시간
• 응답시간 : 응답이 허용오차 범위 내에 들어가는 데 필요한 시간(＝정정시간)

60. 다음 중 유압의 특징이 아닌 것은?

① 소형장치로 큰 힘(출력)이 발생한다.
② 과부하에 대한 안정장치가 간단하고 정확하다.
③ 전기·전자의 조합으로 자동제어가 가능하다.
④ 유온의 영향을 받지 않아 정확한 속도와 제어가 가능하다.

해설 유압유는 온도에 따라 점성이 변하기 때문에 유온에 따라 속도가 변화할 수 있으므로 주의해야 한다.

제4과목 : 메카트로닉스

61. 다음 중 스택 메모리의 특성을 나타낸 것은?

① FIFO 기억장치
② LIFO 기억장치
③ LILO 기억장치
④ FILO 기억장치

해설 스택 메모리는 후입선출 (last in first out) 방식이다. 후입선출은 영문자의 첫 글자를 따서 LIFO로 나타낸다.

62. 120 V의 전압을 가할 때 500 mA의 전류가 흐르는 백열전등의 저항(R)과 전력(P)은 각각 얼마인가?

① $R = 0.24\,\Omega$, $P = 6$ W

② $R = 0.24\,\Omega$, $P = 1.2$ W
③ $R = 240\,\Omega$, $P = 120$ W
④ $R = 240\,\Omega$, $P = 60$ W

해설 $R = \dfrac{V}{I} = \dfrac{120}{0.5} = 240\,\Omega$
$P = VI = 120 \times 0.5 = 60$ W

63. 다음 회로에서 저항 $R_2\,[\Omega]$의 전압 강하 V_2 [V]는 몇 볼트(V)인가?

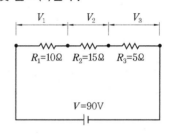

① 20　　② 30　　③ 45　　④ 60

해설 전압분배의 법칙에 의해서
$V_2 = 90 \times \dfrac{15}{10+15+5} = 90 \times \dfrac{15}{30} = 45$ V

64. 전하들 사이에는 서로 끌어당기거나 미는 힘이 존재하는데 이러한 힘을 무엇이라 하는가?

① 전기력　　② 자기력
③ 전력　　　④ 중력

65. 공작물을 양극으로 하고, 전기저항이 적은 Cu, Zn을 음극으로 하여 전해액 속에 넣으면 공작물 표면이 전기분해되어 매끈한 면을 얻을 수 있는 가공 방법은?

① 전해연마　　② 보링작업
③ 연삭작업　　④ 쇼트 피닝

66. 메카트로닉스의 구성 요소 중 측정하고자 하는 여러 가지 물리적 양 또는 화학적 양을 감지하여 이를 전기량으로 변화하는 것은?

---

① 컴퓨터   ② 센서
③ 액추에이터   ④ 메커니즘

67. 제작도의 지시선 부분을 보니 '2-M6 TAP 관통'으로 표기되어 있다. 수기가공을 할 경우, 공정수순이 맞는 것은?

① 금긋기 → 펀칭 → 드릴링 → 태핑
② 펀칭 → 금긋기 → 드릴링 → 태핑
③ 금긋기 → 드릴링 → 펀칭 → 태핑
④ 펀칭 → 드릴링 → 태핑 → 금긋기

68. 서보모터에 대한 설명 중 보통의 전동기와 비교하여 잘못된 것은?

① 시동, 정지 및 역전의 동작을 자주 반복한다.
② 정확한 제동 특성을 가져야 한다.
③ 높은 신뢰도가 필요하다.
④ 회전방향에 따라 특성의 차이가 많아야 한다.

해설 서보모터는 방향이나 속도를 제어할 목적으로 사용되므로 어떤 방향으로 회진되더라도 특성의 차이 없이 제어되어야 한다.

69. 마이크로프로세서를 구성하는 주요 부분 중 메모리보다 매우 빠르게 정보를 읽거나 쓸 수 있는 작은 규모의 기억장치는?

① 레지스터   ② ALU
③ 제어부   ④ 내부 버스

70. 열전대에 관한 설명 중 틀린 것은?

① 서로 다른 2개의 금속을 접합한 후 접합부에 온도를 인가한다.
② 제백(seebeck) 효과를 이용한다.
③ 사용 소재에 따라 NTC형, PTC형으로 구분된다.

④ 구조가 단순하고 기계적으로 강하다.

해설 NTC형, PTC형으로 구분되는 것은 반도체 감온소자인 서미스터이다.

71. 프로그래밍 언어 중에서 가장 인간이 사용하기에 편리하도록 인간 중심으로 만든 언어로서 인간이 문제를 기술하는 언어와 가장 유사하게 만든 언어를 무엇이라고 하는가?

① 기계어   ② 컴파일러어
③ 어셈블리어   ④ 제너레이터

72. 연산 증폭기를 이용한 적분기에서 궤환경로는 무엇으로 구성되는가?

① 저항
② 커패시터
③ 직렬로 연결된 저항과 커패시터
④ 병렬로 연결된 저항과 커패시터

해설 그림과 같이 궤환경로는 커패시터로 구성된다.

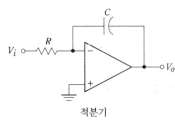

적분기

73. JK 플립플롭(flip-flop)의 입력 신호가 $J=0$, $K=1$일 때 출력 Q는?

① 불변   ② 1 (set)
③ 0 (reset)   ④ 토글 (toggle)

해설 JK 플립플롭의 출력

J	K	출력
0	0	불변
0	1	0
1	0	1
1	1	토글

2012

74. 다음 중 선반 작업에서 4개의 조(jaw)가 각각 별도로 움직여 불규칙한 공작물을 고정할 때 쓰이는 척은?

① 단동 척
② 연동 척
③ 마그네틱 척
④ 콜릿 척

75. 선반에서 구멍과 바깥지름을 동심으로 가공하고자 할 때 사용되는 부속품은?

① 척
② 방진구
③ 심봉
④ 돌림판

76. 스테핑 모터에서 펄스 한 개당 3.6°를 회전할 때 한 바퀴를 회전하려면 몇 개의 펄스를 인가해야 하는가?

① 50개
② 90개
③ 100개
④ 180개

해설 $\dfrac{360}{3.6} = 100$

77. 다음 중 정전압 회로에 주로 사용되는 소자로 바이어스 전류 − 전압 특성을 가지고 있으며, 다음 그림의 기호와 같이 표시되는 다이오드는?

① 반도체 접합 다이오드
② 제너 다이오드
③ 포토 다이오드
④ 버랙터 다이오드

78. 데이터를 송수신할 때 발생하는 에러를 쉽게 검출하기 위해 사용되는 비트는?

① 스타트
② 패리티
③ 플래그
④ 스톱

79. 다음 중 설명이 틀린 것은?

① 도체의 저항은 도체 단면적에 반비례한다.
② 콘덴서에 전압을 가하는 순간에 콘덴서는 단락 상태가 된다.
③ 고유저항의 단위는 Ω / m 이다.
④ 같은 부호의 전하끼리는 반발력을 갖는다.

해설 고유저항의 단위는 $\Omega \cdot \mathrm{m}$ 이다.

80. 4비트 D/A 변환기의 백분율 분해능(%)은?

① 2.67
② 4.67
③ 6.67
④ 8.67

생산자동화산업기사 필기

2013년

출제문제

2013년 3월 10일 시행

자격종목 및 등급(선택분야)	종목코드	시험시간	문제지형별	수검번호	성 명
생산자동화산업기사	2034	2시간	A		

제1과목 : 기계가공법 및 안전관리

1. 연삭숫돌의 자생작용이 잘되지 않아 입자가 납작해져서 날이 둔화되는 무딤 현상은?

① 글레이징(glazing) ② 로딩(loading)
③ 드레싱(dressing) ④ 트루잉(truing)

해설 자생작용이 잘 되지 않는다는 것은 무뎌진 입자가 탈락되지 않아 연삭숫돌의 표면이 매끄러워지는 것이며, 이런 현상을 글레이징이라 한다. 글레이징이란 본래 "유리를 끼우다"라는 의미인데, 연삭가공에서는 연삭숫돌의 '무딤 현상'을 말한다.

2. 3침법이란 수나사의 무엇을 측정하는 방법인가?

① 골지름 ② 피치
③ 유효지름 ④ 바깥지름

3. 초경합금 공구에 내마모성과 내열성을 향상시키기 위하여 피복하는 재질이 아닌 것은?

① TiC ② TiAl
③ TiN ④ TiCN

해설 피복 초경합금 공구는 TiC, TiCN, TiN, Al_2O_3 등을 2~15 μm 의 두께로 피복하여 사용하는 절삭 공구이다.

4. 광물 섬유를 화학적으로 처리하여 원액에 80% 정도의 물을 혼합하여 사용하며, 점성이 낮고 비

열과 냉각 효과가 큰 절삭유는?

① 지방질유 ② 광유
③ 유화유 ④ 수용성 절삭유

5. 작업장에서 무거운 짐을 들고 운반 작업을 할 때의 설명으로 부적합한 것은?

① 짐은 가급적 몸 가까이 가져온다.
② 가능한 상체를 곧게 세우고 등을 반듯이 하여 들어 올린다.
③ 짐을 들어 올릴 때 충격이 없어야 한다.
④ 짐은 무릎을 굽힌 자세에서 들고 편 자세에서 내려놓는다.

6. 니 칼럼형 밀링머신에서 테이블의 상하 이동거리가 400 mm이고, 새들의 전후 이동거리는 200 mm라면 호칭번호는 몇 번에 해당하는가? (단, 테이블의 좌우 이동거리는 550 mm이다.)

① 1번 ② 2번 ③ 3번 ④ 4번

해설 밀링머신의 규격

구분	테이블의 좌우 이동범위	새들의 전후 이동범위	니의 상하 이동범위
No.0	450	150	300
No.1	550	200	400
No.2	700	250	400
No.3	850	300	450
No.4	1050	350	450
No.5	1250	400	500

7. 다음 중 수기가공 시 작업 안전 수칙에 맞는 것은?

① 드라이버의 날 끝은 뾰족한 것이어야 하며, 이가 빠지거나 동그랗게 된 것은 사용하지 않는다.
② 정을 잡은 손은 힘을 주고 처음에는 가볍게 때리고 점차 힘을 가하도록 한다.
③ 스패너는 가급적 손잡이가 짧은 것을 사용하는 것이 좋으며, 스패너의 자루에 파이프 등을 연결하여 사용하는 것이 좋다.
④ 톱날은 틀에 끼워 두세 번 사용한 후 다시 조정을 하고 절단한다.

8. 전기도금과 반대 현상을 이용한 가공으로 알루미늄 소재 등 거울과 같이 광택이 있는 가공면을 비교적 쉽게 가공할 수 있는 것은?

① 방전가공 ② 전해연마
③ 액체 호닝 ④ 레이저 가공

9. 다음 중 선반의 규격을 가장 잘 나타낸 것은?

① 선반의 총중량과 원동기의 마력
② 깎을 수 있는 일감의 최대 지름
③ 선반의 높이와 베드의 길이
④ 주축대의 구조와 베드의 길이

해설 선반의 규격은 스윙과 양 센터 간의 최대 거리로 나타낸다. 여기서, 스윙이란 깎을 수 있는 일감의 최대 지름을 말한다.

10. 구성인선(built up edge) 방지대책으로 잘못된 것은?

① 이송량을 감소시키고 절삭 깊이를 깊게 한다.
② 공구경사각을 크게 주고 고속 절삭을 실시한다.
③ 세라믹 공구(ceramic tool)를 사용하는 것이 좋다.

④ 공구면의 마찰계수를 감소시켜 칩의 흐름을 원활하게 한다.

11. 밀링 작업에서 스핀의 앞면에 있는 24구멍의 직접 분할판을 사용하여 분할하며 이때 웜을 아래로 내려 스핀들의 웜 휠과 물림을 끊는 분할법은?

① 간접 분할법
② 직접 분할법
③ 차동 분할법
④ 단식 분할법

12. $+4\,\mu m$의 오차가 있는 호칭 치수 30 mm의 게이지 블록과 다이얼 게이지를 사용하여 비교 측정한 결과 30.274 mm를 얻었다면 실제 치수는?

① 30.278 mm ② 30.270 mm
③ 30.266 mm ④ 30.282 mm

해설 비교 측정은 게이지 블록에 오차가 없다고 가정하고 측정한 것이므로 게이지의 오차가 $+4\,\mu m$라면 측정한 값에도 $4\,\mu m$를 더해서 치수를 구해야 한다.

13. 슈퍼 피니싱(super finishing)의 특징과 거리가 먼 것은?

① 진폭이 수 mm이고 진동수가 매분 수백에서 수천의 값을 가진다.
② 가공열의 발생이 적고 가공 변질층도 작으므로 가공면 특성이 양호하다.
③ 다듬질 표면은 마찰계수가 작고, 내마멸성, 내식성이 우수하다.
④ 입도가 비교적 크고, 경한 숫돌에 고압으로 가압하여 연마하는 방법이다.

해설 슈퍼 피니싱은 정밀 롤러와 같이 매우 평활하고 방향성이 없는 표면을 얻는 데 사용된다. 연삭에서보다 결합도가 낮은 숫돌을 사용하며, 호닝에서보다 낮은 압력으로 가압하며 가공한다.

14. 다음 중 기어를 절삭하는 공작기계는?

① 호빙 머신
② CNC 선반
③ 지그 그라인딩 머신
④ 래핑 머신

> **해설** 호빙 머신은 호브(hob)라고 하는 공구를 사용하여 기어를 절삭하는 공작기계이다.

15. 주축이 수평하며, 칼럼, 니, 테이블 및 오버암 등으로 되어 있고 새들 위에 선회대가 있어 테이블을 수평면 내에서 임의의 각도로 회전할 수 있는 밀링머신은?

① 모방 밀링머신
② 만능 밀링머신
③ 나사 밀링머신
④ 수직 밀링머신

16. 선반 작업에서 공구 절인의 선단에서 바이트 밑면에 평행한 수평면과 경사면이 형성하는 각도는?

① 여유각
② 측면 절인각
③ 측면 여유각
④ 경사각

> **해설** 공구 절인의 선단이란 공구의 날 끝을 말한다. 경사각의 위치는 그림과 같다.

경사각

17. 투영기에 의해 측정할 수 있는 것은?

① 진원도 측정
② 진직도 측정
③ 각도 측정
④ 원주 흔들림 측정

18. 드릴 작업에서 너트나 볼트 머리에 접하는 면을 편평하게 하여 그 자리를 만드는 작업은?

① 카운터 싱킹
② 스폿 페이싱
③ 태평
④ 리밍

> **해설** 공작물의 표면에 있는 흑피를 깎거나 구멍 주변을 편평하게 하여 볼트가 자리를 잡도록 한다.

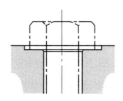

19. 나사의 피치나 나사산의 반각과 유효지름 등을 광학적으로 쉽게 측정할 수 있는 것은?

① 공구 현미경
② 오토 콜리메이터
③ 촉침식 측정기
④ 옵티컬 플랫

20. 다음 센터리스 연삭기의 장·단점에 대한 설명 중 틀린 것은?

① 센터가 필요하지 않아 센터 구멍을 가공할 필요가 없고, 속이 빈 가공물을 연삭할 때 편리하다.
② 긴 홈이 있는 가공물이나 대형 또는 중량물의 연삭이 가능하다.
③ 연삭숫돌 폭보다 넓은 가공물을 플런지 컷 방식으로 연삭할 수 없다.
④ 연삭숫돌의 폭이 크므로, 연삭숫돌 지름의 마멸이 적고 수명이 길다.

> **해설** 센터리스 연삭기는 지지대와 조정 숫돌을 사용하여 자동으로 공작물이 이송되면서 연삭되는 방식이므로 대형 또는 중량물의 작업은 곤란하다. 또한 공작물의 원주면에 접하는 지지대가 있으므로 긴 홈이 있어도 작업이 곤란하다.

제2과목 : 기계제도 및 기초공학

21. 다음 중 MMC(최대실체조건) 원리가 적용될

수 있는 기하공차는?

① 진원도   ② 위치도
③ 원주 흔들림   ④ 원통도

22. 도면에서 다음에 열거한 선이 같은 장소에 중복되었다. 어느 선으로 표시하여야 하는가?

> 치수 보조선, 절단선, 무게 중심선, 중심선

① 무게 중심선   ② 중심선
③ 치수 보조선   ④ 절단선

[해설] 선의 우선순위 : 외형선＞숨은선＞절단선＞중심선＞무게 중심선＞치수 보조선

23. 나사의 종류를 표시하는 다음 기호 중에서 미터 사다리꼴 나사를 표시하는 것은?

① R   ② M
③ Tr   ④ UNC

[해설] • R : 관용 테이퍼 나사
• M : 미터 보통 나사
• Tr : 미터 사다리꼴 나사
• UNC : 유니파이 보통나사

24. 어떤 치수가 $50^{+0.035}_{-0.012}$일 때 치수공차는 얼마인가?

① 0.023   ② 0.035
③ 0.047   ④ 0.012

[해설] 치수공차＝0.035－(－0.012)＝0.047

25. 그림과 같은 입체도를 화살표 방향에서 본 투상도로 가장 적합한 것은?

①   ②

③   ④

26. 스플릿 테이퍼 핀의 호칭 방법으로 옳게 나타낸 것은?

① 규격 명칭, 호칭지름×호칭길이, 재료, 지정사항
② 규격 명칭, 등급, 호칭지름×호칭길이, 재료
③ 규격 명칭, 재료, 호칭지름×호칭길이, 등급
④ 규격 명칭, 재료, 호칭지름×호칭길이, 지정사항

27. 기계구조용 합금강 강재 중 크로뮴 몰리브데넘강에 해당하는 것은?

① SMn   ② SMnC
③ SCr   ④ SCM

28. 다음 중 가공 방법의 기호를 옳게 나타낸 것은?

① 브로칭가공－BR
② 스크레이핑 다듬질－SB
③ 래핑 다듬질－BR
④ 평면 연삭가공－GBS

[해설] • 브로칭가공－BR
• 스크레이핑 다듬질－FS
• 래핑 다듬질－FL
• 평면 연삭가공－G

29. 그림과 같은 투상도는 제3각법 정투상도이다. 우측면도로 가장 적합한 것은?

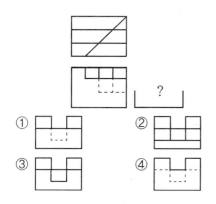

① 2,200   ② 12,130
③ 13,310   ④ 16,130

해설 $V = V_1 - V_2$
$$= \frac{\pi \times 30^2}{4} \times 20 - 10 \times 10 \times 20$$
$$= 14,130 - 2,000 = 12,130 \text{ mm}^3$$

30. 제3각법으로 투상되는 그림과 같은 투상도의 좌측면도로 가장 적합한 것은?

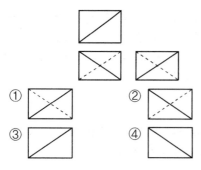

33. 20 kgf의 힘을 가하여 원형 핸들을 돌릴 때 발생한 토크가 10 kgf·m이었다면 이 핸들의 지름은?

① 5 cm   ② 10 cm
③ 50 cm   ④ 100 cm

해설 토크(T)는 힘(F)과 회전 중심(O)에서 힘까지의 수직거리(l)의 곱이다. $T = F \times l$

원형 핸들의 경우 회전 중심은 핸들의 중심(O)이고 힘(F)까지의 수직거리는 핸들의 반지름 $\left(\frac{D}{2} \right)$이 된다.

$$T = 10 = 20 \times \frac{D}{2}, \ D = 1 \text{ m} = 100 \text{ cm}$$

31. 110 V용 전기모터에 5 A의 전류가 흐르고 있다. 이 전기모터를 2시간 동안 작동시켰을 때의 소비 전력량은 얼마인가?

① 1.1 kWh   ② 2.1 kWh
③ 3.1 kWh   ④ 4.1 kWh

해설 전력(W) = 전압(V)×전류(A)
전력량(Wh) = 전압(V)×전류(A)×시간(h)
소비 전력량 = 110 V×5 A×2 h
            = 1,100 Wh = 1.1 kWh

34. 길이를 일정하게 하고 도선의 반지름을 2배로 늘리면 저항은 어떻게 되는가?

① $\frac{1}{4}$로 감소   ② $\frac{1}{2}$로 감소

32. 그림과 같은 지름 30 mm, 높이 20 mm의 원기둥에 한 변의 길이가 10 mm인 정사각형 구멍이 관통되어 있을 때 부피는 몇 mm³인가?(단, π는 3.14로 한다.)

③ 2배로 증가   ④ 4배로 증가

해설 도선의 저항은 길이에 비례하고 단면적에 반비례한다. 반지름이 2배가 되면 단면적은 $2^2 = 4$배가 되므로 저항은 $\dfrac{1}{4}$로 감소된다.

35. 같은 크기의 두 힘이 한 물체에 작용할 때 합력의 크기가 가장 큰 것은?

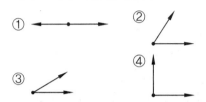

해설 두 힘이 같은 방향으로 작용할수록 합력이 커지고 반대 방향으로 작용할수록 두 힘이 상쇄되어 작아진다.

36. 가위로 물체를 자르거나 전단기로 철판을 절단할 경우에 주로 생기는 응력은?

① 인장응력   ② 압축응력
③ 전단응력   ④ 비틀림응력

37. 1 kW의 동력을 일의 단위로 나타내면 얼마인가?

① 98 kgf·m/s   ② 102 kgf·m/s
③ 112 kgf·m/s   ④ 130 kgf·m/s

해설 $1\,\text{kW} = 1,000\,\text{W} = 1,000\,\text{N} \cdot \text{m/s}$
$= 1,000\,(\text{kg} \cdot \text{m/s}^2) \cdot (\text{m/s})$
$= \dfrac{1,000}{9.8} \times 9.8\,(\text{kg} \cdot \text{m/s}^2) \cdot (\text{m/s})$
$= \dfrac{1,000}{9.8}\,(9.8\,\text{kg} \cdot \text{m/s}^2) \cdot (\text{m/s})$
$= \dfrac{1,000}{9.8}\,\text{kgf} \cdot \text{m/s} = 102\,\text{kgf} \cdot \text{m/s}$

참고 $1\,\text{kgf} = 9.8\,\text{kg} \cdot \text{m/s}^2$

38. 질량 6 kg인 어떤 물체가 힘을 받아 3 m/s²만큼 가속되었다. 이 물체에 가해진 힘을 구하면?

① 2 N   ② 18 N
③ 36 N   ④ 54 N

해설 $F = m \cdot a = 6\,\text{kg} \times 3\,\text{m/s}^2 = 18\,\text{N}$

39. 밀폐된 액체의 경우 가해진 압력은 그 크기가 변함없이 액체 내의 모든 곳에 똑같은 크기로 전달되는 원리는?

① 베르누이의 원리
② 파스칼의 원리
③ 보일-샤를의 원리
④ 질량 보존의 원리

40. 다음 중 압력 10 kgf/cm²를 SI 단위계로 나타낸 것은?

① 100 kPa   ② 980 kPa
③ 980 MPa   ④ 100 MPa

해설 $10\left(\dfrac{\text{kgf}}{\text{cm}^2}\right) = 10\left(\dfrac{9.8\,\text{kg} \cdot \text{m/s}^2}{\text{cm}^2}\right)$
$= 10\left(\dfrac{9.8\,\text{N}}{\text{cm}^2}\right)$
$= 10\left(\dfrac{9.8\,\text{N}}{10^{-4}\,\text{m}^2}\right) = \dfrac{10 \times 9.8}{10^{-4}}\,\text{Pa}$
$= 9.8 \times 10^5\,\text{Pa} = 9.8 \times 10^2\,\text{kPa} = 980\,\text{kPa}$

제3과목 : 자동제어

41. 제어계의 시간역에서의 성능에 해당되지 않는 것은?

① 퍼센트 오버슈트   ② 정착시간
③ 상승시간   ④ 감도

42. DC 서보모터의 설계 시 응답을 개선하기 위하여 고려할 사항이 아닌 것은?

① 전기적 시정수(인덕턴스/저항)를 크게 한다.
② 기계적 시정수를 작게 한다.
③ 순시 최대 토크까지의 직선성을 높인다.
④ 토크 맥동을 작게 한다.

해설 시정수가 크다는 것은 응답이 느리다는 것이다. 서보모터는 시정수를 줄여서 응답이 빨라지도록 설계되어야 한다.

43. 전자계전기 자신의 a접점을 이용하여 회로를 구성하여 스스로 동작을 유지하는 회로는?

① 우선회로　　　② 순차회로
③ 자기유지회로　　④ 유극회로

44. PC 기반제어에 대해 잘못 설명한 것은?

① 특별한 가동 조건에서의 시뮬레이션이 가능하다.
② 제어 시스템의 일부분만 교체하는 것은 불가능하다.
③ 아날로그 신호를 샘플링하여 모니터링하는 것이 가능하다.
④ 제어신호와 데이터를 외부 컴퓨터와 연결하는 것이 용이하다.

해설 PC 기반제어는 범용 하드웨어와 소프트웨어를 사용하며 일반적인 데이터 통신 구조를 갖고 있으므로 시스템을 변경하거나 확장할 때 제어 시스템의 일부분만 교체하거나 소프트웨어만 수정하기도 한다.

45. 제어계에 있어서 제어량을 지배하기 위해서 제어 대상에 가하는 양은?

① 기준압력　　　② 동작신호
③ 제어량　　　　④ 조작량

46. 제어계의 응답이 빠르지 않지만 잔류편차를 없앨 수 있는 장점을 가지는 제어동작은?

① 비례제어　　　② 적분제어
③ 미분제어　　　④ 비례적분미분제어

47. 다음 전달 함수에 대한 설명 중 옳지 않은 것은?

$$G(s) = K_p\left(1 + \frac{1}{sT_i} + sT_D\right)$$

① K_p를 조절기의 비례이득이라고 한다.
② T_D는 리셋률(reset rate)이라 한다.
③ T_i는 적분시간이다.
④ 이 조절기는 비례적분미분 동작조절기이다.

해설 T_D는 미분시간이다. 리셋률은 $\frac{1}{T_i}$이다.

48. 상수 K를 라플라스 변환한 값은?

① $\frac{1}{K}$　　　② K^2
③ $\frac{K}{s}$　　　④ $\frac{K}{s^2}$

해설 $f(t) = K$일 때
$$\mathcal{L}[f(t)] = F(s) = K\int_0^\infty 1 \cdot e^{-st}dt$$
$$= -\frac{K}{s}[e^{-st}]_0^\infty = -\frac{K}{s}(0-1) = \frac{K}{s}$$

49. 다음 중 가변 용량형이면서 양방향 유동인 유압펌프의 기호는?

50. 다음 중 PLC에서 사용하는 프로그래밍 방식이 아닌 것은?

① 래더 다이어그램
② 명령어
③ 순서도
④ 클램프

51. 다음의 관계식 중 옳지 않은 것은?

① $\lim_{t \to 0} f(t) = \lim_{s \to 0} sF(s)$

② $\lim_{t \to \infty} f(t) = \lim_{s \to 0} sF(s)$

③ $\mathcal{L}[af_1(t) \pm bf_2(t)] = aF_1(s) \pm bF_2(s)$

④ $\mathcal{L}\left[f\left(\dfrac{t}{a}\right)\right] = aF(as), \ (a > 0)$

해설 라플라스 변환의 초깃값 정리이다.
$$\lim_{t \to 0} f(t) = \lim_{s \to \infty} sF(s)$$

52. 로봇 관절을 위치(각도)제어하려고 할 때 흔히 쓰이는 센서가 아닌 것은?

① 인코더　　　　② 포텐셔미터
③ 스트레인 게이지　④ 리졸버

해설 스트레인 게이지는 일반적으로 변형이나 하중을 측정하는 데 사용된다.

53. 다음 그림에서 서보기구의 제어방식으로 맞는 것은?

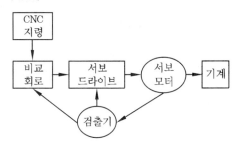

① 개방회로 방식
② 반폐쇄회로 방식
③ 폐쇄회로 방식
④ 하이브리드 방식

54. 그림에서 전달 함수 G 는?

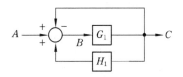

① $\dfrac{G_1}{1 + H_1 G_1 - G_1}$　② $\dfrac{G_1}{1 + G_1 - G_1 H_1}$

③ $\dfrac{G_1 A}{1 + H_1 G_1 - G_1}$　④ $\dfrac{G_1 A}{1 + A G_1 - G_1 H_1}$

해설 $B = A + H_1 C - C$ ·····················①

$C = G_1 B$

$B = \dfrac{C}{G_1}$ ·····················②

식 ①의 B에 식 ②를 대입하면,

$\dfrac{C}{G_1} = A - C + H_1 C$

$\dfrac{C}{G_1} + C - H_1 C = A$

양변에 G_1을 곱하면,

$C + G_1 C - G_1 H_1 C = G_1 A$

$(1 + G_1 - G_1 H_1) C = G_1 A$

전달 함수를 구하면,

$\dfrac{C}{A} = \dfrac{G_1}{1 + G_1 - G_1 H_1}$

55. 다음 중 전자력을 이용하여 유체의 방향을 제어하는 조작방식으로 사용되는 것은?

① 솔레노이드 밸브
② 공기압 작동 밸브
③ 기계 작동 밸브
④ 수동 방식

56. 다음 중 서보기구의 제어량으로 가장 적합한 것은?

① 위치, 방향, 자세
② 온도, 유량, 압력

③ 조성, 품질, 효율

④ 각도, 유량, 품질

57. 다음 중 서보공압장치의 특징에 대한 설명으로 적합하지 않은 것은?

① 실린더 이동 속도가 빠르다.

② 표준품 실린더를 사용하기 때문에 행정거리의 조절이 어렵다.

③ 높은 위치 정밀도를 구현할 수 있다.

④ 구동장치가 견고하다.

58. 다음 중 서보모터에 사용되고 있는 회전 속도 검출기로 적합하지 않은 것은?

① 인코더   ② 태코 제너레이터

③ 리밋 스위치   ④ 리졸버

59. 전압, 주파수를 제어량으로 하고 목표값을 장시간 일정하게 유지하도록 하는 제어는?

① 추종제어   ② 비율제어

③ 자동조정   ④ 서보기구

60. 제어계의 응답에서 처음 희망하는 값의 10%에서 90%까지 도달하는 데 필요한 시간을 의미하는 용어는?

① 오버슈트   ② 지연시간

③ 응답시간   ④ 상승시간

제4과목 : 메카트로닉스

61. 다음 논리식 $Z = \overline{(\overline{A} + C)(B + \overline{D})}$ 를 간소화한 것은?

① $(A \cdot \overline{C}) + (\overline{B} \cdot D)$

② $(A \cdot C) + (B \cdot \overline{D})$

③ $(A \cdot \overline{C}) + (\overline{B} \cdot D)$

④ $(\overline{A} + C) \cdot (B + \overline{D})$

해설
$$Z = \overline{(\overline{A} + C)(B + \overline{D})}$$
$$= \overline{(\overline{A} + C)} + \overline{(B + \overline{D})}$$
$$= (A \cdot \overline{C}) + (\overline{B} \cdot D)$$

62. 버스 구조를 하드웨어적으로 구현이 가능하게 해주는 핵심 디지털 논리 소자는?

① 쇼트키 TTL

② 인코더

③ 멀티플렉서

④ 3상태 버퍼

63. 다음 설명 중 틀린 것은?

① 코일은 직렬로 연결할수록 인덕턴스가 커진다.

② 콘덴서는 직렬로 연결할수록 용량이 커진다.

③ 저항은 병렬로 연결할수록 저항이 작아진다.

④ 리액턴스는 주파수의 함수이다.

해설 콘덴서를 직렬로 연결하면 용량이 작아진다. 콘덴서를 직렬 연결하는 경우의 합성 정전 용량(C)은 다음과 같다.
$$\frac{1}{C} = \frac{1}{C_1} + \frac{1}{C_2} + \frac{1}{C_3} + \cdots$$
콘덴서를 병렬 연결하는 경우의 합성 정전 용량(C)은 다음과 같다.
$$C = C_1 + C_2 + C_3 + \cdots$$

64. 마이크로프로세서에서 어드레스 핀이 16개이면 몇 개의 번지를 직접 지정할 수 있는가?

① 16   ② 256

③ 1,024   ④ 65,536

2013

해설 $2^{16} = 65,536$

65. 다음 중 자동차 부품의 일종으로 노면에서 전달되는 충격을 댐퍼 등과 병용하여 충격과 진동을 완화시키는 것은?

① 나사   ② 기어
③ 스프링   ④ 폴리

66. 다음 그림과 같은 파형의 주파수는?

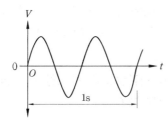

① 1 Hz   ② 2 Hz   ③ 4 Hz   ④ 8 Hz

해설 주파수를 나타내는 단위인 Hz는 1초에 몇 사이클인지를 나타낸다. 1초에 2사이클이면 2 Hz 이다.

67. 컴퓨터를 이용한 설계 작업(CAD)의 효과라고 볼 수 없는 것은?

① 생산성이 향상된다.
② 설계 해석이 어렵다.
③ 설계 시간이 단축된다.
④ 설계의 신뢰성이 향상된다.

68. 다음 논리도에 관한 논리식은?

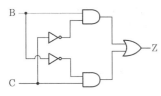

① $Z = (\overline{B} + \overline{C})BC$
② $Z = BC + \overline{B}\,\overline{C}$

③ $Z = B \odot C$
④ $Z = B \oplus C$

해설 XOR(exclusive-NOR) 회로이다.
$Z = \overline{B}C + B\overline{C} = B \oplus C$ 이다.

69. 서보시스템에서 어떤 신호의 출력값이 처음으로 목표값에 도달하는 데 걸리는 시간이 0.3초라면 지연시간은?

① 0.1초   ② 0.15초
③ 0.2초   ④ 0.25초

해설 지연시간은 목표값의 50%에 도달하는 데 걸리는 시간이므로 목표값에 도달하는 데 0.3초가 걸린다면 지연시간은 0.3/2=0.15초이다.

70. 다음 [보기]와 같은 기계 제작 공정이 필요할 경우 올바른 작업 순서는?

┌─────────── [보기] ───────────┐
① 제작도   ② 설계
③ 기계가공   ④ 시험검사
⑤ 조립
└────────────────────────────┘

① ① → ② → ③ → ④ → ⑤
② ② → ① → ④ → ⑤ → ③
③ ② → ① → ③ → ⑤ → ④
④ ④ → ② → ① → ③ → ⑤

71. 다음 중 센터리스 연삭기에 대한 설명으로 옳은 것은?

① 중공 공작물 연삭은 불가능하다.
② 고도의 숙련 작업을 요구한다.
③ 가늘고 긴 공장물 연삭은 불가능하다.
④ 긴 홈이 있는 공작물 연삭은 불가능하다.

72. 직류 전류에 의해 발생되는 전기장은?

① 극성이 변하지 않는 교번자장

② 극성이 변하고 일정한 자장
③ 극성이 변하지 않는 일정한 자장
④ 연속적으로 극성이 변하는 교번자장

73. 다음 표와 같이 스테핑 모터를 구동하는 방식을 무엇이라 하는가?

스텝	A	B	$\overline{A}$	$\overline{B}$
0	ON			
1		ON		
2			ON	
3				ON
0	ON			
1		ON		

① 1상 여자 방식
② 2상 여자 방식
③ 1-2상 여자 방식
④ 3상 여자 방식

74. 18°의 스텝각을 갖는 스테핑 모터에서 분당 펄스수가 600인 경우 회전수(rpm)는 얼마인가?

① 10   ② 12   ③ 30   ④ 120

해설 스텝각이 18°라면 1회전에 필요한 펄스수는 20펄스이다. 분당 600펄스를 입력한다면 회전수는 $\dfrac{600\,\text{pulse/min}}{20\,\text{min/rev}} = 30\,\text{rpm}$ 이 된다.

75. 다음 중 A / D 변환기를 사용하지 않는 것은?

① 추종 비교형 변환기
② 래더형 변환기
③ 축차 비교형 변환기
④ 병렬 비교형 변환기

76. 다음의 명령어 중 서브 루틴으로부터 원래의 프로그램으로 돌아가는 데 사용하는 명령은?

① RET   ② RRA
③ RLD   ④ LOOP

77. 자장 속에서 도선에 전류가 흐를 때 전류가 받는 힘의 크기와 거리가 먼 것은?

① 전류의 세기에 비례한다.
② 자장의 세기에 반비례한다.
③ 자장 속에 있는 도선의 길이에 비례한다.
④ 직각일 때 힘의 크기는 최대가 된다.

78. 기계적 변위량(길이, 각도)을 저항 변화로 검출하는 센서는?

① Potentiometer
② Photo transistor
③ Thermocouple
④ Tacho generator

79. 대상물이 가지고 있는 온도의 정보를 감지하는 센서는?

① 습도 센서   ② 자기 센서
③ 온도 센서   ④ 음파 센서

80. 다음 중 가속도 센서의 응용 범위가 아닌 것은?

① 자동차 급브레이크 검출
② 노크음 검출
③ 기계 이상진동 검출
④ 타코미터

2013년 6월 2일 시행

자격종목 및 등급(선택분야)	종목코드	시험시간	문제지형별	수검번호	성 명
생산자동화산업기사	**2034**	**2시간**	**A**		

제1과목 : 기계가공법 및 안전관리

1. 허용한계치수의 해석에서 "통과 측에는 모든 치수 또는 결정량이 동시에 검사되고, 정지 측에는 각각의 치수가 개개로 검사되어야 한다"는 무슨 원리인가?

① 아베(Abbe)의 원리
② 테일러(Taylor)의 원리
③ 헤르츠(Hertz)의 원리
④ 훅(Hook)의 원리

2. 밀링 작업에서 상향절삭과 하향절삭의 특징을 비교했을 때 상향절삭에 해당하는 것은?

① 동력의 소비가 적다.
② 마찰열의 작용으로 가공면이 거칠다.
③ 가공할 때 충격이 있어 높은 강성이 필요하다.
④ 뒤틈(backlash) 제거장치가 없으면 가공이 곤란하다.

> **해설** 상향절삭은 절삭날의 진행 방향과 공작물의 이송 방향이 반대이므로 절삭 저항이 커서 동력의 소비가 많으며, 절삭 중 날과 공작물의 마찰이 많으므로 날의 마모가 많아 공구의 수명이 짧아지고 마찰열이 크므로 가공면이 거칠다.

3. 윤활 방법 중 무명이나 털 등을 섞어 만든 패드의 일부를 기름통에 담가 저널의 아랫면에 모세관

현상을 이용하여 급유하는 것은?

① 적하 급유 (drop feed oiling)
② 비말 급유 (splash oiling)
③ 패드 급유 (pad oiling)
④ 강제 급유 (oil bath oiling)

4. 선반에서 원형 단면을 가진 일감의 지름 100 mm인 탄소강을 매분 회전수 314 r/min(=rpm)으로 가공할 때, 절삭 저항력이 736 N이었다. 이때 선반의 절삭 효율을 80%라 하면 필요한 절삭 동력은 약 몇 PS인가?

① 1.1 ② 2.1 ③ 4.4 ④ 6.2

> **해설** 일감의 지름을 D, 회전수를 n, 절삭 저항력을 P, 절삭 효율을 η라고 하면,
>
> 절삭 속도 $v = \dfrac{\pi D n}{1,000}$
>
> $\qquad = \dfrac{3.14 \times 100 \times 314}{1,000} = 98.6$
>
> 절삭 동력 $N = \dfrac{Pv}{75 \times 9.81 \times 60 \times \eta}$
>
> $\qquad = \dfrac{736 \times 98.6}{75 \times 9.81 \times 60 \times 0.8} = 2.1$

5. 선반에서 지름 125 mm, 길이 350 mm인 연강봉을 초경합금바이트로 절삭하려고 한다. 분당 회전수(r/min=rpm)는 약 얼마인가? (단, 절삭 속도는 150 m/min이다.)

① 720
② 382
③ 540
④ 1,200

해설 $n = \dfrac{1,000v}{\pi D} = \dfrac{1,000 \times 150}{3.14 \times 125} = 382$

6. 선반에서 이동용 방진구를 설치하는 곳은?

① 새들　　　　② 주축대

③ 심압대　　　　④ 베드

해설 베드(bed) 위에서 좌우로 이동하는 부분이 새들(saddle)이므로 이동용 방진구는 새들에 설치한다.

7. 다음 중 일반적으로 표면정밀도가 낮은 것부터 높은 순서로 바른 것은?

① 래핑 → 연삭 → 호닝

② 연삭 → 호닝 → 래핑

③ 호닝 → 연삭 → 래핑

④ 래핑 → 호닝 → 연삭

8. 내연기관의 실린더 내면에 진원도, 진직도, 표면거칠기 등을 더욱 향상시키기 위한 가공 방법은?

① 래핑

② 호닝

③ 슈퍼 피니싱

④ 버핑

9. 전해연삭가공의 특징이 아닌 것은?

① 경도가 낮은 재료일수록 연삭 능률이 기계 연삭보다 높다.

② 박판이나 형상이 복잡한 공작물을 변형 없이 연삭할 수 있다.

③ 연삭저항이 적으므로 연삭열 발생이 적고, 숫돌수명이 길다.

④ 정밀도는 기계연삭보다 낮다.

해설 전해연삭이란 기계적인 연삭과 전기분해 작용을 동시에 하는 것으로서 경도가 높은 재료일

수록 큰 효과가 있다.

10. 선반 작업에서 발생하는 재해가 아닌 것은?

① 칩에 의한 것

② 정밀 측정기에 의한 것

③ 가공물의 회전부에 휘감겨 들어가는 것

④ 가공물과 절삭 공구와의 사이에 휘감기는 것

11. 가공물이 대형이거나 무거운 중량 제품을 드릴가공할 때, 가공물을 고정시키고 드릴 스핀들을 암 위에서 수평으로 이동시키면서 가공할 수 있는 것은?

① 직립 드릴링 머신

② 레이디얼 드릴링 머신

③ 터릿 드릴링 머신

④ 만능 포터블 드릴링 머신

해설 레이디얼(radial) 드릴링 머신은 드릴의 스핀들을 이동시키기 위한 암(arm)이 있다.

암(arm)

12. 스핀들이 수직이며, 스핀들은 안내면을 따라 이송되며, 공구 위치는 크로스 레일 공구대에 의해 조절되는 보링 머신은?

① 수직 보링 머신　　② 정밀 보링 머신

③ 지그 보링 머신　　④ 코어 보링 머신

13. 드릴링 머신의 안전 사항에서 틀린 것은?

① 장갑을 끼고 작업을 하지 않는다.

② 가공물을 손으로 잡고 드릴링하지 않는다.

③ 얇은 판의 구멍 뚫기에는 나무 보조판을 사용한다.

④ 구멍 뚫기가 끝날 무렵은 이송을 빠르게 한다.

정답 6. ①　7. ②　8. ②　9. ①　10. ②　11. ②　12. ①　13. ④

14. 회전 중에 연삭숫돌이 파괴될 것을 대비하여 설치하는 안전 요소는?

① 덮개   ② 드레서
③ 소화장치   ④ 절삭유 공급장치

해설 연삭기에는 연삭숫돌이 파괴될 것을 대비하여 숫돌 덮개가 설치되어 있다. 숫돌이 과도한 압력을 받거나 충격을 받으면 파괴될 수 있으므로 덮개를 벗겨 놓은 채 사용해서는 안 된다.

15. 일반적으로 요구되는 절삭 공구의 조건으로 적합하지 않은 것은?

① 고마찰성   ② 고온 경도
③ 내마모성   ④ 강인성

16. 연삭숫돌의 결합제와 기호를 짝지은 것이 잘못된 것은?

① 레지노이드 – G
② 비트리파이드 – V
③ 셸락 – E
④ 고무 – R

해설 레지노이드(resinoid) 결합제는 열경화성 인조 수지인 베이클라이트(bakelite)가 주성분이므로 기호로는 B를 사용한다.

17. 다음 중 다이얼 게이지의 사용상 주의사항이 아닌 것은?

① 스핀들이 원활히 움직이는가를 확인한다.
② 스탠드를 앞뒤로 움직여 지시값의 차를 확인한다.
③ 스핀들을 갑자기 작동시켜 반복 정밀도를 본다.
④ 다이얼 게이지의 편차가 클 때는 교환 또는 수리가 불가능하므로 무조건 폐기시킨다.

18. 밀링머신에서 할 수 없는 가공은?

① 총형가공   ② 기어가공
③ 널링가공   ④ 나선홈가공

해설 널링은 선반으로 가공한다.

19. 사인바로 각도를 측정할 때 몇 도를 넘으면 오차가 가장 심하게 되는가?

① 10°   ② 20°
③ 30°   ④ 45°

20. 직접 측정의 장점에 해당되지 않는 것은?

① 측정기의 측정 범위가 다른 측정법에 비하여 넓다.
② 측정물의 실제 치수를 직접 읽을 수 있다.
③ 수량이 적고, 많은 종류의 제품 측정에 적합하다.
④ 측정자의 숙련과 경험이 필요 없다.

해설 비교 측정은 정확한 치수를 알아내기보다는 합격 여부를 판단하는 정도로 비교적 측정 방법이 간단하지만 직접 측정은 측정자가 직접 치수를 측정기에서 읽어 내야 하므로 숙련과 경험이 요구된다.

제2과목 : 기계제도 및 기초공학

21. 치수가 $80 ^{+0.008}_{+0.002}$로 나타날 경우 위치수 허용차는?

① 0.008   ② 0.002
③ 0.010   ④ 0.006

22. 도면의 양식에서 다음 중 표시하지 않아도 되는 항목은?

① 표제란
② 그림 영역을 한정하는 윤곽선
③ 비교 눈금

④ 중심 마크

해설 KS B 0001 기계 제도에 관한 한국산업표준(KS)에는 도면의 양식에 윤곽선, 표제란, 중심마크를 표시하도록 규정하고 있다.

23. KS 재료 기호가 'SF 340 A'인 것은?

① 기계구조용 주강
② 일반구조용 압연 강재
③ 탄소강 단강품
④ 기계구조용 탄소 강판

24. 끼워맞춤에서 H7/r6은 다음 중 어떤 끼워맞춤 인가?

① 구멍 기준식 중간 끼워맞춤
② 구멍 기준식 억지 끼워맞춤
③ 구멍 기준식 헐거운 끼워맞춤
④ 구멍 기준식 고정 끼워맞춤

해설 구멍 기준식 끼워맞춤의 종류

구멍	축		
	헐거운 끼워맞춤	중간 끼워맞춤	억지 끼워맞춤
H7	… f6, g6, h6	js6, k6, m6	n6, p6, r6 …

25. 그림과 같은 표면의 결 도시 기호에서 'B'의 의미로 옳은 것은?

① 보링가공
② 벨트 연삭
③ 블러싱 다듬질
④ 브로칭가공

26. 기계 제도에서 치수선을 나타내는 방법에 해당 하지 않는 것은?

③  ④

해설 KS B 0001 기계 제도에 관한 한국산업표준(KS)에는 치수선의 양끝에 끝부분 기호(보기 중 ①, ②, ③)를 붙여야 하며, 좁은 곳에서의 치수 기입의 경우를 제외하고는 혼용하지 않도록 규정하고 있다.

27. 치수 보조기호 중 구(sphere)의 지름 기호는?

① R
② SR
③ ϕ
④ Sϕ

28. 스퍼 기어를 제도할 경우 스퍼 기어 요목표에 일반적으로 기입하지 않는 것은?

① 피치원 지름
② 모듈
③ 압력각
④ 기어의 치폭

해설 스퍼 기어의 요목표에는 기어의 제작상 중요한 치형, 모듈, 압력각, 피치원 지름 등 기타 필요한 사항들을 기입한다. 기어의 치폭은 도면상의 치수 기입으로 나타내므로 요목표에는 기입하지 않는다.

29. 개스킷, 박판, 형강 등과 같이 절단면이 얇은 경우 이를 나타내는 방법으로 옳은 것은?

① 실제 치수와 관계없이 1개의 가는 1점 쇄 선으로 나타낸다.
② 실제 치수와 관계없이 1개의 극히 굵은 실선으로 나타낸다.
③ 실제 치수와 관계없이 1개의 굵은 1점 쇄 선으로 나타낸다.
④ 실제 치수와 관계없이 1개의 극히 굵은 2점 쇄선으로 나타낸다.

30. 그림과 같은 입체도에서 화살표 방향이 정면 일 때 정투상법으로 나타낸 투상도 중 잘못된 도면은?

정면

① 좌측면도

② 평면도

③ 우측면도

④ 정면도

해설 우측면도는 다음과 같다.

31. 다음 중 가속도를 바르게 표현한 것은?

① 가속도 = $\dfrac{속도의\ 변화}{시간}$

② 가속도 = $\dfrac{거리}{시간}$

③ 가속도 = $\dfrac{속도}{거리}$

④ 가속도 = $\dfrac{각도의\ 변화}{시간}$

32. 1 kWh의 일량을 바르게 표현한 것은?

① 1 kW의 동력을 30분 사용했을 때의 일량
② 1 kW의 동력을 1시간 사용했을 때의 일량
③ 1 kW의 동력을 2시간 사용했을 때의 일량
④ 1 kW의 동력을 3시간 사용했을 때의 일량

33. 그림과 같은 회로에서 $R_1 = 1\,\Omega$, $R_2 = 4\,\Omega$, $R_3 = 1\,\Omega$, $R_4 = 4\,\Omega$ 의 저항이 존재할 때, a와 b 사이의 합성 저항 $R[\Omega]$은 얼마인가?

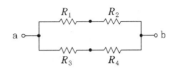

① $\dfrac{5}{2}$ ② 5

③ $\dfrac{1}{5}$ ④ $\dfrac{2}{5}$

해설 $\dfrac{1}{R} = \dfrac{1}{R_1 + R_2} + \dfrac{1}{R_3 + R_4}$

$\dfrac{1}{R} = \dfrac{1}{5} + \dfrac{1}{5} = \dfrac{2}{5}$

$\therefore R = \dfrac{5}{2}$

34. 동일한 규격의 전지 2개를 병렬로 연결하면 전압과 사용시간은?

① 전압과 사용시간이 2배가 된다.

② 전압과 사용시간이 $\dfrac{1}{2}$로 된다.

③ 전압은 2배가 되고, 사용시간은 변하지 않는다.

④ 전압은 변하지 않고, 사용시간은 2배가 된다.

35. 다음 중 SI단위계의 물리량과 기본단위가 올바르게 된 것은?

① 전류 – T   ② 길이 – V
③ 시간 – s   ④ 질량 – m

해설 • 전류 : A (암페어)
• 길이 : m (미터)
• 질량 : kg (킬로그램)

36. 그림과 같이 두 피스톤의 지름이 $P_1 = 32\,cm$, $P_2 = 12\,cm$일 때, 큰 피스톤(P_1)을 1 cm 움직이면 작은 피스톤(P_2)이 움직인 거리(cm)는 얼마인가?

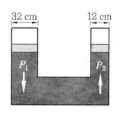

① 9.11　② 8.11　③ 7.11　④ 6.11

해설 양쪽은 내부에 있는 유체의 이동에 의해 동일한 부피만큼 변화하므로 양쪽의 부피를 계산하여 움직인 거리를 구할 수 있다.

$$\Delta V_1 = \Delta V_2$$

$$\frac{\pi \times 32^2}{4} \times 1 = \frac{\pi \times 12^2}{4} \times h$$

$$h = \frac{32^2}{12^2} = 7.11$$

37. 지름 10 mm의 강봉에 최대 500 kgf의 하중을 매달았을 때 안전율은? (단, 강의 극한 강도는 3,000 kgf/cm²이며, 자중은 무시한다.)

① 3.93　② 4.71　③ 0.78　④ 6.36

38. 힘의 성질을 나타낸 것 중에서 잘못 설명한 것은?

① 힘은 방향, 크기, 작용점으로 결정되고 화살표로 표현한다.
② 탄성을 가지는 물체의 변형은 힘에 반비례한다.
③ 동일 크기의 외력에 대해 물체의 질량이 크면 속도가 서서히 변화하고, 작으면 빨리 변화한다.
④ 힘은 물체의 가속도를 발생시키거나 물체를 변형시킨다.

해설 스프링과 같이 탄성(k)을 가지는 물체의 변형(x)은 힘(F)에 비례한다.

$$F = k \cdot x$$

39. 도형의 면적 및 체적 계산식으로 틀린 것은?

(단, 반지름 : r, 호의 길이 : l, 높이 : h 이다.)

① 부채꼴의 면적 : $\dfrac{rl}{2}$

② 원기둥의 부피 : $\pi r^2 h$

③ 원뿔의 부피 : $\dfrac{1}{3}\pi r^2 h$

④ 구의 부피 : $\dfrac{1}{3}\pi r^3$

해설 구의 부피 : $\dfrac{4}{3}\pi r^3$

40. 다음 그림과 같이 양손의 힘을 다르게 하면서 다이스지지쇠를 회전시킬 때 발생하는 토크는 얼마인가?

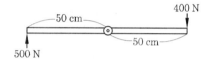

① 400 N · m　　② 450 N · m
③ 500 N · m　　④ 550 N · m

제3과목 : 자동제어

41. 한국산업표준(KS)의 유압 · 공기압 표시기호에서 보조기기 기호 중 일반 유량계의 표시로 맞는 것은?

해설 ① : 온도계, ② : 유량계, ③ : 적산유량계, ④ : 압력계

42. 다음 중 PLC의 특징이 아닌 것은?

① 비밀 유지가 쉽다.

② 안정성, 신뢰성을 높일 수 있다.
③ 제어반 설치 면적이 크다.
④ 설비의 변경, 확장이 용이하다.

43. 어떤 제어계에 대하여 단위 1인 크기의 계단 입력에 대한 응답을 무엇이라 하는가?

① 과도 응답　　　② 선형 응답
③ 정상 응답　　　④ 인디셜 응답

해설 인디셜 응답(indicial response)은 단위 계단입력에 대한 응답을 의미하며 제어요소의 동작 특성을 알 수 있다.

44. 공압장치의 구성기기와 관계없는 것은?

① 애프터 쿨러　　　② 어큐뮬레이터
③ 서비스 유닛　　　④ 공기탱크

45. 순차제어 시스템과 되먹임 제어 시스템의 차이점은?

① 조절부　　　　② 조작부
③ 출력부　　　　④ 비교부

46. 다음 공압 밸브 기호의 명칭은?

① 릴리프 밸브　　　② OR 밸브
③ AND 밸브　　　④ 감압 밸브

해설 X 또는 Y 중 하나의 입력만 있어도 출력 A가 발생하므로 논리적으로는 OR 밸브라고 하며 내부의 구조가 셔틀을 닮았다고 해서 셔틀밸브라고도 한다.

47. $G(s) = \dfrac{s^2+5s+1}{s^2+9s+20}$ 으로 표시되는 계통에 있어서의 특성근은 얼마인가?

① 4, 5　　　　　② 2, 3

③ −4, −5　　　　④ 2, −3

해설 특성근이란 전달 함수의 분모가 0이 되는 근이다.

$$G(s) = \frac{s^2+5s+1}{s^2+9s+20} = \frac{s^2+5s+1}{(s+4)(s+5)}$$

이므로 분모가 0이 되려면 $s_1 = -4$, $s_2 = -5$ 가 되어야 한다.

48. 선형 제어계의 안정도를 결정하는 방법이 아닌 것은?

① 나이퀴스트(nyquist) 판별법
② 근 궤적도
③ 보드(bode)선도
④ 과도 응답 판별법

49. PLC에서 제어 내용을 기억해 두는 메모리로 필요에 따라 기억 내용을 소멸 또는 기억시키는 것으로 맞는 것은?

① 제어용 메모리　　② 프로그램 메모리
③ 입출력 메모리　　④ 연산제어부

50. 시정수의 값은 1차 시스템에서 입력 스텝 함수에 대한 출력 변화가 전체 변화량의 약 몇 %에 이를 때까지의 시간인가?

① 26　　② 30　　③ 63　　④ 70

해설 1차 시스템의 전달 함수는 $\dfrac{C(s)}{R(s)}$

$= \dfrac{1}{Ts+1}$ 이고

입력 스텝 함수는 $R(s) = \dfrac{1}{s}$ 이므로

출력은 $C(s) = \dfrac{1}{Ts+1}\dfrac{1}{s}$ 가 된다.

출력식을 부분 분수로 전개하면,

$C(s) = \dfrac{1}{s} - \dfrac{T}{Ts+1}$ 이 된다.

이 식을 라플라스 역변환하면,

$c(t) = 1 - e^{-\frac{t}{T}}$ 이 된다.

2013

$t = T$일 때
$$c(t) = 1 - e^{-1} = 1 - 2.718^{-1}$$
$$= 1 - 0.368 = 0.632$$ 이므로

시정수 T는 출력이 약 63 %일 때까지의 시간이 된다.

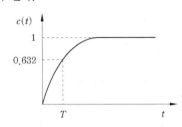

51. 서보기구에 대한 설명으로 틀린 것은?

① 제어량이 위치, 자세 등의 기계적인 변위의 자동제어계를 서보기구라 한다.
② 출력부를 입력신호에 추종시키기 위해서 일반적으로 힘, 토크를 증폭하는 증폭부를 가지고 있다.
③ 출력 5~10 kW 정도 이하에서는 유압식이, 그 이상에서는 전기식이 유리하다.
④ 원격 조작장치로서의 기능과 중력기구로서의 기능이 있다.

해설 일반적으로 전기식보다 유압식의 출력이 더 크다.

52. 블록 선도에서 옳지 않은 식은?

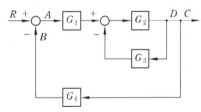

① $B = C \cdot G_4$
② $C = A \cdot G_1 \cdot \dfrac{G_2}{1 + G_2 \cdot G_3}$
③ $D = A \cdot G_1 \cdot \dfrac{G_2}{1 + G_2 \cdot G_3}$
④ $\dfrac{C}{R} = \dfrac{G_1 \cdot G_2}{1 + G_1 \cdot G_2 + G_3 \cdot G_4}$

53. 다음 중 서보제어에 속하지 않는 제어량은?

① 속도   ② 방위   ③ 위치   ④ 자세

54. 다음 중 감쇠비 $\zeta = 0.2$이고, 고유 각 주파수 $\omega_n = 1$ rad/s인 2차 지연요소의 전달 함수는 무엇인가?

① $\dfrac{1}{s^2 + 0.2s + 1}$ ② $\dfrac{1}{s^2 + 0.2s + 0.04}$
③ $\dfrac{0.04}{s^2 + 0.4s + 1}$ ④ $\dfrac{1}{s^2 + 0.4s + 1}$

해설 2차 지연요소란 전달 함수의 분모의 차수가 2차인 제어요소를 의미하며, 다음과 같이 표현될 수 있다.
$$\frac{C(s)}{R(s)} = \frac{\omega_n^2}{s^2 + 2\zeta\omega_n s + \omega_n^2}$$
위의 식에 $\zeta = 0.2$, $\omega_n = 1$을 대입하면,
$$\frac{C(s)}{R(s)} = \frac{1}{s^2 + 0.4s + 1}$$ 이 된다.

55. 공압회로에 부착된 압력 게이지가 7 kgf/cm² 을 나타냈다. 이 압력은 어떤 압력인가?

① 게이지 압력   ② 절대 압력
③ 표준 대기압   ④ 상대 압력

해설 압력 게이지에 나타나는 압력을 게이지 압력이라고 한다.

56. 다음 PLC 프로그램에 대한 회로로 가장 적합한 것은?

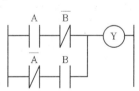

① 일치회로   ② Ex-OR 회로
③ OR 회로   ④ AND 회로

해설 PLC 프로그램의 논리식은 $Y = A\overline{B} + \overline{A}B$이

된다. 이것의 진리표는 다음과 같다.

A	B	Y
0	0	0
0	1	1
1	0	1
1	1	0

이러한 논리는 두 개의 입력이 다를 때만 출력이 1이 되므로 배타적(exclusive) OR이라고 하며, Ex-OR로 나타내기도 한다. 기호로는 $A \oplus B$로 나타내기도 한다.

57. 시퀀스 제어회로에서 스위치를 ON 조작하는 것과 동시에 작동하고 타이머의 설정시간 후에 정지하는 회로는?

① 일정 시간동작회로
② 지연 동작회로
③ 반복 동작회로
④ 지연복귀 동작회로

58. 다음 설명에 합당한 제어기 명칭은?

> "예상 기능이 있어 오차가 커지는 것을 미연에 방지할 수 있지만 잡음(noise) 신호를 증폭하여 작동기를 포화시킬 수 있다. 과도기간 동안에만 효과적으로 작용하기 때문에 단독으로는 사용되지 않는다."

① 미분제어기
② 비례-적분제어기
③ 적분제어기
④ 비례제어기

59. 되먹임 제어계의 안정도와 가장 관련이 깊은 것은?

① 효율
② 이득 여유
③ 역률
④ 시정수

해설 이득 여유(gain margin)는 위상각이 $-180°$인 주파수에서의 크기 $|G(j\omega)|$의 역수이다. 이득 여유가 양(+)일 때 안정하고, 음(-)일 때 불안정하다.

60. 다음 중 피드백 제어계의 특징이 아닌 것은?

① 구조가 간단하다.
② 대역폭이 증가한다.
③ 비선형성과 왜형에 대한 효과가 감소한다.
④ 정확성이 증가한다.

제4과목 : 메카트로닉스

---

61. 다음 중 가장 정밀한 가공 표면을 얻을 수 있는 가공 방법은 어느 것인가?

① 선반가공
② 연삭가공
③ 드릴가공
④ 줄가공

62. 공기 중에서 자속 밀도 5 Wb/m²의 평등 자장 속에 길이 10 cm의 직선 도선을 자장의 방향과 직각으로 놓고 여기에 4 A의 전류를 흐르게 하면 도선이 받는 힘(N)은?

① 1
② 2
③ 3
④ 4

해설 자속밀도를 B, 도선의 길이를 l, 도선에 흐르는 전류를 I라고 하면, 도선이 받는 힘 F[N]는 다음과 같다.

$$F = BIl \sin\theta$$
$$= 5 \times 4 \times 0.1 \times \sin 90° = 2 \text{ N}$$

63. 서미스터를 통해 들어오는 온도 측정값을 마이크로컴퓨터의 메모리에 저장하기 위해 필요한 인터페이스 장치로 맞는 것은?

① D-A 변환기
② A-D 변환기
③ AC-DC 변환기
④ DC-AC 변환기

해설 서미스터의 온도 측정값은 아날로그 신호이고 마이크로컴퓨터는 디지털 신호로 메모리에 저장하므로 A-D 변환기가 필요하다.

정답 57. ① 58. ① 59. ② 60. ① 61. ② 62. ② 63. ②

64. 이상적인 연산증폭기의 입력 임피던스의 값으로 맞는 것은?

① 0   ② ∞
③ 100   ④ 1M

해설 이상적인 연산증폭기는 접속되는 회로에 영향을 주지 않기 위해서 입력 임피던스가 무한대이다.

65. 스테핑 모터에 부여하는 펄스 주파수에 비례하는 것은?

① 회전각도   ② 회전속도
③ 위치결정   ④ 토크

해설 회전각도는 펄스수에 비례하고, 펄스 주파수에 비례하는 것은 회전속도이다.

66. 패리티(parity) 비트의 목적으로 맞는 것은?

① 속도 검출   ② 속도 가변
③ 에러 검사   ④ 부호 변환

67. 다음 센서 중에 회전수(rpm)를 측정할 수 없는 것은?

① 차동 트랜스   ② 인코더
③ 타코미터   ④ 리졸버

68. 다음 중 측정량에 따른 분류에서 물리 센서의 감지 대상에 속하지 않는 것은?

① 온도   ② 자기
③ 전류   ④ 길이

69. 다음 제어기 중 성격이 다른 하나는?

① 컴퓨터 기반제어
② 서보모터 기반제어
③ PLC 기반제어
④ 마이크로프로세서 기반제어

70. 밀링 공정에서 테이블의 이송거리가 100 mm, 이송속도를 100 mm/min로 하면 절삭 시간은 몇 초(s)인가?

① 1   ② 10   ③ 30   ④ 60

해설 $t = \dfrac{l}{v} = \dfrac{100\,\text{mm}}{100\,\text{mm/min}}$
$= 1\,\text{min} = 60\,\text{s}$

71. 다음 중 특수가공에 해당하는 것은?

① 밀링가공   ② 방전가공
③ 연삭가공   ④ 선반가공

72. 자장의 세기에 대한 단위 중 올바르게 나타낸 것은?

① A/m   ② AT/m
③ AV/m   ④ A·Ω/m

73. 컴퓨터 내부에서 연산의 중간 결과를 일시적으로 기억하거나 데이터의 내용을 이송할 목적으로 사용되는 일시 기억장치는?

① ROM   ② RAM
③ I/O   ④ REGISTER

74. 다음 중 위치를 검출할 때 사용하는 감지기의 종류는?

① CdS   ② 농도 센서
③ 압력 센서   ④ 엔코더

75. 밀링 작업에서 하향절삭 작업과 비교한 상향절삭 작업의 특징을 설명한 것 중 틀린 것은?

① 칩이 날을 방해하지 않는다.
② 커터의 수명이 짧다.
③ 백래시 제거장치가 필요하다.
④ 가공면이 깨끗하지 못하다.

정답 64. ②   65. ②   66. ③   67. ①   68. ④   69. ②   70. ④   71. ②   72. ②   73. ④   74. ④   75. ③

해설 상향절삭은 절삭날의 회전방향과 공작물의 이송방향이 서로 반대이므로 백래시의 영향을 받지 않는다.

76. 디지털 시스템에서 음수의 표현 방법이 아닌 것은?

① 3초과 코드에 의한 표현
② 1의 보수에 의한 표현
③ 2의 보수에 의한 표현
④ 부호와 절댓값에 의한 표현

77. 동일 조건에서 코일의 권수만을 10배 증가하였을 때 인덕턴스의 값은?

① 7배 증가
② 10배 증가
③ 50배 증가
④ 100배 증가

78. 서보모터에 대한 설명 중 틀린 것은?

① 서보기구용으로 설계된 모터이다.
② 동작의 급변에 정확히 추종하기 위해 설계된 모터이다.
③ 기구의 추종 운동을 전자 에너지, 센서 정보로 변환하는 모터이다.
④ 민첩성이 뛰어나야 한다.

79. 마이크로프로세서 내에서 산술 연산의 기본연산은?

① 덧셈
② 뺄셈
③ 곱셈
④ 나눗셈

80. 다음 회로에서 논리식은?

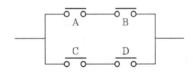

① A + B
② C + D
③ AB + CD
④ AC + BD

2013년 8월 18일 시행

자격종목 및 등급(선택분야)	종목코드	시험시간	문제지형별	수검번호	성 명
생산자동화산업기사	2034	2시간	A		

제1과목 : 기계가공법 및 안전관리

1. 드릴의 각부 명칭 중에서 드릴의 홈을 따라서 만들어진 좁은 날로, 드릴을 안내하는 역할을 하는 것은?

① 마진　　　　② 랜드
③ 시닝　　　　④ 탱

해설 마진은 가공된 구멍의 내벽에 접촉하여 드릴을 안내하는 역할을 한다.

2. 선반가공에서 다듬질 표면거칠기에 직접 영향을 주는 요소가 아닌 것은?

① 릴리방　　　　② 절삭 속도
③ 경사각　　　　④ 노즈 반지름

3. 선반에서 각도가 크고 길이가 짧은 테이퍼를 가공하기에 가장 적합한 방법은?

① 심압대의 편위 방법
② 백 기어 사용 방법
③ 모방 절삭 방법
④ 복식 공구대 사용 방법

해설 • 심압대의 편위 방법 : 공작물이 비교적 길고 테이퍼가 작을 때 적합하다.
• 모방 절삭 방법 : 테이퍼의 각도나 길이와 관계없다.
• 복식 공구대 사용 방법 : 각도가 크고 길이가 짧을 때 적합하다.

4. 선반에서 가로 이송대에 나사피치가 8 mm이고 100등분된 눈금이 달려 있을 때 30 mm를 26 mm로 가공하려면 핸들을 몇 눈금 돌리면 되는가?

① 20　　　　② 25
③ 32　　　　④ 50

해설 선반가공에서 가로 이송대를 움직이면 공작물의 지름이 변경된다. 이송핸들의 최소 눈금은 나사피치 8 mm를 100등분하였으므로 0.08 mm이다. 공작물의 지름 30 mm를 26 mm로 가공하려면 4 mm를 깎아야 하는데, 가로 이송대는 반지름의 변화량만큼만 움직이면 되므로 2 mm 움직여야 한다. 따라서 돌려야 하는 눈금은 $\frac{2}{0.08} = 25$눈금이다.

5. 정밀 입자가공에 대한 설명으로 옳지 않은 것은?

① 래핑은 매끈한 면을 얻는 가공법의 하나이며, 습식법과 건식법이 있다.
② 호닝은 몇 개의 혼(hone)이라는 숫돌을 일감의 축 방향으로 작은 진동을 주어 가공하는 방법이다.
③ 슈퍼 피니싱은 축의 베어링 접촉부를 고정밀도 표면으로 다듬는 가공에 활용한다.
④ 호닝의 혼(hone) 결합제는 일반적으로 비트리파이드를 사용한다.

해설 호닝은 혼(hone)이라는 숫돌에 회전 및 직선 왕복 운동을 주어 가공한다.

6. 드릴링 머신으로 구멍가공 작업을 할 때 주의해야 할 사항이 아닌 것은?

① 드릴은 흔들리지 않게 정확하게 고정해야 한다.

② 드릴을 고정하거나 풀 때는 주축이 완전히 정지된 후 작업한다.

③ 구멍가공 작업이 끝날 무렵은 이송을 천천히 한다.

④ 크기가 작은 공작물은 손으로 잡고 드릴링한다.

[해설] 드릴 작업을 할 때 공작물을 손으로 잡으면 공작물이 공구와 함께 회전하므로 대단히 위험하다.

7. 선반의 새들 위에 고정시켜 일감의 처짐이나 휨을 방지하는 부속장치는?

① 곡형 돌리개　　② 마그네틱 척

③ 이동 방진구　　④ 센터 드릴

8. 밀링머신의 주요 구조 중 상면에 T홈이 파져 있는 것은?

① 새들 (saddle)　　② 오버암 (over arm)

③ 테이블 (table)　　④ 컬럼 (column)

[해설] 테이블의 윗면에는 바이스를 고정하기 위한 T홈이 파져 있다.

9. 편심량이 2.2 mm로 가공된 선반 가공물을 다이얼 게이지로 측정할 때, 다이얼 게이지 눈금의 변위량은 몇 mm인가?

① 1.1　　② 2.2　　③ 4.4　　④ 22

[해설] 다이얼 게이지 눈금의 변위량은 공작물 편심량의 두 배가 된다. 편심량이 2.2 mm이면 눈금은 4.4 mm 움직인다.

10. 절삭 공구가 가공물을 절삭하는 칩의 두께

(mm)로 이것의 증가는 온도 상승과 절삭 저항의 증가, 공구수명의 감소를 가져오는 것은?

① 절삭 동력　　② 절삭 속도

③ 이송속도　　④ 절삭 깊이

11. 밀링머신에서 가공이 어려운 것은?

① 더브테일 홈가공　　② T홈가공

③ 널링가공　　④ 나선 홈가공

[해설] 널링은 선반에서 가공한다.

12. 선반가공면의 표면거칠기 이론값 최대 높이 공식은?(단, r : 바이트 끝의 반지름, s : 이송이다.)

① $H_{\max} = \dfrac{s^2}{8r}$ [mm]　② $H_{\max} = \dfrac{2r}{8s}$ [mm]

③ $H_{\max} = \dfrac{s^2}{r}$ [mm]　④ $H_{\max} = \dfrac{r^2}{s}$ [mm]

13. 기어, 회전축, 코일 스프링, 판 스프링 등의 가공에 적합한 쇼트 피닝(shot peening)은 무슨 하중에 가장 효과적인가?

① 압축 하중　　② 인장 하중

③ 반복 하중　　④ 굽힘 하중

14. 센터리스 연삭기에서 조정 숫돌의 지름을 d [mm], 조정 숫돌의 경사각을 α [°], 조정 숫돌의 회전수를 n [rpm]일 때 일감의 이송속도 f [mm/min]는?

① $f = \dfrac{\pi dn}{\sin \alpha}$　　② $f = \pi dn \cos \alpha$

③ $f = \dfrac{\pi dn}{\cos \alpha}$　　④ $f = \pi dn \sin \alpha$

15. 기계 부품의 가공 시 최소의 경비로 가장 단순하게 사용할 수 있는 지그는?

① 박스 지그
② 분할 지그
③ 샌드위치 지그
④ 템플릿 지그

해설 템플릿 지그는 공작물 위에 올려놓기만 해도 가공해야 할 위치가 결정되는 형태로서 지그의 형태 중 가장 간단하다. 박스 지그는 박스 형태의 지그 속에 공작물을 넣고 고정시켜야 하지만 옆면의 가공 위치도 한 번에 결정되는 이점이 있다.

16. 밀링 커터의 날수가 10, 지름이 100 mm, 절삭속도 100 m/min, 1날당 이송을 0.1 mm로 하면 테이블 1분간 이송량은 약 얼마인가?

① 420 mm/min ② 318 mm/min
③ 218 mm/min ④ 120 mm/min

해설 밀링 커터의 회전수 (n)
$= \dfrac{1,000\,v}{\pi D} = \dfrac{1,000 \times 100}{3.14 \times 100} = 318\ \text{rpm}$
테이블의 이송량 (f)
$= f_z \cdot Z \cdot n$
$= 0.1 \times 10 \times 318 = 318\ \text{mm/min}$

17. 연삭 작업 시 주의할 점에 대한 설명으로 틀린 것은?

① 숫돌 커버를 반드시 설치하여 사용한다.
② 숫돌을 나무해머로 가볍게 두드려 음향검사를 한다.
③ 연삭 작업 시에는 보안경을 꼭 착용하여야 한다.
④ 양 숫돌차의 입도는 항상 같게 하여야 한다.

해설 양두 그라인더는 일반적으로 양쪽 숫돌차의 입도를 서로 다르게 하여 사용한다.

18. 삼침법은 나사의 무엇을 측정하는가?

① 골지름 ② 유효지름
③ 바깥지름 ④ 나사의 길이

19. 연삭 작업에서 연삭숫돌의 입자가 무디어지거나 눈메움이 생기면 연삭 능력이 저하되므로 숫돌의 예리한 날이 나타나도록 가공하는 작업은?

① 버니싱 ② 드레싱
③ 글레이징 ④ 로딩

해설 숫돌은 자생작용에 의해서 스스로 무뎌진 부분이 떨어져 나가고 날카로운 새로운 입자가 나와야 되지만 자생작용이 잘 되지 않을 때는 드레싱을 하여 숫돌의 무뎌진 면을 깎아주어야 한다.

20. 절삭 공구를 보관 및 사용 시 적합한 관리 방법이 아닌 것은?

① 절삭 공구의 날 마모 상태를 자주 점검한다.
② 중(重)절삭 시 가능한 절삭 공구의 날끝을 최대한 예리하고 뾰족하게 세워서 사용한다.
③ 작업 후 절삭 공구는 보관용 공구함에 보관한다.
④ 절삭 공구의 보관함은 청결을 유지하고 종류별로 구분하여 항상 사용에 편리하게 분류한다.

제2과목 : 기계제도 및 기초공학

21. 도형이 대칭인 경우 그 대칭 부분을 생략하는 것을 옳게 나타낸 것은?

①   ②

③ 　　④

22. 가공 방법의 약호 FR이 뜻하는 것은?

① 브로칭가공　　② 호닝가공
③ 줄 다듬질　　④ 리밍가공

해설 다듬질(finishing)가공의 기호

가공 방법	가공 기호
줄 다듬질(filing)	FF
리밍(reaming)	FR
래핑(lapping)	FL
폴리싱(polishing)	FP
스크레이핑(scraping)	FS
브러싱(brushing)	FB

23. 베어링 기호 608 C2 P6가 뜻하는 것은?

① 정밀도 등급 기호
② 계열 기호
③ 안지름 번호
④ 내부 틈새 기호

24. 도면에서 표제란에 기록하는 사항으로 거리가 먼 것은?

① 도면 번호　　② 도면의 크기
③ 도명　　　　④ 작성일자

해설 표제란은 도면의 오른쪽 아래 구석에 위치하며 원칙적으로 도면 번호, 도명, 기업명, 책임자 서명, 도면의 척도, 작성 연월일 및 투상법 등이 기입된다.

25. 왼 2줄 M50×3−6H의 나사 기호 해독으로 올바른 것은?

① 리드가 3 mm

② 암나사가 등급 6H
③ 왼쪽 감김 방향 1줄 나사
④ 나사산의 수가 3개

26. 조립 전의 구멍의 치수가 $100\,^{+0.04}_{\ \ 0}$, 축의 치수가 $100\,^{+0.02}_{-0.06}$일 때 최대 틈새는?

① 0.02　　　② 0.06
③ 0.10　　　④ 0.04

해설 구멍의 최대허용치수 $= 100 + 0.04 = 100.04$
축의 최소허용치수 $= 100 - 0.06 = 99.94$
최대 틈새 = 구멍의 최대허용치수 − 축의 최소허용치수 $= 100.04 - 99.94 = 0.1$

27. 기하공차의 분류에서 위치공차에 속하지 않는 것은?

① ◎　　　　② ⟌
③ ⊕　　　　④ ⊥

해설 ⊥(직각도)는 자세공차이다.

28. KS 재료 기호 중에서 구상 흑연 주철품의 기호는?

① GC　　　② SC
③ GCD　　④ GCMB

29. 기계 제도에서 가는 2점 쇄선으로 표시되는 선은?

① 기준선　　② 중심선
③ 피치선　　④ 가상선

30. 제3각법으로 투상한 그림과 같은 정면도와 우측면도에 가장 적합한 평면도는?

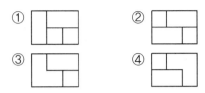

31. 물체의 운동속도가 시간이 흘러도 변함이 없는 운동은?

① 난류 운동   ② 각 변속 운동

③ 등속 운동   ④ 각 가속도 운동

32. 그림과 같이 길이가 L인 외팔보의 자유단에 W의 집중하중이 작용할 때, 외팔보의 고정단에 작용하는 굽힘모멘트(M)는?

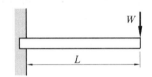

① $M = 2W \times L$ ② $M = W \times L$

③ $M = \dfrac{1}{2} \times W \times L$ ④ $M = \dfrac{1}{4} \times W \times L$

33. 쇠막대를 끼워 렌치 손잡이를 2배로 늘려서 사용한다면 같은 힘을 사용할 때 토크는 몇 배로 증가되는가?

① 2배   ② 4배   ③ 6배   ④ 8배

해설 토크(T)는 힘(F)과 회전 중심(O)에서 힘까지의 수직거리(l)의 곱이다.

$T = F \times l$

문제에서 렌치 손잡이의 길이를 2배로 늘렸다는 것은 l이 2배가 되었다는 것이다. 힘(F)이 일정할 때 길이(l)가 2배가 된다면 토크(T)도 2배가 된다.

34. 그림과 같은 지름 15 mm의 연강 인장시험편을 인장시험기에 장착하여 측정된 최대하중은

7,600 kgf이었다. 이때 발생한 응력은 약 얼마인가?

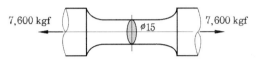

① 13 kgf/mm^2 ② 23 kgf/mm^2

③ 33 kgf/mm^2 ④ 43 kgf/mm^2

해설 응력(σ) = $\dfrac{\text{하중}}{\text{단면적}}$ 이므로

$$\sigma = \frac{7,600}{\dfrac{\pi \times 15^2}{4}} = \frac{7,600}{176.7} = 43$$

35. 다음 괄호 안에 들어갈 알맞은 값은?

$1 \, \text{kgf/cm}^2 = ($)$\text{N/cm}^2 = 0.098 \, \text{MPa}$

① 9.8   ② 98   ③ 980   ④ 9,800

해설 kg 뒤에 있는 f는 중력가속도 9.8 m/s^{2}를 의미하므로 수식에서 f를 9.8 m/s^{2}로 바꾸어 놓고 단위를 환산하면 된다. 힘의 SI 단위 N (뉴턴)은 $1N = 1 \, \text{kg} \cdot \text{m/s}^2$로 정의된다. 1 kgf = (1 kg) · (9.8 m/s^2) = 9.8 kg · m/s^2 = 9.8 N이므로 1 kgf/cm^2 = 9.8 N/cm^{2}가 된다.

36. 저항 R을 40 Ω 이라고 하면 이 저항에 2 A의 전류를 흘리기 위해서는 몇 볼트의 전압을 가해야 하는가?

① 80 V   ② 130 V

③ 140 V   ④ 150 V

해설 옴의 법칙 $V = IR$을 이용하면,

$V = 2 \times 40 = 80$ V

37. 압력에 대한 설명 중 잘못된 것은?

① 압력은 물체에 작용하는 힘의 크기에 비례한다.

② 압력은 압력을 받는 면적에 반비례한다.

③ 압력은 물체에 수직한 방향으로 힘을 가할 때 물체의 단위면적이 받는 힘이다.

④ 압력의 단위는 N/m로 표시할 수 있다.

해설 압력의 단위는 N/m^2로 표시한다. 압력의 SI 단위는 Pa(파스칼)이다.

$$1\,Pa = 1\,N/m^2$$

38. 각 부재가 실제로 안전하게 장시간 운전 또는 사용상태에 있을 때 부재에 발생하는 응력을 무엇이라 하는가?

① 극한강도　　　② 사용응력
③ 허용응력　　　④ 항복응력

39. 다음 중 힘의 3요소가 아닌 것은?

① 힘의 평형　　　② 힘의 크기
③ 힘의 방향　　　④ 힘의 작용점

40. 단면적이 $30\,cm^2$인 배관에 $2\,m/s$의 속도로 물이 흘러가고 있다면 유량은?

① $20\,cm^3/s$
② $60\,cm^3/s$
③ $6,000\,cm^3/s$
④ $60,000\,cm^3/s$

해설 유량(Q) = 단면적(A) × 유속(v)
$$Q = 30\,cm^2 \times 200\,cm/s = 6,000\,cm^3/s$$

제3과목 : **자동제어**

41. 다음 제어기 중 제어 속도가 가장 느린 제어기는?

① 비례(P) 제어기
② 미분(D) 제어기
③ 적분(I) 제어기

④ 비례-미분(PD) 제어기

42. 다음 중 제어 시스템의 안정도 판별 방법이 아닌 것은?

① 나이퀴스트 판별법
② 보드 선도
③ 블록 선도
④ 루쓰-허위츠 판별법

해설 • 안정한 제어계는 외력이 가해지지 않으면 정지 상태로 있고, 외력이 가해져도 모든 외력이 제거되면 정지 상태로 되돌아가는 제어계이다.
• 시스템이 안정되기 위한 조건은 유한한 입력에 대해서 유한한 출력을 내야 하며, 제어계의 입력이 없으면 초깃값에 관계없이 출력이 0이 되어야 한다.
• 안정도를 판별하는 방법에는 근궤적법, 루쓰-허위츠(Routh-Hurwitz), 나이퀴스트(Nyquist), 니콜스(Nichols) 선도, 보드(Bode) 선도 등의 판별법이 있다.

43. PC 기반제어에서 사용되는 BUS 중 거리가 먼 것은?

① ISA BUS　　　② PCI BUS
③ VESA BUS　　　④ CAD BUS

44. 다음 블록 선도에서 전달 함수 $G(s)\,[C/R]$의 값은?

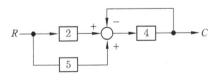

① $\dfrac{8}{5}$　　　　② $\dfrac{18}{5}$
③ $\dfrac{28}{5}$　　　　④ $\dfrac{38}{5}$

해설 다음 그림과 같이 가합점에서의 출력을 E 라

하고 계산한다.

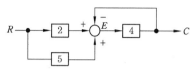

$$2R + 5R - C = E \cdots\cdots ①$$
$$4E = C$$
$$E = \frac{C}{4} \cdots\cdots\cdots ②$$

식 ②를 식 ①에 대입하면,

$$7R - C = \frac{C}{4}, \quad 7R = \frac{5}{4}C$$
$$\therefore \frac{C}{R} = \frac{28}{5}$$

45. 피드백 제어 시스템의 제어동작에 대한 설명으로 옳은 것은?

① 미분동작은 잔류편차를 없애준다.
② 비례적분동작은 오버슈트량을 줄여주고 응답속도가 향상된다.
③ 비례·적분·미분동작은 과도 응답 특성을 개선하고 잔류편차를 없애주므로 정상상태 특성을 개선한다.
④ 비례미분동작은 목표치의 변화나 외란에 대해 항상 잔류편차가 발생한다.

46. 다음 그림과 같은 되먹임 제어계의 전달 함수는?

① $\dfrac{C(s)}{1 + R(s)}$ ② $\dfrac{C(s)}{1 - C(s)}$

③ $\dfrac{G(s)}{1 + G(s)}$ ④ $\dfrac{G(s)}{1 - R(s)}$

해설
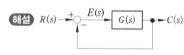

$$E(s) = R(s) - C(s)$$
$$C(s) = E(s) \cdot G(s)$$

$$\frac{C(s)}{G(s)} = R(s) - C(s)$$
$$C(s) = R(s)\,G(s) - C(s)\,G(s)$$
$$C(s) + C(s)\,G(s) = R(s)\,G(s)$$
$$(1 + G(s))\,C(s) = R(s)\,G(s)$$
$$\frac{C(s)}{R(s)} = \frac{G(s)}{1 + G(s)}$$

47. 전동기의 출력이 300 kW이고 회전수가 1,500 rpm인 경우 전동기의 토크(kgf·m)는 얼마인가?

① 195   ② 300
③ 390   ④ 500

해설 $T = 974 \times \dfrac{H[\mathrm{kW}]}{n[\mathrm{rpm}]}$

$$= 974 \times \frac{300}{1,500} = 195 \ \mathrm{kgf \cdot m}$$

48. 개회로 제어계와 폐회로 제어계의 가장 큰 차이점으로 적당한 것은?

① 목표값   ② 궤환 요소
③ 제어 대상   ④ 제어 요소

해설 궤환 요소(feedback element)란 제어량을 검출하여 궤환 신호를 만드는 요소로서 검출부라고도 한다. 개회로 제어계에는 궤환 요소가 없다.

49. NC 기계의 동력 전달 방법으로 서보모터와 볼 스크루 축을 직접 연결하여 연결 부위의 백래시 발생을 방지시키는 기계 요소로 가장 적합한 것은?

① 기어   ② 타이밍 벨트
③ 엔코더   ④ 커플링

50. "목표값 100℃의 전기로에서 열전온도계의 지시에 따라 전압조정기로 전압을 조정하여 온도를 일정하게 유지시킨다"면 제어량은 다음 중 어느 것인가?

① 전압조정기   ② 전압
③ 열전온도계   ④ 온도

51. 다음 중 PLC에서 입·출력 데이터를 일시적으로 기억할 수 있는 것은?

① 릴레이
② 리니어 스케일
③ 레지스터
④ 볼 스크루

해설 레지스터는 CPU에 들어 있는 극히 소량의 데이터 기억장치이다. PLC에서는 입·출력 데이터를 연산 처리하기 위해 일시적으로 레지스터에 저장한다.

52. 1차 시스템의 시정수에 관한 다음 설명 중 옳은 것은?

① 시정수가 클수록 오버슈트가 크다.
② 시정수가 클수록 정상상태 오차가 작다.
③ 시정수가 작을수록 응답속도가 빠르다.
④ 시정수는 정상상태 오차에 영향을 주지 않는다.

53. 다음 서보모터를 사용하여 구동시키는 제어 방식 중 CNC 공작기계에 가장 많이 사용되는 방식은?

① 개방회로 방식
② 폐쇄회로 방식
③ 반폐쇄회로 방식
④ 복합회로 서보 방식

해설 반폐쇄회로 방식은 위치와 속도를 서보모터의 축이나 볼나사의 회전 각도로 검출하는 방식으로서 최근 CNC 공작기계에 가장 많이 사용된다.

54. 어떤 제어계의 입력신호를 $A(s)$, 출력신호를 $B(s)$, 전달 함수를 $G(s)$라 할 때 이들 관계식

의 표현을 알맞게 한 것은?

① $B(s) = A(s) + G(s)$
② $B(s) = A(s) - G(s)$
③ $B(s) = A(s) \cdot G(s)$
④ $B(s) = A(s) / G(s)$

55. 다음 중에서 불연속형 조절기는 무엇인가?

① 비례동작 기구
② 비례적분동작 기구
③ 2위치 동작 조절기
④ 비례미분동작 기구

해설 연속형 조절기는 제어량과 목표값을 항상 비교하여 편차가 있을 때는 수시로 수정하는 방식이고, 불연속형 조절기는 제어편차가 일정한 값 이상이 되었을 때 ON/OFF 되는 방식으로, 2위치 동작 조절기가 이에 속한다.

56. 범용 PLC가 갖추고 있는 기능이 아닌 것은?

① 영상 처리   ② A/D 변환
③ 데이터 전송   ④ 논리 연산

57. 전달 함수 $G(s) = 1 + sT$인 제어계에서 $\omega T = 1,000$일 때, 이득은 약 몇 dB인가?

① 70   ② 60   ③ 50   ④ 40

해설 $G(j\omega) = 1 + j\omega T$ 이므로

$$이득 = 20\log_{10}|G(j\omega)| = 20\log_{10}|1 + j\omega T|$$
$$= 20\log_{10}|1 + j1,000|$$
$$= 20\log_{10}\sqrt{1^2 + 1,000^2}$$
$$= 20\log_{10}\sqrt{1,000,000} = 20\log_{10}1,000$$
$$= 20 \times 3 = 60 \text{ dB}$$

58. 릴레이 제어와 비교한 PLC 제어의 특징이 아닌 것은?

① 시스템 확장 및 유지보수가 용이하다.
② 산술, 논리 연산이 가능하다.
③ 컴퓨터 등과 같은 외부 장치와 통신이 가능하다.
④ 수정, 변경은 릴레이 제어 방식보다 어렵다.

해설 릴레이 제어에서는 전기 배선을 다시 하여 수정하지만 PLC 제어는 프로그램만 수정하면 되므로 더 쉽다.

59. 다음 중 유압회로에서 유압 실린더나 액추에이터로 공급하는 유체 흐름의 양을 제어하는 밸브는?

① 유량제어 밸브　　② 체크 밸브
③ 압력 변환기　　　④ 방향제어 밸브

60. 그림과 같은 편 로드 실린더에서 $F = 200\,N$의 힘을 발생시키려면 최소 얼마의 유압이 필요한가? (단, 실린더의 안지름의 단면적은 $0.2\,m^2$이다.)

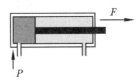

① 40 Pa　　　　　② 500 Pa
③ 1,000 Pa　　　　④ 2,000 Pa

해설 $P = \dfrac{F}{A} = \dfrac{200}{0.2} = 1,000\ N/m^2 = 1,000\ Pa$

제4과목 : 메카트로닉스

61. 스테핑 모터를 회전시키는 데 필요한 회로 요소가 아닌 것은?

① 스트레인 게이지　② 제어장치
③ 펄스 발생기　　　④ 구동장치

62. 랙 커터, 피니언 커터, 호브 등을 사용하여 기어를 절삭하는 방법은?

① 형판법　　　　　② 창성법
③ 모형법　　　　　④ 총형 커터법

해설 창성법은 랙 커터, 피니언 커터, 호브 등의 기어 절삭 공구를 소재와 상대 운동을 하도록 하여 소재의 원주면에 치형이 형성되도록 절삭하는 방법으로서 대표적인 기어 절삭 방식이다.

63. 인터럽트 발생 시 복귀주소를 기억시키는 데 사용되는 것은?

① 스택　　　　　　② 누산기
③ PC　　　　　　　④ 인덱스 레지스터

해설 PC는 프로그램 카운터(program counter)를 의미한다.

64. 정격 전압에서 600 W의 전력을 소비하는 저항에 정격의 90%의 전압을 가했을 때 전력은?

① 486 W　　　　　② 540 W
③ 550 W　　　　　④ 560 W

해설 $P = \dfrac{V^2}{R}$ 이므로 저항이 일정하다면 전력은 전압의 제곱에 비례한다. 이 저항에 정격의 90% 전압이 가해졌다면 소비전력은 다음과 같다.

$P = \dfrac{(0.9\,V)^2}{R} = 0.81\dfrac{V^2}{R}$ 이 되므로

$P = 0.81 \times 600 = 486$ W이다.

65. N형 반도체는 Ge나 Si에 다음 중 무슨 물질을 섞는가?

① 인듐　　　　　　② 알루미늄
③ 붕소　　　　　　④ 안티몬

해설 • N형 반도체에 섞는 물질 : 안티몬 (Sb), 비소 (As), 인 (P), 납 (Pb)
• P형 반도체에 섞는 물질 : 갈륨 (Ga), 인듐(In), 붕소 (B), 알루미늄 (Al)

66. 기계의 전자화 또는 전자기기의 기계화를 통칭하는 것으로 적용범위는 자동차, 항공우주, 반도체, 제조분야 등에 적용되고 있으며 대규모 조립·가공 산업분야에서 생산성과 품질원가의 경쟁력을 높이는 기반 기술을 무엇이라 하는가?

① PLC
② CAD/CAM
③ 메카트로닉스
④ 마이크로프로세서

67. 비트 마스크(bit mask)와 비트 리셋(bit reset) 용도로 사용되는 연산자는?

① 논리합 (OR)
② 논리곱 (AND)
③ 부정(NOT)
④ 배타적 논리합 (XOR)

해설 비트 마스크 또는 비트 리셋은 데이터의 일부분을 0으로 초기화하는 것을 말한다. 논리곱 (AND)을 이용하면 특정 부분만 0으로 만들 수 있다. 예를 들어 $(1001\ 1101)_2$의 하위 3비트를 0으로 리셋하려면 $(1111\ 1000)_2$과 AND 연산을 하면 된다.

68. 방전가공에서 전극 재료의 구비조건으로 틀린 것은?

① 가공 정밀도가 높을 것
② 가공 전극의 소모가 클 것
③ 방전이 안전하고 가공속도가 클 것
④ 구하기 쉽고 값이 저렴할 것

69. 스텝각이 1.8°인 스테핑 모터에 반지름이 2.6 cm 인 바퀴를 장착하였다. 200개의 펄스를 모터에 인가하였을 때 바퀴가 움직인 거리는 약 얼마인가?

① 16.3 cm
② 21.3 cm
③ 52.0 cm
④ 93.6 cm

해설 스텝각이 1.8°인 스테핑 모터에 200개의 펄스를 주면 1.8°×200=360° 회전한다. 즉, 1회전하게 된다. 바퀴가 1회전 할 때 원주의 길이 (l)만큼 이동하게 되므로 이동한 거리는 다음과 같이 구한다.

$$l = 2\pi r = 2 \times 3.14 \times 2.6 = 16.3\ \text{cm}$$

70. 홀(hole) 전류에 대한 설명으로 가장 적합한 것은?

① 전자의 이동 방향과 반대 방향을 가진 (+) 전하의 이동이다.
② 전자의 이동 방향과 같은 방향을 가진 (+) 전하의 이동이다.
③ 전자의 이동 방향과 같은 방향을 가진 (−) 전하의 이동이다.
④ 전자의 이동 방향과 반대 방향을 가진 중성 전하의 이동이다.

71. 다음 그림은 밀링 작업에서 상향절삭(up cutting) 방식이다. 하향절삭(down cutting)과 비교하여 올바르게 설명한 것은?

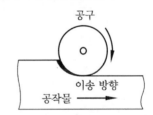

① 백래시를 제거해야 한다.
② 공구수명이 길다.
③ 표면거칠기가 나쁘다.
④ 공작물 고정이 유리하다.

72. 플레밍의 왼손법칙의 방향 요소에 해당되지 않는 것은?

① 전압
② 전자력
③ 자속
④ 전류

해설 플레밍의 왼손법칙
• 엄지손가락 : 전자력
• 검지손가락 : 자속
• 중지손가락 : 전류

73. 접시머리 나사를 사용하여 부품 조립을 할 때 구멍 작업에는 어떠한 공정이 필요한가?

① 스폿 페이싱(spot facing)
② 스텝 보링(step boring)
③ 카운터 보링(counter boring)
④ 카운터 싱킹(counter sinking)

74. 마이크로컴퓨터 시스템에서 상호 필요한 정보를 주고 받는 데는 버스(bus)를 이용하는데, 다음 중 해당되지 않는 버스는?

① 명령 버스   ② 어드레스 버스
③ 데이터 버스   ④ 제어 버스

75. 다음 중 유접점 시퀀스도를 무접점 시퀀스도로 맞게 변환한 것은?

①

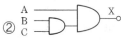
②

③

④

76. 다음 중 초음파 센서의 특징으로 옳은 것은?

① 검출 대상체의 형태, 색깔, 재질에 무관하게 검출이 가능하다.
② 대부분의 매질에 대해 반사하기 어렵고 투과하는 특징을 가지고 있다.
③ 음향 에너지를 전송할 수 없다.
④ 보통 10 kHz 이하의 주파수를 사용하여

검출한다.

77. 다음 회로 그림에서 단자 C의 출력전압이 '1'이 되기 위한 입력 조건으로 맞는 것은?(단, 입력 신호는 High=1, Low=0으로 표기하였음)

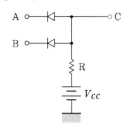

① A = 0, B = 0   ② A = 0, B = 1
③ A = 1, B = 0   ④ A = 1, B = 1

78. 다음 비반전 증폭기의 설명 중 옳은 것은?

① 입력신호 위상과 출력신호 위상이 같은 증폭기이다.
② 출력신호 위상이 입력신호 위상에 비하여 90도 앞서는 증폭기이다.
③ 수학적인 미분 연산을 행하는 증폭기이다.
④ 전압이득이 1에 가까운 증폭기이다.

79. 다음 중 10진수 5.5를 BCD 코드로 옳게 표현한 것은?

① 0101.1000   ② 1100.0011
③ 0101.0101   ④ 1010.1010

80. 정전용량이 C인 콘덴서 3개를 직렬로 접속한 경우 전체 합성용량은?

① $6C$ ② $3C$
③ $\dfrac{C}{3}$ ④ $\dfrac{C}{6}$

해설 $\dfrac{1}{C_{Total}} = \dfrac{1}{C} + \dfrac{1}{C} + \dfrac{1}{C} = \dfrac{3}{C}$

$\therefore C_{Total} = \dfrac{C}{3}$

생산자동화산업기사 필기

2014년

출제문제

2014년 3월 2일 시행					
자격종목 및 등급(선택분야)	종목코드	시험시간	문제지형별	수검번호	성 명
생산자동화산업기사	2034	2시간	A		

제1과목 : 기계가공법 및 안전관리

1. 기어가 회전 운동을 할 때 접촉하는 것과 같은 상대 운동으로 기어를 절삭하는 방법은?

① 창성식 기어 절삭법
② 모형식 기어 절삭법
③ 원판식 기어 절삭법
④ 성형공구 기어 절삭법

해설 창성식 기어 절삭법(generated system) : 인벌류트 치형을 정확히 가공할 수 있는 방법으로 공구를 정확히 기어 모양으로 가공하고, 이것과 맞물려 돌아가는 기어의 소재와 미끄럼 없이 구름 접촉에 의하여 운동을 전달할 때 이론적인 상대 운동을 주면서 공구에 축 방향 왕복 운동을 시켜 가공하는 방식이다.
사용 공구는 랙 커터(rack cutter) 및 피니언 커터(pinion cutter), 호브(hob) 등이 있다.

2. 공기 마이크로미터를 그 원리에 따라 분류할 때 이에 속하지 않는 것은?

① 유량식   ② 배압식
③ 광학식   ④ 유속식

해설 공기 마이크로미터 : 비접촉식 측정으로 마모에 의한 정도 저하가 없으며, 피 측정물을 변형시키지 않으면서 신속한 측정이 가능하다.
• 유량식 : 단위시간 내에 흐르는 유량(공기량)의 변화를 이용한 측정 방법
• 배압식 : 공기의 압력차를 수치로 확대 변환하여 측정한다.
• 유속식 : 공기의 흐름 속도 차이에 따라 발생하는 압력의 차를 이용한 측정 방법
• 진공식 : 감압상태의 압력 차를 이용한 측정 방법

3. 고속가공의 특성에 관한 설명이 옳지 않은 것은?

① 황삭부터 정삭까지 한 번의 셋업으로 가공이 가능하다.
② 열처리된 소재는 가공할 수 없다.
③ 칩(chip)에 열이 집중되어, 가공물은 절삭열 영향이 적다.
④ 절삭 저항이 감소하고, 공구수명이 길어진다.

해설 고속가공의 특성
• 열처리된 소재(HRC60)도 직접 가공할 수 있다.
• 난삭재가공이 가능하며, 경면작업을 할 때는 연마작업이 최소화된다.

4. 연삭액의 구비조건으로 틀린 것은?

① 거품 발생이 많을 것
② 냉각성이 우수할 것
③ 인체에 해가 없을 것
④ 화학적으로 안정될 것

해설 연삭액은 거품 발생이 없어야 하며, 냉각성, 윤활성, 유동성, 침투성이 좋아야 한다.

5. 밀링머신에서 단식 분할법을 사용하여 원주를 5등분 하려면 분할 크랭크를 몇 회전씩 돌려가

면서 가공하면 되는가?

① 4 　　　　② 8

③ 9 　　　　④ 16

[해설] 단식 분할법(simple indexing) : 분할 크랭크와 분할판을 사용하여 분할하는 방법으로 분할 크랭크를 40회전시키면 주축은 1회전하므로 주축을 회전시키려면 분할 크랭크를 $\frac{40}{N}$ 회전시킨다. (단, N은 가공물의 등분수를 말한다.)

$\frac{40}{N} = \frac{40}{5} = 8$, 즉 8회전과 1구멍씩 이동시킨다.

6. 길이가 짧고 지름이 큰 공작물을 절삭하는 데 사용하는 선반으로 면판을 구비하고 있는 것은?

① 수직선반 　　　② 정면선반

③ 탁상선반 　　　④ 터릿선반

[해설] • 정면선반(face lathe) : 길이가 짧고 지름이 큰 공작물을 절삭하는 데 사용하는 선반

• 수직선반(vertical lathe) : 대형의 공작물이나 불규칙한 가공물을 가공하기 편리하도록 척(chuck)을 지면에 수직으로 설치한 선반

• 탁상선반(bench lathe) : 소형선반으로 베드(bed)의 길이 900 mm 이하, 스윙(swing) 200 mm 이하로서 시계부품, 재봉틀 부품 등의 소형 부품을 주로 가공한다.

• 터릿선반(turret lathe) : 보통선반의 심압대 대신에 터릿으로 불리는 회전 공구대를 설치하여 여러 가지 절삭 공구를 공정에 맞게 설치하여, 간단한 부품을 대량으로 생산하는 데 사용된다.

7. 주축대의 위치를 정밀하게 하기 위하여 나사식 측정장치, 다이얼 게이지, 광학적 측정장치를 갖추고 있는 보링머신은?

① 수직 보링머신

② 보통 보링머신

③ 지그 보링머신

④ 코어 보링머신

[해설] 지그 보링머신(jig boring machine) : 주축대의 위치를 정밀하게 하기 위하여 나사식 측

정장치, 표준 봉게이지, 다이얼 게이지, 현미경에 의한 광학적 측정장치를 가지고 있다.

8. 서멧(cermet) 공구를 제작하는 가장 적합한 방법은?

① WC(텅스텐 탄화물)을 Co로 소결

② Fe에 Co를 가한 소결 초경 합금

③ 주성분이 W, Cr, Co, Fe로 된 주조 합금

④ Al_2O_3 분말에 TiC 분말을 혼합 소결

[해설] 서멧(cermet) 공구 : Al_2O_3 분말 약 70%에 TiC 또는 TiN 분말을 30% 정도 혼합하여 수소 분위기 속에서 소결하여 제작한다.

9. 센터리스 연삭작업의 특징이 아닌 것은?

① 센터구멍이 필요 없는 원통 연삭에 편리하다.

② 연속작업을 할 수 있어 대량생산에 적합하다.

③ 대형 중량물도 연삭이 용이하다.

④ 가늘고 긴 가공물의 연삭에 적합하다.

[해설] 센터리스 연삭작업의 특징

• 대형이나 중량물의 연삭은 불가하다.

• 긴 홈이 있는 가공물의 연삭은 불가하다.

• 연삭숫돌 폭보다 넓은 가공물을 플런지 컷 방식으로 연삭할 수 없다.

10. 측정기, 피 측정물, 자연 환경 등 측정자가 파악할 수 없는 변화에 발생하는 오차는?

① 시차 　　　　② 우연오차

③ 계통오차 　　　④ 후퇴오차

[해설] • 우연오차 : 측정기, 피 측정물, 자연 환경 등 측정자가 파악할 수 없는 변화에 발생하는 오차이다.

• 시차(視差) : 측정자의 부주의로 생기는 오차이다.

• 계통오차 : 계통적으로 발생되는 오차로서 계기오차, 환경오차, 개인오차가 있다.

• 후퇴오차 : 동일한 측정량에 대하여 지침의 측

정량이 증가하는 상태에서의 읽음 값과 반대로 감소하는 상태에서의 읽음 값의 차를 말한다.

11. 절삭 공구의 구비조건으로 틀린 것은?

① 고온 경도가 높아야 한다.
② 내마모성이 좋아야 한다.
③ 마찰계수가 적어야 한다.
④ 충격을 받으면 파괴 되어야 한다.

해설 절삭 공구는 외력에 의해 파손되지 않고 충격에 잘 견딜 수 있는 강인성(toughness)이 있어야 한다.

12. 기계작업 시 안전 사항으로 가장 거리가 먼 것은?

① 기계 위에 공구나 재료를 올려놓는다.
② 선반 작업 시 보호안경을 착용한다.
③ 사용 전 기계, 기구를 점검한다.
④ 절삭 공구는 기계를 정지시키고 교환한다.

해설 기계 위에는 공구나 재료, 측정기를 올려놓지 않는다.

13. 기어 피치원의 지름이 150 mm, 모듈(module)이 5인 표준형 기어의 잇수는? (단, 비틀림각은 30°이다.)

① 15개　　　　② 30개
③ 45개　　　　④ 50개

해설 $M=\dfrac{D}{Z}$ 의 관계식을 적용한다. (단, $M=$모듈, $D=$기어 피치원의 지름, $Z=$기어의 잇수를 말한다.)
그러므로 기어의 잇수$(Z)=\dfrac{D}{M}$ 이므로, $\dfrac{150}{50}=30$

14. 선반에서 가공할 수 있는 작업이 아닌 것은?

① 기어절삭　　　② 테이퍼 절삭
③ 보링　　　　④ 총형절삭

해설 밀링머신에서 기어절삭을 하며, 형판에 의한 절삭법, 총형 공구에 의한 절삭법, 창성에 의한 절삭법이 있다.

15. 초음파가공에 주로 사용하는 연삭입자의 재질이 아닌 것은?

① 산화 알루미나계　② 다이아몬드 분말
③ 탄화 규소계　　　④ 고무 분말계

해설 • 연삭입자의 재질 : 산화 알루미나계, 다이아몬드 입자(분말), 탄화 규소계, 탄화붕소 등이 있다.
• 연삭입자의 재질로서 고무 분말계는 사용되지 않는다.

16. 일반적으로 각도 측정에 사용되는 것이 아닌 것은?

① 콤비네이션 세트
② 나이프 에지
③ 광학식 클리노미터
④ 오토 콜리메이터

해설 • 각도측정 : 콤비네이션 세트, 광학식 클리노미터, 오토 콜리메이터, 광학식 각도기
• 진직도 및 비교측정 : 나이프 에지

17. 마이크로미터 측정면의 평면도 검사에 가장 적합한 측정기기는?

① 옵티컬 플랫
② 공구 현미경
③ 광학식 클리노미터
④ 투영기

해설 옵티컬 플랫(optical flat) : 일명 '광선정반'이라고 하며 빛의 간섭에 의한 평면도 측정으로서 평면도 검사에 가장 적합한 측정기기이다.

18. 해머 작업의 안전수칙에 대한 설명으로 틀린 것은?

① 해머의 타격면이 넓어진 것을 골라서 사용한다.
② 장갑이나 기름이 묻은 손으로 자루를 잡지 않는다.
③ 담금질된 재료는 함부로 두드리지 않는다.
④ 쐐기를 박아서 해머의 머리가 빠지지 않는 것을 사용한다.

해설 해머 작업의 안전수칙 : 해머의 타격면이 넓어진 것을 사용하지 않는다.

19. 선반의 심압대가 갖추어야 할 조건으로 틀린 것은?

① 베드의 안내면을 따라 이동할 수 있어야 한다.
② 센터는 편위시킬 수 있어야 한다.
③ 베드의 임의의 위치에서 고정할 수 있어야 한다.
④ 심압축은 중공으로 되어 있으면 끝부분은 내셔널 테이퍼로 되어 있어야 한다.

해설 심압축은 중공으로 되어 있으면 끝부분은 모스 테이퍼(morse taper)로 되어 있어야 한다.

20. 밀링머신에 관한 설명으로 옳지 않은 것은?

① 테이블의 이송속도는 밀링 커터날 1개당 이송거리×커터의 날수×커터의 회전수로 산출한다.
② 플레노형 밀링머신은 대형의 공작물 또는 중량물의 평면이나 홈가공에 사용한다.
③ 하향절삭은 커터의 날이 일감의 이송방향과 같으므로 일감의 고정이 간편하고 뒤틈 제거장치가 필요 없다.
④ 수직밀링머신은 스핀들이 수직방향으로 장치되어 엔드밀로 홈 깎기, 옆면 깎기 등을 가공하는 기계이다.

해설 하향절삭은 백래시(back lash) 제거장치가 필요하다.

제2과목 : 기계제도 및 기초공학

21. 다음 투상도 중 KS 제도 통칙에 따라 올바르게 작도된 투상도는?

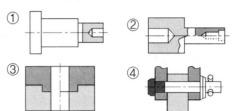

22. 깊은 홈 볼 베어링의 안지름이 25 mm일 때 이 베어링의 안지름 번호는?

① 00   ② 05
③ 25   ④ 50

해설 베어링의 안지름 번호 $= \dfrac{\text{베어링의 안지름}}{5}$

$\quad\quad = \dfrac{25}{5} = 5$

23. 도면의 재질란에 SM25C의 재료기호가 기입되어 있다. 여기서 '25'가 나타내는 것은?

① 탄소 함유량 22~28%
② 탄소 함유량 0.22~0.28%
③ 최저 인장강도 25 KPa
④ 최저 인장강도 25 MPa

해설 SM25C에서
• SM : 기계구조용 탄소강재(carbon steels for machine structure)
• 25C : 탄소 함유량(0.22~0.28%의 중간값)

24. 그림과 같이 제3각법으로 나타낸 정투상도에서 평면도로 알맞은 것은?

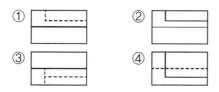

25. 다음 중 일반적으로 길이 방향으로 단면하여 나타내도 무방한 것은?

① 볼트(bolt)
② 키(key)
③ 리벳(rivet)
④ 미끄럼 베어링(sliding bearing)

해설 볼트, 키, 리벳, 축, 핀, 세트스크루 등은 단면도 표시에서 길이 방향으로 절단하지 않는다.

26. KS 규격에 따른 회주철품의 재료 기호는?

① WC ② SB
③ GC ④ FC

해설 • GC : 회주철품
• WC : 백주철품
• WMC : 백심 가단 주철품
• BMC : 흑심 가단 주철품
• GCD : 구상흑연 주철품

27. 도면의 공차 치수는 어떤 끼워맞춤인가?

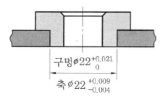

구멍 $\phi 22^{+0.021}_{0}$
축 $\phi 22^{+0.009}_{-0.004}$

① 헐거움 끼워맞춤 ② 가열 끼워맞춤
③ 중간 끼워맞춤 ④ 억지 끼워맞춤

해설 위 그림은 틈새, 죔새가 동시에 생기는 끼워맞춤으로 중간 끼워맞춤이다.

28. 그림과 같은 기하공차의 해석으로 가장 적합한 것은?

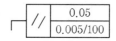

① 지정 길이 100 mm에 대하여 0.05 mm, 전체 길이에 대해 0.005 mm의 대칭도
② 지정 길이 100 mm에 대하여 0.05 mm, 전체 길이에 대해 0.005 mm의 평행도
③ 지정 길이 100 mm에 대하여 0.005 mm, 전체 길이에 대해 0.05 mm의 대칭도
④ 지정 길이 100 mm에 대하여 0.005 mm, 전체 길이에 대해 0.05 mm의 평행도

해설 위 그림에서는 지정 길이 100 mm에 대하여 0.005 mm, 전체 길이에 대해 0.05 mm의 평행도를 나타낸다.

29. 도면에서 두 종류 이상의 선이 같은 장소에서 겹치게 될 경우 표시되는 선의 우선순위가 높은 것부터 낮은 순서로 나열되어 있는 것은?

① 외형선, 숨은선, 절단선, 중심선
② 외형선, 절단선, 숨은선, 중심선
③ 외형선, 중심선, 숨은선, 절단선
④ 절단선, 중심선, 숨은선, 외형선

해설 도면에서 두 종류 이상의 선이 같은 장소에서 중복될 경우의 선의 순서 : 외형선→숨은선→절단선→중심선→무게중심선→치수 보조선

30. 다음 표면의 결 도시기호에서 지시하는 가공법은?

① 밀링가공 ② 브로칭가공
③ 보링가공 ④ 리머가공

해설 결 도시기호에서 지시하는 가공 방법의 기호
• FR : 리머가공
• M : 밀링가공

- BR : 브로칭가공
- B : 보링가공

- 압축응력(compressive stress) : 수직응력으로 재료에 압축하중이 작용할 때 생기는 응력

31. 밑면이 정사각형이고 높이가 10 cm인 직육면체에 부피가 250 cm³이다. 밑면의 한 변의 길이는?

① 2 cm
② 5 cm
③ 10 cm
④ 20 cm

해설 직육면체의 부피=밑면×높이=$a^2 \times 10 = 250$ 이므로 $a = \sqrt{25} = 5$ cm

32. 길이가 r인 막대의 끝에 힘 F를 가할 때 토크를 구하는 식은?

① $T = F \times r$
② $T = F/r$
③ $T = r/F$
④ $T = F \times r^2$

해설 길이가 r인 막대의 끝에 힘 F를 가할 때 토크 : 회전모멘트(토크)이므로 작용하는 힘(F)에 회전반지름(r)을 곱한다.
∴ $T = F \times r$

33. 이송속도가 0.2 cm/s인 물체가 2분 동안 이동한 거리는 몇 m인가?

① 24 m
② 60 m
③ 0.24 m
④ 0.6 m

해설 2분 동안 이동한 거리=0.2×120
=24 cm=0.24 m

34. 프레스가공에서 원판을 전단하려고 할 때 가장 크게 작용하는 응력은?

① 굽힘응력
② 인장응력
③ 전단응력
④ 압축응력

해설 • 전단응력(shearing stress) : 전단하려고 할 때, 즉 전단하중이 작용할 때 생기는 응력
• 굽힘응력(bending stress) : 재료에 굽힘하중이 작용할 때 생기는 응력
• 인장응력(tensile stress) : 수직응력으로 재료에 인장하중이 작용할 때 생기는 응력

35. 도선의 전기저항에 대한 설명으로 틀린 것은?

① 도선의 고유저항의 값에 비례한다.
② 도선의 단면적에 비례한다.
③ 도선의 길이에 비례한다.
④ 도선에 전류를 흐르기 어렵게 하는 물질의 작용이다.

해설 도선의 전기저항은 도선의 단면적에 반비례한다.

36. 다음 중 전압에 대한 설명으로 틀린 것은?

① 전지를 직렬로 연결하면 각각의 전지전압을 합한 전압이 전체 전압이다.
② 저항의 각 단자에 걸린 전위의 차이를 전압이라 한다.
③ 도선의 전압은 그 저항값과 흐르는 전류의 곱으로 구할 수 있다.
④ 도선에서 전류를 흐르기 어렵게 하는 물질의 작용을 전압이라 한다.

해설 저항(Ω) : 도선에서 전류를 흐르기 어렵게 하는 물질의 작용을 말한다.

37. 다음 중 압력의 단위가 아닌 것은?

① N/cm²
② Pa
③ m/s
④ bar

해설 m/s는 $v = \dfrac{거리}{단위시간} = \dfrac{s}{t}$ 으로 나타내는 속도의 단위이다.

38. 다음 중 부피의 크기가 다른 것은?

① 1 m³
② 1,000 cm³
③ 1,000 cc
④ 1 l

해설 1 l =1,000 cc=1,000 cm³
1 m³=100 cm×100 cm×100 cm
=1,000,000 cm³=106 cm³

정답 31. ② 32. ① 33. ③ 34. ③ 35. ② 36. ④ 37. ③ 38. ①

39. 다음 그림과 같이 3개의 저항이 병렬로 접속된 회로에서 저항 R_3에 흐르는 전류 I_3는 얼마인가?

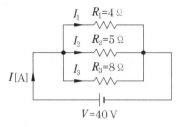

① 5 A   ② 8 A

③ 10 A   ④ 23 A

해설 $I = \dfrac{V}{R}$에서, $I_3 = \dfrac{V}{R_3}$이므로 $I_3 = \dfrac{40}{8} = 5$ A

40. 다음 중 일을 정의하는 식으로 옳은 것은? (단, 이동거리는 힘의 방향과 같다.)

① 일 = 마력 × 이동거리

② 일 = $\dfrac{\text{힘}}{\text{이동거리}}$

③ 일 = 힘 × 이동거리

④ 일 = $\dfrac{\text{마력}}{\text{이동거리}}$

해설   • 일(W) = 힘(F) × 이동거리(s), 즉 $W = F \times s$ 로 나타낸다.

• 동력(H)(일률, 공률) = $\dfrac{\text{일}}{\text{소요된 시간}} = \dfrac{W}{t} = \dfrac{FS}{t}$ $= Fv$가 된다.

제3과목 : 자동제어

41. 제어계의 시간영역 동작에서 백분율(%) 최대 오버슈트의 의미는 다음 중 어느 것인가?

① (제2오버슈트÷최대오버슈트)×100

② (최대오버슈트÷제2오버슈트)×100

③ (최대오버슈트÷최종값)×100

④ (최종값÷최대오버슈트)×100

해설   백분율 최대 오버슈트는 최종 정상상태값과 최대 오버슈트 값의 백분율이다.

42. CNC 공작기계에서 서보모터의 회전 운동을 테이블의 직선 운동으로 바꾸는 기구는?

① 볼 스크루   ② 베벨 기어

③ 스퍼 기어   ④ 웜 기어

해설   볼 스크루(ball screw) : CNC 공작기계에서 서보모터의 회전 운동을 테이블의 직선 운동으로 변환시켜 준다.

43. 예열을 하여 발열 반응을 하는 프로세스 제어 시스템의 온도를 제어하는 데 있어 단순한 피드백 제어의 경우 예열 단계에서 오버슈트(over shoot)의 주된 원인이 되는 제어동작은?

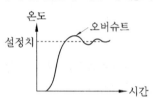

① 비례적분미분동작(PID 동작)

② 미분동작(D동작)

③ 적분동작(I동작)

④ 비례미분동작(PD 동작)

해설   • 비례(Proportion)동작(P) : 응답시간을 줄이는 효과가 있으며, 정상편차가 있는 경우에 적용한다. 비례대 K_p를 작게 하면, 진폭 감쇄비가 크게 되어 결국은 발산한다.

• 적분(Integral)동작(I) : 잔류편차는 제거되지만, 과도응답특성을 좋지 않게 한다. 적분시간(T_i)을 짧게 하면, 잔류편차를 줄이며 진폭감쇄비가 커진다. 따라서 정상상태 오차를 없애는데 사용한다.

• 미분(Differential)동작(D) : 미분시간(T_d)을 길게 하면 기준입력에 접근하는 속도가 빨라지고 현재치의 급변에 효과가 있다. 오버슈트, 과도

응답특성을 향상시킨다.

44. 마이크로프로세서의 4비트 출력포트 P는 다음 그림의 PA0~PA3의 단자와 연결되어 있다. DC모터가 주어진 동작조건과 같이 작용할 때 시계방향(CW)으로 모터가 회전하기 위한 출력포트 P의 값은?

> **[동작조건]**
> A : 전압(+), B : 전압(−)일 경우 CCW 회전
> A : 전압(−), B : 전압(+)일 경우 CW 회전

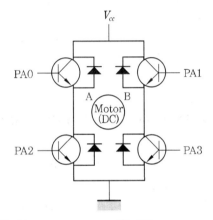

① 3H
② 6H
③ 9H
④ BH

> **해설** CW회전을 위해서는 모터의 A단자는 접지와 연결되어야 하므로 PA0는 OFF, PA2는 ON 되며 모터의 B단자는 V_{cc}와 연결되므로 PA1은 ON, PA3은 OFF되어야 한다.
> 따라서 PA에 세팅할 16진수값은 4+2로 6H가 된다.

포트	PA3	PA2	PA1	PA0
제어상태	OFF	ON	ON	OFF
2진수	0	1	1	0
16진수	0	4	2	0

45. 시퀀스 제어회로에서 먼저 회로가 ON되어 있으면 다른 회로의 스위치를 ON하여도 동작할 수 없는 회로를 무엇이라고 하는가?

① 병렬 제어회로
② 인터록 회로
③ 직렬 우선회로
④ 한시 동작회로

> **해설** 인터록 회로(inter lock circuit) : 자기 유지 회로 두 개와 앞에 상대 릴레이의 b접점을 넣은 회로를 인터록 회로라 한다. 두 가지 동작이 동시에 실행되면 안 되는 경우로 하나의 동작이 실행될 때 다른 동작이 작동되지 않도록 하는 것을 의미한다.

46. 다음 $\dfrac{A(s)}{B(s)} = \dfrac{2}{s+1}$ 의 전달 함수를 미분방정식으로 나타낸 것은?

① $da(t)/dt + 2a(t) = 2b(t)$
② $da(t)/dt + a(t) = 2b(t)$
③ $2da(t)/dt + a(t) = b(t)$
④ $da(t)/dt + 2a(t) = b(t)$

> **해설** $\dfrac{A(s)}{B(s)} = \dfrac{2}{s+1}$
> $A(s)(s+1) = 2B(s)$
> $sA(s) + A(s) = 2B(s)$
> $\dfrac{d}{dt}a(t) + a(t) = 2b(t)$

47. 자동차 운전 시 운전하는 자동차의 가속을 위해서 액셀러레이터(accelerator) 페달(pedal)을 사용하는데 이때 페달의 각도를 검출하기 위한 신호 전달 과정으로서 가장 적합한 것은?

① 페달 − 엔코더 − D/A 컨버터 − CPU
② 페달 − 포텐셔미터 − A/D 컨버터 − CPU
③ A/D 컨버터 − 페달 − 포텐셔미터 − CPU
④ A/D 컨버터 − 페달 − 엔코더 − CPU

> **해설** 운전자가 자동차 페달을 밟을 경우 페달의 각도를 검출하기 위해서는 회전각량을 측정할 수 있는 포텐셔미터를 사용할 수 있다.
> 포텐셔미터의 저항 변화를 검출하기 위해서는

아날로그값을 디지털로 전환하는 A/D 컨버터의 사용이 가능하다.

48. 자동 제어계를 제어량의 성질에 따라 분류할 때 서보기구에서의 제어량에 속하는 것은?

① 수위, PH
② 온도, 압력
③ 위치, 각도
④ 속도, 전기량

해설 물체의 위치, 방위, 자세 등의 기계적 변위를 제어량으로 해서 목표값의 임의의 변화에 추종하도록 구성된 제어계를 서보기구제어라 하며, 비행기, 선박의 항법제어 시스템, 미사일 발사대의 자동위치제어 시스템 등이 적용 사례이다.

49. 출력이 입력에 전혀 영향을 주지 못하는 제어는?

① 프로그램 제어
② 되먹임 제어
③ 열린 루프(open loop) 제어
④ 닫힌 루프(closed loop) 제어

해설 열린 루프 제어는 플랜트의 출력이 제어입력을 생성하는 제어기에 아무런 영향을 주지 않는 제어 시스템이다.

50. 제어계에서 검출부의 제어 기기들 중 접촉식 스위치는?

① 전기 리밋 스위치
② 투과형 광전 스위치
③ 고주파 발전형 스위치
④ 미러 반사형 광전 스위치

해설 • 전기 리밋 스위치 : 스위치를 동작시키는 레버 또는 롤러가 부착되어 다른 물체의 이동에 의하여 접점이 On-OFF되는 스위치
• 투과형 광전 스위치 : 투광부와 수광부로 분리되어있어 좌·우에 각각 설치하고 그 중간에 물체가 지나가거나 서 있을 때를 검출하는 스위치
• 고주파 발진형 스위치 : 센서 앞부분의 검출코일에서 고주파 자기장이 발생하고 이 자기장에 검출물체(금속)가 접근하면 금속 안에 유도전

류가 흘러 열 손실이 발생하여 발진이 감쇠 또는 정지되는 스위치
• 미러 반사형 광전 스위치 : 투·수광부가 일체로 된 포토 센서와 반사율이 높은 미러를 사용하며, 투광부에서 발광된 광이 미러에서 반사되는 광량과 검출물체에서 반사되는 광량의 차이를 검출하여 출력하는 포토 센서

51. PLC의 중추적 역할을 담당하며, 연산부와 레지스터부로 구성된 장치는?

① 중앙처리장치
② 기억장치
③ 출력장치
④ 입력장치

해설 중앙처리장치(central processing unit)는 제어장치(control unit), 레지스터(register), 산술논리연산장치(arithmetic logic unit), 내부 CPU 버스(internal CPU bus)로 구성되어 있다.

52. 시퀀스 제어의 구성에서 검출부에 해당하지 않는 것은?

① 온도 스위치
② 타이머
③ 압력 스위치
④ 리밋 스위치

해설 • 검출부 : 구동부가 행한 일이 정해진 조건을 만족하는가를 검출하는 부분이다.
• 검출 스위치 : 제어 시스템에서 플랜트인 제어 대상의 상태 또는 변화를 검출하기 위한 스위치로서 위치, 액면, 압력, 온도, 전압 등의 제어량을 검출하는 역할로 리밋 스위치, 플로트 스위치, 압력 스위치, 온도 스위치 등이 있다.

53. 라플라스 변환에서 t함수와 s함수 관계가 맞는 것은? (단, t함수의 초기조건은 모두 0으로 가정한다.)

① $v(t) = Ri(t) \rightarrow V(s) = \dfrac{1}{R}I(s)$

② $v(t) = L\dfrac{d}{dt}i(t) \rightarrow V(s) = sLI(s)$

③ $v(t) = \dfrac{1}{C}\displaystyle\int i(t)dt \rightarrow V(s) = sCI(s)$

④ $v(t) = Ri(t) + \dfrac{1}{C}\displaystyle\int i(t)dt \rightarrow V(s)$

$\qquad = \dfrac{1}{R}I(s) + sCI(s)$

해설 ① $v(t) = Ri(t) \rightarrow V(s) = RI(s)$

② $v(t) = \dfrac{1}{C}\displaystyle\int i(t)dt \rightarrow V(s) = \dfrac{1}{sC}I(s)$

③ $v(t) = Ri(t) + \dfrac{1}{C}\displaystyle\int i(t)dt \rightarrow V(s)$

$\qquad = RI(s) + \dfrac{1}{sC}I(s)$

54. 게이지 압력을 구하는 식으로 옳은 것은?

① 게이지압력 = 절대압력 ÷ 대기압

② 게이지압력 = 절대압력 × 대기압

③ 게이지압력 = 절대압력 − 대기압

④ 게이지압력 = 절대압력 + 대기압

해설 절대압력＝게이지압력＋대기압력으로 나타낸다.

∴ 게이지압력＝절대압력－대기압

55. 다음 중 과도응답에 관한 설명으로 틀린 것은?

① 오버슈트는 응답 중에 생기는 입력과 출력 사이의 최대 편차량을 말한다.

② 지연시간(delay time)이란 응답이 최초로 희망값의 100% 진행되는 데 요하는 시간을 말한다.

③ 감쇠비 = 제2의 오버슈트 ÷ 최대오버슈트 이다.

④ 상승시간(rise time)이란 응답이 희망값의 10%에서 90%까지 도달하는 시간을 말한다.

해설 • 지연시간 : 최초로 희망값이 50%에 도착하는 데 걸리는 시간

• 상승시간 : 희망값이 10%에서 90%까지 도달하는 시간

• 감쇠비 : 제2의 오버슈트÷최대 오버슈트

56. PLC 명령어 중 회로도 좌측 제어모선에서 직

접 인출되는 논리 스타트를 나타내는 명령어는?

① NAND　　　　② NOR

③ AND　　　　　④ LD

해설 LD(Ladder diagram : 래더도)

• 제어회로를 PLC용 접점 기호를 사용하여 PLC의 동작 순서에 맞추어 횡도를 그린 도면이다.

• 래더도는 모선과 신호선으로 구성되며 신호선의 앞부분에 입력 접점과 조건 접점 등이 놓이며 출력 접점이나 출력에 해당하는 명령어는 우측 모선에 붙여 작성된다.

• 각 신호선 좌측 모선 앞에는 해당 신호선에 사용된 접점 요소들이 스텝수만큼씩 증가된 스텝 번호가 표시된다.

57. PLC의 입·출력부의 요구사항이 아닌 것은?

① 외부 기기와 전기적 규격이 일치해야 한다.

② 외부 기기로부터의 노이즈가 CPU로 전달되지 않도록 해야 한다.

③ 외부 기기와의 연결 방법이 쉬워야 한다.

④ 입·출력부는 항상 DC 5 V를 사용할 수 있도록 한다.

해설 PLC는 CPU의 입출력 제어부와 버스를 통하여 연결되며 통상 모듈화되어 필요한 만큼 확장이 가능하며, 사용 전압은 교류용으로 110 V, 220 V, 직류용으로 5 V, 12 V, 24 V, 48 V가 사용된다. 그러나 CPU로 넘겨주는 최종 신호는 DC 5 V이다.

58. 공압의 특징에 대한 설명으로 잘못된 것은?

① 무단변속이 가능하다.

② 작업속도가 빠르다.

③ 에너지를 축적하는 데 용이하다.

④ 정확한 위치결정 및 중간정지에 우수하다.

해설 공압장치의 단점

• 압축성 유체이므로 큰 힘을 얻는데 제약을 받는다.

• 전기, 유압방식에 비해 에너지 효율이 떨어진다.

• 정밀한 속도, 위치결정, 중간정지 조절이 곤

란하여 필요 시 특수한 장치가 필요하다.

59. 유접점 시퀀스의 단점이 아닌 것은?

① 소비전력이 비교적 작다.
② 동작속도가 느리다.
③ 기계의 진동, 충격에 약하다.
④ 접점 등의 마모로 수명이 짧다.

해설 유접점 방식과 무접점 방식의 비교

항 목	유접점 방식	무접점 방식
동작의 빈번도	적은 경우에 사용한다.	많은 경우에 사용한다.
수명	수명이 짧다.	반영구적이다.
동작속도	늦으며 한계가 있다.(ms)	빠르다.(μs)
주위온도	온도 특성이 양호하다.	열에 약하며 보호대책이 필요하다.
환경조건	진동이나 충격에 약하다.	나쁜 환경에 잘 견딘다.
서지	전기적 노이즈에 안정하다.	약하며, 보호대책이 필요하다.
소비전력	많다.	적다.
작동 확인상태	용이하다.	테스터에 의한 점검을 할 수 있다.
제어장치의외형	일반적으로 크다.	작아진다.
입·출력 수	독립된 다수의 출력을 동시에 얻을 수 있다.	다수 입력, 소수 출력에 용이하다.
가격	소규모에서 염가이다.	대규모에서 염가이다.
전원	별도 전원이 필요 없다.	별도 전원이 필요하다.

60. 유체의 압력 에너지를 기계적 에너지로 변환하는 장치는?

① 송풍기   ② 팬(fan)
③ 압축기   ④ 실린더

해설 실린더는 유체의 압력 에너지를 기계적 에너지로 변환하는 기기이다.

제4과목 : 메카트로닉스

61. 다음 중 메모리 내용을 보존하기 위하여 일정 시간마다 다시 기억시킬 필요가 있는 것은?

① EPRON   ② DRAM
③ SRAM   ④ 마스크 ROM

해설 • 휘발성(volatile) 메모리 : 전원을 끄면 데이터가 그대로 사라지는 발성(Volatile) 메모리인 DRAM, SRAM
• 비휘발성(non-volatile) 메모리 : 반대로 전원을 꺼도 계속 데이터가 저장이 되는 비휘발성 메모리인 FLASH, MASK ROM, P-RAM, Fe-RAM
• DRAM : 사용되는 곳은 PC의 주기억장치(예전에는 주기억장치라 했지만 이제는 그 의미가 많이 퇴색함)와 그래픽 카드의 메모리로 주로 사용되고 있다. 일정한 주기로 refresh라고 하는 동작을 해서 데이터를 보존해 주어야 하기 때문에 소모 전력이 큰 단점이 있지만 FLASH에 비해서 동작속도가 빠르고 SRAM에 비해서 집적도가 크기 때문에 현재 메모리들 중에서 가장 시장이 크고 널리 쓰인다. 초기의 일부 모바일 기기에 사용되었지만 현재는 저전력 SRAM(low power SRAM)과 FLASH 메모리에 그 자리를 내주고 있는 실정이다.

62. 전압을 변위로 변환시키는 장치는?

① 전자석   ② CdS
③ 차동변압기   ④ 서미스터

해설 • 전자석 : 코일에 전류를 흘려 자력을 발생
• CdS(황화카드뮴) : 빛의 세기에 따른 저항 감소
• 차동변압기 : 철심 변위에 따른 전압 변화
• 서미스터 : 온도 증가에 따른 저항 감소(NTC)

63. 어떤 도선에 5 A의 전류를 1분간 흘렸다면 이 도선을 통하여 이동한 전하량은 몇 C인가?

① 3 ② 20 ③ 180 ④ 300

해설 전기량 $Q = I \cdot t = 5 \times 60 = 300$ C

64. 평행한 두 개의 도체 사이에 전류를 흘렸을 때 흡입력이 작용했다면 전류의 방향은?

① 두 도선의 전류방향은 같다.
② 한쪽 도선에만 흐른다.
③ 두 도선의 전류방향은 반대이다.
④ 두 도선의 전류방향은 서로 수직이다.

해설 • 두 직선의 전류방향이 같으면 흡인력
• 반대면 척력이 작용

65. 정전용량 10 F에 직류를 가했을 때 용량 리액턴스 $X_c[\Omega]$의 값은?

① 1 ② 0 ③ ∞ ④ 45

해설 $X_c = \dfrac{1}{\omega C} = \dfrac{1}{2\pi f C} = \dfrac{1}{0} = \infty$

66. 스텝 각이 3.6°인 HB형 스테핑모터를 반스텝 시퀀스(1~2상 여자)로 구성되면 1펄스당 회전 각은?

① 1.8° ② 3.6° ③ 5.4° ④ 0.9°

해설 1펄스당 회전각도 : $\theta = \dfrac{3.6°}{2} = 1.8°$

67. 다음 중 플립플롭에서 일정 시간만큼 지연시킬 필요가 있을 때 사용되는 것은?

① RS ② JK ③ D ④ T

해설 D 플립플롭 : 입력신호가 가해지고 있는 상태에서 클록 펄스가 들어오면 펄스 1개 정도가 뒤이어 출력된다.

68. 마이크로컴퓨터의 CPU와 입·출력장치 사이에 정보의 교환을 원활하게 해주는 역할을 하는 것은?

① 기억장치 ② 연산장치
③ 센서 ④ 인터페이스

해설 인터페이스 : 동일한 기능을 갖거나 다른 기능을 갖고 있는 2개의 시스템 또는 구성요소 사이 상호 연결을 위한 장치이다. 인터페이스에서는 위와 같은 장치의 논리적, 전기적, 물리적 특성이 정의되어야 한다. 2개 이상의 프로그램에 의하여 액세스(access)되는 기억장치 부분이나 레지스터(resister)를 인터페이스라고 하기도 한다.

69. 측온저항체용 재료의 요구 조건으로 잘못된 것은?

① 저항 온도계수가 작을 것
② 온도 - 저항 특성이 직선적일 것
③ 소선의 가공이 용이할 것
④ 화학적, 기계적으로 안정될 것

해설 측온저항체(RTD)용의 재료 조건
• 저항의 온도계수가 크고, 직선성이 좋은 것
• 넓은 온도 범위에서 안정하게 사용할 수 있을 것
• 소선의 가공이 용이할 것

70. 센서를 선정하여 사용할 때 고려해야 할 사항으로 거리가 먼 것은?

① 정확성 ② 신뢰성
③ 상품성 ④ 반응속도

해설 센서를 선정하여 사용할 때 고려해야 할 사항은 정확성, 신뢰성, 반응속도 등이다.

71. 다음과 같은 진리표가 주어진 경우의 논리 심볼은?

입력신호		출력신호
0	0	0
0	1	1
1	0	1
1	1	1

해설 입력 신호 둘 중 하나만 참이어도 출력이 참이므로 이는 OR연산자이다.

72. 위치 검출기를 사용하지 않아도 모터 자체가 지령된 회전량만큼 회전할 수 있는 모터는?

① 직류 서보모터   ② 스텝모터

③ 교류 유도모터   ④ BLDC 모터

해설 • 서보모터 : 모터와 제어구동보드(적당한 제어회로와 알고리즘)를 포함한 것
• 스텝모터 : 한 바퀴의 회전을 많은 수의 스텝들로 나눌 수 있는 브러쉬리스 직류 전기모터이다. 모터의 위치는 모터가 적절하게 장치에 설치되어 있는 한, 어떤 피드백 장치 없이도 아주 정확하게 조절이 가능하다.

73. 기계장치의 시동, 정지, 운전상태의 변경 등을 미리 정해진 순서에 따라 행하는 것을 무엇이라고 하는가?

① 시퀀스제어   ② 위치기구

③ 자동조정   ④ 공정제어

해설 • 시퀀스 제어 : 제어의 각 단계를 차례로 진행해가는 제어로 정의된다.
• 공정제어 : 산업의 생산 프로세스를 자동으로 제어하는 것으로 대규모 플랜트의 자동화 시설들에 대해 그것을 제어(control)하여 생산 및 이익을 최대화하는 목적이 있다.

74. 마이크로컴퓨터내부의 버스(bus)에 해당하지 않는 것은?

① 데이터 버스(data bus)

② 컨트롤 버스(control bus)

③ 어드레스 버스(address bus)

④ 시프트 버스(shift bus)

해설 신호 전송 버스
• 어드레스 버스 : 주소 및 해당 주소의 데이터를 전송
• 데이터 버스 : 데이터가 이동하는 경로
• 컨트롤 버스 : CPU와 메모리 간에 제어신호가 오가는 통로

75. 유리, 세라믹 등 취성이 강한 재료에 정밀한 구멍가공을 하려고 한다. 이 작업공정에 가장 적합한 특수가공법은?

① 초음파가공   ② 밀링가공

③ 연삭가공   ④ 선삭가공

해설 초음파가공(ultra-sonic machining)
• 초음파를 이용한 전기적 에너지(energy)를 기계적인 에너지로 변환시켜, 금속, 비금속 등의 재료에 관계없이 정밀가공을 하는 방법이다.
• 기계적 에너지로 진동을 하는 공구와 가공물 사이에 연삭 입자와 가공액을 주입하여 작은 압력으로 공구에 초음파 진동을 주어 유리, 세라믹, 다이아몬드, 수정 등 소성 변형되지 않고 취성이 큰 재료를 가공할 수 있는 가공 방법이다.

76. 자장 안에 있는 도체가 운동하면서 자장의 자속을 끊으면 기전력이 유도되는 법칙을 적용한 기기로 맞는 것은?

① 전동기   ② 변압기   ③ 발전기   ④ 건전지

해설 발전기 : 자장 안에 있는 도체가 운동하면서 자장의 자속을 끊으면 기전력이 유도되는 법칙을 적용한 기기이다.

77. 다음 그림에서 논리회로의 출력을 나타낸 것 중 옳은 것은?

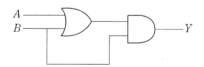

① $Y = (A \cdot B) \cdot B$

② $Y = (A + B) \cdot B$

③ $Y = \overline{(A \cdot B)} \cdot B$

④ $Y = \overline{(A + B)} \cdot B$

78. 다음 그림과 같이 선반 척에 공작물을 물려 다이얼 게이지로 측정하였더니 4 mm의 눈금 움직임이 있었다. 이때 편심량의 크기는 몇 mm인가?

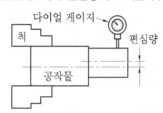

① 1

② 2

③ 3

④ 4

해설 회전체이므로 다이얼 게이지의 측정치는 공작물 편심량의 2배가 된다.

$$\therefore 편심량 = \frac{4}{2} = 2\,\text{mm}$$

79. DC 서보모터에 요구되는 특징과 거리가 먼 것은?

① 전기자 관성이 클 것

② 최대 토크가 클 것

③ 회전 토크가 클 것

④ 토크의 직선성이 양호할 것

해설 DC 서보모터 설계 요구 사항
- 전자기 관성은 작아야 한다.
- 순시 최대 토크까지의 직선성을 높이고, 토크 맥동을 작게 한다.
- 전기적 시정수(인덕턴스/저항)를 작게 한다.

80. N형 반도체를 만드는 데 필요한 5가의 불순물이 아닌 것은?

① 비소

② 인

③ 안티몬

④ 칼륨

해설
- N형 반도체(5가 원소) : As(비소), Sb(안티몬), P(인), Bi(비스무트)
- P형 반도체(3가 원소) : In(인듐), Ga(갈륨), B(붕소), Al(알루미늄)

2014년 5월 25일 시행

자격종목 및 등급(선택분야)	종목코드	시험시간	문제지형별	수검번호	성 명
생산자동화산업기사	2034	2시간	A		

제1과목 : 기계가공법 및 안전관리

1. 대표적인 수평식 보링머신은 구조에 따라 몇 가지 형으로 분류되는데 다음 중 맞지 않는 것은?

① 플로어형(floor type)
② 플레이너형(planer type)
③ 베드형(bed type)
④ 테이블형(table type)

해설 • 보통 보링머신(general boring machine)은 수평식 보링머신을 의미한다.
• 수평식 보링머신(horizontal boring machine)은 테이블형(table type), 플레이너형(planer type), 플로어형(floor type)으로 분류한다.

2. 공구가 회전하고 공작물은 고정되어 절삭하는 공작기계는?

① 선반(lathe)
② 밀링(milling)머신
③ 브로칭(broaching) 머신
④ 형삭기(shaping)

해설 • 선반 : 공구가 고정되고 공작물은 회전하며 절삭하는 공작기계이다.
• 밀링머신 : 공구가 회전하고 공작물은 고정되어 절삭하는 공작기계이다.
• 브로칭 머신 : 공구와 공작물을 고정하고 브로치(broach)라는 절삭 공구를 내면, 외면에 통과시켜 필요한 형상의 부품을 가공한다.
• 형삭기 : 공구와 공작물을 고정하고 공구 또는 공

작물이 설치된 테이블이 직선 및 회전 운동을 하며 가공된다. 세이퍼(shaper), 플레이너(planer), 슬로터(slotter)가 있다.

3. 선반 작업에서 절삭 저항이 가장 적은 분력은?

① 내분력
② 이송분력
③ 주분력
④ 배분력

해설 절삭 저항은 주분력($p1$), 배분력($p2$), 이송분력($p3$)의 크기순으로 작용한다.
$p1 : p2 : p3 = 10 : (2 \sim 4) : (1 \sim 2)$

4. 범용 밀링에서 원주를 $10°30'$ 분할할 때 맞는 것은?

① 분할판 15구멍열에서 1회전과 3구멍씩 이동
② 분할판 18구멍열에서 1회전과 3구멍씩 이동
③ 분할판 21구멍열에서 1회전과 4구멍씩 이동
④ 분할판 33구멍열에서 1회전과 4구멍씩 이동

해설 각도로 분할할 때 $\dfrac{h}{H} = \dfrac{D°}{9}$ 이므로 $\dfrac{D°}{9} =$

$\dfrac{10.5}{9} = \dfrac{2 \times 10.5}{2 \times 9} = \dfrac{21}{18} = 1\dfrac{3}{18}$

분할판 18구멍열에서 1회전하고 3구멍씩 전진하며 가공한다.

5. 선반작업 시 절삭 속도 결정의 조건 중 거리가 가장 먼 것은?

① 가공물의 재질
② 바이트의 재질

③ 절삭 유제의 사용유무

④ 컬럼의 강도

해설 선반작업 시 절삭 속도 결정의 조건
- 가공물 재질 및 형상
- 절삭 공구(바이트)의 재질 및 형상
- 절삭 유제의 사용유무

6. 바이트 중 날과 자루(shank)를 같은 재질로 만든 것은?

① 스로어웨이 바이트

② 클램프 바이트

③ 팁 바이트

④ 단체 바이트

해설 • 단체 바이트(solid bite) : 바이트 중 날과 자루가 같은 재질이다.
- 스로어웨이 바이트(throw away bite) : 일명 클램프 바이트(clamped bite), 인서트 바이트(insert bite)라고 하며 기계적인 방법으로 고정하여 사용한다.
- 팁 바이트(welded bite) : 일명 용접 바이트라고 하며, 섕크(자루) 끝부분에 초경 등의 바이트를 용접(경납땜)하여 사용한다.

7. 연삭숫돌의 입자 중 천연입자가 아닌 것은?

① 석영

② 커런덤

③ 다이아몬드

④ 알루미나

해설 • 천연입자 : 석영(quartz)이나 사암(sand stone), 커런덤(corundum), 다이아몬드(diamond), 에머리(emery) 등이 있다.
- 인조입자 : 알루미나(Al_2O_3)계, 탄화규소(SiC)계가 있다.

8. 기계의 안전장치에 속하지 않는 것은?

① 리밋 스위치(limit switch)

② 방책(防柵)

③ 초음파 센서

④ 헬멧(helmet)

해설 • 안전 보호구 : 헬멧
- 안전장치 : 리밋 스위치, 방책, 초음파 센서

9. 표면거칠기 표기 방법 중 산술평균거칠기를 표기하는 기호는?

① R_p

② R_V

③ R_Z

④ R_a

해설 • R_a : 산술평균거칠기
- R_y : 최대 높이거칠기
- R_Z : 10점 평균거칠기
- R_p : 평균선에서 최대 산 높이
- R_V : 평균선에서 최대 단면 골 깊이

10. 지름 50 mm, 날수 10개인 페이스 커터로 밀링가공할 때 주축의 회전수가 300 rpm, 이송속도가 매분당 1,500 mm였다. 이때의 커터날 하나당 이송량(mm)은?

① 0.5

② 1

③ 1.5

④ 2

해설 $f = fz \times z \times n$의 관계식을 적용한다. [단, f=테이블의 이송속도, fz=날당 이송, z=커터의 날수, n=커터의 회전수(rpm)를 말한다.]

$$fz = \frac{f}{zn} = \frac{1,500}{10 \times 300} = 0.5$$

11. 숏 피닝(shot peening)과 관계없는 것은?

① 금속 표면경도를 증가시킨다.

② 피로한도를 높여 준다.

③ 표면 광택을 증가시킨다.

④ 기계적 성질을 증가시킨다.

해설 숏 피닝
- 숏이라는 입자형태의 금속 볼을 압축공기의 원심력에 의해 가공물 표면에 분사하여 가공물의 표면경도, 피로강도, 기계적 성질을 개선하는 냉간가공법이다.
- 주로 스프링(spring), 핀(pin)종류, 차축, 기어

등의 가공에 많이 사용된다.

12. NC 공작기계의 특징 중 거리가 가장 먼 것은?

① 다품종 소량 생산가공에 적합하다.
② 가공조건을 일정하게 유지할 수 있다.
③ 공구가 표준화되어 공구수를 증가시킬 수 있다.
④ 복잡한 형상의 부품가공 능률화가 가능하다.

해설 NC 공작기계의 특징으로 공구가 표준화되어 공구수를 줄일 수 있다.

13. 전해연마가공의 특징이 아닌 것은?

① 연마량이 적어 깊은 홈은 제거가 되지 않으며 모서리가 라운드된다.
② 가공면에 방향성이 없다.
③ 면은 깨끗하나 도금이 잘되지 않는다.
④ 복잡한 형상의 공작물 연마도 가능하다.

해설 전해연마(electrolytic grinding)가공의 특징
• 면이 깨끗하고 도금이 잘된다.
• 연마량이 적어 깊은 홈은 제거가 되지 않으며 모서리가 라운드된다.
• 가공면에 방향성이 없다.
• 복잡한 형상의 공작물 연마도 가능하다.
• 가공 변질층이 없고 평활한 가공면을 얻을 수 있다.
• 내마모성, 내부식성이 향상된다.
• 연질의 알루미늄, 구리 등도 쉽게 광택면을 가공할 수 있다.

14. 빌트업 에지(built-up edge)의 발생을 방지하는 대책으로 옳은 것은?

① 바이트의 윗면 경사각을 작게 한다.
② 절삭 깊이, 이송속도를 크게 한다.
③ 피가공물과 친화력이 많은 공구 재료를 선택한다.
④ 절삭 속도를 높이고, 절삭유를 사용한다.

해설 빌트업 에지(구성인선) : 주로 연성의 재료

를 가공할 때 절삭 공구의 절삭력과 절삭열에 의한 고온, 고압의 영향으로 공구인선에 대단히 경(硬)하고 미소(微小)한 입자가 압착 또는 융착되어 나타나는 현상으로 절삭의 불량을 초래한다.

빌트업 에지(구성인선)의 발생을 방지하는 대책
• 바이트의 윗면 경사각을 크게 한다.
• 절삭 깊이, 이송속도를 작게 한다.
• 절삭 공구의 인선을 예리(銳利 : 날카롭게)하게 한다.
• 절삭 속도를 높이고, 윤활성이 좋은 절삭 유제를 사용한다.

15. 각도 측정을 할 수 있는 사인바(sine bar)의 설명으로 틀린 것은?

① 정밀한 각도 측정을 하기 위해서는 평면도가 높은 평면에서 사용해야 한다.
② 롤러의 중심거리는 보통 100 mm, 200 mm로 만든다.
③ 45° 이상의 큰 각도를 측정하는 데 유리하다.
④ 사인바는 길이를 측정하여 직각 삼각형의 삼각 함수를 이용한 계산에 의하여 임의각의 측정 또는 임의각을 만드는 기구이다.

해설 사인바는 기준면에 대하여 45° 이하의 각도를 측정하는 데 유리하다.

16. 측정기에서 읽을 수 있는 측정값의 범위를 무엇이라 하는가?

① 지시 범위   ② 지시 한계
③ 측정 범위   ④ 측정 한계

해설 • 측정 범위 : 측정기에서 읽을 수 있는 측정값의 범위
• 지시 범위 : 측정기의 눈금위에서 읽을 수 있는 범위로서 대부분의 길이 측정기에서는 측정 범위와 지시 범위는 일치

17. 연삭에 관한 안전사항 중 틀린 것은?

① 받침대와 숫돌은 5 mm 이하로 유지해야
한다.

② 숫돌바퀴는 제조 후 사용할 원주 속도의
1.5~2배 정도의 안전검사를 한다.

③ 연삭숫돌 측면에 연삭하지 않는다.

④ 연삭숫돌을 고정 후 3분 이상 공회전시킨
후 작업을 한다.

해설 받침대와 숫돌은 3 mm 이내로 조정해야
한다.

18. NC 밀링머신의 활용에서 장점을 열거하였다.
타당성이 없는 것은?

① 작업자의 신체상 또는 기능상 의존도가
적으므로 생산량의 안정을 기할 수 있다.

② 기계의 운전에는 고도의 숙련자를 요하지
않으며 한 사람이 몇 대를 조작할 수 있다.

③ 실제 가동률을 상승시켜 능률을 향상시킨다.

④ 적은 공구로 광범위한 절삭을 할 수 있고
공구 수명이 단축되어 공구비가 증가한다.

해설 다양한 공구로 광범위한 절삭을 할 수 있고
공구 수명이 증가되어 공구비가 감소한다.

19. 연삭에서 원주 속도를 V[m/min], 숫돌바퀴
의 지름이 d[mm]라면, 숫돌바퀴의 회전수(N)
를 구하는 식은?

① $N = \dfrac{1,000d}{\pi V}$[rpm]

② $N = \dfrac{1,000V}{\pi d}$[rpm]

③ $N = \dfrac{\pi V}{1,000d}$[rpm]

④ $N = \dfrac{\pi d}{1,000V}$[rpm]

해설 $V = \dfrac{\pi dN}{1,000}$ 이므로, $N = \dfrac{1,000V}{\pi d}$[rpm]이 된다.

20. 원형의 측정물을 V블록 위에 올려놓은 뒤 회

전하였더니 다이얼 게이지의 눈금에 0.5 mm의
차이가 있었다면 그 진원도는 얼마인가?

① 0.125 mm   ② 0.25 mm

③ 0.5 mm   ④ 1.0 mm

해설 진원도(편심량) $= \dfrac{\text{게이지의 눈금}}{2} = \dfrac{0.5}{2}$
$= 0.25$ mm

제2과목 : 기계제도 및 기초공학

21. KS 재료기호 중 드로잉용 냉간압연 강판 및
강재에 해당하는 것은?

① SCCD   ② SPPC

③ SPHD   ④ SPCD

해설 • SPCD : 드로잉용 냉간압연 강판 및 강재
• SS : 일반 구조용 압연강재
• SM : 기계 구조용 탄소강재
• SF : 탄소강 단강품

22. 구멍기준식(H7) 끼워맞춤에서 조립되는 축의
끼워맞춤 공차가 다음과 같을 때 억지 끼워맞춤
에 해당되는 것은?

① p6   ② h6   ③ g6   ④ f6

해설 구멍기준식(H7) 끼워맞춤
• 억지 끼워맞춤 : p6, r6, s6, t6, u6, x6
• 헐거운 끼워맞춤 : f6, g6 , h6, e7, f7, h7
• 중간 끼워맞춤 : js6, k6, m6, n6

23. 다음과 같이 표면의 결 도시기호가 나타났을
때, 이에 대한 해석으로 틀린 것은?

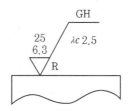

① 가공 방법은 연삭가공

② 컷오프 값은 2.5 mm

③ 거칠기 하한은 6.3 μm

④ 가공에 의한 컷의 줄무늬가 기호를 기입한 면의 중심에 대하여 거의 방사모양

해설 결 도시기호에서 가공 방법의 예
- GH : 호닝가공
- L : 선반가공
- D : 드릴가공
- M : 밀링가공
- B : 보링가공

24. 그림은 어느 기어를 도시한 것인가?

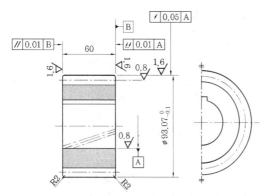

① 스퍼 기어   ② 헬리컬 기어

③ 직선베벨 기어   ④ 웜 기어

25. 도면과 같은 물체의 비중이 8일 때 이 물체의 질량은 약 몇 kg인가?

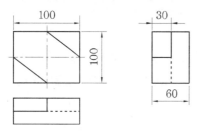

① 3.5   ② 4.2

③ 4.8   ④ 5.4

해설 질량=체적 비중의 관계식을 적용한다.

- 비중(밀도)은 $g/cm^3 = kg/1,000 \, cm^3$
$$= kg/1,000,000 \, mm^3$$
$$= kg/10^6 \, mm^3$$
- 부피 $= (100 \times 100 \times 60) - (50 \times 50 \times 30)$
$$= 52,500 \, mm^3$$
- 질량 $= \dfrac{52,500 \times 8}{10^6} = 4.2$

26. 대칭인 물체의 중심선을 기준으로 내부모양과 외부모양을 동시에 표시하여 나타내는 단면도는?

① 부분 단면도

② 한쪽 단면도

③ 조합에 의한 단면도

④ 회전도시 단면도

해설
- 한쪽 단면도 : 대칭인 물체의 중심선을 기준으로 내부모양과 외부모양을 동시에 표시하여 나타내는 단면도이다.
- 부분 단면도 : 일부분을 잘라내고 필요한 내부모양을 그리기 위한 방법이며, 파단선을 그어서 단면 부분의 경계를 표시한다.
- 조합에 의한 단면도 : 2개 이상의 절단면에 의한 단면도를 조합하여 도시한다.
- 회전도시 단면도 : 핸들(handle), 벨트 풀리(belt pulley), 기어(gear) 등과 같은 바퀴의 암(arm), 리브(rib), 훅(hook), 축(shaft), 구조물의 부재 등의 절단면은 회전시켜서 도시한다.

27. 다음 나사 기호 중 관용나사의 기호가 아닌 것은?

① TW   ② PT

③ R   ④ PS

해설
- TW : 29° 사다리꼴 나사
- PT : 관용 테이퍼 나사
- PS : 관용 테이퍼 평행 암나사
- R : 관용 테이퍼 수나사

28. 어떤 치수가 $50^{+0.035}_{-0.012}$일 때 치수 공차는 얼마인가?

---

① 0.013 ② 0.023
③ 0.047 ④ 0.012

해설 치수 공차＝최대허용치수－최소허용치수
＝0.035－(－0.012)＝0.047

29. 치수 보조 기호의 설명으로 틀린 것은?

① R15 : 반지름 15
② t15 : 판의 두께 15
③ (15) : 비례식이 아닌 치수 15
④ SR15 : 구의 반지름 15

해설 (15) : 참고 치수 15

30. 구름 베어링의 기호 중 'NF 307' 베어링의 안 지름은 몇 mm인가?

① 7 ② 10 ③ 30 ④ 35

해설 • NF : 베어링의 형식기호
• 07 : 베어링의 안지름 번호, 즉 $7 \times 5 = 35$

31. 휨과 비틀림이 동시에 작용하는 축에서 휨 모멘트를 M, 비틀림 모멘트를 T라 할 때, 상당 휨 모멘트(M_e)와 상당 비틀림 모멘트(T_e)를 구하는 식은?

① $M_e = (M + \sqrt{M^2 + T^2})$, $T_e = \sqrt{M^2 + T^2}$
② $M_e = \frac{1}{2}(M + \sqrt{M^2 + T^2})$, $T_e = \frac{1}{2}\sqrt{M^2 + T^2}$
③ $M_e = \frac{1}{2}(M + \sqrt{M^2 + T^2})$, $T_2 = \sqrt{M^2 + T^2}$
④ $M_e = (M + \sqrt{M^2 + T^2})$, $T_e = \frac{1}{2}\sqrt{M^2 + T^2}$

해설 • 상당 휨(굽힘) 모멘트(M_e)
$= \frac{1}{2}(M + \sqrt{M^2 + T^2})$
• 상당 비틀림 모멘트(T_e)
$= \sqrt{M^2 + T^2}$

32. 지름이 D이고, 반지름이 R인 구(球)의 부피

를 구하는 식으로 옳은 것은?

① $\frac{4}{3}\pi D^3$ ② $\frac{3}{4}\pi R^3$
③ $\frac{1}{3}\pi R^3$ ④ $\frac{1}{6}\pi D^3$

해설 반지름이 R인 구의 부피＝$\frac{1}{6}\pi D^3$

33. 철판에 1.5 cm/s로 자동 용접할 수 있는 잠호 용접기가 있다. 같은 철판을 2분 동안 용접한 거리는?

① 3 cm ② 45 cm
③ 80 cm ④ 180 cm

해설 1초에 1.5이므로 1분(60초)은 $1.5 \times 60 = 90$ cm
∴ 2분은 $90 \times 2 = 180$ cm

34. 질량 8 kg의 물체가 힘을 받아 3.2 m/s²의 가속도가 발생했다면 물체가 받은 힘은?

① 25.6 N ② 25.6 kg
③ 2.5 N ④ 2.5 kg/m · s²

해설 식 $F = ma$를 적용한다.
$F = 8\ kg \times 3.2\ m/s^2 = 25.6\ kg \cdot m/s^2 = 25.6\ N$

35. 다음 중 SI 기본단위인 물리량은?

① 속도 ② 가속도
③ 중량 ④ 질량

해설 SI 기본단위인 물리량 : 질량(kg), 길이(m), 시간(s), 전류(A), 온도(K) 등이 있다.

36. 전극이 수시로 바뀌는 교류의 주파수를 나타내는 식은? (단, 회전하는 코일의 각속도는 ω이다.)

① $\frac{\pi}{2\omega}$ ② $\frac{2\omega}{\pi}$
③ $\frac{2\pi}{\omega}$ ④ $\frac{\omega}{2\pi}$

해설 주파수(f), 주기(T), 각속도(ω)와의 관계

식을 적용한다.

$$T = \frac{2\pi}{\omega}$$

$$f = \frac{1}{T} = \frac{1}{\frac{2\pi}{\omega}} = \frac{\omega}{2\pi}$$

37. 다음 그래프는 굵기와 길이가 같은 두 종류의 금속선 A와 B의 전류와 전압 사이의 관계를 나타낸 것이다. 이 두 금속선의 비저항의 비 $\rho_A : \rho_B$는 얼마인가?

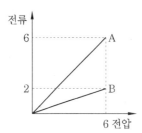

① 1 : 1   ② 1 : 3   ③ 1 : 5   ④ 1 : 7

해설 $V = IR$에서 $R = \frac{V}{I}$ 따라서 $R_A = \frac{6}{6} = 1$,

$R_B = \frac{6}{2} = 3$

$R = \rho \frac{l}{A}$ ($R =$저항, $\rho =$비저항, $l =$도선의 길이, $A =$도선의 면적)에서 $\rho = R \frac{A}{l}$가 된다.
두 금속선의 길이와 단면적이 동일하므로 $\rho_A : \rho_B = R_A : R_B$로 계산한다.
따라서 $\rho_A : \rho_B = 1 : 3$

38. 하중의 크기와 방향이 주기적으로 변화하는 하중은?

① 반복하중   ② 교번하중
③ 충격하중   ④ 이동하중

해설 • 교번하중 : 하중의 크기와 방향이 주기적으로 변화한다.
• 반복하중 : 하중의 크기와 방향이 변화하지 않으면서 주기적으로 반복된다.
• 충격하중 : 하중이 짧은 시간에 급격히 작용한다.
• 이동하중 : 하중이 재료 위를 이동하며 작용한다.

39. 힘의 모멘트 단위는 1 N·m인데 이것을 일의 단위인 J로 표시하면 얼마인가?

① 0.1 J   ② 0.7 J
③ 1 J   ④ 1.5 J

해설 $1 J = 1 N \cdot m$

40. 저항값 12 Ω ±5%에 해당하는 탄소저항기의 색 띠로 옳은 것은?

① 갈색, 적색, 흑색, 은색
② 흑색, 갈색, 흑색, 금색
③ 갈색, 적색, 흑색, 금색
④ 흑색, 갈색, 흑색, 은색

해설 저항값 12 Ω ±5%에 해당하는 탄소저항기의 색 띠는 갈색, 적색, 흑색, 금색이다.

제3과목 : **자동제어**

41. 다음 유압장치의 특징을 설명 한 것 중 틀린 것은?

① 자동제어가 가능하다.
② 압력에 대한 출력의 응답이 빠르다.
③ 무단변속이 불가능하다.
④ 원격제어가 가능하다.

해설 유압장치의 특징
• 속도변환이 용이하다.
• 힘의 무단계 제어가 용이하다.
• 운동의 방향 변환이 용이하다.
• 안전장치가 간단하다.
• 에너지의 축적이 가능하다.
• 기계설계가 용이하다.
• 전기조작과 간단하게 조합이 가능하다.
• 공기압에 비하면 제어성, 안전성이 높아 응답성이 빠르다.

42. 계자 코일에 전류를 흘려줌으로써 전자석을

만들어 밸브를 여닫는 밸브는?

① 전동밸브   ② 체크밸브
③ 전자밸브   ④ 수동밸브

해설 • 전자밸브 : 솔레노이드 밸브(solenoid valve)
라고도 한다. 전자석에 의해 개폐를 행하는 ON,
OFF 동작 전용밸브이다.
• 체크밸브(check valve) : 액체의 역류를 방지
하기 위해 한쪽 방향으로만 흐르게 하는 밸브
를 말한다.

43. 다음 중 발전기 출력단자 전압을 부하에 관계
없이 일정하게 유지하는 장치가 있을 경우 이는
어디에 속하는가?

① 서보기구   ② 공정제어
③ 비율제어   ④ 자동 조정

해설 • 자동 조정 : 주로 전압, 전류, 회전속도,
회전력 등의 양을 자동제어하는 것이다. 자동
조정의 계(系)는 정치 제어계(정전압 제어)인 경
우가 많다. 응답 속도는 일반적으로 빠르며, 제
어 대상의 용량에는 상관없이 널리 쓰이고 있다.
• 공정제어 : 산업의 생산 프로세스를 자동으로
제어하는 것이다. 대규모 플랜트의 자동화 시
설들에 대해 그것을 제어(control)하여 생산
및 이익을 최대화하는 목적이 있다.

44. 4013을 이용하여 엔코더의 신호로 회전방향
을 알 수 있는 그림과 같은 D 플립플롭 회로에
서 ⓐ, ⓑ, ⓒ를 옳게 짝지은 것은?

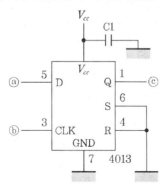

① ⓐ : A상, ⓑ : Z상, ⓒ : 방향출력
② ⓐ : B상, ⓑ : Z상, ⓒ : 방향출력
③ ⓐ : Z상, ⓑ : A상, ⓒ : 방향출력
④ ⓐ : A상, ⓑ : B상, ⓒ : 방향출력

해설 A상을 입력 D에, B상을 클록에 연결하여
출력 Q값을 통해 방향을 확인한다. D 플립플롭
은 클록이 상승 에지(rising edge)가 입력될 때
까지 출력값 Q가 고정되었다가 상승 에지가 입
력된 순간 A상의 위상을 출력하게 된다.

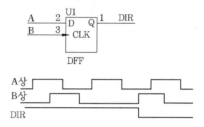

45. 입력과 출력을 비교하는 장치가 필요한 제어
로 맞는 것은?

① 시퀀스 제어
② 되먹임 제어
③ ON-OFF 제어
④ OPEN LOOP 제어

해설 되먹임 제어의 입력과 출력에서 아날로그
방식 대신 모든 양을 수치화하여 취급하는 것을
수치제어(NC : numerical control)라 하며 연
산은 대개 2진법으로 한다. 되먹임 제어는 정량
적 제어이다. 되먹임 제어를 폐루프 제어라 하
는데 서보기구, 공정제어, 자동조정 등이 있다.

46. 그림과 같은 기계시스템에서 $f(t)$를 입력으로
하고 $x(t)$를 출력으로 하였을 때 전달 함수는?

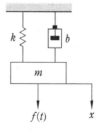

① $ms^2 + bs + k$

② $\dfrac{1}{ms^2 + bs + k}$

③ $\dfrac{s}{ms^2 + bs + k}$

④ $\dfrac{k}{ms^2 + bs + k}$

해설 감쇠 진동계에서 점성 마찰계수를 b, 스프링 상수를 k라 하면 질량 m에 가해지는 힘 $f(t)$를 입력으로 하고, 질량의 변위 $x(t)$를 출력으로 하는 운동 방정식

$$m\frac{d^2 x(t)}{dt^2} + b\frac{dx(t)}{dt} + kx(t) = f(t)$$
$$ms^2 X(s) + bs X(s) + k X(s) = F(s)$$
$$X(s)(ms^2 + bs + k) = F(s)$$
$$\therefore G(s) = \frac{X(s)}{F(s)} = \frac{1}{ms^2 + bs + k}$$

47. 다음 중 개회로(open loop) 제어계의 응용으로 볼 수 없는 것은?

① 교통 신호 장치
② 물류공장의 컨베이어
③ 커피 자동 판매기
④ NC 선반의 위치제어

해설 • 개회로 제어계 : 시퀀스제어 시스템/교통 신호 제어, 공장의 컨베이어 시스템, 자동 판매기
• 폐회로(피드백) 제어계 : 선반의 위치제어

48. 다음 중 제어계의 성능으로서 3가지 중요한 특성값이 아닌 것은?

① 정상편차
② 속응성
③ 결합계수
④ 안정도

해설 제어계는 속응성, 정상 특성, 이득, 안정도를 개선하기 위해 사용된다.

49. 생산공정이나 기계장치 등을 자동화하였을 때

설명으로 옳지 않은 것은?

① 생산속도 증가
② 제품 품질의 균일화
③ 인건비 감소
④ 생산설비의 수명 감소

해설 생산공정이나 기계장치 등을 자동화하였을 때 생산설비의 수명이 증가한다.

50. 그림의 연산요소는 분압기 회로이다. 이에 대한 연산 방정식은?

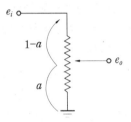

① $e_o = (1-a) \cdot e_i$
② $e_o = 1 - a \cdot e_i$
③ $e_o = e_i - a$
④ $e_o = a \cdot e_i$

해설 $e_o = \left(\dfrac{a}{a+1-a} \right) \cdot e_i = a \cdot e_i$

51. 용량이 같은 단단펌프 2개를 1개의 본체 내에 직렬로 연결시킨 것으로 고압으로 대출력이 요구되는 곳에 사용되는 펌프는?

① 2단 베인펌프
② 복합펌프
③ 2단 복합펌프
④ 단단 베인펌프

해설 • 단단 베인펌프(single type vane pump) : 베인펌프의 기본형으로 펌프축이 회전하면 로터(rotor)홈에 끼워진 베인은 원심력과 토출압력에 의해 캠링(camring) 내벽에 접촉력을 발생시키며 회전한다.
• 2연 베인펌프(double type vane pump) : 단단펌프의 소용량 펌프와 대용량 펌프를 동일축상에 조합시킨 것으로 흡입구가 1구형과 2구형이 있다. 토출구가 2개 있으므로 각각 다른 유압원이 필요한 경우나 서로 다른 유량이 필요할 때 사용한다.
• 2단 베인펌프(two-stage vane pump) : 단단

베인펌프 2개를 1개의 본체 내에 직렬로 연결시킨 것이며 고압이므로 큰 출력이 요구되는 구동에 적합하다.

- 복합 베인펌프(combination vane pump) : 복합 베인펌프는 저압 대용량, 고압 소용량 펌프와 릴리프 밸브, 언로딩 밸브, 체크 밸브를 한 개의 본체에 조합시킨 펌프로서 압력제어를 자유로이 조작할 수 있고 오일 온도가 상승하는 것을 방지하나 값이 비싸고 크기가 대형이다.

52. 단위 임펄스 함수의 라플라스 변환은?

① 0 　　　　　 ② 1

③ $\dfrac{1}{s}$ 　　　　　 ④ $\dfrac{1}{s^2}$

해설 임펄스 함수(Impulse function) 또는 δ함수의 라플라스 변환은 다음과 같다.

$$\delta(t)\ 면적=1$$

1. $\delta(t) = \begin{cases} \infty, & t=0 \\ 0, & t \neq 0 \end{cases}$

2. $\displaystyle\int_{-\infty}^{\infty} \delta(t)dt = 1$

53. 단위 피드백 시스템의 전방 경로 함수가 $G(s)$ $= \dfrac{1}{(s+1)(s+3)(s+5)}$ 일 때 스탭압력 $u_s(t)$ $=5$를 인가하였다면 정상상태 오차는?

① 0　　② 3　　③ 5　　④ ∞

해설
$$e_{ss} = \lim_{t \to \infty} e(t) = \lim_{s \to 0} sE(s)$$
$$= \lim_{s \to 0} \frac{s}{1+G(s)H(s)} \cdot R(s)$$
$$e_{ss} = \lim_{s \to 0} \frac{s}{1+\dfrac{10}{(s+1)(s+3)(s+5)}} \cdot \frac{5}{s}$$
$$e_{ss} = \lim_{s \to 0} \frac{5(s+1)(s+3)(s+5)}{(s+1)(s+3)(s+5)+10}$$
$$e_{ss} = \frac{75}{25} = 3$$

54. PLC의 래더 다이어그램 명령어로서 적당하지 않은 것은?

① 릴레이 래더 명령
② 연산 명령
③ 데이터처리 명령
④ 어셈블리 명령

해설 PLC 래더 다이어그램은 릴레이 회로를 기반으로 만든 프로그램으로서 릴레이 래더, 연산, 데이터처리 명령어로 구성된다.

55. 다음 중 PLC의 자가진단 기능과 거리가 먼 것은?

① 메모리 엑세스 타임 체크 기능
② 배터리 전압저하 체크 기능
③ Code Error 및 Syntax Check 기능
④ Watch Dog Timer 기능

해설 연산지연감시, 메모리 이상, 입·출력 이상, 배터리 이상, 전원 이상 등

56. PLC 구성 시 출력신호와 관계가 없는 것은?

① 표시등　　　　② 부저
③ 구동부　　　　④ 광센서

해설 PLC의 입·출력기기

I/O	구분	부착장소	외부 기기의 명칭
입력부	조작입력	제어반과 조작반	푸시버튼 스위치 선택 스위치 토글 스위치
	검출입력 (센서)	기계장치	리밋 스위치 광전 스위치 근접 스위치 레벨 스위치
출력부	표시 경보 출력	제어반 및 조작반	파일럿 램프 부저
	구동 출력 (액추에이터)	기계장치	전자 밸브 전자 글러치 전자 브레이크 전자 개폐기

57. PP18255 인터페이스 칩의 기본 입·출력동작

에서 표에서와 같이 핀 번호 8번인 A0와 핀 번호 9번인 A1의 신호에 대한 설명으로 옳은 것은?

핀번호	9	8	기능
어드레스	A1	A0	
신호	0	0	ㄱ
	0	1	ㄴ
	1	0	ㄷ
	1	1	ㄹ

① 'ㄱ'항은 각 포트의 기능을 결정하는 컨트롤 신호이다.
② 'ㄴ'항은 포트 A에 입력 또는 출력이 가능하게 한다.
③ 'ㄷ'항은 포트 C에 입력 또는 출력이 가능하게 한다.
④ 'ㄹ'항은 포트 B에 입력 또는 출력이 가능하게 한다.

해설 8255 핀별 기능
• PA0~PA7, PB0~PB7, PC0~PC7 : 입출력 포트
 – 그룹 A : A포트 & C포트의 상위 4Bit(C4~C7)
 – 그룹 B : B포트 & C포트의 하위 4Bit(C0~C3)
• A0, A1 : 포트들과 프로그래밍을 위한 번지 지정

A1	A0	기능
0	0	PORT A
0	1	PORT B
1	0	PORT C
1	1	Control Word

58. 다음 중 서보전동기가 갖추어야 할 특징이 아닌 것은?
① 회전자의 관성이 클 것
② 기동 토크가 클 것
③ 정지 및 역전의 운전이 가능할 것
④ 속응성이 충분히 높을 것

해설 • 위치나 속도의 명령에 신속하고 정확하게 추종해야 한다.
• 큰 가속에 의해서 기동하거나 정지하는 능력을 갖춰야 한다.

• 큰 회전 토크를 가지려면 회전자의 관성 모멘트가 작아야 한다.

59. 서보기구에서 신호종류에 따른 분류가 아닌 것은?
① 유압식   ② 공기압식
③ 전기식   ④ 기계식

해설 서보모터의 종류에 따른 분류는 전기서보 · 유압서보 · 전기－유압서보 · 공기압서보 등이 있다.

60. 다음 회로에서 시정수(time constant)는?

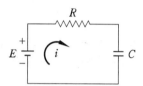

① RC ② C/R
③ R/C ④ $1/(RC)$

해설 회로가 정전용량(C) 및 저항(R)으로 구성되는 경우 시정수 $\tau = RC$이다.
시스템이 주어진 변화에 얼마나 빨리 응답할 수 있는가를 나타내는 파라미터로서 얼마나 빨리 정상상태에 도달할 수 있는가를 가늠하는 척도 최종치의 63% 증가(또는 초기치의 37% 감소)하는 데 걸리는 시간이다.

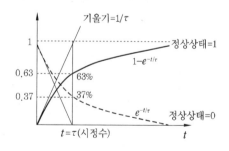

제4과목 : 메카트로닉스

61. RLC 직렬회로의 임피던스 Z는?

① $Z = \sqrt{R^2 + (X_L - X_C)^2}$

② $Z = R + X_L + X_C$

③ $Z = \sqrt{R^2 + (X_L + X_C)^2}$

④ $Z = R + X_L - X_C$

해설 $Z = R + jX_L - jX_c,\ X_{tot} = |X_L - X_C|$

$Z = \sqrt{R^2 + (X_L - X_C)^2}$

$\therefore Z = \sqrt{R^2 + X_{tot}^2}$

$\theta = \tan^{-1}\left(\dfrac{X_{tot}}{R}\right)$

62. 검출 방법에서 접촉식 스위치로 맞는 것은?

① 근접 스위치

② 리밋 스위치

③ 광전 스위치

④ 초음파 스위치

해설 • 근접 스위치 : 자기장, 광전 스위치 – 빛, 초음파 스위치 – 초음파

• 리밋 스위치 : 기계적인 스위치 작동 방식

63. 현재 CPU로 읽어 올 명령이 들어 있는 메모리의 주소가 들어 있는 곳은?

① 명령 레지스터

② 프로그램 카운터

③ 누산기

④ 범용 레지스터

해설 • 명령 레지스터(instruction register ; IR) : 명령어를 전용으로 처리하기 위한 레지스터

• 프로그램 카운터(program counter ; PC) : CPU가 다음에 처리해야 할 명령이나 데이터의 메모리상의 위치, 즉 주소를 지시

• 누산기(accumulator) : ALU에서 처리한 결과를 저장하거나 처리하고자 하는 데이터를 일시적으로 기억하는 특별한 레지스터로서 처리 결과를 항상 누산기에 저장

• 범용 레지스터(general purpose register) : 중앙 처리 장치에 필요한 데이터를 일시적으로 기억시키는 데 사용되는 레지스터로 메모리 사

용 시 줄어들어 처리 속도 향상

64. 다음 중 일반적으로 브러시 교환이 필요한 서보모터는?

① 스테핑 모터

② DC 서보모터

③ 동기형 AC 서보모터

④ 유도기형 AC 서보모터

해설 서보전동기의 종류와 특징

분류	종류	장점	단점
DC	DC 서보 전동기	• 기동 토크가 크다. • 크기에 비해 큰 토크 발생한다. • 효율이 높다. • 제어성이 높다. • 속도제어 범위가 넓다. • 비교적 가격이 싸다.	• 브러시 마찰로 기계적 손상이 크다. • 브러시의 보수가 필요하다. • 접촉부의 신뢰성이 떨어진다. • 브러시에 의해 노이즈가 발생한다. • 정류 한계가 있다. • 사용 환경에 제한이 있다. • 방열이 나쁘다.
AC	동기형 서보 전동기	• 브러시가 없어 보수가 용이하다. • 내 환경성이 높다. • 정류에 한계가 없다. • 신뢰성이 높다. • 고속, 고 토크 이용 가능하다. • 방열이 좋다.	• 시스템이 복잡하고 고가이다. • 전기적 시정수가 크다. • 회전 검출기가 필요하다.
	유도형 서보 전동기	• 브러시가 없어 보수가 용이하다. • 내환경성이 좋다. • 정류에 한계가 없다. • 자석을 사용하지 않는다. • 고속, 고 토크 이용 가능하다. • 방열이 좋다. • 회전 검출기가 불필요하다.	• 시스템이 복잡하고 고가이다. • 전기적 시정수가 크다.

65. 컴퓨터에서 2의 보수를 사용하지 않는 경우는?

정답 62. ② 63. ② 64. ② 65. ②

① 뺄셈 연산   ② 곱셈 연산

③ 나눗셈 연산   ④ 음수 표현

(해설) 컴퓨터에서 음수 표현을 위해서 2의 보수를 사용한다. 뺄셈 연산은 빼고자 하는 수를 음수 표현(2의 보수)으로 표현하고 이를 덧셈 연산을 한다. 나눗셈 연산은 나누는 숫자만큼 뺄셈 연산을 반복한다.

66. 유도형 근접 스위치로 검출할 수 있는 재질은 어느 것인가?

① 유리   ② 목재   ③ 금속   ④ PVC

(해설) 근접 스위치 종류
- 유도형(고주파 발진형) : 금속체가 접근하면 검출체 표면에 와류를 발생하여 발진 정지로 금속체 검출
- 정전용량형 : 검출체 표면에 물체가 접근하면 지속적인 발진을 하게 되며, 두 물체 간의 거리와 유전율에 따라 발진 증가로 물체 검출 (모든 물체를 검출할 수 있다.)

67. 다음 그림과 같은 구조의 가공 시스템은 무엇인가?

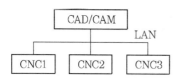

① CIMS   ② DNC   ③ FMC   ④ FMS

(해설) DNC(direct numerical control) : 1대 이상 수치제어 기계의 NC 프로그램을 수치제어 기계의 요구에 따라 그 기계에 분배

68. 정현파 교류의 실횻값이 100 V이고 주파수가 60 HZ인 경우 전압의 순싯값은?

① $e = 141.4\sin 377t$

② $e = 100\sin 377t$

③ $e = 141.4\sin 120t$

④ $e = 100\sin 120t$

(해설) $e = V_m \sin\omega t = V_m \sin 2\pi ft$
$$= 100\sqrt{2}\sin 2\pi \times 60t$$
$$= 141.4\sin 377t$$

69. 마이크로프로세서가 외부의 RAM, ROM 또는 주변 장치와 연결되기 위해 사용하는 버스에 해당하지 않는 것은?

① 데이터 버스   ② 주소 버스

③ 제어 버스   ④ 내부 버스

(해설) 신호 전송 버스
- 주소 버스(address bus)
- 데이터 버스(data bus)
- 제어 버스(control bus)
- I/O 포트 버스(I/O port bus)

70. 빛에 의해 검출되는 스위치로서 투영기와 수광기가 있는 스위치는?

① 용량형 스위치   ② 광전 스위치

③ 유도형 스위치   ④ 리드 스위치

(해설) 광전 스위치 : 검출 대상의 반사광 또는 복사광으로 검출하는 스위치

71. CNC 공작기계에 관한 설명으로 옳지 않은 것은?

① 구동모터의 회전에 따라 기계 본체의 테이블이나 주축 헤드가 동작하는 기구를 서보기구라 한다.

② CNC 공작기계의 서보기구에서는 동작의 안정성과 응답성이 대단히 중요하다.

③ 서보기구의 제어방식 중 개방회로 방식은 간단하고 되먹임 제어가 가능하므로, 정확한 위치제어가 가능하다.

④ CNC 공작기계에서는 정밀도 높은 위치제어를 위해서 반폐쇄회로 방식과 폐쇄회로 방식을 많이 사용한다.

해설 개방회로 방식(open loop system) : 피드백 (feed back) 장치가 없기 때문에 가공 정밀도에 문제가 있어 현재는 거의 사용하지 않는다.

72. 스테핑 모터의 동작과 관련된 설명으로 틀린 것은?

① 구동회로에 주어지는 입력펄스 1개에 대해 소정의 각도만큼 회전시키고, 그 이상 압력이 없는 경우는 정지위치를 유지한다.
② 회전각도는 입력 펄스의 수에 반비례한다.
③ 회전속도는 입력 펄스의 주파수에 비례한다.
④ 펄스를 부여하는 방식에 따라 급속하고 빈번하게 기동, 정지가 가능하다.

해설 스텝모터의 총 회전각은 입력펄스수의 총 수에 비례하고 모터의 회전속도는 초(s)당 입력펄스수(PPS)에 비례한다.

73. 동일한 피 측정물과 버니어 캘리퍼스를 가지고 숙련공과 비숙련공이 안지름을 측정하였더니 두 사람의 측정값이 달랐다. 이런 오차를 무엇이라 하는가?

① 개인오차
② 기기오차
③ 외부조건에 의한 오차
④ 우연오차

해설 • 개인오차 : 측정자의 숙련 차이로 생기는 오차
• 기기오차 : 측정기의 오차(계기오차)[측정기의 구조, 측정 온도, 측정기의 마모, 측정 압력 등]
• 우연오차 : 자연현상의 변화 등으로 생기는 오차

74. 로봇 팔의 구동뿐만 아니라 기계의 위치, 속도, 가속도 등의 제어를 필요로 하는 기계구동에 널리 사용되고 있는 제어는?

① 공정제어
② 프로세서 제어
③ 서보제어
④ 시퀀스 제어

해설 제어량의 성질에 의한 분류
• 공정제어(process control)
〈제어량〉 온도, 유량, 압력, 액위, 밀도, PH, 점도
• 서보기구
〈제어량〉 물체의 위치, 방위, 자세
〈용 도〉 비행기, 선박의 항법제어 시스템, 미사일 발사대의 자동위치제어 시스템, 자동조타장치, 추적용레이더, 공작기계, 자동평형기록계
• 자동조정 : 부하에 관계없이 출력을 일정하게 유지
〈제어량〉 전압, 전류, 주파수, 회전속도
〈용 도〉 정전압장치, 발전기의 조속기, 자동전원 조정장치

75. 저항 $R[\Omega]$을 다음 그림과 같이 접촉했을 때 합성저항은 몇 Ω인가?

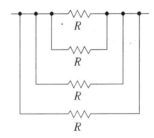

① $4R$ ② $\dfrac{3}{4}R$ ③ $\dfrac{4}{R}$ ④ $\dfrac{R}{4}$

해설 같은 저항값의 병렬회로 합성저항 $R_t =$
$\dfrac{R}{n} = \dfrac{R}{4}$

76. 전기 에너지와 열에너지 사이의 변환관계를 결정하는 법칙은?

① 패러데이 법칙
② 옴의 법칙
③ 키르히호프의 법칙
④ 줄의 법칙

해설 • 줄의 법칙 : 전기 에너지에 의해 발생하는 열량 H

정답 **72.** ② **73.** ① **74.** ③ **75.** ④ **76.** ④

$H = 0.24^2 Rt [\text{cal}]$

- 키르히호프의 법칙
  - 제1법칙(전류법칙) : 어떤 회로망 중에서 임의의 한 접속점에서 유입되는 전류의 합은 유출되는 전류의 합과 같다.
  - 제2법칙(전압법칙) : 회로망 중 임의의 폐회로에 있어서 정해진 방향의 기전력의 대수합은 그 방향으로 흐르는 전류에 의한 저항의 전압강하 대수합과 같다.
- 패러데이 법칙 : 전자기유도 법칙이 있다. 전자유도는 도체의 주변에서 자기장을 변화시켰을 때 전압이 유도되어 전류가 흐르는 현상이다.

77. 다음 그림의 논리식에서 출력 y값은?

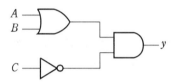

① $y = (A+B)\overline{C}$
② $y = (A+B)(A+C)$
③ $y = (A+B)(C+B)$
④ $y = AB + \overline{A}\,C$

해설 입력 A와 B는 OR 연산자 C는 NOT 연산자이며 이들의 출력을 AND 연산자의 입력으로 사용하기 때문에 출력 $y = (A+B)\overline{C}$와 같다.

78. 다음 논리 함수를 최소화하면?

$$X = (\overline{A} + B)(A + B + D)\overline{D}$$

① $\overline{A}\,B\overline{D}$
② $B\overline{D}$
③ $AB\overline{D}$
④ $BA\overline{D}$

해설 $X = (\overline{A} + B)(A + B + D)\overline{D}$
$\quad = (\overline{A} + B)(A\overline{D} + B\overline{D})$

$\quad = \overline{A}B\overline{D} + B\overline{D} = B\overline{D}(1 + \overline{A})$
$\quad = B\overline{D}$

79. 볼트, 핀, 자동차 부품 등을 대량으로 생산할 때 가장 적합한 선반은?

① 공구선반　　② 탁상선반
③ 자동선반　　④ 정면선반

해설 • 자동선반 : 볼트, 핀, 자동차 부품 등을 대량으로 생산할 때 사용되는 선반
- 공구선반 : 정밀한 형식으로 되어 있으며, 릴리빙(relieving) 장치와 테이퍼 절삭 장치, 모방 절삭 장치 등이 부속되어 있다.
- 탁상선반 : 베드의 길이 900 mm 이하, 스윙(swing) 200 mm 이하의 소형 선반으로 주로 시계 부품, 재봉틀 부품 등 소형 부품을 가공한다.
- 정면선반 : 기차바퀴처럼 지름이 크고, 길이가 짧은 가공물을 절삭한다.

80. 10진법의 수 0에서 9를 2진법으로 표현하기 위한 최소 자릿수는?

① 2　　② 4　　③ 6　　④ 8

해설 2진수 4비트

2진수	10진수
0000	0
0001	1
0010	2
0011	3
0100	4
0101	5
0110	6
0111	7
1000	8
1001	9

2014년 8월 17일 시행

자격종목 및 등급(선택분야)	종목코드	시험시간	문제지형별	수검번호	성 명
생산자동화산업기사	2034	2시간	A		

제1과목 : 기계가공법 및 안전관리

1. 선삭에서 바이트의 윗면 경사각을 크게 하고 연강 등 연한 재질의 공작물을 고속 절삭할 때 생기는 칩(chip)의 형태는?

① 유동형　　　　② 전단형
③ 열단형　　　　④ 균열형

해설 유동형 칩(flow type chip)
- 선삭에서 바이트의 윗면 경사각을 크게 하고 연강 등 연한 재질의 공작물을 고속 절삭할 때 생기는 칩이다.
- 칩이 경사면 위를 연속적으로 원활하게 흘러 나가는 모양으로 연속 칩(continuous chip)이라고도 하며, 가장 이상적인 칩의 형태이다.

2. 밀링머신에서 분할 및 윤곽가공을 할 때 이용되는 부속장치는?

① 밀링 바이스　　② 회전 테이블
③ 모방 밀링장치　　④ 슬로팅 장치

해설 회전 테이블(rotary table)
- 밀링머신에서 분할 및 윤곽가공을 할 때 이용되는 부속장치이다.
- 원형 테이블은 테이블 위에 설치하며, 수동 또는 자동으로 회전시킬 수 있다.

3. 표면거칠기 측정법에 해당하지 않는 것은?

① 다이얼 게이지 이용 측정법
② 표준편과의 비교 측정법

③ 광 절단식 표면거칠기 측정법
④ 현미 간섭식 표면거칠기 측정법

해설 다이얼 게이지(dial gauge) : 길이 측정기로서 측정자의 직선 또는 원호 운동을 기계적으로 확대하여 그 움직임을 지침의 회전 변위로 변환시켜 눈금으로 읽을 수 있다.

4. 브로치 절삭날 피치를 구하는 식은? (단, $P=$ 피치, $L=$ 절삭날 길이, C는 가공물 재질에 따른 상수이다.)

① $P = C\sqrt{L}$　　② $P = C \times L$
③ $P = C \times L^2$　　④ $P = C^2 \times L$

해설 브로치 절삭날 피치를 구하는 식
　　$P = C\sqrt{L}$
브로치가공 시 절삭부를 결정할 때의 주요 요소는 인선의 피치(pitch)와 절삭량, 즉 이송(feed)이다.

5. 결합제의 주성분은 열경화성 합성수지 베이클라이트로 결합력이 강하고 탄성이 커서 고속도강이나 광학유리 등을 절단하기에 적합한 숫돌은?

① Vitrified계 숫돌　② Resinoid계 숫돌
③ Silicate계 숫돌　④ Rubber계 숫돌

해설
- Resinoid계 숫돌(B) : 열경화성 합성수지 베이클라이트(bakelite)가 주성분이며 결합력이 강하고 탄성이 커서 고속도강이나 광학유리 등을 절단하기에 적합한 숫돌이다.
- Vitrified계 숫돌(V) : 결합제의 주성분은 점토

정답 1. ①　2. ②　3. ①　4. ①　5. ②

와 장석이며, 연삭숫돌 결합제의 90% 이상을 차지할 만큼 가장 많이 사용하는 숫돌이다.
- Silicate계 숫돌(S) : 규산나트륨(Na_2SiO_2 ; 물유리)을 입자와 혼합, 성형하여 제작한 숫돌로 대형 숫돌에 적합하다.
- Rubber계 숫돌(R) : 주성분은 생고무이며, 첨가하는 유황의 양에 따라 결합도가 달라진다.

6. 선반의 양 센터 작업에서 주축의 회전을 공작물에 전달하기 위하여 사용되는 것은?

① 센터 드릴　　　② 돌리개
③ 면판　　　　　④ 방진구

해설　• 돌리개(dog) : 선반의 양 센터 작업에서 주축의 회전을 공작물에 전달하기 위하여 사용
- 센터 드릴(center drill) : 센터를 지지할 수 있는 구멍을 가공하는 드릴
- 면판(face plate) : 척에 고정할 수 없는 불규칙하거나 대형의 가공물을 고정할 때 사용
- 방진구(work rest) : 가늘고 긴 가공물을 절삭할 때 지지하는 부속장치

7. 밀링가공에서 커터의 날수 6개, 1날당의 이송은 0.2 mm, 커터의 바깥지름 40 mm, 절삭 속도 30 m/min일 때 테이블의 이송 속도 약 몇 mm/min인가?

① 274　　② 286　　③ 298　　④ 312

해설　$f=f_z \times z \times n$, $V=\dfrac{\pi dn}{1,000}$ 의 공식을 연계하여 계산한다.

$V=\dfrac{\pi dn}{1,000}$ 에서 $n=\dfrac{1,000\,V}{\pi d}$ 이므로

$n=\dfrac{1,000 \times 30}{3.14 \times 40}=238.35$

∴ $f=0.2 \times 6 \times 238.35 = 286.02$

8. NC선반의 절삭 사이클 중 내·외경복합 반복 사이클에 해당하는 것은?

① G40　　　　　② G50
③ G71　　　　　④ G96

해설　• G71 : 내·외경 황삭가공 사이클 기능
- G40 : 공구경 보정 취소기능
- G50 : 좌표계 설정 및 주축 최고 회전수 설정 기능
- G96 : 주축속도 일정제어 기능

9. 연삭 작업에서 글레이징(glazing) 원인이 아닌 것은?

① 결합도가 너무 높다.
② 숫돌바퀴 원주 속도가 너무 빠르다.
③ 숫돌 재질과 일감 재질이 적합하지 않다.
④ 연한 일감 연삭 시 발생한다.

해설　글레이징
- 무딤 현상이라고 한다.
- 연삭숫돌의 결합도가 필요 이상 높으면 숫돌입자가 마모되어 예리하지 못할 때 탈락하지 않고 둔화되는 현상을 말한다.
- 연한 일감 연삭 시 발생하는 것을 눈메움(loading)이라 한다.

10. 사고발생이 많이 일어나는 것에서 점차로 적게 일어나는 것에 대한 순서로 옳은 것은?

① 불안전한 조건→불가항력→불안전한 행위
② 불안전한 행위→불가항력→불안전한 조건
③ 불안전한 행위→불안전한 조건→불가항력
④ 불안전한 조건→불안전한 행위→불가항력

해설　사고발생이 많이 일어나는 것에서 점차로 적게 일어나는 것에 대한 순서 : ① 불안전한 행위 → ② 불안전한 조건 → ③ 불가항력

11. 밀링머신의 크기를 번호로 나타낼 때 옳은 설명은?

① 번호가 클수록 기계는 크다.
② 호칭번호 NO.0(0번)은 없다.
③ 인벌류트 커터의 번호에 준하여 나타낸다.
④ 기계의 크기와는 관계가 없고 공작물 종류에 따라 번호를 붙인다.

해설 밀링머신의 크기 : 주로 Y축을 기준으로 나타낸다.

호칭번호		0호	1호	2호	3호	4호	5호
테이블의 이송거리 (mm)	Y축	150	200	250	300	350	400
	X축	450	550	700	850	1,050	1,250
	Z축	300	400	450	450	450	500

12. 환봉을 황삭가공하는 데 이송을 0.1 mm/rev로 하려고 한다. 바이트의 노즈 반지름이 1.5 mm라고 한다면 이론상의 최대 표면거칠기는?

① 8.3×10^{-4} mm   ② 8.3×10^{-3} mm
③ 8.3×10^{-5} mm   ④ 8.3×10^{-2} mm

해설 $H_{max} = \dfrac{S^2}{8r}$[mm]이므로 $H_{max} = \dfrac{0.1^2}{8 \times 1.5}$
$= 8.3 \times 10^{-4}$ mm

13. 끼워맞춤에서 H6/g6는 무엇을 뜻하는가?

① 축 기준 6급 헐거운 끼워맞춤
② 축 기준 6급 억지 끼워맞춤
③ 구멍 기준 6급 헐거운 끼워맞춤
④ 구멍 기준 6급 중간 끼워맞춤

해설 • 구멍 기준 끼워맞춤 : H기호 구멍을 기준 구멍으로 하고, 이에 적당한 축을 선정하여 필요로 하는 죔새나 틈새를 얻는 끼워맞춤 방식
• H6g6 : 구멍 기준 6급 헐거운 끼워맞춤

14. 액체 호닝의 특징으로 잘못된 것은?

① 가공 시간이 짧다.
② 가공물의 피로강도를 저하시킨다.
③ 형상이 복잡한 가공물도 쉽게 가공한다.
④ 가공물 표면의 산화막이나 거스러미를 제거하기 쉽다.

해설 액체 호닝(liquid honing)
• 연마제를 가공액과 혼합하여 가공물 표면에 압축공기를 이용하여 고압과 고속으로 분사시켜 가공물 표면과 충돌시켜 표면을 가공하는 방법이다.

• 액체 호닝은 가공물의 피로강도를 10% 정도 향상시킨다.

15. 한계 게이지에 대한 설명 중 맞는 것은?

① 스냅 게이지는 최소 치수 쪽을 통과 측, 최대 치수 쪽을 정지 측이라 한다.
② 양쪽 모두 통과하면 그 부분은 공차 내에 있다.
③ 플러그 게이지는 최대 치수 쪽을 정지 측, 최소 치수 쪽을 통과 측이라 한다.
④ 통과 측이 통과되지 않을 경우는 기준구멍보다 큰 구멍이다.

해설 • 스냅 게이지는 최소 치수 쪽을 정지 측(no go size), 최대 치수 쪽을 통과 측(go size)이라 한다.
• 구멍용 한계 게이지는 비교적 작은 것은 플러그 게이지, 큰 것은 평형 플러그 게이지, 더욱 큰 것에는 봉게이지가 사용된다.
• 축용 한계 게이지는 스냅 게이지와 비교적 작은 치수 또는 얇은 가공물에 쓰이는 링게이지가 있다.
• 양쪽 모두 통과하여도 최소허용치수를 벗어나면 공차한계를 벗어난 것이다.
• 통과 측이 통과되지 않을 경우는 기준구멍보다 작은 구멍이다.

16. 측정기에 대한 설명으로 옳은 것은?

① 일반적으로 버니어 캘리퍼스가 마이크로미터보다 측정 정밀도가 높다.
② 사인바(sine bar)는 공작물의 안지름을 측정한다.
③ 다이얼 게이지는 각도 측정기이다.
④ 스트레이트 에지(straight edge)는 평면도의 측정에 사용된다.

해설 • 일반적으로 버니어 캘리퍼스는 마이크로미터보다 측정 정밀도가 낮다.
• 사인바는 가공물의 각도를 측정한다.
• 다이얼 게이지(dial gauge)는 진원도 및 평활도, 두께 등을 측정할 수 있는 비교 측정기이다.

17. 드릴지그의 분류 중 상자형 지그에 포함되지 않는 것은?

① 개방형 지그　　② 조립형 지그
③ 평판형 지그　　④ 밀폐형 지그

해설 • 상자형 지그(box jig) : 개방형 지그, 조립형 지그, 밀폐형 지그
• 평판형 지그(plate jig) : 평면에 다수의 구멍을 뚫을 때 사용

18. 바깥지름 200 mm인 밀링 커터를 100 rpm으로 회전시키면 절삭 속도는 약 몇 m/min 정도인가?

① 1.05　② 2.08　③ 31.4　④ 62.8

해설 $V=\dfrac{\pi DN}{1{,}000}$ 의 절삭 속도 공식을 적용한다.

$$V=\frac{3.14\times200\times100}{1{,}000}=62.8$$

19. 어떤 도면에서 편심량을 4 mm로 주어졌을 때, 실제 다이얼 게이지의 눈금의 변위량은 얼마로 나타나야 하는가?

① 2 mm　② 4 mm　③ 8 mm　④ 0.5 mm

해설 편심량$=\dfrac{\text{게이지 눈금의 변위량}}{2}$ 이므로

변위량$=4\times2=8$

20. 트위스트 드릴의 인선각(표준각 또는 날끝각)은 연강용에 대해서 몇 도(°)를 표준으로 하는가?

① 110°　② 114°　③ 118°　④ 122°

해설 트위스트 드릴의 인선각(표준각 또는 날끝각)은 연강용에 대해서 118°를 표준으로 한다.

제2과목 : 기계제도 및 기초공학

21. 그림은 맞물리는 어떤 기어를 나타낸 간략도

인데, 이 기어는 무엇인가?

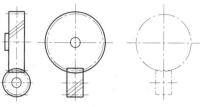

① 스퍼 기어　　② 헬리컬 기어
③ 나사 기어　　④ 스파이럴 베벨 기어

22. 그림과 같은 정면도에 의하여 나타날 수 있는 평면도로 가장 적합한 것은?

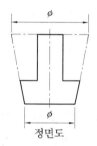

정면도

23. 줄무늬 방향의 그림과 그 기호가 서로 틀린 것은?

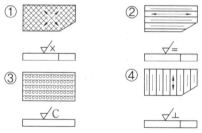

해설 그림 ③ : 가공에 의한 커터의 줄무늬가 여러 방향으로 교차 또는 무방향을 나타냄→M으로 표시한다.

24. 다음 금속재료 기호 중 탄소강 단강품의 KS 기호는?

① SF 440 A   ② FC 440 A
③ SC 440 A   ④ HBsC 440 A

> **해설** • SF 440 A : 탄소강 단강품
> • SC 440 A : 탄소강 주강품
> • SS 400 : 일반 구조용 압연 강재
> • SM 45C : 기계 구조용 탄소 강재

25. 구멍의 치수가 $\phi 50^{+0.025}_{0}$이고 축의 치수가 $\phi 50^{+0.005}_{-0.010}$이라면 무슨 끼워맞춤인가?

① 헐거운 끼워맞춤
② 중간 끼워맞춤
③ 억지 끼워맞춤
④ 가열 끼워맞춤

> **해설** 틈새와 죔새가 동시에 존재하므로 중간 끼워맞춤이다.

26. 축의 도시 방법에 관한 일반적인 설명으로 틀린 것은?

① 축의 구석부나 단이 형성되어 있는 부분에 형상에 대한 세부적인 지시가 필요할 경우 부분 확대도로 표시할 수 있다.
② 긴축은 단축하여 그릴 수 있으나 길이는 실제 길이를 기입해야 한다.
③ 축은 통상 길이 방향으로 단면 도시하여 나타낼 수 있다.
④ 축의 절단면은 90° 회전하여 회전도시 단면도로 나타낼 수 있다.

> **해설** 축 및 핀, 볼트 리벳 키 등은 통상 길이 방향으로 단면 도시하지 않는다.

27. 다음 중 H7 구멍과 가장 억지로 끼워지는 축의 공차는?

① f6   ② h6   ③ p6   ④ g6

> **해설** • 억지 끼워맞춤일 때 축의 공차범위 클래스 : p6, r6, s6, t6, u6, x6
> • 중간 끼워맞춤일 때 축의 공차범위 클래스 : js6, k6, m6, n6
> • 헐거운 끼워맞춤일 때 축의 공차범위 클래스 : f6, g6, h6

28. 일반적으로 치수선을 그릴 때 사용하는 선의 명칭은?

① 굵은 2점 쇄선
② 굵은 1점 쇄선
③ 가는 실선
④ 가는 1점 쇄선

> **해설** • 가는 실선 : 치수선, 치수 보조선, 지시선, 중심선 등
> • 굵은 1점 쇄선 : 특수 지정선
> • 가는 1점 쇄선 : 기준선

29. KS 규격에 따른 나사의 표시에 관한 설명 중 올바른 것은?

① 나사산의 감김 방향은 오른나사인 경우만 RH로 명기하고, 왼나사인 경우 따로 명기하지 않는다.
② 미터 가는 나사는 피치를 생략하거나 산의 수로 표시한다.
③ 2줄 이상인 경우 그 줄수를 표시하며 줄 대신에 L로 표시할 수 있다.
④ 피치를 산의 수로 표시하는 나사(유니파이 나사 제외)의 경우 나사 호칭은 나사의 종류를 표시하는 기호 나사의 지름을 표시하는 숫자 산 산의 수 로 나타낸다.

> **해설** • 나사산의 감김 방향은 왼나사인 경우만 '왼'의 글자로 표시하고, 오른나사인 경우 따로 표시하지 않는다. 또한 '왼' 대신에 'L'을 사용할 수 있다.
> • 미터 가는 나사는 피치를 호칭경과 함께 표시한다.

• 2줄 이상인 경우 그 줄수를 표시하며 줄 대신에 'N'으로 표시할 수 있다.

30. 지름이 4 mm인 원의 1/4 크기에 해당하는 부채꼴의 면적은? (단, π는 3.14이다.)

① 1.57 mm^2 ② 3.14 mm^2

③ 6.28 mm^2 ④ 12.56 mm^2

해설 • 원 넓이 구하는 공식을 적용한다.

• 1/4 크기에 해당하는 부채꼴의 면적=원 넓이$\times\dfrac{1}{4}$

• 원 넓이$\times\dfrac{1}{4}=\pi\times r^2\times\dfrac{1}{4}=3.14\times2\times2\times\dfrac{1}{4}=3.14$

31. 다음 중 기계제도의 기본원칙에 어긋나는 것을 [보기]에서 모두 고른 것은?

┌─────────── [보기] ───────────┐

a. 도면을 보관하기 위해 표제란이 보이게 A4 크기로 접었다.

b. 도면에 윤곽선, 표제란, 중심마크를 반드시 그려 넣어야 한다.

c. 실제 크기보다 2배 크기로 그림을 그려서 척도를 1 : 2로 기입한다.

d. 문장은 위에서 아래로 세로쓰기를 원칙으로 한다.

└─────────────────────────┘

① a, b   ② b, c   ③ c, d   ④ a, d

해설 • 실제 크기보다 2배 크기로 그림을 그려서 척도를 2 : 1로 기입한다.

• 문장은 가로쓰기를 원칙으로 한다.

32. 응력의 종류가 아닌 것은?

① 압축응력   ② 인장응력

③ 전단응력   ④ 피로응력

해설 • 압축응력(compressive stress) : 수직응력으로서 압축하중에 의해 발생

• 인장응력(tensile stress) : 수직응력으로서 인장하중에 의해 발생

• 전단응력(shearing stress) : 전단하중에 의해 전단방향으로 발생

33. 그림과 같이 길이 l[m]의 단순보에 ω[N/m]의 균일분포 하중이 작용할 때 발생하는 최대 굽힘 모멘트는?

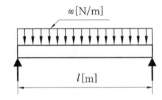

ω[N/m]

l[m]

① $\dfrac{\omega l^2}{8}$ ② $\dfrac{\omega l^2}{4}$ ③ $\dfrac{\omega l^2}{2}$ ④ ωl^2

해설 • 균일분포 하중이 작용하는 단순보(simple beam)의 최대 굽힘 모멘트(M)$=\dfrac{\omega l^2}{8}$

• 균일분포 하중이 작용하는 외팔보(cantilever) beam)의 최대 굽힘 모멘트(M)$=\dfrac{\omega l^2}{2}$

34. 전기에 관한 설명으로 틀린 것은?

① 전류는 음(−)극에서 양(+)극으로 흐른다.

② 전자는 음(−)극에서 양(+)극으로 이동한다.

③ 전기적인 압력의 차이를 전압이라 한다.

④ 전기저항은 도체의 길이에 비례하고 도체의 단면적에 반비례한다.

해설 전류는 양(+)극에서 음(−)극으로 흐른다.

35. 유압제어 시스템에 사용되는 유압 실린더의 동작 원리와 가장 관계가 깊은 것은?

① 파스칼의 원리   ② 질량 보존의 법칙

③ 베르누이의 정리   ④ 보일의 법칙

해설 • 파스칼의 원리(principle of pascal) : 유체의 일부분에 가해진 압력은 유체 내에 균등하게 작용한다.

• 1 Pa : 1 N의 힘이 1 m^{2}의 면적에 작용할 때의 압력(N/m^2)이다.

36. 단면적이 30 cm^{2}인 배관에 2 m/s의 속도로 물이 흘러가고 있다면 유량은?

① $20 \text{ cm}^3/\text{s}$

② $600 \text{ cm}^3/\text{s}$

③ $6,000 \text{ cm}^3/\text{s}$

④ $60,000 \text{ cm}^3/\text{s}$

해설 $Q = A \times V = 30 \text{ cm}^2 \times 2 \text{ m/s}$
$= 30 \times 2 \times 100 = 6,000 \text{ cm}^3/\text{s}$

37. 철판을 1초에 200 mm 가공하는 레이저가공기가 있다. 이 기계의 가공속도(m/min)는?

① 0.2 　　　　② 12

③ 200 　　　　④ 12000

해설 1초에 200 mm, 즉 0.2 m이므로 60초에는
$60 \times 0.2 = 12 \text{ m/min}$

38 1 kW의 동력을 일의 단위로 나타내면 얼마인가?

① $9 \text{ kgf} \cdot \text{m/s}$

② $102 \text{ kgf} \cdot \text{m/s}$

③ $112 \text{ kgf} \cdot \text{m/s}$

④ $130 \text{ kgf} \cdot \text{m/s}$

해설 $1 \text{ kW} = 1,000 \text{ W} = 1,000 \text{ J/S} = 1,000 \text{ N} \cdot \text{m/s}$
$1 \text{ kgf} = 9.8 \text{ N}$이므로
$1 \text{ kW} = 1,000 \text{ N} \cdot \text{m/s} = 1,000/9.8$
$= 102 \text{ kgf} \cdot \text{m/s}$

39. 1 N을 나타낸 것으로 틀린 것은?

① $1 \text{ kg} \cdot \text{m/s}^2$ 　　② 10^5 dyn

③ $10^5 \text{ g} \cdot \text{cm/s}^2$ 　　④ 1 kgf

해설 • $1 \text{ kg} \cdot \text{m/s}^2 = 1 \text{ N}$
• $1 \text{ kg} \cdot \text{m/s}^2 = 1000 \text{ g} \cdot 100 \text{ cm/s}^2 = 10^5 \text{ g} \cdot \text{cm/s}^2$
$= 10^5 \text{ dyn}$
• $1 \text{ kgf} = 1 \text{ kg} \times 9.8 \text{ m/s}^2 = 9.8 \text{ kg} \cdot \text{m/s}^2 = 9.8 \text{ N}$

40. 그림과 같은 지렛대의 양단 끝에 힘이 작용하고 중앙에 받침점이 있고 평형을 이루었을 때 옳은 식은?

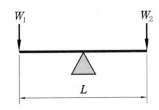

① $\dfrac{L}{W_1 \times W_2} = 1$

② $\dfrac{W_1 + W_2}{L} = 1$

③ $W_1 = W_2$

④ $(W_1 \times W_2)L = 1$

해설 지렛대의 원리 $l_1 \times W_1 = l_2 \times W_2$에서
$l_1 = l_2$이므로 $W_1 = W_2$

제3과목 : **자동제어**

41. 과도응답에서 상승시간은 응답이 최종값의 몇 %까지의 시간으로 정의되는가?

① 0~10 　　　　② 10~90

③ 30~70 　　　　④ 0~100

해설 • 오버슈트(over shoot) : 응답 중에 생기는 입력과 출력 사이의 최대편차량
• 지연시간(time delay ; T_d) : 응답이 최초 희망값의 50%에 도달하는 데 필요한 시간(응답의 속응성)
• 상승시간(rising time ; T_r) : 응답이 최종 희망값의 10%에서 90%까지 도달하는 데 필요한 시간
• 정정시간(setting time ; T_s) : 응답시간이라고도 하며, 응답이 정해진 허용범위(최종 희망값의 5%) 이내로 정착되는 시간
• 백분율 최대 오버슈트
  : $\dfrac{\text{최대 오버슈트}}{\text{최대 희망값}} \times 100\%$
• 감쇄비 : $\dfrac{\text{제2 오버슈트}}{\text{최대 오버슈트}}$

42. 다음 그림과 같은 블록선도의 전달 함수로 올

바른 것은?

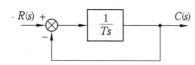

① $\dfrac{1}{Ts}$ ② $\dfrac{1}{Ts+1}$

③ $Ts+1$ ④ Ts

해설 단위 피드백 제어계 전달 특성

$$\frac{C(s)}{R(s)}=\frac{\dfrac{1}{Ts}}{1+\dfrac{1}{Ts}}=\frac{1}{Ts+1}$$

43. PLC에서 프로그램을 한 사이클 실행하는 데 소요되는 시간을 무엇이라 하는가?

① 로딩 타임(loading time)
② 딜레이 타임(delay time)
③ 스캔 타임(scan time)
④ 코딩 타임(coding time)

해설 스캔 타임 : PLC의 연산 처리 방법은 입력 리프레시된 상태에서 이들 조건으로 프로그램을 처음부터 마지막까지 순차적으로 연산을 실행하고 출력 리프레시를 한다. 이러한 동작은 고속으로 반복되는데, 한 번 실행하는 데 걸리는 시간을 1스캔 타임이라 한다.

44. 다음 중 시퀀스 제어에 속하지 않는 것은?

① 전기로의 온도제어
② 자동 판매기 제어
③ 교통신호등 제어
④ 컨베이어 제어

해설 시퀀스 제어＝순차제어
• 자동 판매기 제어
• 컨베이어 제어
• 교통신호 제어
• 자동세탁기 제어

45. 다음 PLC프로그램을 실행하는 데 걸리는 시

간은 총 몇 ms인가?

> "총 5,000스텝의 PLC 프로그램으로 입력 응답시간 5 ms, 출력응답시간 15 ms, 1명령어 실행시간이 2 μs이다."

① 25 ② 30
③ 35 ④ 85

해설 $T=5\,\mathrm{ms}+2\,\mu\mathrm{s}\times5,000+15\,\mathrm{ms}=30\,\mathrm{ms}$

46. 제어량의 종류를 기준으로 온도, 압력, 유량, 액면 등의 상태량을 제어량으로 하는 제어는?

① 프로세스 제어
② 서보기구
③ 시퀀스 제어
④ 자동 조정

해설 제어량의 성질에 의한 분류
• 공정제어(process control)
 〈제어량〉 온도, 유량, 압력, 액위, 밀도, PH, 점도
• 서보기구
 〈제어량〉 물체의 위치, 방위, 자세
 〈용 도〉 비행기, 선박의 항법제어 시스템, 미사일 발사대의 자동위치제어 시스템, 자동조타장치, 추적용레이더, 공작기계, 자동평형기록계
• 자동조정 : 부하에 관계없이 출력을 일정하게 유지
 〈제어량〉 전압, 전류, 주파수, 회전속도
 〈용 도〉 정전압장치, 발전기의 조속기, 자동전원 조정장치

47. 다음 그림과 같은 기호는 무엇을 뜻하는가?

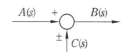

① 전달요소
② 가합점
③ 인출점

④ 출력점

해설 • 전달요소

• 가합점

• 인출점

48. 서보기구에 대한 설명으로 틀린 것은?

① 제어량이 기계적 변위인 자동제어계를 의미한다.
② 일반적으로 신호변환부와 파워변환부로 구성된다.
③ 신호변환 시 전기식보다는 공압식이 많이 사용된다.
④ 서보기구의 파워변환부는 중력 및 조작을 행하는 부분이다.

해설 서보기구 : 제어량이 기계적 위치가 되도록 되어 있는 자동제어 기구, 일반적으로 피드백 제어에 의해 그 기구의 운동 부분이 물체의 위치·방위·자세 등의 목표값의 임의의 변화에 추종하도록 제어하는 기구로, 기계를 명령대로 작동시키는 장치이다.

49. 주파수 전달 함수가 $G(jw) = 1 + j$일 때 보드 선도의 위상은?

① 0°   ② 45°
③ 90°   ④ 135°

해설 $\theta = \angle 1 + jwT = \tan^{-1} \omega T = \tan^{-1} 1 = 45°$

50. 다음 그림은 방향제어 밸브의 기호이다. 명칭으로 옳은 것은?

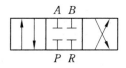

① 3포트 3위치 밸브
② 4포트 3위치 밸브
③ 3포트 4위치 밸브
④ 4포트 2위치 밸브

해설 사각형의 수는 밸브의 스위칭 수를 나타내며 밸브의 포트 표시는 짧은 선분을 사각형 박스의 외부에 나타내어 표기한다.

51. 유압펌프의 기계효율이 90%이고 용적효율이 90%일 경우 펌프의 전 효율(overall efficiency)은 얼마인가?

① 45%   ② 81%
③ 85%   ④ 90%

해설 $\eta =$기계효율×용적효율=90%×90%=81%

52. 완전한 진공을 '0'으로 하는 압력의 세기는?

① 최고압력   ② 평균압력
③ 절대압력   ④ 게이지압력

해설 • 절대압력 : 완전한 진공상태를 0으로 기준해서 측정한 압력
• 게이지압력 : 대기압상태를 0으로 기준해서 측정한 압력

53. 자동제어의 필요성으로 부적합한 것은?

① 생산속도의 상승
② 제품의 품질 균일화
③ 인건비 증가
④ 노동조건의 향상

해설 노동력의 감소 효과로 인하여 인건비의 절약 효과를 기대할 수 있다.

54. 다음 그림과 같이 결합된 2개의 전달 함수의 값 $G(s)$는?

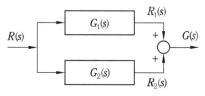

① $G(s) = G_1(s) \times G_2(s)$

② $G(s) = G_1(s) + G_2(s)$

③ $G(s) = G_2(s) \div G_1(s)$

④ $G(s) = G_1(s) \div G_2(s)$

해설 가합점 : $G(s) = G_1(s) + G_2(s)$

55. 어떤 제어계에 입력신호를 가한 다음 출력신호가 정상상태에 도달할 때까지를 무엇이라 하는가?

① 선형 상태　　② 과도 상태

③ 무동작 상태　　④ 안정 상태

해설 과도 상태 : 어떤 제어계에 입력신호를 가한 다음 출력신호가 정상상태에 도달할 때까지를 말한다.

56. 개회로 제어 시스템(open loop control system)을 적용하기에 적합하지 않은 제어계는?

① 외란 변수의 변화가 매우 작은 경우

② 여러 개의 외란 변수가 존재하는 경우

③ 외란 변수에 의한 영향이 무시할 정도로 작은 경우

④ 외란 변수의 특징과 영향을 확실히 알고 있는 경우

해설 개회로 시스템
- 장점 : 간단하고 저가이다.
- 단점 : 여러 개의 외란 변수가 존재하는 경우에 대해 정확한 제어가 불가능하고 정확성면에서 떨어진다.

57. 릴레이제어에 비해 PLC 제어의 특징을 설명한 것으로 틀린 것은?

① 제어 내용의 변경이 어렵다.

② 회로배선이 간소화된다.

③ 신뢰성이 향상된다.

④ 보수가 용이하다.

해설 릴레이제어와 PLC제어 비교

항 목	릴레이 제어	PLC 제어
동작의 빈번도	적은 경우에 사용한다.	많은 경우에 사용한다.
수명	수명이 짧다.	반영구적이다.
동작속도	늦으며 한계가 있다.(ms)	빠르다.(μs)
주위온도	온도 특성이 양호하다.	열에 약하며 보호대책이 필요하다.
환경조건	진동이나 충격에 약하다.	나쁜 환경에 잘 견딘다.
서지	전기적 노이즈에 안정하다.	약하며, 보호대책이 필요하다.
소비전력	많다.	적다.
작동 확인상태	용이하다.	테스터에 의한 점검을 할 수 있다.
제어장치의 외형	일반적으로 크다.	작아진다.
입·출력 수	독립된 다수의 출력을 동시에 얻을 수 있다.	다수 입력, 소수 출력에 용이하다.
가격	소규모에서 염가이다.	대규모에서 염가이다.
전원	별도 전원이 필요 없다.	별도 전원이 필요하다.

58. 주파수 응답에 주로 사용되는 입력은?

① 계단입력　　② 임펄스 입력

③ 램프입력　　④ 정현파 입력

해설
- 전달 함수의 입력신호 : 계단입력, 임펄스 입력, 램프입력, 포물선 입력
- 주파수 응답입력신호 : 정현파 입력, 여현파 입력

59. 유압 시스템에서 유압유의 선택 시 필요한 조건 중 틀린 것은?

① 확실한 동력을 전달하기 위하여 압축성일 것

② 녹이나 부식 발생이 없을 것

③ 화재의 위험이 없을 것

④ 수분을 쉽게 분리시킬 수 있을 것

해설 유압유는 확실한 동력을 전달하기 위하여 비압축성이어야 한다.

60. 압축공기를 공급하는 파이프 지름을 결정할 때 고려해야 할 항목이 아닌 것은?

① 압축공기 공급 유량

② 파이프 길이

③ 파이프 라인 내의 교축 효과를 주는 부속 요소의 양

④ 파이프 경사 각도

해설 파이프의 직경을 결정 : 파이프는 유량, 파이프 길이, 허용 가능한 압력강하, 작업압력, 파이프 라인 내의 교축에 의한 손실 등을 고려하여 선정한다.

제4과목 : 메카트로닉스

61. 역방향 항복에서 동작하도록 설계되어진 다이오드로서 전압 안정화 회로로 사용되는 것은?

① 제너 다이오드

② 쇼트키 다이오드

③ 가변용량 다이오드

④ 터널 다이오드

해설 • 제너 다이오드 : 일반적인 다이오드와 유사한 PN 접합 구조이나 다른 점은 매우 낮고 일정한 항복 전압 특성을 갖고 있어, 역방향으로 어느 일정값 이상의 항복 전압이 가해졌을 때 전류가 흐른다.

• 쇼트키 다이오드 : 반도체+금속으로 된 다이오드이며 일반 다이오드의 경우 문턱전압(threshold voltage)이 약 0.6~0.7 V(전류가 높은 경우 거의 1 V) 정도이다. 또 한 가지 문제는

전원을 끊었을 때도 내부에 남아 있는 소수캐리어에 의해 전원이 바로 끊어지지 않고 약간의 시간 동안 전류가 더 흐르는 현상이 발생. (역회복시간)

• 가변용량 다이오드 : 다이오드의 PN 접합에 형성되는 공핍역역이 인가전압에 의해 범위가 변화하는 것을 이용하여 가변 캐패시터 기능을 가지도록 만든 다이오드

• 터널 다이오드 : PN 접합 반도체에 불순물을 첨가해서 부성저항(전압이 높아지는데 전류가 감소하는 현상)이 발생하게 만든 다이오드

62. RL 병렬회로의 임피던스는?

① $\dfrac{R}{(R^2+X_L^2)}$ ② $\dfrac{X_L}{(R^2+X_L^2)}$

③ $X_L\sqrt{R^2+X_L^2}$ ④ $\dfrac{RX_L}{\sqrt{R^2+X_L^2}}$

해설 $Z=\dfrac{jRX_L}{R+jX_L}=\dfrac{RX_L}{\sqrt{R^2+X_L^2}}$

63. 지름이 100 mm의 공작물을 절삭 길이 25 mm, 회전속도 300 rpm, 이송속도 0.25 mm/rev으로 1회 가공할 때 소요되는 시간은 약 몇 초(s)인가?

① 10   ② 20   ③ 30   ④ 40

해설 위 문제는 공식에 대입하여 계산하기보다는 비례식으로 쉽게 계산하는 것이 좋다. 회전당 이송량이 정해졌기 때문에 분당 이송량을 먼저 계산한다.

분당 회전수가 300이므로 1분당(60초) 이송량은 $0.25 \times 300 = 75$ mm

$75 : 60 = 25$(절삭 길이) : 가공 소요시간(t초)이므로 $t = \dfrac{60 \times 25}{75} = 20$초(s)

64. 다이캐스팅 주조의 특징이 아닌 것은?

① 정밀도가 우수하다.

② 대량생산이 가능하다.

③ 기공이 적고 치밀하다.

④ 용융점이 높은 금속의 주조에 이용된다.

해설 다이캐스팅 주조(die casting)에서는 금형의 내열 강도를 고려하여 용융점이 낮은 금속의 주조에 이용된다.

65. 센서가 갖추어야 할 조건이 아닌 것은?

① 소비전력이 클 것

② 호환성이 좋을 것

③ 재현성, 안전성이 우수할 것

④ 검출하고자 하는 물리량에 따라 출력이 가급적 직선적일 것

해설 소비전력이 작을 것

66. 다음 회로의 출력 전압값으로 옳은 것은?

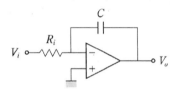

① $V_o = -\dfrac{1}{CR_i}\dfrac{dV_i}{dt}$

② $V_o = -CR_i\dfrac{dV_i}{dt}$

③ $V_o = -\dfrac{1}{CR_i}\int V_i dt$

④ $V_o = -CR_i\int V_i dt$

해설 적분회로

$$V_0 = -\frac{1}{CR_i}\int V_i dt$$

67. 수광부와 발광부가 대향 배치되어 있고, 그 사이에 물체가 들어가면 동작하게 되어 있는 포토 인터럽터의 특징으로 틀린 것은?

① 소형 경량이다.

② 고 신뢰성이 있다.

③ 저속 응답성이 있다.

④ 높은 정밀도를 갖는다.

해설 포토 인터럽터(photo interrupter)

• 물체의 통과를 검출하기 위하여 발광부와 수광부 사이에 공간을 노출시킨 광검출 소자이다. 자동화의 위치 결정용 및 광학식 엔코더에 사용되며 그 구조에 따라서 투과형과 반사형으로 나누어진다.

• 광센서의 특징을 갖추고 있다.(비접촉 신호전송, 고속 응답, 고감도, 소형 등)

68. 마이크로 컴퓨터를 이용한 제어장치에서 프로그램이나 데이터를 일시 저장할 수 있는 기억장치를 무엇이라고 하는가?

① CPU

② RAM

③ ROM

④ I/O 인터페이스

해설 • RAM(Random Access Memory) : 여기에 별도의 과정이나 하드웨어 없이 읽기와 기록을 모두 할 수 있는 메모리이다.

• ROM(Read-Only Memory) : 말 그대로 읽을 수만 있다.

69. 여러 개의 입·출력 주변장치 중 어느 장치로부터 인터럽트가 발생되었는지 CPU가 주변장치를 하나씩 순차로 점검하여 인터럽트를 요구한 장치를 찾아내는 방식은?

① 데이지 체인

② 벡터

③ 폴링

④ 핸드 세이킹

해설 폴링(polling) : 컴퓨터 또는 단말제어 장치 따위에서 여러 개의 단말 장치에 대하여 순차적으로 송신 요구의 유무를 문의하고, 요구가 있을 경우에는 그 단말 장치에 송신을 시작하도록 지령하며, 없을 때는 다음 단말 장치에 대하여 문의하는 전송제어 방식

70. 논리대수의 공식으로 틀린 것은?

① $A+B = B+A$

② $(A+B)+C = A+(B+C)$

③ $(A+B)\cdot B = A\cdot B$

④ $A+(B \cdot C)=(A+B) \cdot (A+C)$

해설 ・교환법칙 : $A+B=B+A$
・결합법칙 : $(A+B)+C=A+(B+C)$
・흡수법칙 : $A+B \cdot B=A$
・분배법칙 : $A+(B \cdot C)=(A+B) \cdot (A+C)$

71. RL 직렬회로에 인가되는 전압의 주파수가 감소하면 위상각은?

① 증가한다.
② 감소한다.
③ 변함없다.
④ 일정시간 증가 후 감소한다.

해설 RL직렬회로의 임피던스와 위상각 : 주파수가 감소하면 위상각은 감소한다.

72. 리액턴스의 설명으로 틀린 것은?

① 자체 인덕턴스가 클수록 유도 리액턴스 값은 커진다.
② 정전용량이 작아질수록 용량 리액턴스의 값은 커진다.
③ 교류전압의 주파수가 커질수록 용량 리액턴스의 값은 작아진다.
④ 교류전압의 주파수가 커질수록 유도 리액턴스의 값은 작아진다.

해설 ・유도 리액턴스
$X_L=jwL=2\pi fL$(자체 인덕턴스 L과 주파수에 비례)
・용량 리액턴스
$X_C=\dfrac{1}{jwC}=-j\dfrac{1}{wC}=-j\dfrac{1}{2\pi fC}$(정전용량과 주파수에 반비례)

73. PLC 사용 시 접지하는 목적에 해당하지 않는 것은?

① 누설 전류에 의한 감전을 방지한다.
② 센서부의 입력 신호를 증폭하여 명확히 한다.
③ PLC 제어반과 대지 간의 전위차를 '0'으로 한다.
④ 혼입한 잡음을 대지로 배제하여 잡음의 영향을 감소시킨다.

해설 ・입력부는 조작 스위치, 검출 스위치 등의 입력기기를 접속하여 CPU에 신호를 전달하는 PLC와 입력 기기의 인터페이스로 외부 신호와 CPU 내부 신호와의 전위차를 일치시켜 주는 일종의 컨버터라 할 수 있다.
・CPU의 입출력 제어부와 버스를 통하여 연결되고 통상 모듈화되어 필요한 만큼 확장이 가능하며, 사용 전압은 교류용으로 110V, 220V 직류용으로 5V, 12V, 24V, 48V가 사용된다. 그러나 CPU로 넘겨주는 최종 신호는 DC 5V이다.

74. 마이크로프로세서 내에서 산술 연산의 기본 연산은?

① 덧셈　　② 뺄셈
③ 곱셈　　④ 나눗셈

해설 마이크로프로세서 내에서 산술 연산의 기본 연산은 덧셈이다.

75. 10진수 0.6875를 2진수로 변환하면?

① $(0.1011)_2$　　② $(0.1111)_2$
③ $(0.1101)_2$　　④ $(0.1110)_2$

해설
```
   0.6875
 ×    2
  1.3750
 ×    2
  0.7500      (0.1011)₂
 ×    2
  1.5000
 ×    2
  1.0000
```

76. 서보 시스템에서 기준값과 실제값의 차를 무엇이라 하는가?

① 외란　　② 상대변수
③ 제어편차　　④ 레퍼런스

해설 제어편차 : 서보 시스템에서 기준값과 실제

값의 차이다.

77. AC 서보모터의 특징이 아닌 것은?

① 자극의 위치 검출이 필요 없다.
② 브러시가 없기 때문에 보수가 용이하다.
③ 코일이 스테이터에 있기 때문에 방열성이 좋다.
④ 정류한계가 없기 때문에 고속 회전 시 높은 토크가 가능하다.

해설 서보전동기의 종류와 특징(유도형 서보전동기)

분류	종류	장점	단점
DC	DC 서보 전동기	• 기동 토크가 크다. • 크기에 비해 큰 토크 발생한다. • 효율이 높다. • 제어성이 높다. • 속도제어 범위가 넓다. • 비교적 가격이 싸다.	• 브러시 마찰로 기계적 손상이 크다. • 브러시의 보수가 필요하다. • 접촉부의 신뢰성이 떨어진다. • 브러시에 의해 노이즈가 발생한다. • 정류 한계가 있다. • 사용 환경에 제한이 있다. • 방열이 나쁘다.
AC	동기형 서보 전동기	• 브러시가 없어 보수가 용이하다. • 내 환경성이 높다. • 정류에 한계가 없다. • 신뢰성이 높다. • 고속, 고 토크 이용 가능하다. • 방열이 좋다.	• 시스템이 복잡하고 고가이다. • 전기적 시정수가 크다. • 회전 검출기가 필요하다.
	유도형 서보 전동기	• 브러시가 없어 보수가 용이하다. • 내환경성이 좋다. • 정류에 한계가 없다. • 자석을 사용하지 않는다. • 고속, 고 토크 이용 가능하다. • 방열이 좋다. • 회전 검출기가 불필요하다.	• 시스템이 복잡하고 고가이다. • 전기적 시정수가 크다.

78. 서로 다른 2종류의 금속 양끝을 접합하고 양 접점 간의 온도차에 의해 발생되는 열기전력을 이용하여 온도를 측정하는 것은?

① 열전쌍 　　　　② 서미스터
③ 압전 센서 　　　④ 측온저항체

해설 • 열전쌍(themocouple) : 서로 다른 금속선 양끝을 맞붙여서 온도차가 발생했을 때 열기전력이 측정되는 원리로, 이는 지백효과(seeback)라 한다.
• 서미스터(thermistor) : 반도체 소자로서 온도가 증가하면 저항값이 감소한다.
• 측온저항체(RTD) : 주로 백금을 이용하는 금속체로서 온도가 증가하면 저항이 증가하며 온도 직선성이 우수하다.

79. 고정자 측에 영구자석을 배치하여 공극부에 직류 바이어스 자계를 발생시켜 제어하는 스테핑 모터는?

① 가변 릴럭턴스형 　② 반영구 자석형
③ 영구 자석형 　　　④ 하이브리드형

해설 • 가변 릴렉턴스(VR)형 : 회전자가 자력선의 통로가 되면서 지력(흡인력)을 발생시키는 원리
• 영구자석(PM)형 : 로터(회전자)에 영구자석을 사용한 것
• 하이브리드(hybrid)형 : 영구자석형과 가변 릴렉턴스형 모터원리를 절충한 방식으로 고정자 측에 영구자석을 배치하여 공극부에 직류 바이어스 자계를 발생시켜 제어

80. 다음 논리회로를 간략화한 식으로 옳은 것은?

① $Y = A + B$ 　　　② $Y = A$
③ $Y = B$ 　　　　　④ $Y = AB$

해설 논리식의 간략화
$$Y = A + A \cdot B = A(1 + B) = A \cdot 1 = A$$

생산자동화산업기사 필기

2015년

출제문제

2015년 3월 8일 시행

자격종목 및 등급(선택분야)	종목코드	시험시간	문제지형별	수검번호	성 명
생산자동화산업기사	2034	2시간	A		

제1과목 : 기계가공법 및 안전관리

1. 드릴링 머신에서 회전수 160 rpm 절삭 속도 15 m/min일 때, 드릴 지름(mm)은 약 얼마인가?

① 29.8 ② 35.1 ③ 39.5 ④ 15.4

해설 $V = \dfrac{\pi DN}{1,000}$ 의 공식을 적용한다.

$D = \dfrac{1,000\,V}{\pi N} = \dfrac{1,000 \times 15}{3.14 \times 160} = 29.8\,\text{mm}$

2. 재해 원인별 분류에서 인적원인(불안전한 행동)에 의한 것으로 옳은 것은?

① 불충분한 지지 또는 방호
② 작업장소의 밀집
③ 가동 중인 장치를 정비
④ 결함이 있는 공구 및 장치

해설 가동 중인 상태에서 기계나 장치는 절대적으로 정비해서는 안 된다.

3. 중량물의 내면 연삭에 주로 사용되는 연삭 방법은?

① 트래버스 연삭 ② 플랜지 연삭
③ 만능 연삭 ④ 플래니터리 연삭

해설 내면연삭 방식 : 유성형(planetary type), 보통형(conventional type), 센터리스형(centerless type)이 있다.
• 유성형(planetary type) : 중량물의 내면 연삭에 주로 사용한다.
• 보통형(conventional type) : 가공물이 소형일 때 적합하다.
• 센터리스형(centerless type) : 소형가공물 대량생산일 때 적합하다.

4. 블록 게이지의 부속 부품이 아닌 것은?

① 홀더 ② 스크레이퍼
③ 스크라이버 포인트 ④ 베이스 블록

해설 스크레이퍼(scraper) : 공작기계로 가공된 평면, 원통면을 수기 공구인 스크레이퍼로 더욱 정밀하게 다듬질하는 가공을 스크레이핑(scraping)이라 한다.

5. 목재, 피혁, 직물 등 탄성이 있는 재료로 바퀴 표면에 부착시킨 미세한 연삭 입자로서 버핑하기 전 가공물 표면을 다듬질하는 가공 방법은?

① 폴리싱 ② 롤러가공
③ 버니싱 ④ 숏 피닝

해설 • 폴리싱(polishing) : 목재, 피혁, 직물 등 탄성이 있는 재료로 바퀴 표면에 부착시킨 미세한 연삭 입자로서 버핑하기 전 가공물 표면을 다듬질하는 가공 방법이다.
• 롤러(roller)가공 : 절삭 공구의 이송 자국, 뜯긴 자국 등의 표면을 롤러를 이용, 매끄럽게 가공하는 방법이다.
• 버니싱(burnihing) : 1차로 가공된 가공물의 안지름보다 다소 큰 강철 볼(ball)을 압입하여 통과시켜서 표면을 소성 변형시켜 가공하는 방법이다.

정답 1. ① 2. ③ 3. ④ 4. ② 5. ①

• 숏 피닝(shot-peening) : 미세한 강철 볼(shot)을 압축공기나 원심력을 이용하여 가공물의 표면에 분사시켜, 가공물의 표면을 다듬질하고 피로강도 및 기계적 성질을 개선한다.

6. 특정한 제품을 대량 생산할 때 적합하지만, 사용범위가 한정되며 구조가 간단한 공작기계는?

① 범용 공작기계　　② 전용 공작기계
③ 단능 공작기계　　④ 만능 공작기계

해설 • 범용 공작기계 : 기능이 다양하고, 절삭 및 이송속도의 범위도 크기 때문에, 제품에 맞추어 절삭 조건을 선정할 수 있다.
• 전용 공작기계 : 특정한 제품을 대량 생산할 때 적합하지만, 사용범위가 한정되며 구조가 간단하다.
• 단능 공작기계 : 단순한 기능의 공작기계로서 한 가지 공정만이 가능하여, 생산성과 능률은 매우 높으나, 융통성이 없다.
• 만능 공작기계 : 여러 종류의 공작기계에서 할 수 있는 가공을 1대의 공작기계에서 가능하도록 제작한 공작기계이다.

7. 중량가공물을 가공하기 위한 대형 밀링머신으로 플레이너와 유사한 구조로 되어 있는 것은?

① 수직 밀링머신　　② 수평 밀링머신
③ 플레이노 밀러　　④ 회전 밀러

해설 플레이노 밀러(plano miller)
• 플레이너형 밀링머신이라고 한다.
• 중량가공물을 가공하기 위한 대형 밀링머신이다.

8. 분할대에서 분할 크랭크 핸들을 1회전하면 스핀들은 몇 도(°) 회전하는가?

① 36°　② 27°　③ 18°　④ 9°

해설 • 분할대에서 분할 크랭크 핸들을 40회전하면 스핀들은 1회전(360°)한다.
• 비례식으로 풀면, 40회전 : 360°=1회전 : 회전 각도이므로
• 회전각도 $=\dfrac{360}{40}=9°$

9. 가공물을 절삭할 때 발생되는 칩의 형태에 미치는 영향이 가장 적은 것은?

① 공작물의 재질　　② 절삭 속도
③ 윤활유　　　　　④ 공구의 모양

해설 칩(chip)의 형태는 공작물의 재질, 절삭 속도, 공구의 모양, 절삭 깊이 등의 절삭 조건에 따라 달라진다.

10. 지름이 100 mm인 가공물에 리드 600 mm의 오른나사 헬리컬 홈을 깎고자 한다. 테이블 이송 나사의 피치가 10 mm인 밀링머신에서 테이블 선회각을 tanα로 나타낼 때 옳은 것은?

① 31.41　② 1.90　③ 0.03　④ 0.52

해설 원주 πd와 리드 L을 직각 삼각형으로 하면 L과 헬리컬 각도 α 사이에는 $L=\dfrac{\pi D}{\tan\alpha}$ 식이 성립한다.
$$\therefore \tan\alpha=\frac{\pi D}{L}=\frac{3.14\times100}{600}=0.52$$

11. 수준기에서 1눈금의 길이를 2 mm로 하고, 1눈금이 각도 5″(초)를 나타내는 기포관의 곡률반지름은?

① 7.26 m　　　② 72.6 m
③ 8.23 m　　　④ 82.5 m

해설 $L=R\cdot\theta$ [L : 1눈금 길이, R : 곡률반지름, θ : 기울어진 각도(radian)]이므로
$R=\dfrac{L}{\theta}$, 여기서 $1°=60'$ (분), $1'=60''$ (초)이므로 $50''$ (초)는 $\dfrac{5°}{3600}$
$$\frac{5°}{3,600}=\frac{5}{3,600}\times\frac{\pi}{180}\,\text{rad}=0.0000242\,\text{rad}$$
$$\therefore R=\frac{0.002}{0.0000242}=82.5$$

12. 연삭숫돌 바퀴의 구성 3요소에 속하지 않는 것은?

① 숫돌입자　　　　② 결합제

③ 조직   ④ 기공

해설 • 연삭숫돌 바퀴의 구성 3요소 : 숫돌입자 (grain), 결합제(bond), 기공(pore)
• 연삭숫돌 바퀴의 구성 5요소 : 숫돌입자, 입도 (grain size), 결합제(bond), 결합도(grade), 조직(structure)

13. 선반가공에서 양 센터작업에 사용되는 부속품이 아닌 것은?

① 돌림판   ② 돌리개
③ 맨드릴   ④ 브로치

해설 • 브로치(broach) : 브로칭 가공에 사용되는 공구를 말한다.
• 브로칭(broaching) : 가늘고 긴 일정한 단면을 가진 브로치 공구를 사용가공물의 내면이나 외경에 필요한 형상을 가공한다.

14. −18 μm의 오차가 있는 블록 게이지에 다이얼 게이지를 영점 세팅하여 공작물을 측정하였더니 측정값이 46.78 mm이었다면 참값(mm)은?

① 46.960   ② 46.798
③ 46.762   ④ 46.603

해설 • 오차＝측정값−참값
• 참값＝측정값−오차＝46.78−(−0.018) ＝46.96

15. 공작기계에서 절삭을 위한 세 가지 기본 운동에 속하지 않는 것은?

① 절삭 운동   ② 이송 운동
③ 회전 운동   ④ 위치 조정 운동

해설 공작기계에서 절삭을 위한 3가지 기본 운동
• 절삭 운동(cutting motion)
• 이송 운동(feed motion)
• 위치 조정 운동(positioning motion)

16. 지름 50 mm인 연삭숫돌을 7,000 rpm으로 회

전시키는 연삭작업에서, 지름 100 mm인 가공물을 연삭숫돌과 반대방향으로 100 rpm으로 원통연삭할 때 접촉점에서 연삭의 상대속도는 약 몇 m/min인가?

① 931   ② 1,099
③ 1,131   ④ 1,161

해설 접촉점에서 연삭의 상대속도(V)＝연삭숫돌의 원주속도(V_1)＋가공물의 원주속도(V_2)이므로

$$V = \frac{\pi \times 50 \times 7,000}{1,000} + \frac{\pi \times 100 \times 100}{1,000} = 1,131$$

17. 게이지 종류에 대한 설명 중 틀린 것은?

① Pitch 게이지 : 나사 피치 측정
② Thickness 게이지 : 미세한 간격(두께) 측정
③ Radius 게이지 : 기울기 측정
④ Center 게이지 : 선반의 나사 바이트 각도 측정

해설 Radius 게이지 : 곡면의 반지름 둥글기를 측정한다.

18. 선반에서 나사가공을 위한 분할너트(half nut)는 어느 부분에 부착되어 사용하는가?

① 주축대   ② 심압대
③ 왕복대   ④ 베드

해설 왕복대(carriage) : 선반에서 나사가공을 위한 분할너트(half nut 또는 split nut)는 왕복대에 설치되어 사용된다.

19. 절삭 온도와 절삭 조건에 관한 내용으로 틀린 것은?

① 절삭 속도를 증대하면 절삭 온도는 상승한다.
② 칩의 두께를 크게 하면 절삭 온도가 상승한다.
③ 절삭 온도는 열팽창 때문에 공작물가공치수에 영향을 준다.
④ 열전도율 및 비열값이 작은 재료가 일반

적으로 절삭이 용이하다.

해설 • 절삭 온도의 상승은 공구의 수명을 감소시키는 원인이 된다.
• 공구의 마모가 발생하면 절삭 저항이 증가한다.
• 열전도율 및 비열값이 작은 재료가 일반적으로 절삭 상태가 불량하다.

20. 표준 맨드릴(mandrel)의 테이퍼값으로 적합한 것은?

① $\dfrac{1}{10} \sim \dfrac{1}{20}$ 정도

② $\dfrac{1}{50} \sim \dfrac{1}{100}$ 정도

③ $\dfrac{1}{100} \sim \dfrac{1}{1,000}$ 정도

④ $\dfrac{1}{200} \sim \dfrac{1}{400}$ 정도

해설 맨드릴 : 구멍과 바깥지름이 동심원이고, 직각이 필요한 경우에 구멍을 먼저 가공하고 구멍에 맨드릴을 끼워 양 센터로 지지하여 바깥지름과 측면을 가공한다.

∴ 표준 맨드릴의 테이퍼 값 $= \dfrac{1}{100} \sim \dfrac{1}{1000}$

제2과목 : 기계제도 및 기초공학

21. 그림과 같이 나사 표시가 있을 때 옳은 것은?

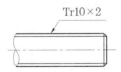

① 볼나사 호칭 지름 10 inch
② 둥근나사 호칭 지름 10 mm
③ 미터 사다리꼴 나사 호칭 지름 10 mm
④ 관용 테이퍼 수나사 호칭 지름 10 mm

해설 • 미터 사다리꼴 나사 : ZTr
• 29° 사다리꼴 나사 : TW

• 관용 테이퍼 수나사 : R
• 관용 테이퍼 암나사 : Rc

22. 재료 기호 'STC'가 나타내는 것은?

① 일반 구조용 압연 강재
② 기계 구조용 탄소 강재
③ 탄소 공구강 강재
④ 합금 공구강 강재

해설 • 탄소 공구강 강재 : STC
• 일반 구조용 압연 강재 : SS
• 기계 구조용 탄소 강재 : SM
• 합금 공구강 강재 : STS

23. 다음과 같은 간략도의 전체를 표현한 것으로 가장 적합한 것은?

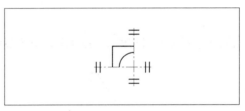

① 　②

③ 　④

24. 스크레이핑가공기호는?

① FS　　　　② FSU
③ CS　　　　④ FSD

해설 • 스크레이핑 : FS　　• 줄 다듬질 : FF
• 래핑 : GL　　　　• 리밍 : FR

25. 다음과 같이 3각법에 의한 투상도에서 누락된 정면도로 옳은 것은?

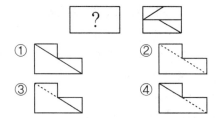

26. 크롬 몰리브덴 강재의 KS 재료 기호는?

① SMn   ② SMnC

③ SCr   ④ SCM

(해설) • SCM : 크롬 몰리브덴 강재
 • SCr : 크롬 강재

27. 표면의 결 도시 방법의 기호 설명이 옳은 것은?

① d : 가공 방법

② g : 기준 길이

③ b : 줄무늬 방향 기호

④ f : Ra 이외의 표면거칠기값

(해설) f : 산술 평균거칠기 이외의 표면거칠기값

28. 구멍의 치수 $\phi 50^{+0.03}_{-0.01}$, 축의 치수는 $\phi 50^{+0.01}_{0}$ 일 때, 최대 틈새는 얼마인가?

① 0.04   ② 0.03

③ 0.02   ④ 0.01

(해설) • 최대 틈새 : 헐거운 끼워맞춤 또는 중간 끼워맞춤에서 구멍의 최대 허용치수와 축의 최소 허용치수와의 차를 말한다.
 • 최대 틈새 = 50.03 - 50 = 0.03

29. 다음 중 도면의 내용에 따른 분류가 아닌 것은?

① 부품도   ② 전개도

③ 조립도   ④ 부분조립도

(해설) • 내용에 따른 분류 : : 부품도, 조립도, 부분조립도, 기초도 등
 • 표현 형식에 따른 분류 : 전개도, 곡선면도, 외관도 등
 • 용도에 따른 분류 : 계획도, 제작도, 주문도 등

30. 구름 베어링 기호 중 안지름이 10 mm인 것은?

① 7,000   ② 7,001   ③ 7,002   ④ 7,010

(해설) 00 : 안지름 10 mm, 01 : 안지름 12 mm, 02 : 안지름 15 mm, 03 : 안지름 17 mm
안지름 번호가 04 이상인 것은 이수치를 5배하면 안지름이 된다.

31. 그림과 같이 100 N의 물체를 단면적 5 mm²의 강선으로 매달았을 때 AB쪽에 발생하는 장력(F_1)과 응력의 크기는?

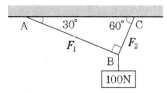

① $50\sqrt{3}$ N, $10\sqrt{3}$ N/mm²

② $55\sqrt{3}$ N, 15 N/mm²

③ 50 N, 10 N/mm²

④ 50 N, 10 N/mm²

(해설) 라미의 정리(lami's theory)를 적용한다.

$$\frac{F_1}{\sin\theta_1} = \frac{F_2}{\sin\theta_2} = \frac{F_3}{\sin\theta_3} \text{에서} \frac{F_1}{\sin150°} = \frac{100}{\sin90°}$$

이므로 $F_1 = \dfrac{100 \times \sin150°}{\sin90°} = 50$ N

$$\therefore \text{응력} = \frac{P}{A} = \frac{50}{5} = 10 \text{ N/mm}^2$$

32. 전기난로에 니크롬선이 병렬로 두 개 들어 있

다. 한 개를 켤 때에 비해 두 개를 켤 때 이 전기 난로의 전체 저항은 몇 배가 되는가?

① 2배   ② 1배

③ $\frac{1}{2}$ 배   ④ $\frac{1}{4}$ 배

해설 • 전기 저항 $R[\Omega]$은 도체의 길이(l)에 비례하고 단면적(A)에 반비례한다.

• $R = \rho \dfrac{l}{A}$, 즉 병렬이므로 면적이 2배이므로 전체 저항값은 $\dfrac{1}{2}$ 배가 된다.

33. 1 erg 의 일이란?

① 1 N의 힘이 작용하여 물체를 힘의 방향으로 1 m 변위시키는 일
② 1 N의 힘이 작용하여 물체를 힘의 방향으로 1 cm 변위시키는 일
③ 1 dyn의 힘이 작용하여 물체를 힘의 방향으로 1 m 변위시키는 일
④ 1 dyn의 힘이 작용하여 물체를 힘의 방향으로 1 cm 변위시키는 일

해설 1 erg : 1 dyn의 힘이 작용하여 물체를 힘의 방향으로 1 cm 변화시키는 일을 말한다.

34. 바하(bach)의 축 공식에서 연강축의 길이 1 m 당 비틀림 각은 몇 도 이내로 제한하는가?

① $\frac{1}{4}$ ② $\frac{1}{6}$

③ $\frac{1}{8}$ ④ $\frac{1}{10}$

해설 바하의 축 공식에서 연강축의 길이 1 m당 비틀림 각은 $\dfrac{1}{4}$ 도 이내로 제한한다.

35. 유압실린더의 원리는?

① 뉴턴의 법칙   ② 아베의 원리
③ 파스칼의 원리   ④ 베르누이의 법칙

해설 파스칼의 원리(pascal' principle) : 유체압

력 전달원리라고 하며 유체역학에서 폐관 속의 비압축성 유체의 어느 한 부분에 가해진 압력의 변화가 유체의 다른 부분에 그대로 전달된다는 원리이다.

36. 400 W의 전기 밥솥을 하루에 2시간씩 30일간 사용한 경우 소비되는 전력량 kWh은?

① 12   ② 24   ③ 36   ④ 48

해설 전력량(Wh) = 400 W × 2 × 30
                = 24,000 Wh = 2.4 kWh

37. 전류의 단위가 A와 같은 것은?(단, C 는 쿨롱, J 는 줄, Ω은 저항, s 는 시간, m은 거리를 표시하는 단위이다.)

① J/s   ② J/C
③ C/s   ④ $\Omega \cdot$ m

해설 전류 1 A는 1초(s) 동안에 1쿨롱(C)의 전기량이 흐르는 것을 말한다.
A와 같으므로 C/s

38. 축의 굽힘 모멘트(M)에 대한 설명으로 틀린 것은?

① 굽힘 모멘트는 축의 단면계수에 비례한다.
② 굽힘 모멘트는 축의 허용 굽힘응력에 비례한다.
③ 굽힘 모멘트는 축 지름의 세제곱에 비례한다.
④ 굽힘 모멘트는 무차원 단위를 갖는다.

해설 굽힘 모멘트(bending moment) : 2차원 단위를 갖는다.

39. 한 변의 길이가 6인 정삼각형의 넓이는?

① $3\sqrt{3}$ ② $6\sqrt{3}$
③ $9\sqrt{3}$ ④ $12\sqrt{3}$

해설 삼각형의 넓이(s) = $\dfrac{밑변 \times 높이}{2}$

정답   33. ④   34. ①   35. ③   36. ②   37. ③   38. ④   39. ③

$$높이(h) = 6 \times \sin 60° = 3\sqrt{3} \text{ 이므로}$$

$$넓이(s) = \frac{6 \times 3\sqrt{3}}{2} = 9\sqrt{3}$$

40. 두 자동차 A, B가 직선 도로상에서 각각 30 km/h, 40 km/h의 일정한 속력으로 같은 남쪽 방향으로 달리고 있다. 자동차 B에서 본 자동차 A의 상대속도의 크기와 방향은?

① 10 km/h, 남쪽　② 10 km/h, 북쪽

③ 30 km/h, 남쪽　④ 30 km/h, 북쪽

해설 • 상대속도 $V = V_A - V_B = 30 - 40$

$$= -10 \text{ km/h} \uparrow$$

• 속도에서 ↑는 남쪽이며, ↓는 북쪽을 나타낸다.

• -10 km/h ↑ $= 10$ km/h ↓ 이므로 10 km/h, 북쪽을 말한다.

제3과목 : 자동제어

41. 제어신호 흐름선도 용어 중에서 밖으로 향하는 가지만 가진 것은?

① 경로　　　　② 출력마디

③ 입력마디　　④ 혼합마디

해설 • 경로(path) : 동일한 진행 방향을 가진 연결 가지의 집합, 한 절을 두 번 거치면 안 된다.

• 출력 마디(out put node) : 들어오는 가지만 있고 밖으로 나가는 가지는 없는 마디를 말한다.

• 입력 마디(in put node) : 밖으로 나가는 가지만 있고 돌아오는 가지가 없는 절이다.

42. PLC 프로그램 로더의 주요 기능이 아닌 것은?

① 프로그램 입력

② 전원 안정화

③ 프로그램 모니터링

④ 프로그램 편집

해설 프로그램 로더

• 그래픽 로드 : 프로그램 작성용 전용 소프트웨어로, 프로그램의 입력, 수정, 편집, 모니터링의 구현

• 핸드 로더 : 니모닉 기호 프로그램의 입력, 수정, 편집, 모니터링 기능

43. 라플라스 변환의 특징이 아닌 것은?

① 시간 영역에서 해석을 쉽게 한다.

② 미분방정식을 선형 방정식화한다.

③ 주파수 영역에 대한 해석을 쉽게 한다.

④ 선형 시불변 미분방정식의 해를 구하는 데 사용할 수 있다.

해설 라플라스 변환 : 주파수 영역 해석법을 위한 필수적인 라플라스 변환법이 유용

44. 다음 중 연속회전용 유압모터가 아닌 것은?

① 제어모터　　　② 베인모터

③ 요동모터　　　④ 회전피스톤 모터

해설 유압 액추에이터

• 연속적으로 회전하는 유압모터(기어모터, 베인모터, 회전피스톤 모터)

• 제한 운동(직선 왕복 운동)을 하는 진동 유압모터 또는 요동형 모터

45. 자동창고의 구성요소 중 다음 설명에 해당되는 것은?

> "입고 스테이션(station)에서 컴퓨터로부터 입고 명령을 받아 물건을 일정한 선반 위에 적재하고, 또한 출고 명령을 받아 출고 스테이션에 하역하는 기능을 가지고 있다."

① 랙(rack)

② 컨베이어(conveyor)

③ 컨트롤러(controller)

④ 스태커 크레인(stacker crane)

해설 자동창고 시스템의 구성요소

• 저장 랙(storage rack) : 하물을 저장하는 셀들로 구성

- 스태커 크레인(S/C) : 저장 및 불출 기계(S/R machine)
- 입출고 지점(I/O point)
- 컨베이어
- 지게차, 입출하 장비와 제어장치 및 컴퓨터

46. 퍼지 제어의 특징이 아닌 것은?

① 추론에 의한 인간의 판단에 가까운 제어가 가능하다.

② 많은 관측치를 입력하여 조작량을 얻어낼 수 있다.

③ PID와 같은 선형제어가 연산의 근본이다.

④ 외란에 강하다.

> **해설** 퍼지 논리는 의미적으로 막연한 개념들을 취급하는 퍼지 집합론과 막연한 성질을 판단 및 전개할 수 있는 퍼지 측도로 구성한다. 퍼지 제어는 임의의 복잡한 비선형 시스템을 모델링한다.

47. 시간 함수 $V(t) = Ri(t) + L\dfrac{di}{dt}(t) + \dfrac{1}{C}$ $\int i(t)dt$를 라플라스 함수로 변환한 식으로 옳은 것은?

① $V(s) = RI(s) + sLI(s) + \dfrac{1}{sC}I(s)$

② $V(s) = \dfrac{1}{R}I(s) + sLI(s) + \dfrac{1}{sC}I(s)$

③ $V(s) = RI(s) + \dfrac{1}{sL}I(s) + sCI(s)$

④ $V(s) = \dfrac{1}{R}I(s) + \dfrac{1}{sL}I(s) + sCI(s)$

> **해설** $V(s) = RI(s) + sLI(s) + \dfrac{1}{sC}I(s)$

48. 물체의 위치, 각도, 자세 등의 변위를 제어량으로 하는 제어 방식은?

① 서보제어
② 자동조정
③ 추종제어
④ 프로그램 제어

> **해설** 제어량의 성질에 의한 분류
> - 공정제어(process control)
>   〈제어량〉 온도, 유량, 압력, 액위, 밀도, PH, 점도
> - 서보기구
>   〈제어량〉 물체의 위치, 방위, 자세
>   〈용 도〉 비행기, 선박의 항법제어 시스템, 미사일 발사대의 자동위치제어 시스템, 자동조타장치, 추적용레이더, 공작기계, 자동평형기록계
> - 자동조정 : 부하에 관계없이 출력을 일정하게 유지
>   〈제어량〉 전압, 전류, 주파수, 회전속도
>   〈용 도〉 정전압장치, 발전기의 조속기, 자동전원 조정장치

49. 유압밸브에서 온도가 변화하면 오일의 점도가 변화하여 유량이 변하게 된다. 이때 유량변화를 막기 위하여 열팽창률이 높은 금속 봉을 이용하여 오리피스 개구 넓이를 작게 함으로써 유량변화를 보정하는 밸브는?

① 감압밸브
② 셔틀밸브
③ 스로틀 체크밸브
④ 압력 온도 보상형 유량조정밸브

> **해설**
> - 감압밸브 : 유압회로에서 어떤 부분 회로의 압력을 주회로의 압력보다 저압으로 해서 사용
> - 스로틀 체크밸브 : 핸들을 조작하여 밸브 안의 스풀을 미소 유량으로 움직임으로써 대유량까지 조절하는 밸브이며, 한쪽 방향으로의 흐름을 제어하고 역방향의 흐름은 제어 불가
> - 유량조절밸브(압력보상) : 입력보상 기구를 내장하고 있으므로 압력의 변동에 의하여 유량이 변동되지 않도록 회로에 흐르는 유량을 항상 일정하게 자동적으로 유지

50. 제어량을 어떤 일정한 목표값으로 유지하는 것을 목적으로 하는 장치제어에 속하지 않는 것은?

① 주파수 제어
② 발전기의 조속기

③ 자동전압 조정장치

④ 잉크젯 프린터 헤드 위치제어

해설 정치제어(constant value control) : 목표값이 시간에 대하여 변화하지 않는 제어로서 프로세스 제어, 자동조정(전압, 전류, 주파수, 회전속도)이 있고, 용도는 정전압장치, 발전기의 조속기, 자동전원 조정장치에 사용된다.

51. 1차 지연요소를 나타내는 전달 함수는?

① $1 + sT$ ② K/s

③ Ks ④ $K(1 + sT)$

해설 전달 함수
- 비례요소 $G(s) = K$
- 미분요소 $G(s) = Ks$
- 적분요소 $G(s) = \dfrac{1}{As}$
- 1차 지연요소 $G(s) = \dfrac{K}{1 + Ts}$
- 2차 지연요소 $G(s) = \dfrac{K}{(1 + T_1 s)(1 + T_2 s)}$

52. 드 모르간 정리가 틀린 것은?

① $\overline{A + B} = \overline{A} \cdot \overline{B}$

② $\overline{A \cdot B} = \overline{A} + \overline{B}$

③ $\overline{\overline{A} + \overline{B}} = A \cdot B$

④ $\overline{A + B} = \overline{A} + \overline{B}$

해설 $\overline{A + B} = \overline{\overline{A}} \cdot \overline{\overline{B}} = A \cdot B$

53. 피드백 제어계의 특징으로 적합하지 않은 것은?

① 외부조건 변화에 대한 영향력을 줄일 수 있다.

② Open loop 제어에 비해 정확성이 낮다.

③ 출력값을 제어에 활용한다.

④ 제어 시스템의 구성이 복잡해진다.

해설 피드백 제어계 또는 Closed loop 제어계는 Open loop 제어계에 비해서 정확성이 높다. 출력값을 제어의 입력으로 활용하기에 제어 시스템의 구성이 복잡해지고 외부 조건 변화에 대해 영향력을 줄일 수 있다.

54. 그림과 같이 전달 함수가 직렬로 결합되어 있을 때 하나의 등가전달 함수로 변환할 수 있다. 이를 옳게 표현한 것은?

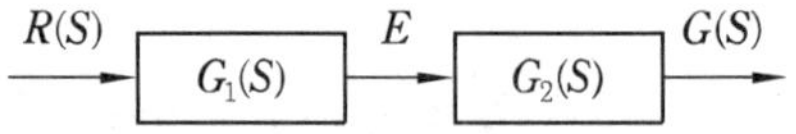

① $G(S) = G_1(S) \cdot G_2(S)$

② $G(S) = G_1(S) + G_2(S)$

③ $G(S) = G_1(S) - G_2(S)$

④ $G(S) = [G_1(S) \cdot G_2(S)] / R(S)$

해설 블록선도에서 전달요소가 직렬로 결합되어 있을 경우 전달요소를 서로 곱해서 표기한다.

55. 전달함수 $G(s) = \dfrac{1}{(S + 2)^2}$ 에서 $W = 10$ rad/s 에서의 Bode 선도의 기울기(dB/dec)는?

① -40 ② -20

③ 0 ④ 20

해설 $G(s) = \dfrac{1}{(s + 2)^2} = \dfrac{1}{s^2 + 4s + 4}$

$= \dfrac{1}{(jw)^2 + 4jw + 4}$

$= \dfrac{1}{-100 + 40j + 4} = \dfrac{1}{-96 + 40j}$

$|G(s)| = \left| \dfrac{1}{-96 + 40j} \right| = \dfrac{1}{\sqrt{(-96)^2 + (40j)^2}}$

$= \dfrac{1}{\sqrt{9,216 - 1,600}} = \dfrac{1}{\sqrt{7,616}}$

이득 $20 \log |G(s)| = -\dfrac{1}{2} \times 20 \log(7,616)$

$= -38.8$ dB

56. PLC 메모리부에 대한 설명으로 틀린 것은?

---

① 사용자 프로그램은 RAM에 보존된다.

② RAM 영역의 정보를 전지로 보존할 수 있다.

③ EP ROM에 쓰기(write)된 프로그램은 소거할 수 없다.

④ PLC를 동작시키는 시스템 프로그램은 ROM에 존재한다.

해설 • EPROM(Erasable Programmable ROM) : 기록과 소거가 가능, ROM 소거기를 사용하여 창 위에 자외선 10~20분 정도 조사
• ROM(Read Only Memory) : 읽기 전용으로 메모리 내용 변경불가
• RAM(Random Access Memory) : 메모리에 정보를 수시로 읽고 쓰기가 가능, 정보를 일시적으로 저장하는 용도

57. 서보모터의 특징이 아닌 것은?

① 제어회로가 간단하다.

② 정·역회전이 자유롭다.

③ 신속한 정지가 가능하다.

④ 속도, 위치제어가 가능하다.

해설 서보모터는 일반적인 모터(원형으로 빙빙 돌기만 함)와는 달리 움직임을 지정하면 제어계측회로에 의해 정확하게 움직일 수 있는 모터이며 제어회로가 복잡하다.

58. 다음 블록선도에서 $C(S)$는?

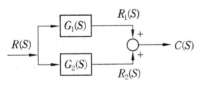

① $C(S) = C_1(S) + C_2(S)$

② $C(S) = C_1(S) \cdot C_2(S)$

③ $C(S) = [C_1(S) \cdot C_2(S)]R(S)$

④ $C(S) = [C_1(S) + C_2(S)]R(S)$

해설 블록선도에서 전달요소가 직렬로 위치한 경우 전달요소 간 곱셈으로 구성하고 병렬은 덧셈으로 구성한다.

59. UART를 이용한 데이터의 직렬(serial) 전송을 구성하기 위한 세트에 포함되지 않는 것은?

① 스톱　　　　　② 체크

③ 스타트　　　　④ 패리티

해설 UART(Universal Asynchronous Receiver/Transmitter)
• 전송거리가 짧고, 잡음에 약하지만, 필요한 배선수가 적고 간단하다는 이점 때문에 데이터 전송 표준으로 많이 사용하고 있다.
• 기본적인 구성은 ① Baud Rate, ② Parity, ③ Stop Bit, ④ Data Bit로 되어 있다.

60. 공기압 실린더나 각종 제어 밸브가 원활히 작동할 수 있도록 윤활유를 공급해 주는 장치는?

① 압력 조절기(regulator)

② 윤활기(lubricator)

③ 공기 건조기(air dryer)

④ 압력 제어기(controller)

해설 윤활기는 Venturi 원리에 의해 작동되며 공압 기기에 충분한 윤활제를 공급해서 움직이는 부분의 마모를 적게 하고 마찰력을 감소시키며 장치의 부식을 방지한다.

제4과목 : 메카트로닉스

---

61. 게이지 블록으로 치수 조합하는 방법을 설명한 것으로 틀린 것은?

① 조합의 개수를 최소로 한다.

② 정해진 치수를 고를 때는 맨 끝자리부터 고른다.

③ 소수점 아래 첫째자리 숫자가 5보다 큰 경우 5를 뺀 나머지 숫자부터 고른다.

④ 두꺼운 것과 얇은 것과의 밀착은 두꺼운 것을 얇은 것의 전체에 맞추면서 밀착한다.

해설 필요길이를 만드는 조합은 여러 가지이나

기본적으로는 조합개수를 가급적 적게 하고, 마지막 자릿수부터 선정한다. 정수부의 조합은 마모를 고려해 가급적 동일 게이지 블록만을 사용하지 않도록 한다.

62. 감은 횟수 30회의 코일에 0.4 A의 전류가 흐를 때 2×10^{-3} Wb의 자속이 발생하였다. 이때 자체 인덕턴스(H) 값은?

① 0.15 　　② 0.8 　　③ 1 　　④ 12

해설 $e = -N \dfrac{d\Phi}{dt} = -L \dfrac{di}{dt}$

$N\Phi = LI$

$L = \dfrac{N\Phi}{I} = \dfrac{30 \times 2 \times 10^{-3}}{0.4} = 0.15 \,\text{H}$

63. 산업용 로봇에서 서보 레디(servo ready)란?

① 정의된 위치 데이터를 키보드로 직접 입력하는 것
② 컨트롤러에서 이상 유무를 확인 점검하는 신호
③ 아날로그 타입에서 모터 드라이버로 출력하는 속도 명령어 신호
④ 전원 공급 후 컨트롤러가 이상 유무를 확인하기 전에 모터 드라이버 측에서 컨트롤러로 보내는 준비 신호

해설 서보레디 : 출력 오동작 개선 서보 레디를 출력신호에 할당하고 사용할 경우, 출력 신호에 오동작이 발생하여 개선하였다. 서보 레디는 전원 투입 후 서보 알람이 발생하지 않는 경우에 On 출력이 되며, 알람이 발생한 경우는 Off를 출력한다.

64. 슬로터의 구성요소가 아닌 것은?

① 회전 테이블 　　② 호브
③ 베드 　　④ 램

해설 슬로터는 세이퍼를 수직으로 놓은 것 같은 기계로 바이트를 설치한 램이 수직으로 왕복운동한다. 슬로터의 구성요소는 회전 테이블, 베드, 램이다.

65. 다음 진리표의 논리식으로 옳은 것은?

A	B	Y
0	0	0
0	1	1
1	0	1
1	1	0

① $Y = A + B$ 　　② $Y = A \cdot B$
③ $Y = A \oplus B$ 　　④ $Y = A - B$

해설 $Y = A\overline{B} + \overline{A}B = A \oplus B$

66. 8진수 37.2를 10진수로 변환한 것으로 옳은 것은?

① 31.2 　　　② 31.25
③ 37.2 　　　④ 37.25

해설 $(37.2)_8 = (011\ 111.010)_2$

$= (0 \times 2^5 + 1 \times 2^4 + 1 \times 2^3 + 1 \times 2^2 + 1 \times 2^1$
$\quad + 1 \times 2^0 + 0 \times 2^{-1} + 1 \times 2^{-2} + 0 \times 2^{-3})$
$= 0 + 16 + 8 + 4 + 2 + 1 + 0.25$
$= 31.25$

67. 컨베이어 벨트 위를 지나가는 종이 상자를 감지할 수 없는 센서는?

① 유도형 센서 　　② 용량형 센서
③ 포토 센서 　　④ 적외선 센서

해설 • 유도형 센서(고주파 발진형) : 금속체 표면에 와류발생으로 금속체만 검출
• 용량형 센서(정전용량형 센서) : 모든 물체(종이, 액체, 금속 등)를 전극 간 용량변화로 검출

68. 이상적인 연산 증폭기의 특징 설명 중 틀린 것은?

① 입력 저항은 수십($\text{k}\Omega$) 이내이다.
② 출력 저항은 0에 가깝다.

③ 전압 이득은 무한대이다.

④ 대역폭은 무한대이다.

> (해설) • Open-loop gain : ∞
> • 대역폭(bandwidth) : ∞
> • 위상(phase shift) : 0
> • 입력 임피던스 : ∞
> • 출력 임피던스 : 0

69. 연산 증폭기(OP 엠프)의 설명 중 틀린 것은?

① 전압 증폭도는 대단히 크다.

② 대표적인 아날로그 IC이다.

③ 입력 및 출력 임피던스는 대단히 작은 편이다.

④ 가·감산 등의 계산이나 미·적분 등의 연산도 가능하다.

> (해설) 연산증폭기(operational amplifier)는 증폭기를 IC(integrated circuit ; 집적회로)로 꾸민 것으로 입력 임피던스가 크고, 출력 임피던스가 작으며, 증폭률이 아주 큰 특징을 가지는 증폭기로 집적된 것이다.

70. 공진 시 직렬 RLC 회로의 위상각은?

① $-90°$

② $+90°$

③ 0

④ 리액턴스에 의존

> (해설) RLC 공진회로의 위상각
> • 지상(遲相) : $\omega < \omega 0$, $\theta < 0$
> • 동상 : $\omega = \omega 0$, $\theta = 0$
>   전압과 전류가 동일 위상이 됨
>   위상각=0, 역률=1
> • 진상 : $\omega < \omega 0$, $\theta > 0$

71. 다음 그림의 논리회로 기호는?

① OR 회로

② NOR 회로

③ NOT 회로

④ NAND 회로

> (해설)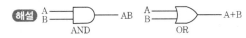

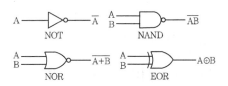

72. 아날로그 신호를 컴퓨터가 인식할 수 있는 정보량으로 변환하는 데 가장 필요한 것은?

① 메모리

② A/D 변환기

③ D/A 변환기

④ 저역 통과 여과기

> (해설) 컴퓨터가 아날로그 신호를 받아들이기 위해서는 아날로그 신호를 디지털로 변환하는 A/D 변환기가 필수적이다.

73. 직접 주소 지정방식의 특징이 아닌 것은?

① 주소 지정방식 중 가장 빠르다.

② 대용량 기억장치의 주소를 나타내는 데 적합하다.

③ 메모리 참조를 하지 않고 데이터를 처리하는 방식이다.

④ 데이터 길이에 제약을 받는다.

> (해설) 명령어의 주소 필드의 내용이 유효 주소가 되는 방식이다. 데이터의 인출을 위해 기억장치를 한 번만 접근하나 지정할 수 있는 기억장치 주소 공간이 제한적이다.

74. CPU에서 내부연산이나 메모리 엑세스 등의 작업을 위한 신호를 발생하는 요소는?

① 제어장치

② 플래그 레지스터

③ 프로그램 카운터

④ 산술논리연산 유닛

> (해설) 중앙처리장치(Control Processing Unit ; CPU) : ① 제어장치, ② 연산장치

75. 다음 기억장치들 중 재생 전원이 필요한 것은?

① EEPROM

② PROM

③ SRAM　　　　　　④ DRAM

해설 반도체 메모리
- RAM의 종류
  - SRAM : 전원이 유지되는 한 데이터를 계속 유지
  - DRAM : 저장된 데이터를 초당 몇 번씩 계속해서 재생(refresh)시키기 위한 재생전원이 필요
- ROM의 종류 : PROM, EPROM

76. 직육면체 공작물을 이상적으로 위치결정하려고 할 때 총 몇 개의 위치결정구가 필요한가?

① 3　　　　　　　　② 5
③ 6　　　　　　　　④ 7

해설 3-2-1 위치결정법(3-2-1 location system) : 직육면체의 공작물의 위치 결정구를 배열하는 것을 위치결정법이라 하며, 육면체의 가장 이상적인 위치결정법은 3-2-1 위치결정법 방법이다. 이는 가장 넓은 표면에 3개의 위치결정구를 설치하고, 넓은 측면에 2개를 설치하고, 좁은 측면에 1개의 위치결정구를 설치하는 것을 말한다.

77. 반도체에 대한 설명으로 틀린 것은?

① N형 반도체의 다수 반송자는 정공이다.
② P형 반도체의 소수 반송자는 전자이다.
③ 진성반도체는 불순물로 오염되지 않은 고순도의 반도체이다.
④ P형 반도체는 Ge, Si의 결정에 제3족의 원소를 미량 첨가하여 만든 반도체이다.

해설 • N형 반도체 특징
- 진성 반도체에 도너(5가) 불순물을 첨가한 반도체
- 5가 불순물 원소 : As(비소), Sb(안티몬), P(인), Bi(비스무트)
- 다수 반송자 : 전자

- P형 반도체 특징
- 진성 반도체에 엑셉터(3가) 불순물을 첨가한 반도체
- 3가 불순물 원소 : In(인듐), Ga(갈륨), B(붕소), Al(알루미늄)
- 다수 반송자 : 정공

78. DC 모터에서 토크는 전류와 어떠한 관계가 있는가?

① 반비례　　　　　　② 비례
③ 제곱에 반비례　　　④ 제곱에 비례

해설 DC 모터는 기동 토크가 크고 인가전압에 대하여 회전특성이 직선적으로 비례한다. 또한 입력전류에 대하여 출력 토크가 직선적으로 비례하고 출력 효율이 양호하며 가격이 저렴하다.

79. 유도 전기장이 생기는 경우는?

① 전기장이 일정할 때
② 자기장이 일정할 때
③ 자기장이 변할 때
④ 전기장이 변할 때

해설 패러데이 법칙은 전기장과 자기장의 상호간 유도현상을 설명하는 것으로 임의의 폐회로에서 발생하는 유도 기전력의 크기는 폐회로를 통과하는 자기선속의 변화율과 같다.

80. 다음 중 위치검출용 스위치로 쓰이는 것은?

① 버튼 스위치
② 리밋 스위치
③ 셀렉터 스위치
④ 나이프 스위치

해설 오른나사의 법칙 : $e = -N\dfrac{d\Phi}{dt}$

2015년 5월 31일 시행

자격종목 및 등급(선택분야)	종목코드	시험시간	문제지형별	수검번호	성 명
생산자동화산업기사	2034	2시간	A		

제1과목 : 기계가공법 및 안전관리

1. 일반적으로 지름(바깥지름)을 측정하는 공구로서 가장 거리가 먼 것은?

① 강철자
② 그루브 마이크로미터
③ 버니어 캘리퍼스
④ 지시 마이크로미터

해설 그루브 마이크로미터(groove micrometer) : 홈의 폭이나 홈 간 거리를 측정하기에 편리한 마이크로미터이다.

2. 선반가공에서 $\phi100 \times 400$인 SM45C 소재를 절삭 깊이 3 mm, 이송속도를 0.2 mm/rev, 주축 회전수를 400 rpm으로 1회 가공할 때, 가공 소요시간은 약 몇 분인가?

① 2   ② 3   ③ 5   ④ 7

해설 분당 이송거리 $= 0.2 \times 400$ rpm $= 80$ mm
비례식으로 쉽게 계산한다.
80 : 1분 $=$ 400 : 가공 소요시간(분)이므로
가공 소요시간(분) $= 400/80 = 5$분

3. 마찰면이 넓은 부분 또는 시동횟수가 많을 때 사용하고 저속 및 중속 축의 급유에 사용되는 급유 방법은?

① 담금 급유법   ② 패드 급유법
③ 적하 급유법   ④ 강제 급유법

해설 • 적하 급유법(drop feed oiling) : 마찰면이 넓은 부분 또는 시동횟수가 많을 때 사용하고 저속 및 중속 축의 급유에 사용한다.
• 담금 급유법(oil bath oiling) : 마찰부분 전체가 윤활유 속에 잠기도록 한다.
• 패드 급유법 (pad oiling) : 무명이나 털 등을 섞어 만든 패드 일부를 오일 통에 담가 저널의 아랫면에 모세관 현상으로 급유하는 방법이다.
• 강제 급유법(circulating oiling) : 순환펌프를 이용하여 급유하는 방법으로, 고속회전을 할 때 베어링 냉각효과에 경제적인 방법이다.

4. 수공구를 사용할 때 안전수칙 중 거리가 먼 것은?

① 스패너를 너트에 완전히 끼워서 뒤쪽으로 민다.
② 멍키렌치는 아래턱(이동 jaw) 방향으로 돌린다.
③ 스패너를 연결하거나 파이프를 끼워서 사용하면 안 된다.
④ 멍키렌치는 웜과 랙의 마모에 유의하고 물림상태 확인 후 사용한다.

해설 스패너는 너트에 알맞은 것을 사용하며, 너트에 스패너를 깊이 물려서 약간씩 앞으로 당기는 식으로 풀고 조이도록 한다.

5. 일반적으로 방전가공 작업 시 사용되는 가공액의 종류 중 가장 거리가 먼 것은?

① 변압기유   ② 경유
③ 등유   ④ 휘발유

해설 일반적으로 방전가공 작업 시 사용되는 가

공액은 변압기유, 경유, 등유 등이며, 휘발유
는 휘발성이 강하고 화재, 폭발의 위험성이 있
어 사용하지 않는다.

6. 다음 센터 구멍의 종류로 옳은 것은?

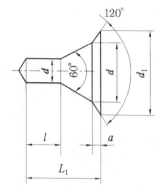

① A형   ② B형
③ C형   ④ D형

> **해설** • B형 : 모따기형
> • A형 : 보통형
> • C형 : 묻힘형

7. 밀링머신에서 절삭 속도 20 m/min, 페이스 커터
의 날수 8개, 지름 120 mm, 1날당 이송 0.2 mm
일 때 테이블 이송속도는?

① 약 65 mm/min   ② 약 75 mm/min
③ 약 85 mm/min   ④ 약 95 mm/min

> **해설** $f = f_z \times Z \times n = 0.2 \times 8 \times n$
>
> $V = \dfrac{\pi d n}{1,000}$ 에서 n을 구한다.
>
> $n = \dfrac{1,000\,V}{\pi d}$ 이므로, $n = \dfrac{1,000 \times 20}{3.14 \times 120} = 53.08$
>
> $\therefore f = f_z \times Z \times n = 0.2 \times 8 \times 53.08$
> $\qquad = 84.92 \, \text{mm/min}$

8. 비교 측정에 사용되는 측정기가 아닌 것은?

① 다이얼 게이지
② 버니어 캘리퍼스

③ 공기 마이크로미터
④ 전기 마이크로미터

> **해설** • 버니어 캘리퍼스(vernier calipers)는 직
> 접 측정으로서 바깥지름, 안지름, 깊이 등을
> 측정하는 데 사용된다.
> • 버니어 캘리퍼스는 M1형, M2형, CM형, CB형
> 등이 있다.

9. 절삭제의 사용 목적과 거리가 먼 것은?

① 공구의 온도상승 저하
② 가공물의 정밀도 저하 방지
③ 공구수명 연장
④ 절삭 저항의 증가

> **해설** 절삭제(fluids)를 사용하면 절삭 저항은 감
> 소한다.

10. 절삭 공구를 연삭하는 공구 연삭기의 종류가
아닌 것은?

① 센터리스 연삭기   ② 초경공구 연삭기
③ 드릴 연삭기   ④ 만능공구 연삭기

> **해설** • 센터리스 연삭기(centerless grinding ma-
> chine)는 공구 연삭기가 아니며, 가늘고 긴 가
> 공물의 연삭에 적합한 연삭기이다.
> • 센터리스 연삭기는 센터, 척, 자석척 등을 사용
> 하지 않고 가공물의 표면을 조정하는 조정숫돌
> (regulating wheel)과 지지대를 이용하여 가공
> 물을 연삭한다.

11. 척에 고정할 수 없으며 불규칙하거나 대형 또
는 복잡한 가공물을 고정할 때 사용하는 선반
부속품은?

① 면판(face plate)   ② 맨드릴(mandrel)
③ 방진구(work rest) ④ 돌리개(dog)

> **해설** 면판
> • 선반가공에서 척에 고정할 수 없으며 불규칙하
> 거나 대형 또는 복잡한 가공물을 고정할 때 사
> 용한다.

정답 　6. ②　　7. ③　　8. ②　　9. ④　　10. ①　　11. ①

- 척을 떼어내고 면판을 주축에 고정하여 사용한다.
- 면판에 가공물을 직접 볼트(bolt)나 클램프(cl-amp), 기타 고정구를 이용하여 고정하며, 앵글 플레이트(angle plate)를 함께 사용하여 고정하기도 한다.

12. 절삭날 부분을 특정한 형상으로 만들어 복잡한 면을 갖는 공작물의 표면을 한 번에 가공하는 데 적합한 밀링 커터는?

① 총형 커터　　　② 엔드 밀
③ 앵귤러 커터　　④ 플래인 커터

해설 · 총형 커터(formed cutter) : 절삭날 부분을 특정한 형상으로 만들어 복잡한 면을 갖는 공작물의 표면을 한 번에 가공하는 데 적합한 밀링 커터를 말한다.
- 엔드 밀(end mill) : 가공물의 홈과 좁은 평면, 윤곽가공, 구멍가공 등에 사용된다.
- 앵귤러 커터(anguler cutter) : 원추의 일부에 절인이 있는 형태의 공구이다.
- 플래인 커터(plane cutter) : 외주와 정면에 절삭날이 있는 커터이며, 주로 수직밀링에서 사용되는 커터로 평면가공에 이용된다.

13. 선반의 주축을 중공축으로 한 이유로 틀린 것은?

① 굽힘과 비틀림응력의 강화를 위하여
② 긴 가공물 고정이 편리하게 하기 위하여
③ 지름이 큰 재료의 테이퍼를 깎기 위하여
④ 두께를 감소하여 베어링에 작용하는 하중을 줄이기 위하여

해설 선반의 주축을 중공축으로 한 이유
- 굽힘과 비틀림응력의 강화를 위해
- 긴 가공물 고정이 편리하게 하기 위해
- 두께를 감소하여 베어링에 작용하는 하중을 줄이기 위해
- 센터를 쉽게 분리할 수 있어서

14. 호브(hob)를 사용하여 기어를 절삭하는 기계로서, 차동 기구를 갖고 있는 공작기계는?

① 레이디얼 드릴링 머신
② 호닝 머신
③ 자동 선반
④ 호빙 머신

해설 호빙 머신(hobbing machine)
- 호브(hob)라는 공구를 사용하여 기어를 절삭하는 기계를 말한다.
- 호브를 웜(warm), 가공물 소재를 웜 기어라고 할 수 있다.
- 호빙 머신으로 가공할 수 있는 기어는 스퍼 기어, 헬리컬 기어, 웜 기어 등이다.

15. 연삭숫돌의 원통도 불량에 대한 주된 원인과 대책으로 옳게 짝지어진 것은?

① 연삭숫돌의 눈메움 : 연삭숫돌의 교체
② 연삭숫돌의 흔들림 : 센터 구멍의 홈 조정
③ 연삭숫돌의 입도가 거침 : 굵은 입도의 연삭숫돌 사용
④ 테이블 운동의 정도 불량 : 정도검사, 수리, 미끄럼면의 윤활을 양호하게 할 것

해설 연삭숫돌의 원통도 불량에 대한 주된 원인과 대책
- 연삭숫돌의 눈메움 : 드레싱(dressing)
- 연삭숫돌의 흔들림 : 센터구멍의 홈 조정
- 연삭숫돌의 입도가 거침 : 굵은 입도의 연삭숫돌 사용
- 테이블 운동의 정도 불량 : 정도검사, 수리, 미끄럼면의 윤활을 양호하게 할 것

16. 기계가공법에서 리밍 작업 시 가장 옳은 방법은?

① 드릴 작업과 같은 속도와 이송으로 한다.
② 드릴 작업보다 고속에서 작업하고, 이송을 작게 한다.
③ 드릴 작업보다 저속에서 작업하고, 이송을 크게 한다.
④ 드릴 작업보다 이송만 작게 하고, 같은 속도로 작업한다.

정답 　12. ①　13. ③　14. ④　15. ④　16. ③

해설 리밍(reaming) 작업 시 드릴 작업보다 저속에서 작업하고, 이송을 크게 한다.

17. 사인바(sine bar)의 호칭 치수는 무엇으로 표시 하는가?

① 롤러 사이의 중심거리
② 사인바의 전장
③ 사인바의 중량
④ 롤러의 지름

해설 사인바(sine bar)의 호칭 치수
• 롤러 사이의 중심거리로 표시한다.
• 롤러 사이의 중심거리는 계산을 쉽게 하도록 100 mm, 200 mm로 되어 있다.

18. 다음과 같이 표시된 연삭숫돌에 대한 설명으로 옳은 것은?

> WA 100 K 5 V

① 녹색 탄화규소 입자이다.
② 고운눈 입도에 해당한다.
③ 결합도가 극히 경하다.
④ 메탈 결합제를 사용했다.

해설 연삭숫돌
• WA : 백색 알루미나
• 100 : 고운눈 입도(100 mesh)
• K : 연(軟, soft)한 결합도
• 5 : 중간조직(4, 5, 6), 거친 조직(7, 8, 9, 10, 11, 12), 치밀한 조직(0, 1, 2, 3)
• V : 비트리파이드(vitrified bond)

19. 견고하고 금긋기에 적당하며, 비교적 대형으로 영점 조정이 불가능한 하이트 게이지로 옳은 것은?

① HT형
② HB형
③ HM형
④ HC형

해설 하이트 게이지(height gauge)
• HM형 : 견고하고 금긋기에 적당하며, 비교적 대형으로 영점 조정이 불가능한 하이트 게이지이다.

• HB형 : 측정용으로 사용하며, 무게가 가벼워 금긋기용으로는 약해서 휨에 의한 오차가 생기기 쉽다.
• HT형 : 정반으로부터 높이를 측정할 수 있고 눈금자가 별도로 스탠드 홈을 따라 상하로 이동하기 때문에 0점 조정을 할 수 있다.

20. 탁상 연삭기 덮개의 노출각도에서 숫돌 주축 수평면 위로 이루는 원주의 최대 각은?

① 45° ② 65° ③ 90° ④ 120°

해설 탁상 연삭기 덮개의 노출각도에서 숫돌 주축 수평면 위로 이루는 원주의 최대 각도 : 65°

제2과목 : 기계제도 및 기초공학

21. 도면에 굵은 선의 굵기를 0.5 mm로 하였다. 가는 선과 아주 굵은 선의 굵기로 가장 적합한 것은?

가는 선 – 아주 굵은 선
① 0.18 mm – 0.7 mm
② 0.25 mm – 1 mm
③ 0.35 mm – 0.7 mm
④ 0.35 mm – 1 mm

해설 • 도면의 선 굵기 비율은 가는 선(1) : 굵은 선(2) : 아주 굵은 선(4)
• 굵은 선의 굵기가 0.5 mm이므로
• 가는 선–아주 굵은 선＝0.25 mm–1 mm

22. 끼워맞춤 공차 ϕ50H7/g6에 대한 설명으로 틀린 것은?

① ϕ50H7의 구멍과 ϕ50g6 축의 끼워맞춤이다.
② 축과 구멍의 호칭 치수는 모두 ϕ50이다.
③ 구멍 기준식 끼워맞춤이다.
④ 중간 끼워맞춤의 형태이다.

해설 ϕ50H7/g6 : 구멍기준식 헐거운 끼워맞춤 형식이다.

23. 나사의 표시가 다음과 같이 명기 되었을 때 이에 대한 설명으로 틀린 것은?

> L 2N M10－6H/6g

① 나사의 감김 방향은 오른쪽이다.
② 나사의 종류는 미터나사이다.
③ 암나사 등급은 6H, 수나사 등급은 6g이다.
④ 2줄 나사이며 나사의 바깥지름은 10 mm이다.

해설 • L : 나사의 감김 방향이 왼쪽이다.
• R : 나사의 감김 방향이 오른쪽이다.

24. 핸들이나 바퀴 등의 암 및 림, 리브 등 절단선의 연장선 위에 90° 회전하여 실선으로 그리는 단면도는?

① 온 단면도　　② 한쪽 단면도
③ 조합 단면도　　④ 회전도시 단면도

해설 • 회전도시 단면도 : 핸들이나 바퀴 등의 암 및 림, 리브 등 절단선의 연장선 위에 90° 회전하여 실선으로 그린다.
• 온 단면도 : 원칙적으로 대상물의 기본적인 모양을 가장 좋게 표시할 수 있도록 그린다.
• 한쪽 단면도 : 대칭형의 대상물을 외형도의 절반과 온 단면도의 절반을 조합하여 표시한다.
• 조합 단면도 : 2개 이상의 절단면에 의한 단면도를 조합하여 도시한다.

25. 스케치도에 관한 설명으로 틀린 것은?

① 측정한 치수를 기입한다.
② 프리핸드로 그린다.
③ 재질 및 가공법은 기입할 필요가 없다.
④ 제작도로 대신 사용하기도 한다.

해설 스케치도는 제작도와 같이 각 부분의 치수, 재질, 가공 방법 등을 기입한다.

26. 다음 도면에서 기하공차에 관한 설명으로 가장 적합한 것은?

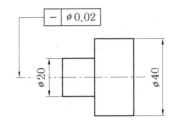

① ϕ20부분만 원통도가 ϕ0.01범위 내에 있어야 한다.
② ϕ20과 ϕ40부분의 원통도가 ϕ0.02범위 내에 있어야 한다.
③ ϕ20과 ϕ40부분의 진직도가 ϕ0.02범위 내에 있어야 한다.
④ ϕ20부분만 진직도가 ϕ0.02범위 내에 있어야 한다.

해설 위 도시에서는 진직도를 표시하며, ϕ20과 ϕ40부분의 진직도가 ϕ0.02범위 내에 있어야 한다.

27. 다음 중 표면의 결을 표시할 때 "제거가공을 허용하지 않는다"는 것을 지시한 것은?

해설 • 그림 ② : 제거가공을 허용하지 않는다.
• 그림 ③ : 제거가공을 필요로 한다.
• 그림 ④ : 대상면을 지시하는 기호이다.

28. 가공 방법에 따른 KS 가공 방법 기호가 바르게 연결된 것은?

① 방전가공 : SPED　② 전해가공 : SPU
③ 전해 연삭 : SPEC　④ 초음파가공 : SPLB

해설 • 방전가공 : SPED
• 전해가공 : SPEC

• 전해 연삭 : SPEG
• 초음파가공 : SPU
• 액체호닝가공 : SPLH

29. 제3각 투상법으로 제도한 보기의 평면도와 좌측면도에 가장 적합한 정면도는?

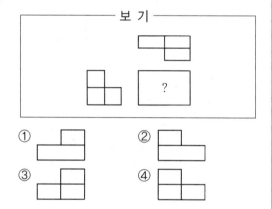

30. 도면에서 다음 종류의 선이 같은 장소에 겹치게 될 경우 가장 우선순위가 높은 것은?

① 중심선
② 무게 중심선
③ 절단선
④ 치수 보조선

해설 선이 같은 장소에 겹치게 될 경우 가장 우선순위 : ① 외형선, ② 숨은선, ③ 절단선, ④ 중심선, ⑤ 무게 중심선, ⑥ 치수 보조선

31. 직류 전위차계의 용도가 아닌 것은?

① 직류전압, 전류측정
② 절연 및 접지저항 측정
③ 전압계, 전류계 보정시험
④ 전압측정 및 전력계 보정시험

해설 직류 전위차계의 용도 : 열기전력, 직류전압, 직류전류, 직류저항, 전력 등을 측정하며, 전압계, 전류계 보정시험한다.

32. 파스칼의 원리(pascal's principle)에 대한 설명으로 옳지 않은 것은?

① 유체면에 작용하는 각 점의 압력의 크기는 모든 방향으로 균일하게 작용한다.
② 힘은 피스톤의 압력에 반비례해서 작용한다.
③ 유체면에 작용하는 압력은 면에 대해 수직방향으로 작용한다.
④ 파스칼의 원리를 이용하면 수압기를 만드는 것이 가능하다.

해설 파스칼의 원리 : 1 N의 힘이 1 m^{2}의 면적에 작용할 때의 압력을 1 Pa이라고 한다. 파스칼의 원리에 의해 힘은 피스톤의 압력에 비례하여 작용한다.

33. 아래 정육각형의 넓이는 약 얼마인가? (단, a의 길이는 65 mm이다.)

① 10,967 mm^2
② 10,977 mm^2
③ 10,987 mm^2
④ 10,997 mm^2

해설 정육각형의 넓이 $= \dfrac{3\sqrt{3}}{2} a^2$
$= 10,977\,\text{mm}^2$

34. 250 kgf의 인장하중을 받는 봉에 4 kgf/mm^{2}의 인장응력이 발생할 경우 안전하게 사용할 수 있는 봉의 지름(mm)은? (단, 안전율은 4이다.)

① 3
② 4
③ 5
④ 6

해설 $S = \dfrac{\text{극한강도}}{\text{허용응력}}$ 의 공식을 이용한다. (S : 안전율)

극한강도 $= 4 \times 4 = 16\,\text{kgf/mm}^2$
$\sigma = \dfrac{P}{A} = \dfrac{250}{\dfrac{\pi d^2}{4}} = \dfrac{1,000}{\pi d^2}$ 이므로

$$d = \sqrt{\frac{1,000}{\pi\sigma}} = \sqrt{\frac{1,000}{3.14 \times 16}} = \sqrt{19.9} = 4.4$$

∴ 봉의 지름 $d = 5$ mm 이상으로 한다.

35. 다음 그림과 같이 물체를 중간에 고정시키고 점 P에 힘 F를 작용하면 이 물체의 모멘트의 크기 M은? (단, 고정점에서 작용선까지의 거리는 d이다.)

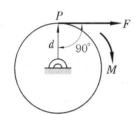

① $M = F/d$　　② $M = d/F$
③ $M = Fd$　　④ $M = 2Fd$

해설 모멘트의 크기 M은 회전 중심에서 힘의 작용선까지의 거리에 힘의 크기를 곱하여 구한다.
$M = FL = Fd$

36. 정지하고 있는 물체에 100 N의 힘을 가해 4초만에 40 m/s의 속도로 운동한다면, 이때 물체의 질량(kg)은?

① 0.1　　② 10
③ 20　　④ 30

해설 가속도$(a) = \dfrac{\text{속도의 변화량}}{\text{시간}} = \dfrac{40}{4}$
$\qquad = 10 \text{ m/s}^2$
$F = ma$이므로
질량$(m) = \dfrac{100}{10} = 10 \text{ kg}$

37. 지름이 50 m에서 40 m로 축소되는 원형 관로에 물이 가득 채워져 흐르고 있다. 지름 50 m 관에서 유속이 1.2 m/s라고 하면 지름 40 m 관에서의 유속(m/s)은 약 얼마인가?

① 1.88　　② 1.5
③ 0.96　　④ 0.48

해설 $Q = AV$ 관계식을 적용한다.
$Q = AV$에서 $Q = A_1 V_1 = A_2 V_2$이므로
$$\frac{\pi \times 50^2}{4} \times 1.2 = \frac{\pi \times 40^2}{4} \times V_2$$
$$\therefore V_2 = \frac{15}{8} = 1.875 \text{ m/s}$$

38. t초 동안에 전하량 Q[C]의 전하가 전선의 단면을 통과하였을 때 흐르는 전류(A)는?

① $t \times Q$　　② $\dfrac{t}{Q}$
③ $\dfrac{Q}{t}$　　④ $t(1 + Q)$

해설 전류(A) $= \dfrac{Q}{t}$

39. 오른손에 10 kgf의 힘을 가하여 원형 핸들을 돌릴 때 발생한 토크가 5 kgf·m이었다면 이 핸들의 반지름은?

① 0.5 m　② 1 m　③ 2 m　④ 5 m

해설 $M = FL = Fd$이므로
$$d = \frac{5}{10} = 0.5 \text{(m)}$$

40. 다음 중 상온에서의 저항온도 계수가 가장 큰 것은?

① Cu　　② Fe　　③ W　　④ Ni

제3과목 : **자동제어**

41. 다음 중 물체의 위치, 방위, 자세 등의 기계적 변위를 제어량으로 하여 목표값의 임의의 변화에

추종하도록 구성된 제어계로 가장 적합한 것은?

① 서보기구
② 자동 조정
③ 프로그램 제어
④ 프로세서 제어

해설 제어량의 성질에 의한 분류
- 공정제어(process control)
  〈제어량〉 온도, 유량, 압력, 액위, 밀도, PH, 점도
- 서보기구
  〈제어량〉 물체의 위치, 방위, 자세
  〈용 도〉 비행기, 선박의 항법제어 시스템, 미사일 발사대의 자동위치제어 시스템, 자동조타장치, 추적용레이더, 공작기계, 자동평형기록계
- 자동조정 : 부하에 관계없이 출력을 일정하게 유지
  〈제어량〉 전압, 전류, 주파수, 회전속도
  〈용 도〉 정전압장치, 발전기의 조속기, 자동전원 조정장치

42. 미리 정해 놓은 순서에 따라 제어의 각 단계를 차례차례 진행시키는 제어는?

① 추종제어
② 최적 제어
③ 시퀀스 제어
④ 피드 포워드 제어

해설
- 추종제어 : 물체의 위치, 각도(자세, 방향) 등을 제어량으로 하고 목표값의 임의의 변화에 추종하는 제어장치
- 시퀀스 제어 : 미리 정해진 순서나 시간 지연 등을 통해서 각 단계별로 순차적인 제어동작으로 전체 시스템을 제어하는 방법
- 피드 포워드 제어 : 실행에 옮기기 전에 결함을 미리 예측해 행하는 피드백 제어

43. 다음 조건의 시스템에서 실린더를 300 mm 전진한 위치에서 정지를 시키려면 피드백되는 리니어 포텐셔미터의 신호 전압[V]은?

- 리니어 포텐셔미터를 실린더에 부착하여 사용한다.
- 실린더의 행정거리는 500 mm이고, 리니어 포텐셔미터는 0~10 V의 전압형태로 출력된다.
- 실린더가 완전히 후진한 위치에서는 0 V가 출력된다.
- 실린더가 완전히 전진한 위치에서는 0 V가 출력된다.

① 3　　　② 4　　　③ 5　　　④ 6

해설 리니어 실린더는 직선거리에 따른 전압이 비례한다.
$$500\,mm : 300\,mm = 10\,V : X$$
$$X = 6\,V$$

44. 함수 $f(t) = te^{-1}$의 라플라스(laplace) 변환을 구한 것은?

① $\dfrac{1}{(s+1)^2}$　　　② $\dfrac{1}{(s+1)}$

③ $\dfrac{1}{(s-1)^2}$　　　④ $\dfrac{1}{(s-1)}$

해설
- 램프 함수 $f(t) = t$ 라플라스 변환
$$F(s) = \frac{1}{s^2}$$
- 지수 함수 $f(t) = e^{-t}$ 라플라스 변환
$$F(s) = \frac{1}{(s+1)}$$
∴ 함수 $f(t) = te^{-1}$의 라플라스 변환
$$F(s) = \frac{1}{(1+s)^2}$$ 이다.

45. 두 아날로그 신호의 차이를 구할 때 사용되는 증폭기는?

① 전력증폭기　　　② 차동증폭기
③ 완충증폭기　　　④ 직렬증폭기

해설 차동증폭기 : 두 입력 신호의 전압차를 증폭하는 회로이다. 연산 증폭기나 Emitter coupled 논리 게이트의 입력단에 주로 쓰인다.

46. 그림과 같은 PLC 래더 다이어그램의 최소 실행 스텝수는?

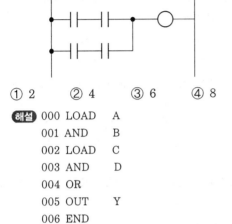

① 2   ② 4   ③ 6   ④ 8

해설
```
000  LOAD   A
001  AND    B
002  LOAD   C
003  AND    D
004  OR
005  OUT    Y
006  END
```

47. 다음 제어 블록선도의 입출력비(전달 함수)는?

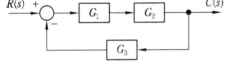

① $\dfrac{G_1}{(1 - G_1 G_2 G_3)}$ ② $\dfrac{G_2}{(1 + G_1 G_2 G_3)}$

③ $\dfrac{G_1 G_2}{(1 - G_1 G_2 G_3)}$ ④ $\dfrac{G_1 G_2}{(1 + G_1 G_2 G_3)}$

해설 피드백 제어계의 전달 함수는 다음과 같다.

$$\frac{C}{R} = \frac{G(s)}{1 \pm G(s)H(s)}$$

순방향 전달 함수가 $G_1 G_2$이므로

$$\frac{C}{R} = \frac{G_1 G_2}{1 + G_1 G_2 G_3}$$

48. 되먹임 제어(feed back control)의 특징이 아닌 것은?

① 목표값에 정확히 도달하기 쉽다.
② 순차적으로 제어과정이 진행된다.
③ 제어계가 복잡하고 비용이 비싸다.
④ 외부 조건의 변화에 영향을 줄 수 있다.

해설 피드백 제어 : 제어량(예 실내의 온도, 자동차의 속도 등)을 목표로 하는 값(목표값)에 일치시키기 위해 제어량을 검출한 후 목표값과 비교함으로써 오차가 발생할 때마다 그것을 항상 줄이도록 대상에 조작을 가하는 제어를 말한다.

49. Off-set을 소멸시키고 전류편차가 적으나 출력의 발산 가능성이 있는 제어기는?

① 비례제어기
② 비례적분제어기
③ 비례미분제어기
④ 비례적분미분제어기

해설 제어기 동작에 의한 분류
• P제어 : 잔류편차(offset)가 발생한다. (속응성)
• I제어 : 응답속도는 느리지만, 정확성이 좋다. (offset 제거)
• D제어 : 오차가 커지는 것을 미연에 방지한다. (안정성)
• PI제어 : offset 소멸, 진동으로 접근하기 쉽다.
• PD제어 : 응답속도 개선에 사용된다.
• PID제어 : 비례동작은 잔류편차를 발생하고, 적분동작은 잔류편차를 없애고, 미분동작은 동특성을 개선하는 동작이므로 제어 시스템은 안정적이다.

50. $10t^5$을 라플라스 변환한 것으로 옳은 것은?

① $\dfrac{1,200}{s^6}$ ② $\dfrac{120}{s^6}$ ③ $\dfrac{24}{s^6}$ ④ $\dfrac{6}{s^6}$

해설 n차 램프 $f(t) = t^n$의 라플라스 변환

$$F(s) = \frac{n!}{s^{n+1}}$$
$$f(t) = 10t^5$$
$$F(s) = \frac{10 \times 5!}{s^{5+1}} = \frac{10 \times 5 \times 4 \times 3 \times 2 \times 1}{s^6}$$
$$= \frac{1,200}{s^6}$$

51. 그림과 같은 블록선도의 전달 함수는 어떤 요소를 표현한 것인가?

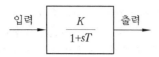

① 비례요소　　　② 미분요소
③ 적분요소　　　④ 1차 지연요소

해설 • 비례요소의 전달 함수 : k
• 미분요소의 전달 함수 : Ts
• 적분요소의 전달 함수 : $\dfrac{1}{Ts}$
• 1차 지연요소의 전달 함수 : $\dfrac{1}{1+Ts}$

52. 기기의 보호나 작업자의 안전을 위해 기기의 동작 상태를 나타내는 접점을 사용하여 관련된 기기의 동작을 금지하는 회로는?

① 자기 유지 회로　　② 오프 딜레이 회로
③ 인터록 회로　　　④ 타이머 회로

해설 • 인터록 회로 : 기기의 보호와 조작자의 안전을 목적으로 한 것으로 기기의 동작상태를 나타내는 접점을 사용해서 상호 관련된 기기의 동작을 구속하는 회로
• 자기 유지 회로 : 코일에 전압을 인가하는 스위치를 OFF로 하여도 릴레이가 계속 작동되는 회로
• 오프 딜레이 회로 : 입력을 인가하였을 때 즉시 동작하고 입력이 제거되면 한시 복귀하는 타이머 회로
• 타이머 회로 : 시간조정이 필요할 때 사용하는 릴레이 회로

53. PLC 입력부에서 신호에 포함된 노이즈가 PLC 내부 장치로 전달되지 않도록 하기 위해 채택되는 회로요소로 맞는 것은?

① CPU　　　　② 퓨즈
③ 트라이악　　　④ 포토커플러

해설 포토커플러 : 빛을 전달하는 발광 다이오드와 스위치 역할을 해주는 다이오드로 구성된다. 포토커플러는 Base단에 전류가 흐르는 대신 빛을 이용하여 전달하기 때문에 절연효과가 있다.

54. 여러 종류의 품목을 소량 생산하는 공장에서 가공부품의 형태가 변동되거나 또는 가공수량이 변화하여도 그것에 가장 유연하게 대응할 수 있는 생산 시스템은?

① CNC　　　　② DNC
③ FMS　　　　④ SNC

해설 FMS(Flexible Manufacturing System) : 생산 시스템을 자동화, 무인화하여 다품종 소량 또는 중량 생산에 유연하게 대응할 수 있도록 하는 것

55. 유공압 제어요소와 일의 성격과의 짝으로 맞지 않는 것은?

① 압력제어 밸브 : 일의 크기제어
② 유량제어 밸브 : 일의 빠르기 제어
③ 방향제어 밸브 : 일의 방향제어
④ 유압작동기 : 일의 세기제어

해설 일의 세기 또는 크기를 제어하는 것은 압력제어 밸브이다.

56. 자동제어에서 전기식 조절기의 특징이 아닌 것은?

① 크기가 작다.
② 동작 실현성이 쉽다.
③ 신호전송이 빠르고 쉽다.
④ 스파크에 대한 방폭에 유의할 필요가 없다.

해설 전기식 조절기는 스파크의 발생 우려가 있으며 경우에 따라 이는 폭발로 이어질 수 있기 때문에 방폭에 유의할 필요가 있다.

57. 입력 펄스에 비례하여 회전각을 낼 수 있어 디지털 제어가 용이한 특성을 가진 모터는?

① DC 모터　　　　② 유도모터
③ 스테핑 모터　　　④ 브러시리스 모터

해설 스테핑 모터의 특징

- 디지털신호로 직접 오픈 루프(open loop) 제어할 수 있다.
- 펄스신호의 주파수에 비례한 회전속도를 얻을 수 있다.
- 기동, 정지, 정·역회전, 변속이 용이하며 응답특성도 좋다.
- 모터의 회전각이 입력 펄스수에 비례하고 모터의 속도가 1초간의 입력 펄스수에 비례한다.

58. 자동 조타장치의 키는 항해하려는 방위를 설정하는 것으로 소형 서보기구를 통해 배의 방위 캠퍼스를 피드백 받는데, 배의 방위 캠퍼스에 의해 측정된 값(θ_2)이 30°, 배의 키값(θ_1)이 60°가 입력된다면 서보기구의 목표값(θ)으로 옳은 것은?

① 30° ② 90° ③ −30° ④ −90°

> **해설** 배의 키값−방위 캠퍼스
> =서보기구 목표값 60°−30°=30°

59. 다음 중에서 C언어의 비조건 흐름 제어문에 해당되지 않는 것은?

① break ② if−else
③ goto ④ return

> **해설** • 제어문
> - while문
> - do~while문
> - while문과 do~while문
> - for문
> - break문과 continue문
> - goto문
> • 조건문 : if와 else

60. 전기 동력장치에 비교한 유압 동력장치의 특징이 아닌 것은?

① 과부하가 걸릴 경우 불안정적이다.
② 고속회전 운동을 얻기는 어렵다.
③ 안정적으로 큰 힘을 얻을 수 있다.
④ 힘의 증폭이 용이하다.

> **해설** 유압동력장치의 특징
> - 소형 경량인데 비하여 큰 토크와 동력이 발생한다.
> - 비압축성 유체로서 응답성이 우수하다.
> - 내폭성이 좋다.
> - 무단변속의 범위가 비교적 넓다.
> - 전동모터에 비하여 쉽게 급속정지를 시켜도 과부하가 걸리지 않는다.
> - 과부하에 대한 안전장치나 브레이크가 용이하다.

제4과목 : 메카트로닉스

61. 물체가 지정된 위치에 있는가, 힘이 가해져 있는가 등의 여부를 검출하는 데 사용되는 스위치는?

① 액면 스위치 ② 근접 스위치
③ 리밋 스위치 ④ 광 스위치

> **해설** 리밋 스위치(LS ; limit switch) : 전기 장치나 기계 장치 따위가 어떤 한계 위치나 상태에서 작동하도록 조립한 스위치를 말한다. 스위치의 작동과 같이 전기 장치나 기계장치는 작동 방식이 변화한다.

62. 다음 Op amp회로는 어떤 회로인가?

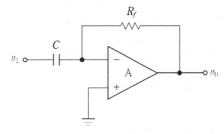

① 적분기 ② 가산기
③ 증폭기 ④ 미분기

> **해설**

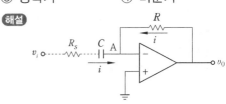

• 높은 진동수의 잡음신호가 크게 증폭될 수 있다.
• 이를 방지하기 위해 축전기에 저항을 직렬로 연결하기도 한다.

63. TTL IC의 출력으로 사용되지 않는 방식은?

① 토템폴(totem pole) 출력
② 사이리스터(thyristor) 출력
③ 오픈컬렉터(open collector) 출력
④ 3상(3-state) 출력

해설 사이리스터 출력 : 교류 전력제어 소자

64. 입·출력 시스템의 구성요소가 아닌 것은?

① 데이터 전송로   ② 인터페이스 회로
③ 연산제어 시스템 ④ 입·출력제어 회로

해설 입·출력 시스템의 구성요소 : 입·출력 장치(I/O device), 입·출력 장치 제어기(I/O device controller), 입·출력 제어기(I/O controller), 입·출력 장치 인터페이스(I/O interface), 입·출력 버스(I/O bus)

65. 다음 중 가장 높은 온도에서 사용되는 열전쌍은?

① 철-콘스탄탄   ② 구리-콘스탄탄
③ 그로멜-알루멜 ④ 백금로듐-백금

해설 열전대(열전쌍, thermocouple) 사용온도
• 백금로듐-백금 : 1400℃
• 그로멜-알루멜 : 650~1000℃
• 철-콘스탄탄 : 400~600℃
• 구리-콘스탄탄 : 200~300℃

66. 자속밀도의 단위는?

① m/s ② Wb/m² ③ AT/m ④ AT

해설 단위
• m/s : 속도
• Wb/m² : 자속밀도
• AT/m : 자계의 세기
• AT : 기자력

67. 10진수 77을 2진수로 표시한 것은?

① $1001101_{(2)}$ ② $1101101_{(2)}$
③ $1110001_{(2)}$ ④ $1001111_{(2)}$

해설
```
2 | 77
2 | 38 ── 1
2 | 19 ── 0
2 |  9 ── 1
2 |  4 ── 1
2 |  2 ── 0
  |  1 ── 0
```

68. 다음 그림과 같은 형태의 PLC 프로그램 언어는?

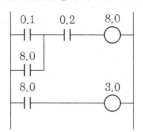

① Statement list
② Ladder diagram
③ Function block diagram
④ Sequential function chart

해설 래더도(ladder diagram) : 모선과 신호선으로 구성되며 신호선의 앞부분에 입력 접점과 조건 접점 등이 놓이며 출력 접점이나 출력에 해당하는 명령어는 우측 모선에 붙여 작성된다.

69. 위치 결정의 불확정성과 고속동작에서 감속기의 강성이 약한 것을 개선하기 위해 감속기 등의 동력 전달부품을 사용하지 않고, 로봇 암에 직접 모터를 부착하여 움직이는 모터는?

① AC 서보모터
② DC 서보모터
③ 리니어 서보모터
④ 다이렉트 드라이브 서보모터

해설 다이렉트 드라이브 모터 : 감속기를 사용하

지 않고 부하를 모터에 직접 연결하여 구동할 수 있기 때문에 백래시, 로스트 모션 및 소음 없이 고정도 위치결정이 가능하다는 장점이 있다. 이에 반도체, 디스플레이, 공작기계, 조립기기, 로봇 등에서의 활용도 증가하고 있다.

70. 스테핑 모터의 구동 방법과 가장 거리가 먼 것은?

① 런핑 구동　　　② 초퍼 구동
③ 과전압 구동　　④ 병렬저항 구동

해설 초퍼제어(Chopper 制御) : 전류의 ON-OFF 를 반복하는 것을 통해 직류 또는 교류의 전원으로부터 실효가로서 임의의 전압이나 전류를 인위적으로 만들어 내는 전원회로의 제어 방식

71. 어셈블리에 대한 설명으로 옳은 것은?

① 어셈블러 언어로 된 프로그램을 기계어로 번역하는 프로그램이다.
② 기계어로 된 프로그램을 어셈블리 언어로 된 프로그램으로 바꾸는 프로그램이다.
③ 고급 수준의 언어를 어셈블리 언어로 된 프로그램으로 바꾸는 프로그램이다.
④ 어셈블리 언어로 된 프로그램을 기계어로 번역하는 하드웨어 장치이다.

해설 어셈블리 : 프로그래밍 언어의 하나로 기계어에서 한 단계 위의 언어이며 기계어와 함께 단 둘뿐인 로 레벨(low level) 언어에 속한다. 어셈블러를 통해 기계어로 변환되도록 한 것이다. 이 때문에 어셈블리어는 고급 언어와 기계어 사이에 있다 하여 '중간 언어'라고도 불린다.

72. 선반으로 지름 50 mm의 탄소강을 노즈반지름 0.4 mm인 초경바이트로 절삭 속도 150 mm/min 및 이송속도 0.1 mm/rev로 가공할 때 이론적 표면거칠기는 약 몇 μm 인가?

① 0.78　② 1.25　③ 3.13　④ 4.45

해설 표면거칠기 [표면조도(表面粗度) ; surface roughness] : H

$$H = \frac{f^2}{8r} = \frac{0.1^2}{8 \times 0.4} = 0.003125 \text{ mm}$$
$$= 3.125 \, \mu\text{m} = \text{약 } 3.13 \, \mu\text{m}$$

73. PLC에서 전체 프로그램을 1회 실행하는 데 소요되는 시간은?

① 로딩　　　　② 스텝수
③ 스캔타임　　④ 처리속도

해설 PLC의 연산 처리 방법은 입력 리프레시된 상태에서 이들 조건으로 프로그램을 처음부터 마지막까지 순차적으로 연산을 실행하고 출력 리플레시를 한다. 이러한 방식을 '반복연산방식'이라 하며, 한 번 실행하는 데 걸리는 시간을 '1스캔 타임'이라 한다.

74. 코일에 전류가 흘러 그 양단에 역기전력을 일으킬 때의 전류의 방향과 기전력의 방향에 관계되는 법칙은?

① 렌츠의 법칙　　② 줄의 법칙
③ 쿨롱의 법칙　　④ 암페어의 법칙

해설 • 렌츠의 법칙 : 유도 기전력의 방향은 그 기전력에 의해 흐르는 전류가 만드는 자속에 의해 원래의 자속 변화를 억제하려는 방향으로 일어난다.
• 줄의 법칙 : 저항이 있는 도체에 전류를 흘리면 열이 발생한다. 이 열량은 흐르는 전류의 제곱과 도체의 저항 및 전류가 흐르는 시간의 곱에 비례한다는 법칙이다.
$$H = 0.24 \times I^2 Rt [\text{cal}]$$
• 쿨롱의 법칙 : 만유인력과 같이 거리제곱에 반비례하는 힘이지만, 전하의 극성에 따라 인력 혹은 척력이 작용된다. 쿨롱의 법칙에 의한 두 전하 q_1, q_2 사이에 작용하는 전기력은

$$F = \frac{1}{4\pi\varepsilon_0} \frac{q_1 q_2}{r^2} [\text{N}]$$

75. 100V, 60Hz의 교류회로에서 용량 리액턴스

$X_c = 5\,\Omega$일 때 이 회로에 흐르는 전류(A)는?

① 10 ② 20 ③ 30 ④ 40

해설 $I = \dfrac{V}{X_c} = \dfrac{100\,\text{V}}{5\,\Omega} = 20\,\text{A}$

76. 복합가공으로 공정을 줄인 가공의 효과가 아닌 것은?

① 절삭 저항이 증가하고 공구수명이 짧아졌다.
② 공장의 설비비 및 바닥면적을 줄였다.
③ 지그 제작비용이 절감되었다.
④ 준비시간, 공정 간의 대기시간을 줄였다.

해설 복합가공으로 공정을 줄임으로써 절삭 저항이 감소하고 공구수명이 증가하는 효과를 얻을 수 있다.

77. 다음 진리표에 해당하는 논리회로는?

A	B	Y
0	0	0
0	1	1
1	0	1
1	1	0

① 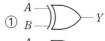 ②

③  ④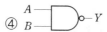

해설 XOR 게이트는 참 입력의 숫자가 홀수일 때 참(1/HIGH) 출력을 내보내는 디지털 논리 게이트이다.

78. 스패핑 모터의 특성에 해당되지 않는 것은?

① 위치결정제어에 용이하다.
② 고속, 고 토크를 얻을 수 있다.
③ 마이컴 등의 디지털기기와 조합이 용이하다.
④ 구동 제어 회로는 입력펄스 및 주파수에 의해 제어된다.

해설 스텝모터의 장단점
• 펄스신호의 주파수에 비례한 회전속도 발생
• 광범위한 속도제어 가능
• 기동, 정지, 정·역회전, 변속이 용이하며 응답특성 우수
• 회전각 검출을 위한 별도의 센서가 불필요
• 특정 주파수에서 진동, 공진 현상 발생 가능
• 관성이 있는 부하에 취약

79. PC(프로그램 카운터)에 대한 설명으로 틀린 것은?

① 프로그램이 어디까지 실행되었는지를 계수하는 일종의 카운터이다.
② PC는 그 내용이 어드레스 버퍼로 전송된 직후 자동적으로 1씩 증가한다.
③ 소프트웨어 명령에 의해서 PC의 내용이 불연속적으로 변할 수 있다.
④ 산술 및 논리 연산용 레지스터로 이용될 수 있다.

해설 PC는 프로그램의 흐름을 유지하는 레지스터로 다른 용도로 사용될 수는 없다.

80. 초음파 센서의 설명으로 틀린 것은?

① 파장이 수 mm~수십 mm이다.
② 수중에서 공기보다 전파속도가 느리다.
③ 어군 탐지기에 사용된다.
④ 온도에 대한 보정이 필요하다.

해설 • 파장 : 1.7 cm 이하
• 전파 속도
 – 공기 중(344 m/s (단, 20°C))
 – 수중(1,480 m/s)
 – 고체 중(철)(5,180 m/s)
 – 진공 중(전파되지 않음)
• 응용 사례 : 초음파 진단기, 초음파 수술, 화장품 희석, 성분 추출, 반응 촉진, 초음파세척, 초음파용접, 반도체제조, 비닐/플라스틱 접착, 위험물의 액위측정, 수심측량, 수중레이더, 어군 탐지 등

2015년 8월 16일 시행					
자격종목 및 등급(선택분야)	종목코드	시험시간	문제지형별	수검번호	성 명
생산자동화산업기사	2034	2시간	A		

제1과목 : 기계가공법 및 안전관리

1. 절삭 가공을 할 때 절삭 조건 중 가장 영향을 적게 미치는 것은?

① 가공물의 재질
② 절삭 순서
③ 절삭 깊이
④ 절삭 속도

(해설) 절삭 조건(cutting condition)의 중요 요소 : 가공물의 재질, 절삭 깊이, 절삭 속도, 절삭 공구의 재질 및 형상 등이 있다.

2. 다음 연삭숫돌의 표시 방법 중에서 '5'는 무엇을 나타내는가?

```
WA  60  K  5  A
```

① 조직
② 입도
③ 결합도
④ 결합제

(해설) • 연삭숫돌의 5가지 구성요소 : 입자, 입도, 결합도, 조직, 결합제
• WA(입자), 60(입도), K(결합도), 5(조직), A(결합제)

3. 스패너 작업의 안전수칙으로 거리가 먼 것은?

① 몸의 균형을 잡은 다음 작업을 한다.
② 스패너는 너트에 알맞은 것을 사용한다.
③ 스패너의 자루에 파이프를 끼워 사용한다.
④ 스패너를 해머 대용으로 사용하지 않는다.

(해설) 스패너는 자루에 파이프를 끼워 사용하지 않는다.

4. 절삭 공구의 수명 판정 방법으로 거리가 먼 것은?

① 날의 마멸이 일정량에 달했을 때
② 완성된 공작물의 치수 변화가 일정량에 달했을 때
③ 가공면 또는 절삭한 직후의 면에 광택이 있는 무늬 또는 점들이 생길 때
④ 절삭 저항의 주분력, 배분력이나 이송방향 분력이 급격히 저하되었을 때

(해설) 절삭 저항의 주분력에는 변화가 적어도 배분력이나 이송방향 분력이 급격히 증가할 때 공구수명의 종료시점으로 본다.

5. 볼트머리나 너트가 닿는 자리면을 만들기 위하여 구멍 축에 직각 방향으로 주위를 평면으로 깎는 작업은?

① 카운터 싱킹
② 카운터 보링
③ 스폿 페이싱
④ 보링

(해설) • 스폿 페이싱(spot facing) : 볼트머리나 너트가 닿는 자리면을 평면으로 깎는 작업
• 카운터 싱킹(counter sinking) : 나사 머리의 모양이 접시모양일 때 테이퍼 원통형으로 절삭하는 가공
• 카운터 보링(counter boring) : 볼트 또는 너트

의 머리 부분이 가공물 안으로 묻히도록 절삭하는 방법
- 보링(boring) : 이미 뚫어져 있는 구멍을 필요한 크기로 넓히거나 정밀도를 높이기 위하여 절삭하는 방법

6. 그림에서 X가 18 mm, 핀의 지름이 $\phi6$ mm이면 A 값은 약 몇 mm인가?

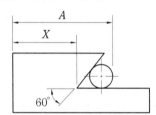

① 23.196   ② 26.196
③ 31.392   ④ 34.392

해설 60°인 경우 $A = X + C$, $\left(C = \dfrac{r}{\tan30°} + r\right)$

이므로

$$A = 18 + \dfrac{3}{\tan30°} + 3 = 18 + 5.196 + 3$$
$$= 26.196$$

7. 전해연마에 이용되는 전해액으로 틀린 것은?

① 인산   ② 황산
③ 과염소산   ④ 초산

해설 • 전해연마에 이용되는 전해액 : 인산, 황산, 과염소산, 질산 등이 있다.
- 점성을 높이기 위하여 젤라틴, 글리세린 등 유기물을 첨가하는 경우도 있다.

8. 연삭작업에서 주의해야 할 사항으로 틀린 것은?

① 회전속도는 규정 이상으로 해서는 안 된다.
② 작업 중 숫돌의 진동이 있으면 즉시 작업을 멈춰야 한다.
③ 숫돌커버를 벗겨서 작업을 한다.
④ 작업 중에는 반드시 보안경을 착용하여야 한다.

해설 연삭작업 중에는 반드시 숫돌커버(덮개)를 설치하여 작업을 한다.

9. 압축공기를 이용하여, 가공액과 혼합된 연마제를 가공물 표면에 고압·고속으로 분사시켜 가공하는 방법은?

① 버핑   ② 초음파가공
③ 액체 호닝   ④ 슈퍼 피니싱

해설 • 액체 호닝(liquid honing) : 압축공기를 이용하여, 가공액과 혼합된 연마제를 가공물 표면에 고압·고속으로 분사시켜 가공한다.
- 버핑(buffing) : 털(모 ; 毛)이나 직물 등으로 원판을 만들고 이것을 여러 장 붙이거나 재봉으로 누비거나 또는 나사못으로 겹친 후 윤활제를 섞은 미세한 연삭 입자를 이용가공물의 표면을 매끈하게 가공한다.
- 초음파가공(ultra sonic machinjng) : 초음파에 의한 기계적인 에너지로 공구에 진동을 주어 유리, 세라믹 등 소성 변형이 어렵고 취성이 강한 재료를 가공한다.
- 슈퍼 피니싱(super finishing) : 입도가 작고, 연한 숫돌에 적은 압력으로 가압하면서, 가공물에 이송을 주고, 동시에 숫돌에 진동을 주어 표면거칠기를 좋게 하는 가공 방법이다.

10. 절삭 저항의 3분력에 해당되지 않는 것은?

① 주분력   ② 배분력
③ 이송분력   ④ 칩분력

해설 • 절삭 저항의 3분력 : 주분력, 배분력, 이송분력
- 각 분력의 크기 : 주분력(P1) : 배분력(P2) : 이송분력(P3)=10 : (2~4) : (1~2)

11. 선반가공에서 지름 102 mm인 환봉을 300 rpm으로 가공할 때 절삭 저항력이 981 N이었다. 이때 선반의 절삭 효율을 75%라 하면 절삭 동력은 약 몇 kW인가?

① 1.4   ② 2.1   ③ 3.6   ④ 5.4

해설 • 절삭 동력(kW)$=\dfrac{P_1 \times V}{102 \times 9.81 \times 60 \times \eta}$ 을 적용한다.

• 절삭 속도(V)$=\dfrac{\pi dn}{1,000}$ 을 적용한다.

$$V=\dfrac{3.14 \times 102 \times 300}{1,000}=96\,\text{m/min}$$

• 절삭 동력(kW)$=\dfrac{981 \times 96}{102 \times 9.81 \times 60 \times 0.75}=2.1$

12. 일반적으로 한계 게이지 방식의 특징에 대한 설명으로 틀린 것은?

① 대량 측정에 적당하다.
② 합격, 불합격의 판정이 용이하다.
③ 조작이 복잡하므로 경험이 필요하다.
④ 측정 치수에 따라 각각의 게이지가 필요하다.

해설 한계 게이지(limit gauge) : 조작이 복잡하지 않으므로 경험이 없어도 용이하게 사용할 수 있다.

13. 밀링작업의 절삭 속도 선정에 대한 설명 중 틀린 것은?

① 공작물의 경도가 높으면 저속으로 절삭한다.
② 커터 날이 빠르게 마모되면 절삭 속도를 낮추어 절삭한다.
③ 거친 절삭은 절삭 속도를 빠르게 하고, 이송속도를 느리게 한다.
④ 다듬질 절삭에서는 절삭 속도를 빠르게, 이송을 느리게, 절삭 깊이를 적게 한다.

해설 거친 절삭[황삭(荒削)] : 절삭 속도를 느리게 하고, 이송속도를 빠르게 한다.

14. 공작물을 절삭할 때 절삭 온도의 측정 방법으로 틀린 것은?

① 공구 현미경에 의한 측정
② 칩의 색깔에 의한 측정
③ 열량계에 의한 측정

④ 열전대에 의한 측정

해설 절삭 온도의 측정 방법
• 칩의 색깔에 의한 측정
• 열량계(calorimeter)에 의한 측정
• 열전대(thermo-couple)에 의한 측정
• 복사고온계에 의한 측정
• 시온도료(示溫塗料)를 이용 측정
• pbs 광전지를 이용 측정하는 방법

15. 정밀측정에서 아베의 원리에 대한 설명으로 옳은 것은?

① 내측 측정 시는 최댓값을 택한다.
② 눈금선의 간격은 일치되어야 한다.
③ 단도기의 지지는 양끝 단면이 평행하도록 한다.
④ 표준자와 피 측정물은 동일 축선상에 있어야 한다.

해설 아베의 원리(abbe's principle) : 측정기에서 표준자의 눈금면과 측정물을 동일직선상에 배열한 구조로 하면 측정오차가 적다는 원리를 말한다.

16. 선반가공에서 이동 방진구에 대한 설명 중 틀린 것은?

① 베드의 상면에 고정하여 사용한다.
② 왕복대의 새들에 고정시켜 사용한다.
③ 두 개의 조(jaw)로 공작물을 지지한다.
④ 바이트와 함께 이동하면서 공작물을 지지한다.

해설 고정식 방진구(steady fixed rest) : 베드(bed)에 고정하여 사용한다.

17. 측정 오차에 관한 설명으로 틀린 것은?

① 계통 오차는 측정값에 일정한 영향을 주는 원인에 의해 생기는 오차이다.
② 우연 오차는 측정자와 상관없이 발생하고, 반복적이고 정확한 측정으로 오차 보

정이 가능하다.

③ 개인 오차는 측정자의 부주의로 생기는 오차이며, 주의해서 측정하고 결과를 보정하면 줄일 수 있다.

④ 계기 오차는 측정압력, 측정온도, 측정기 마모 등으로 생기는 오차이다.

해설 우연 오차(偶然 誤差 ; accidental error)
• 계통적 오차 등을 보정(補正)하여도 여전히 남는 원인을 찾아내기 어려운 오차
• 원인 : 운동 부분의 마찰, 끼워맞춤 변화, 측정환경(진동, 실온, 조명, 기압 등)의 변화 등
• 대책 : 측정을 반복하여 통계적으로 처리

18. 트위스트 드릴의 각부에서 드릴 홈의 골 부위(웨부 두께)를 측정하기에 가장 적합한 것은?

① 나사 마이크로미터
② 포인트 마이크로미터
③ 그루브 마이크로미터
④ 다이얼 게이지 마이크로미터

해설 포인트 마이크로미터(point micrometer) : 트위스트 드릴의 각부에서 드릴 홈의 골 부위(외부 두께)를 측정하기에 가장 적합하다.

19. 액체호닝에서 완성가공면의 상태를 결정하는 일반적인 요인이 아닌 것은?

① 공기 압력   ② 가공 온도
③ 분출 각도   ④ 연마제의 혼합비

해설 액체호닝(liquid honing)에서 호닝가공면을 결정하는 요소 : 공기압력, 분출각도, 연마제의 혼합비, 시간, 노즐에서 가공면까지의 거리 등이다.

20. 일반적인 선반작업의 안전수칙으로 틀린 것은?

① 회전하는 공작물을 공구로 정지시킨다.
② 장갑, 반지 등은 착용하지 않도록 한다.
③ 바이트는 가능한 짧고 단단하게 고정한다.
④ 선반에서 드릴 작업 시 구멍가공이 거의

끝날 때는 이송을 천천히 한다.

해설 • 회전하는 공작물을 공구로 정지시켜서는 안 된다.
• 선반작업에서 회전하는 공작물(주축)은 반드시 브레이크를 이용하여 정지시킨다.

제2과목 : **기계제도 및 기초공학**

21. 구멍과 축이 끼워맞춤 상태에 있을 때, 치수공차 기입이 옳은 것은?

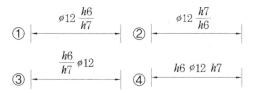

22. 유니파이 보통나사의 표시가 '3/8−16UNC−2B'일 때, 설명으로 틀린 것은?

① '3/8'은 호칭 지름을 나타낸 것이다.
② '16'은 리드를 나타낸 것이다.
③ 'UNC'는 나사의 종류이다.
④ '2B'는 나사의 등급을 나타낸 것이다.

해설 16은 1인치당 나사산의 수로 유니파이 나사의 피치를 나타낸다.

23. 개스킷, 박판, 형강 등과 같이 절단면이 얇은 경우 이를 나타내는 방법으로 옳은 것은?

① 실제 치수와 관계없이 1개의 가는 1점 쇄선으로 나타낸다.
② 실제 치수와 관계없이 1개의 극히 굵은 실선으로 나타낸다.
③ 실제 치수와 관계없이 1개의 굵은 1점 쇄선으로 나타낸다.

④ 실제 치수와 관계없이 1개의 극히 굵은 2점 쇄선으로 나타낸다.

해설 개스킷, 박판, 형강 등과 같이 절단면이 얇은 경우 : 실제 치수와 관계없이 1개의 극히 굵은 실선으로 나타낸다.

24. 다음 중 용어의 설명이 틀린 것은?

① 최소 죔새 : 억지 끼워맞춤에서 축의 최소 허용치수와 구멍의 최대 허용치수의 차
② 최대 틈새 : 헐거운 끼워맞춤에서 구멍의 최대 허용치수와 축의 최소 허용치수의 차
③ 억지 끼워맞춤 : 항상 죔새가 생기는 끼워맞춤
④ 틈새 : 축의 치수가 구멍의 치수보다 클 때의 치수 차

해설 • 틈새 : 구멍의 치수가 축의 치수보다 클 때, 구멍과 축과의 치수의 차
• 죔새 : 구멍의 치수가 축의 치수보다 작을 때, 조립 전의 구멍과 축과의 치수의 차

25. 분할 핀의 호칭 지름은 어느 것으로 나타내는가?

① 판 구멍의 지름
② 분할 핀의 한쪽의 지름
③ 분할 핀의 가장 긴 길이
④ 분할 핀 머리 부분의 지름

해설 분할 핀의 호칭 지름 : 판 구멍의 지름(핀 2가닥이 합쳐진 지름)으로 나타낸다.

26. 구름베어링에 '6008 C2 P6'이라 표시되어 있다. 숫자 '60'이 의미하는 뜻은?

① 베어링 계열 번호
② 등급 기호
③ 안지름 번호
④ 틈새 기호

해설 • 60 : 베어링 계열 번호

• 08 : 안지름 번호(베어링 안지름 8×5=40 mm)
• C2 : 틈새 기호
• P6 : 등급 기호

27. 기하공차 도시 방법에서 최대실체공차를 적용하는 기호로 공차값 뒤에 기입하는 것은?

① Ⓜ
② Ⓧ
③ Ⓩ
④ Ⓞ

해설 • Ⓜ : 최대실체공차를 적용하는 기호로 공차값 뒤에 기입한다.
• Ⓟ : 돌출된 부분까지 포함하는 공차 표시이다.
• Ⓢ : 규제기호로 표시되지 않는다.

28. KS 재료 기호가 'SF 340 A'인 것은?

① 기계구조용 주강
② 일반구조용 압연 강재
③ 탄소강 단강품
④ 기계구조용 탄소 강판

해설 • 탄소강 단강품 : SF 340 A
• 일반구조용 압연 강재 : SS400
• 기계구조용 탄소 강판 : SM 45C

29. 도면에서 경사면에 따라 그려진 투상도의 명칭으로 옳은 것은?

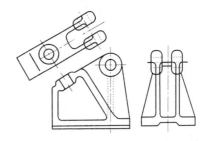

① 국부 투상도
② 회전 도시 투상도
③ 보조 투상도
④ 가상 투상도

해설 • 보조 투상도 : 보이는 부분의 전체 또는 일부분을 보조 투상도로 나타낸다.
• 국부 투상도 : 대상물의 구멍, 홈 등과 같이 한 부분의 모양을 도시하는 것으로 충분한 경우

에는 그 필요한 부분만을 국부 투상도로 나타
낸다.
- 회전 도시 투상도 : 대상물의 일부가 어느 각도
  를 가지고 있기 때문에 그 실제 모양을 나타내
  기 위해서는 그 부분을 회전해서 실제 모양을
  나타낸다.
- 부분 투상도 : 일부를 도시하는 것으로도 충분
  한 경우에는 필요한 부분만을 투상하여 도시
  한다.

30. 그림과 같은 정투상도의 입체도로 옳은 것은?

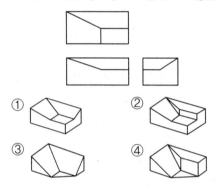

31. 어느 회로의 연결점에서 흘러 들어오는 전류는 나가는 전류의 크기와 같다고 하는 법칙은?

① 옴의 법칙
② 플레밍의 법칙
③ 키르히호프의 제1법칙
④ 키르히호프의 제2법칙

해설 • 키르히호프의 제1법칙 : 어느 회로의 연결
점에서 흘러 들어오는 전류는 나가는 전류의
크기와 같다. (전류의 법칙)
- 키르히호프의 제2법칙 : 폐쇄회로의 기전력의
  합은 그 회로 내의 전압강하의 합과 같다. (전
  압의 법칙)
- 옴의 법칙 : 전기회로에 흐르는 전류는 전압에
  비례하고, 저항에 반비례한다.
- 플레밍의 왼손 법칙 : 전자력의 방향을 결정하
  는 법칙이다.
- 플레밍의 오른손 법칙 : 도체 운동에 의한 유도
  기전력의 방향을 결정하는 법칙을 말한다.

32. 다음 그림과 같은 정육각형의 겉넓이(cm²)는?

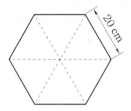

① $100\sqrt{3}$　　　② $200\sqrt{3}$
③ $400\sqrt{3}$　　　④ $600\sqrt{3}$

해설 정육각형의 면적$(A) = \dfrac{3\sqrt{3}}{2} \times a^2$

$$= \dfrac{3\sqrt{3}}{2} \times 400 = 600\sqrt{3}$$

33. 피스톤 A_2의 반지름이 A_1의 반지름의 2배일 때, 힘 F_1과 F_2의 관계는?

① $F_1 = F_2$　　　② $F_2 = 2F_1$
③ $F_1 = 4F_2$　　　④ $F_2 = 4F_1$

해설 $P = \dfrac{F_1}{A_1} = \dfrac{F_2}{A_2}$ 에서

$\dfrac{F_1}{\dfrac{\pi d^2}{4}} = \dfrac{F_2}{\pi d^2}$ 이므로 $F_2 = 4F_1$

34. 힘의 모멘트 45 kgf·m를 SI 단위로 나타내면 얼마인가? (단, 1 kgf = 9.8 N이다.)

① 431 N·m　　　② 441 N·m
③ 451 N·m　　　④ 461 N·m

해설 45 kgf·m = 45 × 9.8 N·m = 441 N·m

35. 가정용 전원을 회로시험기로 측정한 전압이 220 V라고 하면 의미하는 값은?

① 순싯값　　　② 실횻값
③ 최댓값　　　④ 평균값

해설 • 실횻값 : 교류의 크기를 교류와 동일한 일

을 하는 직류의 크기로 바꿔 나타낸 값
- 순싯값 : 순간순간 변하는 교류의 임의의 시간에 있어서의 값
- 최댓값 : 순싯값 중에서 가장 큰 값
- 평균값 : 교류 순싯값의 1주기 동안의 평균으로 교류의 크기를 나타낸 값

36. 일반적인 직류모터의 설명으로 틀린 것은?

① 유도형보다 효율이 좋다.
② 입력 전류에 비례하여 토크도 변한다.
③ 회전수가 빨라지면 토크도 비례하여 커진다.
④ 효율은 출력을 입력으로 나누어 100%를 곱한다.

해설 직류모터는 회전수가 빨라지면 토크는 반비례하여 작아진다.

37. 전자 1개의 전기량은 약 몇 쿨롱(C)인가?

① 1.6×10^{-19}　② 9.1×10^{-31}
③ -1.6×10^{-19}　④ -9.1×10^{-31}

해설
- 전자 1개의 전기량
$= -1.6 \times 106^{-19}$ C
- 양성자 1개가 가지는 양의 전기량
$= 1.6 \times 106^{-19}$ C

38. 다음 설명 중 틀린 것은?

① 하중이 변화하기 전의 초기 단면적으로 하중을 나눈 응력을 공칭응력이라 한다.
② 재료의 저항력을 최대로 받을 수 있는 극한점에서의 응력을 인장강도라 한다.
③ 물체가 하중을 받을 때 그에 대한 내부에 생기는 저항력을 변형률이라 한다.
④ 전단하중에 의해서 재료의 단면과 동일한 방향으로 발생되는 내력을 전단응력이라 한다.

해설 응력(stress, σ) : 물체가 하중을 받을 때 그에 대한 내부에 생기는 저항력을 말한다.

39. 어떤 물체가 정지 상태에서 $A[\mathrm{m/s^2}]$의 크기로 가속 된다면 $B[\mathrm{m}]$를 가는데 걸리는 시간은?

① $\sqrt{\frac{2B}{A}}$　② $\sqrt{\frac{B}{2A}}$
③ $\sqrt{\frac{2A}{B}}$　④ $\sqrt{\frac{2}{AB}}$

40. 길이를 일정하게 하고 도선의 반지름을 2배로 늘리면 저항은 어떻게 변하는가?

① 1/4로 감소　② 1/2로 감소
③ 2배로 증가　④ 4배로 증가

해설 길이를 일정하게 하고 도선의 반지름을 2배로 늘리면 저항은 1/4로 감소한다.

제3과목 : 자동제어

41. PLC로 사회자 1명에 출연자 4명이 참가한 퀴즈 게임 회로를 작성하려고 할 때 출연자 1명에 걸어 주어야 할 b접점의 최소 개수는 몇 개인가? (단, 사회자의 초기화 조작 스위치는 포함하지 않는다.)

① 1개　② 2개
③ 3개　④ 4개

해설

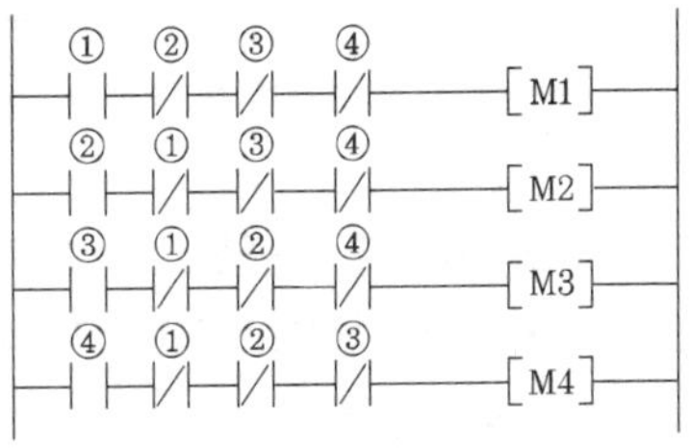

42. 페루프 시스템의 기본요소에 해당하지 않는 것은?

정답 36. ③　37. ③　38. ③　39. ①　40. ①　41. ③　42. ①

① 카운트부   ② 비교부
③ 제어부   ④ 계측부

해설 • 제어부 : 조절부로부터 받은 신호를 조작량으로 바꾸어 제어 대상에 보내는 부분
• 비교부 : 제어 요소가 동작하는 데 필요한 신호를 만들어 제어부에 보내는 부분
• 계측부 : 제어량을 계측하고 입력과 출력을 비교하는 비교부가 반드시 필요

43. 유압동력을 기계적인 회전 운동으로 변환하는 장치는?

① 유압모터   ② 공압모터
③ 유압펌프   ④ 유압실린더

해설 • 유압모터 : 유압동력을 연속적인 회전 운동으로 변환하는 장치
• 유압펌프 : 전기모터의 기계적 에너지를 유체에너지로 변환하는 장치

44. PLC 설치 시의 접지 방법 중 가장 양호한 방법은?

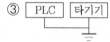   

해설

전용접지 (우수)	공용접지 (양호)	공통접지 (불가)

45. 퍼지(fuzzy) 제어를 이용함으로써 제어특성을 개선할 수 있는 대상 공정으로 적합하지 않은 것은?

① 생물체 발효공정
② 냉각수 저장조 온도제어
③ 시멘트 회전 혼합기
④ 소각로 연소제어

해설 퍼지 제어(fuzzy control)의 개념으로 제어 분야에서 인간은 애매한 구문을 사용할 수 있다. 예를 들어 컴퓨터에서 "온도가 낮으면 밸브를 열어라."라는 명령을 할 경우 애매한 표현인 '낮으면'을 어떻게 처리할 것인가? 냉각수 저장고 온도제어는 설정온도제어이므로 피드백제어이다.

46. PLC 설치 시 실드 트랜스를 사용하는 것은 어느 곳으로부터의 노이즈 대책인가?

① 입력기기   ② 출력기기
③ 전원계통   ④ PLC 자체

해설 전기, 전자기기의 동작 주파수와 다른 전압과 전류, 즉 기본 주파수 이외의 정상동작을 방해하는 불필요한 전기 전자적 에너지를 노이즈라 하며 이를 실드 트랜스를 사용하여 차폐가 가능하다.

47. 개루프 전달 함수 $G(s) = \dfrac{s+2}{s^2}$ 시스템에 단위 계단입력 $r = 1$이 들어올 때, 폐루프 시스템의 정상 상태 오차는?

① 0   ② 1   ③ 2   ④ ∞

해설 자동 제어계의 정상상태 오차식
$r(t) = 1$ 스텝신호를 라플라스로 변환하면
$$R(s) = \frac{1}{s}$$
$$e_{ss} = \lim_{t \to \infty} e(t) = \lim_{s \to 0} sE(s) = \lim_{s \to 0} \frac{sR(s)}{1+G(s)}$$
$$e_{ss} = \lim_{s \to 0} \frac{s \cdot \dfrac{1}{s}}{1 + \dfrac{s+2}{s^2}} = \lim_{s \to 0} \frac{s^2}{s^2 + s + 2}$$
$$= \lim_{s \to 0} \frac{0}{0+0+2} = 0$$

48. 다음 제어기 중에서 제어 목표값에 빨리 도달하도록 미분동작을 부가하여 응답속도만을 개선한 것은?

① P 제어기   ② PI 제어기

③ PD 제어기　　④ PID 제어기

해설 제어기 동작에 의한 분류
- P제어 : 잔류편차(offset)가 발생한다. (속응성)
- I제어 : 응답속도는 느리지만, 정확성이 좋다. (offset 제거)
- D제어 : 오차가 커지는 것을 미연에 방지한다. (안정성)
- PI 제어 : offset 소멸, 진동으로 접근하기 쉽다.
- PD 제어 : 응답속도 개선에 사용된다.
- PID 제어 : 비례동작은 잔류편차를 발생하고, 적분동작은 잔류편차를 없애고, 미분동작은 동특성을 개선하는 동작이므로 제어 시스템은 안정적이다.

49. 다음 중 서보기구로 제어할 수 있는 가장 적합한 제어량은?

① 전류　　　② 전압
③ 주파수　　④ 기계적 위치

해설 제어량의 성질에 의한 분류
- 공정제어(process control)
⟨제어량⟩ 온도, 유량, 압력, 액위, 밀도, PH, 점도
- 서보기구
⟨제어량⟩ 물체의 위치, 방위, 자세
⟨용 도⟩ 비행기, 선박의 항법제어 시스템, 미사일 발사대의 자동위치제어 시스템, 자동조타장치, 추적용레이더, 공작기계, 자동평형기록계
- 자동조정 : 부하에 관계없이 출력을 일정하게 유지
⟨제어량⟩ 전압, 전류, 주파수, 회전속도
⟨용 도⟩ 정전압장치, 발전기의 조속기, 자동전원 조정장치

50. 다음 내용에 해당하는 유압펌프의 명칭은?

구조가 간단하고 운전 및 보수가 용이하지만 가변 토출형으로 제작이 불가능하고 내부 오일 누설이 다른 펌프에 비해서 많다. 그리고 운전 중에 밀폐작용(폐입현상)이 발생하기도 한다.

① 기어펌프　　② 배인펌프
③ 피스톤펌프　④ 나사펌프

해설 기어펌프의 특징
- 구조가 간단하며 다루기 쉽고 가격이 저렴하다.
- 기름의 오염에 비교적 강한 편이며 펌프의 효율은 피스톤 펌프에 비하여 떨어진다.
- 가변 용량형으로 만들기가 곤란하며 흡입 능력이 가장 크다.

51. 유압제어와 비교한 공압제어에 대한 설명으로 틀린 것은?

① 공기압력은 4~7 kgf/cm^2 정도를 사용한다.
② 공압과 유압의 출력은 항상 동일하다.
③ 에어 드라이어를 설치한다.
④ 구성은 간단하나 압축성으로 속도가 일정치 않다.

해설 공압장치의 단점
- 압축성 유체이므로 큰 힘을 얻는 데 제약을 받는다.
- 전기, 유압방식에 비해 에너지 효율이 떨어진다.
- 정밀한 속도, 위치, 중간정지 조절이 곤란하여 필요 시 특수한 장치가 필요하다.

52. 제어장치에 있어서 목표차에 의한 신호와 검출부로부터의 신호에 의거, 제어계가 소정의 작동을 하는 데 필요한 신호를 만들어서 조작부에 보내주는 부분은?

① 검출부　　② 입력부
③ 조절부　　④ 출력부

해설
- 조절부(調節部 ; controlling means) : 기준입력과 검출부 출력을 합하여 제어계가 소요의 작용을 하는 데 필요한 신호를 만들어 조작부(操作部)에 보내는 부분이다.
- 검출부(檢出部 ; detecting means) : 제어량을 검출하고 기준입력 신호와 비교시키는 부분이다.

53. 다음 중 PLC의 CPU가 수행하지 않는 작업은?

① 운용시스템(OS) 실행
② 메모리 관리
③ 자기진단
④ PID 연산

해설 PLC의 CPU는 운용시스템의 실행 및 메모리 관리와 자기진단 등을 수행한다. PID(비례적분미분) 연산은 통상 별도의 카드를 사용한다.

54. 주파수 전달 함수 $G(j\omega) = \dfrac{1}{1 + j\omega T}$ 의 복소수 평면에서의 벡터 궤적의 모양은? (단, ω 값이 0에서 ∞까지이다.)

① 원   ② 반원
③ 직선   ④ 타원

해설 1차 지연

$$G(s) = \frac{1}{1 + Ts} \rightarrow G(j\omega) = \frac{1}{1 + j\omega T}$$

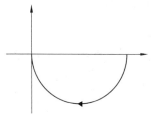

55. 마이크로컨트롤러 기반제어와 비교할 때 PC 기반제어의 특성이 아닌 것은?

① 어셈블러의 사용이 쉽다.
② 많은 양의 데이터 저장이 가능하다.
③ 프로그램 크기가 큰 프로그램의 수행이 가능하다.
④ PC에서 사용가능한 여러 가지 응용소프트웨어의 사용이 가능하다.

해설 어셈블러는 기계언어이므로 어렵고, C언어는 다목적 언어이다.

56. 압력, 온도, 유량, 액위 및 농도 등의 상태량을 제어량으로 하는 제어 방식은?

① 서보기구   ② 시퀀스 제어
③ 프로그램 제어   ④ 프로세스 제어

해설 • 프로세스 제어 : 온도, 유량, 압력, 레벨, 효율 등의 공업 프로세스의 상태량을 제어량으로 하는 제어
• 서보기구 : 물체의 위치, 각도 등을 제어량으로 하고 목표값의 임의의 변화에 추종하는 것

57. 제어량의 종류에 의한 제어계의 분류로 적당하지 않은 것은?

① 서보기구   ② 자동조정
③ PLC 제어   ④ 프로세스 제어

해설 • 프로세스 제어 : 온도, 유량, 압력, 레벨, 효율 등의 공업 프로세스의 상태량을 제어량으로 하는 제어
• 서보기구 : 물체의 위치, 각도 등을 제어량으로 하고 목표값의 임의의 변화에 추종하는 것
• 자동조정 : 전압, 전류, 주파수, 회전속도, 힘 등 전기적, 기계적인 양을 주로 제어하는 것으로서 응답속도가 빠른 장치

58. 비례 제어기의 일반적인 특성으로 옳지 않은 것은?

① 상승시간을 줄인다.
② 오버슈트를 크게 한다.
③ 잔류편차를 제거해 준다.
④ 제어편차에 비례한 수정동작을 한다.

해설 • 비례제어는 기준신호와 되먹임 신호 사이의 차인 오차신호에 적당한 비례상수 이득을 곱해서 제어신호를 만들어내는 제어기법이다.
• 장점은 구성이 간단하여 구현하기가 쉽지만 이득의 조정만으로는 시스템의 성능을 여러 가지 면에서 함께 개선시키기는 어렵다.
• 잔류편차를 제거하는 것은 적분제어이다.

59. 함수 $f(t) = e^{-at}$의 라플라스 변환은?

① $\dfrac{1}{s - a}$ ② $\dfrac{1}{s + a}$

정답 54. ② 55. ① 56. ④ 57. ③ 58. ③ 59. ②

③ $(s-a)$ ④ $\dfrac{1}{(s+a)^2}$

해설 $f(t)=e^{-at}$의 라플라스 변환

$$f(t)=e^{-at}$$
$$F(s)=\frac{1}{s+a}$$

60. 제어요소의 전달 함수에 대한 설명 중 틀린 것은?

① 비례요소 : K

② 1차 지연요소 : $\dfrac{K}{(1+Ts^2)}$

③ 적분요소 : $\dfrac{1}{Ts}$

④ 미분요소 : Ts

해설 • 비례요소 : $G(s)=K$
• 미분요소 : $G(s)=s$
• 적분요소 : $G(s)=\dfrac{1}{s}$
• 비례미분요소 : $G(s)=1+TS$
• 1차 지연 : $G(s)=\dfrac{1}{1+Ts}$

제4과목 : 메카트로닉스

61. 피상전력이 80 kVA이고 유효전력이 60 kW일 때의 역률 $\cos\theta$는?

① 0.25 ② 0.5 ③ 0.75 ④ 1

해설 교류전력에서 역률계산 : 유효전력과 피상전력의 비

$$pf=\cos\theta=\frac{\text{유효전력}}{\text{피상전력}}=\frac{60\,\text{kW}}{80\,\text{kVA}}=0.75$$

62. 5개의 T-FF(플립플롭)으로 구성된 카운터 회로에 입력클럭 주파수가 8 MHz일 경우 마지막 플립플롭의 출력 주파수(kHz)는?

① 150 ② 250 ③ 300 ④ 350

해설 모듈 4의 2단 계수기와 모듈 8의 3단 종속 연결한 계수기로서 '$4\times8=32$'의 모듈을 계수할 수 있다. -32진 계수기는 입력주파수를 32로 분주하여 계수한다.

$$f_o=\frac{800\,\text{MHz}}{32}=250\,\text{kHz}$$

63. 그림과 같이 자장 내에 있는 도체에 전류(I)가 지면 안으로 들어갈 경우 도체가 받는 힘의 방향으로 맞는 것은?

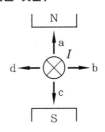

① a ② b
③ c ④ d

해설 전동기는 플레밍의 왼손 법칙을 적용한다.

64. 유도형 센서에서 감지가 어려운 것은?

① 철
② 구리
③ 알루미늄
④ 플라스틱

해설 근접 센서의 종류
• 고주파 발진형(유도형) : 금속체 표면에 와류를 발생시켜 물체를 검출하는 신호를 얻는다. (금속만 검출)
• 정전용량형 : 물체와 센서 표면 간에 극간용량으로 물체를 검출한다. (모든 물체 검출)

65. 다음의 유접점 시퀀스 회로도와 PLC의 프로그램 표가 있을 때 ( ) 안에 들어갈 내용을 순서대로 올바르게 표현한 것은? (단, PLC의 명령은 입력(R), 출력(W), AND(A), OR(O), NOT(N)이다.)

Step	OP	Add
0	R	0.1
1	(가)	(나)
2	(다)	(라)
3	W	8.0
4	(마)	(바)
5	W	3.0

```
 0.1    0.2         8.0
──┤├────┤├──────────( )──
 8.0
──┤├──
 8.0                3.0
──┤├────────────────( )──
```

① O → 8.0 → A → 0.2 → R → 8.0

② A → 0.2 → R → 8.0 → O → 8.0

③ O → 8.0 → R → 8.0 → A → 0.2

④ O → 8.0 → A → 0.2 → W → 8.0

해설

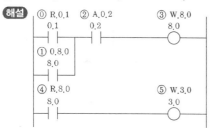

래더 다이어그램에서 병렬 연결은 OR 연산이며 직렬연결은 AND 연산에 해당한다.

66. 선반가공 작업에서 작업자의 작업 방법으로 틀린 것은?

① 척 핸들은 사용 후 척에서 제거한다.

② 바이트는 가능한 짧게 단단히 고정한다.

③ 바이트 교환 시에는 기계를 정지시키고 한다.

④ 표면거칠기 상태 검사는 저속에서 손끝으로 만져 감촉을 느낀다.

해설 표면거칠기 상태 검사는 주축의 회전을 완전히 멈추고 실시한다.

67. 핸드 탭의 파손 원인으로 옳은 것은?

① 너무 빠르게 절삭 작업을 했다.

② 구멍을 충분히 크게 가공했다.

③ 가공 중 태핑 오일을 주입했다.

④ 탭이 구멍 방향과 동일선상에 있었다.

해설 너무 빠르게 탭 작업을 하게 되면 탭의 파

손이 원인이 된다.

68. 마이크로프로세서가 실행 도중 특수한 상태가 발생하면 제어장치의 조정에 의해 특수한 상태를 처리한 후 먼저 수행하던 프로그램으로 되돌아가는 조작은?

① Interrupt ② Controlling

③ Trapping ④ Subroutine

해설 인터럽트(interrupt) : 마이크로프로세서(CPU)가 프로그램을 실행하고 있을 때, 입출력 하드웨어 등의 장치나 또는 예외상황이 발생하여 처리가 필요할 경우에 마이크로프로세서에게 알려 처리할 수 있도록 하는 것

69. 문자나 숫자 등의 입력 자료를 이에 상응하는 2진 부호로 만드는 회로는?

① 엔코더 ② 디코더

③ 가산기 ④ 멀티플렉서

해설 • 엔코더(Encoder) : 입력 신호를 컴퓨터 내부에서 사용하는 2진 코드로 변경

• 디코더(Decoder) : 컴퓨터 내부의 코드를 일반적인 신호로 변경하여 출력

70. CdS 소자의 설명으로 적합한 것은?

① 빛에 의해 전기저항이 변화한다.

② 온도에 의해 전기저항이 변화한다.

③ 전압에 의해 전기저항이 변화한다.

④ 전류에 의해 전기저항이 변화한다.

해설 황화카드뮴(CdS) : 빛에너지를 광에너지로 변환, 빛의 세기에 따른 저항변화는 반비례한다.

71. 마이크로프로세서와 기억장치, 입출력 인터페이스, 타이머 등과 같은 주변 장치들을 통합하여 하나의 칩으로 구현한 것은?

① PLC

② 개인 컴퓨터

③ 마이크로미터

④ 마이크로컨트롤러

해설 원칩(예 8051, 80386 등)

72. 스테핑모터에서 펄스 한 개당 36°를 회전할 때 한 바퀴를 회전하려면 몇 개의 펄스를 인가해야 하는가?

① 50개 ② 90개

③ 100개 ④ 180개

해설 한 바퀴는 360°, 1펄스의 각도는 3.6°

$$N = \frac{360}{3.6} = 100$$

73. 마이크로프로세서의 구조 중 RISC(Reduced Instruction Set Computer)에 대한 설명으로 틀린 것은?

① 디코팅이 간단하다.

② 가변길이 명령어 형식이다.

③ 상대적으로 적은 수의 명령어이다.

④ 상대적으로 적은 어드레싱 모드이다.

해설 RISC : CPU 명령어의 개수를 줄여 하드웨어 구조를 좀 더 간단하게 만드는 방식

74. 교류전류 i를 어떤 저항 R에 임의의 시간 동안 흐르게 했을 때 발열량이 같은 저항 R에 직류전류 I를 같은 시간 동안 흐르게 했을 때의 발열량과 같을 때 그 교류전류 i를 무엇이라 하는가?

① 순싯값 ② 최댓값

③ 평균값 ④ 실횻값

해설 교류와 직류의 경우에 같은 양의 열이 발생될 때 정현파 전압은 직류전압과 같은 실횻값을 갖는다.

75. 직선 전류에 의해서 그 주위에 생기는 자기장의 방향은?

① 전류의 방향

② 전류의 반대 방향

③ 왼나사의 회전 방향

④ 오른나사의 회전 방향

해설 직선 전류 주위에 생기는 자기장의 방향은 오른손 엄지손가락이 전류의 방향을 향하게 할 때 나머지 네 손가락이 감아쥐는 방향이다. 이것을 앙페르 법칙이라고 한다. 또는 오른나사 법칙이라고도 한다.

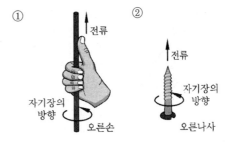

76. 다음 논리회로에서 출력 X는?

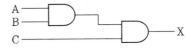

① $\overline{(A \cdot B)} + C$

② $A \cdot B \cdot C$

③ $\overline{A \cdot B \cdot C}$

④ $A \cdot B + \overline{C}$

해설 그림의 논리기호는 AND 연산자이다. 따라서 출력 $X = (A \cdot B) \cdot C = A \cdot B \cdot C$

77. 십진수 11의 BCD 코드로 맞는 것은?

① 0001 0001

② 0000 1011

③ 1011 0001

④ 0010 0001

해설 BCD 코드란 2진수를 사람들이 편하게 사용할 수 있는 10진수의 형태로 창안한 것이다. 일반적으로 BCD 코드란 8421코드를 의미하

며, 각 비트의 자릿값은 MSB에서부터 8, 4, 2, 1로 되기 때문에 가중(weight) 코드라 한다.

십진수	1	1
2진수	0001	0001

78. 데이터를 반영구적으로 기억시켜 두는 기억소자는?

① PLA   ② RAM

③ ROM   ④ Static RAM

해설 • RAM(Random Access Memory) : 임의의 기억 장소를 지정하여 정보를 읽어 내거나 써넣을 수 있는 주기억 장치
• ROM(Read Only Memory) : 명령어를 반복해서 읽을 수 있으나 변경할 수 없는 읽기 전용 기억 장치

79. 다음 그림과 같이 자기 인덕턴스가 접속되어 있을 때 합성 자기 인덕턴스(H)는? (단, 이때 상호 유도 작용은 없다고 가정한다.)

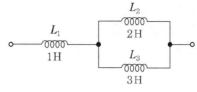

① 1.1   ② 2.2

③ 3.2   ④ 4.2

해설 $L_T = L_1 + \dfrac{L_1 \cdot L_2}{L_1 + L_2} = 1\,\text{H} + \dfrac{2 \cdot T_3}{2 + 3}\,\text{H}$

$\quad = 2.2\,\text{H}$

80. 포토커플러의 조합이 아닌 것은?

① 발광 다이오드와 CdS 셀

② 포토 트랜지스터와 CdS 셀

③ 발광 다이오드와 포토 사이리스터

④ 발광 다이오드와 포토 트랜지스터

해설 • Photo Coupler : 광 복합소자(발광소자 + 수광소자)
• 수광소자 : CdS 셀, 포토 트랜지스터, 포토 사이리스터

생산자동화산업기사 필기

2016년

출제문제

2016년 3월 6일 시행					
자격종목 및 등급(선택분야)	종목코드	시험시간	문제지형별	수검번호	성 명
생산자동화산업기사	2034	2시간	A		

제1과목 : 기계가공법 및 안전관리

1. 절삭공구 재료 중 소결 초경합금에 대한 설명으로 옳은 것은?

① 진동과 충격에 강하며 내마모성이 크다.
② Co, W, Cr 등을 주조하여 만든 합금이다.
③ 충분한 경도를 얻기 위해 질화법을 사용한다.
④ W, Ti, Ta 등의 탄화물 분말을 Co를 결합제로 소결한 것이다.

해설 소결 초경합금(sintered hard metal)
• W, Ti, Ta, Mo, Zr 등의 탄화물 분말을 Co, Ni을 결합제로 하여 1400℃ 이상의 고온으로 가열하면서 고압으로 소결 성형한 절삭공구이다.
• 고온 고속절삭에서 경도를 유지하며 취성이 커서 진동이나 충격에는 약하므로 주의하여 사용하여야 한다.
• 미국은 카보로이(carboloy), 영국은 미디아(midia), 일본에서는 당가로이(tangaloy)라는 상품명으로 불린다.

2. 편심량이 2.2 mm로 가공한 선반가공물을 다이얼 게이지로 측정할 때, 다이얼 게이지 눈금의 변위량은 몇 mm인가?

① 1.1   ② 2.2   ③ 4.4   ④ 6.6

해설 • 다이얼 게이지 눈금의 변위량은 회전체임을 감안한다.

• 다이얼 게이지 눈금의 변위량＝2.2×2＝4.4 mm

3. 직접 측정용 길이 측정기가 아닌 것은?

① 강철자   ② 사인바
③ 마이크로미터   ④ 버니어 캘리퍼스

해설 사인바(sine bar)
• 사인바는 각도 측정기이다.
• 삼각 함수에 의한 계산에 의해서 임의의 각도를 측정하며, 롤러 중심 거리는 계산을 쉽게 하기 위하여 100 mm, 200 mm를 많이 사용한다.

4. 밀링 작업 시의 안전 수칙으로 틀린 것은?

① 칩을 제거할 때 기계를 정지시킨 후 브러시로 털어낸다.
② 주축 회전속도를 변환할 때는 회전을 정지시키고 변환한다.
③ 칩가루가 날리기 쉬운 가공물의 공작 시에는 방진 안경을 착용한다.
④ 절삭유를 공급할 때 커터에 감겨들지 않도록 주의하고, 공작 중 다듬질 면에 손을 대어 거칠기를 점검한다.

해설 공작 중 다듬질 면에 손을 대어 거칠기를 점검하지 않는다.

5. 열경화성 합성수지인 베이클라이트(bakelite)를 주성분으로 하며 각종 용제, 기름 등에 안정된 숫돌로서 절단용 숫돌 및 정밀 연삭용으로 적합한 결합제는?

① 고무 결합제　　　② 비닐 결합제
③ 셀락 결합제　　　④ 레지노이드 결합제

해설 레지노이드 결합제(resinoid bond ; B)
- 열경화성 합성수지인 베이클라이트를 주성분으로 하며 각종 용제, 기름 등에 안정된 숫돌로서 절단용 숫돌 및 정밀 연삭용으로 적합하다.
- 연삭열로 인한 연화 경향이 적고, 기름, 증기 등에 대하여 안정하다.

6. 연삭숫돌 입자의 종류가 아닌 것은?

① 에머리　　　　　② 커런덤
③ 산화규소　　　　④ 탄화규소

해설 연삭숫돌의 입자(grain)
- 인조 입자 : 알루미나계(alumina), 탄화규소계(SiC)가 있다.
- 천연 입자 : 에머리, 커런덤, 사암이나 석영, 다이아몬드 등이 있다.

7. 다듬질면 상태의 평면 검사에 사용되는 수공구는?

① 트러멜　　　　　② 나이프 에지
③ 실린더 게이지　　④ 앵글 플레이트

해설 나이프 에지(knife edge) : 다듬질면 상태의 평면 검사에 사용되는 수공구이다.

8. CNC 선반 프로그래밍에 사용되는 보조기능 코드와 기능이 옳게 짝지어진 것은?

① M01 : 주축 역회전
② M02 : 프로그램 종료
③ M03 : 프로그램 정지
④ M04 : 절삭유 모터 가동

해설
- M01 : 프로그램 선택적 스톱(program optional stop)
- M02 : 프로그램 종료(program end)
- M03 : 주축 정회전(CW)
- M04 : 주축 역회전(CCW)

9. 리머의 모양에 대한 설명 중 틀린 것은?

① 조정리머 : 절삭날을 조정할 수 있는 것
② 솔리드 리머 : 자루와 절삭날이 다른 소재로 된 것
③ 셀 리머 : 자루와 절삭날 부위가 별개로 되어 있는 것
④ 팽창 리머 : 가공물의 치수에 따라 조금 팽창할 수 있는 것

해설 솔리드 리머(solid reamer) : 자루와 절삭날 전체가 같은 소재로 된 리머를 말한다.

10. 밀링머신에서 원주를 단식 분할법으로 13등분 하는 경우의 설명으로 옳은 것은?

① 13구멍 열에서 1회전에 3구멍씩 이동한다.
② 39구멍 열에서 3회전에 3구멍씩 이동한다.
③ 40구멍 열에서 1회전에 13구멍씩 이동한다.
④ 40구멍 열에서 3회전에 13구멍씩 이동한다.

해설
- 단식 분할법(simple indexing) $\dfrac{h}{H} = \dfrac{40}{N}$ 을 적용한다.
- $\dfrac{40}{13} = 3\dfrac{1}{13} = 3\dfrac{3}{39}$ 이므로 39구멍 열에서 3회전에 3구멍씩 이동한다.

11. 지름 10 mm, 원추 높이 3 mm인 고속도강 드릴로 두께가 30 mm인 연강판을 가공할 때 소요시간은 약 몇 분인가? (단, 이송은 0.3 mm/rev, 드릴의 회전수는 667 rpm이다.)

① 6　　　　　　　② 2
③ 1.2　　　　　　④ 0.16

해설 연강판의 관통 깊이는 원추높이 3 mm를 포함하여 33 mm로 본다.
분당 회전수가 667 rpm이므로 1분간(60초) 가공 깊이는 $667 \times 0.3 = 200.1$ mm
따라서 비례식으로 쉽게 풀이한다.
$1 : 200.1 = $ 가공 소용시간 : 33이므로

가공 소용시간 $= \dfrac{33}{200.1} = 0.16$(분)

12. 밀링머신에서 기어의 치형에 맞춘 기어 커터를 사용하여, 기어소재 원판을 같은 간격으로 분할 가공하는 방법은?

① 랙법　　　　　　② 창성법
③ 총형법　　　　　④형판법

> **해설** 총형법(총형 공구에 의한 절삭법 ; formed tool system) : 밀링머신에서 기어의 치형에 맞춘 기어 커터를 사용하여, 기어소재 원판을 같은 간격으로 분할가공하는 절삭 방법을 말한다.

13. 다음 중 밀링 작업에서 판캠을 절삭하기에 가장 적합한 밀링 커터는?

① 엔드밀　　　　　② 더브테일 커터
③ 메탈 슬리팅 소　④ 사이드 밀링 커터

> **해설** • 판캠가공 : 일정한 두께로 이뤄진 판의 캠 가공을 말한다.
> • 엔드밀 가공 : 캠의 외형을 따라서 엔드밀 가공을 하여 판캠을 제작한다.

14. 한계 게이지의 종류에 해당되지 않는 것은?

① 봉 게이지　　　　② 스냅 게이지
③ 다이얼 게이지　　④ 플러그 게이지

> **해설** • 다이얼 게이지(dial gauge) : 측정자의 직선 또는 원호운동을 기계적으로 확대하여 그 움직임을 지침의 회전 변위로 변환시켜 눈금으로 읽을 수 있는 길이 측정기이다.
> • 구멍용 한계 게이지 : 플러그 게이지, 봉 게이지가 있다.
> • 축용 한계 게이지 : 링 게이지, 스냅 게이지를 말한다.

15. 크레이터 마모에 관한 설명 중 틀린 것은?

① 유동형 칩에서 가장 뚜렷이 나타난다.
② 절삭공구의 상면 경사각이 오목하게 파여지는 현상이다.
③ 크레이터 마모를 줄이려면 경사면 위의 마찰계수를 감소시킨다.

④ 처음에 빠른 속도로 성장하다가 어느 정도 크기에 도달하면 느려진다.

> **해설** 크레이터 마모(crater wear) : 절삭가공 중 마찰력이 작용하여 절삭공구의 상면 경사면이 오목하게 파여지는 공구 파손 현상을 말한다. 처음에 천천히 느린 속도로 성장하다가 어느 정도 크기에 도달하면 성장속도가 빨라진다.

16. 총형 커터에 의한 방법으로 치형을 절삭할 때 사용하는 밀링 커터는?

① 베벨 밀링 커터
② 헬리컬 밀링 커터
③ 인벌류트 밀링 커터
④ 하이포이드 밀링 커터

> **해설** 인벌류트 밀링 커터(involute milling cutter) : 총형 커터에 의한 방법으로 치형을 절삭할 때 사용하는 밀링 커터를 말한다.

17. 공작물의 표면거칠기와 치수 정밀도에 영향을 미치는 요소로 거리가 먼 것은?

① 절삭유　　　　　② 절삭 깊이
③ 절삭 속도　　　　④ 칩 브레이커

> **해설** • 칩 브레이커(chip braker) : 절삭가공 중에 발생하는 가공물의 칩이 공구 및 기계에 엉키는 것을 방지한다.
> • 공작물의 표면거칠기와 치수 정밀도에 영향을 미치는 요소 : 절삭 속도, 절삭 깊이, 이송 속도, 절삭유제의 사용 유무 등이다.

18. 1차로 가공된 가공물을 안지름보다 다소 큰 강구(steel ball)를 압입 통과시켜서 가공물의 표면을 소성 변형으로 가공하는 방법은?

① 래핑(lapping)
② 호닝(honing)
③ 버니싱(burnishing)
④ 그라인딩(grinding)

> **해설** • 버니싱 : 1차로 가공된 가공물을 안지름

보다 다소 큰 강구를 압입 통과시켜서 가공물의 표면을 소성 변형으로 가공한다.
- 래핑 : 가공물과 랩 사이에 미세한 분말 상태의 랩제(lapping powder)를 넣고 가공물에 압력을 가하면서 상대운동을 통해 표면을 매끄럽게 가공한다.
- 호닝 : 혼(hone)을 회전 및 직선 왕복 운동시켜 원통의 내면을 보링, 리밍, 연삭 등의 가공을 한 후에 진원도, 진직도, 표면거칠기 등을 더욱 좋게 하는 가공이다.
- 그라인딩 : 연삭숫돌(grinding wheel)을 고속으로 회전시켜, 가공물의 원통면이나, 평면을 극히 소량씩 가공하는 정밀 가공법이다.

19. 선반작업 시 공구에 발생하는 절삭 저항 중 가장 큰 것은?

① 배분력
② 주분력
③ 마찰분력
④ 이송분력

해설 • 절삭 저항의 크기는 주분력(10) > 배분력(2~4) > 이송분력(1~2) 순이다.
• 크기는 주분력 : 배분력 : 이송분력 순이다.

20. 선반의 부속품 중에서 돌리개(dog)의 종류로 틀린 것은?

① 곧은 돌리개
② 브로치 돌리개
③ 굽은(곡형) 돌리개
④ 평행(클램프) 돌리개

해설 • 정밀 입자가공 : 연삭가공한 후에 다시 표면 정밀도를 올리기 위한 입자가공으로 호닝, 래핑, 슈퍼피니싱을 말한다.
• 배럴가공 : 통 속에 가공물과 미디어(media)를 함께 넣고 회전시켜 거스러미를 제거하여 치수 정밀도를 높이는 입자가공이지만 미디어로 석영, 모래 외에 나무, 피혁, 톱밥 등도 사용되므로 정밀 입자가공으로 분류하지 않는다.
• 돌리개(dog) : 주축의 회전력을 가공물에 전달하기 위해 사용한다.
  - 곧은 돌리개(straight tail dog)
  - 굽은(곡형) 돌리개(bent tail dog)
  - 평행(클램프) 돌리개(parallel tail dog)

---

21. 표면의 결 도시 기호가 그림과 같이 나타났을 때 설명으로 틀린 것은?

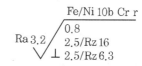

① 니켈-크롬 코팅이 적용되어 있다.
② 가공 여유는 0.8 mm를 준다.
③ 샘플링 길이 2.5 mm에서는 Rz 6.3~16 μm를 만족해야 한다.
④ 투상면에 대해 대략 수직인 줄무늬 방향이다.

해설 컷오프값이 0.8mm이다.

22. 제1각법에 대한 설명으로 옳은 것은?

① 정면도 우측에 좌측면도가 배치된다.
② 정면도 아래에 저면도가 배치된다.
③ 평면도 아래에 저면도가 배치된다.
④ 정면도 위에 평면도가 배치된다.

해설 • 제1각법으로 투상도를 얻는 원리 : 눈 → 물체 → 투상면
② 정면도 아래에 평면도가 배치된다.
③ 평면도 아래에 정면도가 배치된다.
④ 정면도 위에 저면도가 배치된다.

23. 기하공차 중 단독 형체에 관한 것들로만 짝지어진 것은?

① 진직도, 평면도, 경사도
② 평면도, 진원도, 원통도
③ 진직도, 동축도, 대칭도
④ 진직도, 동축도, 경사도

해설 • 단독 형체 : 평면도, 진원도, 원통도, 진직도
 • 단독 형체 또는 관련 형체 : 선의 윤곽도, 면의 윤곽도
 • 관련 형체 : 평행도, 직각도, 경사도, 위치도, 동축도

24. 다음 축의 치수 중 최대 허용치수가 가장 큰 것은?

① $\phi 45n7$ ② $\phi 45g7$
③ $\phi 45h7$ ④ $\phi 45m7$

해설 상용하는 구멍 기준 끼워맞춤

기준축	구멍 공차역 클래스								
	헐거운 끼워맞춤		중간 끼워맞춤			억지 끼워맞춤			
H6			g5	h5	js5	k5	m5		
		f6	g6	h6	js6	k6	m6	n6	p6
H7		f6	g6	h6	js6	k6	m6	n6	p6	r6	s6
	e7	f7		h7	js7				

25. 실물에서 한 변의 길이가 25 mm일 때, 척도 1 : 5인 도면에서 그 변이 그려진 길이와 그 변에 기입해야 할 치수를 순서대로 나열한 것은?

① 길이 : 5 mm, 치수 : 5
② 길이 : 5 mm, 치수 : 25
③ 길이 : 25 mm, 치수 : 5
④ 길이 : 25 mm, 치수 : 25

해설 척도 A : B
 • A : 도면에서 그 변이 그려진 길이(척도로 나타낸 길이)
 • B : 기입해야 할 치수(실물의 치수)

26. 제3각법으로 투상한 그림과 같은 정면도와 우측면도에 가장 적합한 평면도는?

① ②
③ ④

27. 다음 도면에서 l로 표시된 부분의 길이[mm]는?

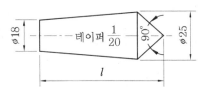

① 52.5   ② 85
③ 140   ④ 152.5

해설 $l = l_1 + l_2(l_1 = $ 테이퍼 부분의 길이, $l_2 = $ 삼각형 부분의 길이)

$\dfrac{D-d}{l_1} = \dfrac{1}{20}$ 에서 $l_1 = 140$

$l_2 = \dfrac{25}{2} = 12.5$ 이므로

$l = 140 + 12.5 = 152.5$

28. 가공 방법의 기호 중 주조의 기호는?

① D   ② B
③ GB   ④ C

해설 • C : 주조
 • D : 드릴가공
 • B : 보링 머신가공
 • GB : 벨트 연삭가공

29. 나사의 종류를 표시하는 다음 기호 중에서 미터 사다리꼴 나사를 표시하는 것은?

① R   ② M
③ Tr   ④ UNC

해설 • Tr : 미터 사다리꼴 나사(TW : 29° 사다리꼴 나사)
 • R : 관용 테이퍼 수나사
 • M : 미터 보통나사

• UNC : 유니파이 보통나사

L : 도선의 길이, A : 도선의 단면적)

30. 다음 중 최대 죔새를 나타낸 것은? (단, 조립 전 치수를 기준으로 한다.)

① 구멍의 최대 허용치수 – 축의 최대 허용치수
② 축의 최소 허용치수 – 구멍의 최대 허용치수
③ 축의 최대 허용치수 – 구멍의 최소 허용치수
④ 구멍의 최소 허용치수 – 축의 최소 허용치수

해설 • 최대 죔새
＝축의 최대 허용치수－구멍의 최소 허용치수
• 최대 틈새
＝구멍의 최대 허용치수－축의 최소 허용치수

31. 다음 중 토크에 대한 설명 중 맞는 것은?

① 토크는 굽힘 모멘트라고도 한다.
② 한쪽이 고정된 원형축에 토크가 작용되면 압축응력이 발생한다.
③ 한쪽이 고정된 원형축에 토크가 작용되면 인장응력이 발생한다.
④ 한쪽이 고정된 원형축에 토크가 작용되면 전단응력이 발생한다.

해설 • 토크는 비틀림 모멘트라고도 한다.
• 한쪽이 고정된 원형축에 토크가 작용되면 전단응력이 발생한다.

32. 전류가 잘 흐르지 못하도록 방해하는 것은?

① 저항   ② 전류
③ 전압   ④ 전기장

해설 • 저항(electrical resistance ; Ω) : 도선에 흐르는 전류를 방해하는 정도를 나타내는 물리량을 말한다.
• $R = \rho \dfrac{L}{A}$ 로 표시한다. (R : 전기 저항, ρ : 비저항,

33. 그림과 같이 안지름이 d_1인 원통관 속을 v_1의 속도로 흐르는 어떤 유체가 원통관의 안지름이 d_2로 줄어 v_2의 속도로 흐를 때 이들의 관계식으로 맞는 것은?

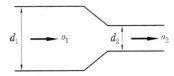

① $d_1 \times v_1 = d_2 \times v_2$ ② $d_1 \times v_2 = d_2 \times v_1$
③ $d_1^2 \times v_1 = d_2^2 \times v_2$ ④ $d_1^2 \times v_2 = d_2^2 \times v_1$

해설 $Q = A_1 V_1 = A_2 V_2$ 관계식을 적용한다. (Q : 유량, A : 관의 단면적, V : 유속)
$\dfrac{\pi d_1^2}{4} \times v_1 = \dfrac{\pi d_2^2}{4} \times v_2$ 이므로 $d_1^2 \times v_1 = d_2^2 \times v_2$

34. 뉴턴의 운동 법칙 중 가속도의 법칙에 해당하는 것은?

① 사람이 걷는 행위
② 비행기 및 로켓의 추진
③ 달리기할 때 팔다리의 빠른 움직임
④ 버스가 급정거할 때 몸이 앞으로 쏠리는 현상

해설 • 뉴턴의 운동 법칙 중 제2법칙을 가속도 법칙이라 한다.
• 단위시간에 일어나는 속도의 변화량을 말한다.
• 물체의 운동량의 시간에 따른 변화량은 그 물체에 작용하는 힘의 크기와 같다.

35. $30\,\Omega$의 저항 3개를 직렬로 연결하면 합성저항(Ω)값은?

① 9   ② 10
③ 30   ④ 90

해설 직렬 합성저항(R) $= R1 + R2 + R3 = 90\,\Omega$

2016

36. 0.25 rev/s는 몇 도/초(°/s)인가?

① 30°/s   ② 45°/s

③ 60°/s   ④ 90°/s

> **해설** 0.25 rev은 1/4회전을 말한다.
> $\therefore 360 \times 1/4 = 90°$

37. 다음 그림과 같이 받침점으로부터 420 mm 떨어진 곳에 80 kgf인 물체 W_1을 놓으면 받침점에서 840 mm 떨어진 곳에 중량이 얼마인 물체 W_2를 놓아야 평행이 유지되는가?

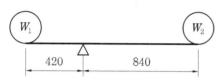

① 420 kgf   ② 160 kgf

③ 80 kgf   ④ 40 kgf

> **해설** $W_1 \times l_1 = W_2 \times l_2$의 관계식을 적용한다.
> $80 \times 420 = W_2 \times 840$이므로
> $W_2 = 40$ kgf

38. "유도 전류의 세기는 코일의 단면을 통과하는 자속의 시간적 변화율에 비례하고, 코일의 감은 횟수에 비례한다"는 법칙은?

① 패러데이의 법칙

② 플레밍의 왼손 법칙

③ 앙페르의 오른손 법칙

④ 플레밍의 오른손 법칙

> **해설** 패러데이의 법칙(faraday's law) : 전자기 유도법칙(電磁氣誘導法則)이라고 하며 유도 전류의 세기는 코일의 단면을 통과하는 자속의 시간적 변화율에 비례하고, 코일의 감은 횟수에 비례한다는 법칙이다.

39. 다음 그림과 같이 1,000 kgf의 전단력이 지름 20 mm의 볼트에 작용하고 있을 때, 볼트에 생기는 전단응력은 약 얼마인가?

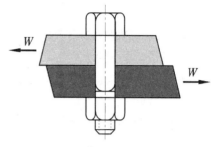

① 3.18 kgf/mm^2 ② 6.37 kgf/mm^2

③ 31.8 kgf/mm^2 ④ 63.7 kgf/mm^2

> **해설** $\tau = \dfrac{P}{A} = \dfrac{P}{\dfrac{\pi d^2}{4}} = \dfrac{4P}{\pi d^2} = \dfrac{4 \times 1,000}{3.14 \times 20 \times 20}$
> $= 3.18$ kgf/mm^2

40. 전기에서 사용되는 단위 중 [J/C]과 같은 단위는?

① A   ② F

③ H   ④ V

> **해설** V : 전압의 단위로서 줄/쿨롱(J/C)을 나타낸다.

제3과목 : **자동제어**

---

41. 서보모터의 속도나 위치 검출에 사용되지 않는 것은?

① 로드셀   ② 리졸버

③ 엔코더   ④ 타코미터

> **해설** • 회전변위 센서 : 싱크로, 리졸버, 엔코더, 타코미터
> • 로드셀 : 압력 센서(중력 센서)

42. 4/3-way 밸브의 중립위치 형식 중에서 A포트가 막히고 다른 포트들은 서로 통하게 되어

있는 형식은?

① 클로즈드 센터형
② 탱크 클로즈드 센터형
③ 펌프 클로즈드 센터형
④ 실린더 클로즈드 센터형

해설 공기압 실린더의 중간정지나, 기계의 조정 작업 등을 위해 3위치나 4위치 밸브를 사용하는 경우가 종종 있다. 이러한 밸브의 제어위치 중 중앙의 것을 중립위치라 말하고 이 중립 위치에서 흐름의 형식에 따라 클로즈 센터(올 포트 블록), ABR 접속(이그조스트 센터), PAB 접속(프레셔센터)형 등이 있다. 클로즈 센터형은 중앙위치에서 모든 포트가 닫혀 있는 상태로 3포트 3위치 밸브와 같다.

43. 로터리 엔코더가 부착된 DC 서보 모터에서 로터리 엔코더가 1회전할 때마다 360개의 펄스 신호가 출력된다고 한다. 이 모터가 회전할 때 로터리 엔코더에서 나오는 펄스수를 카운터로 계수하였더니 720개의 펄스수가 계수되었다고 하면 모터의 회전수는?

① 0.5회전 ② 1회전
③ 2회전 ④ 4회전

해설 회전수 $= \dfrac{\text{최대 응답 펄스수}}{\text{분해능(1회당 펄스수)}}$
$= \dfrac{720}{360} = 2$

44. 어떤 NC(Numerical Control) 기계의 제어 장치는 스테핑 모터를 제어하는 데 있어서 12초 동안 20,000 pulse를 발생한다. 만약 이 기계의 pulse당 이송거리가 0.01 mm/pulse라면 이때의 분당 이동속도는 몇 m/min인가?

① 0.2 ② 1 ③ 2 ④ 10

해설 초당 펄스수
$N = \dfrac{\text{최대 응답 펄스수}}{\text{카운터 시간(sec)}} = \dfrac{20,000}{12} = 1666.7$

분당 이동 속도 m/min : 펄스당 이송거리
$(1 \times 10^{-5}\,\text{m/pulse}) \times \text{초당 펄스수}(166.7) \times 60 = 1$

45. 다음 중 전달 함수 $G(s) = \dfrac{s+b}{s+a}$ 를 갖는 회로가 지상보상회로의 특성을 갖기 위한 조건은? (단, a와 b의 값은 절댓값이다.)

① $a > b$ ② $b < a$
③ $s = b$ ④ $s = a$

해설 지상회로의 전달 함수에서 $G(s) = \dfrac{s+b}{s+a}$, 실수 영점 $s = -b$이고, 실수 극점 $s = -a$, 극점은 영점보다 항상 오른쪽에 위치한다.
a, b는 절댓값이므로 $b > a$이다.

46. 제어대상의 현재 출력값과 미래 출력의 예상값을 이용하여 제어하며, 응답속응성의 개선에 쓰이는 동작은?

① 비례동작
② 적분동작
③ 비례미분동작
④ 비례적분동작

해설 제어기동작에 의한 분류
• 비례(P)제어 : 잔류편차(offset 발생)(속응성)
• 적분(I)제어 : offset 제거−느리게 제어(정확성)
• 미분(D)제어 : 오차가 커지는 것을 미연에 방지, 과도응답 작게(안정성)
• 비례적분동작 : offset 소멸, 진동으로 접근하기 쉽다.
• 비례미분동작 : 제어 결과에 빨리 도달하도록 미분동작을 부가한 동작
• 비례적분미분동작 : 허비 시간이 큰 제어 대상인 경우 비례적분동작이 제어 결과가 진동적으로 되기 쉬우므로 이 결점을 방지하기 위해 PID 제어한다. (진동방지)

47. PLC의 주요 구성요소가 아닌 것은?

① 입력부 ② 조작부

③ 출력부   ④ 중앙처리장치

해설

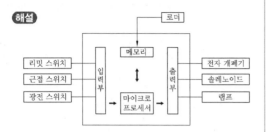

PLC는 마이크로프로세서(microprocessor) 및 메모리를 중심으로 구성되어 인간의 두뇌 역할을 하는 중앙처리장치(CPU), 외부 기기와의 신호를 연결시켜 주는 입출력부, 각 부에 전원을 공급하는 전원부, PLC 내의 메모리에 프로그램을 기록하는 주변 장치로 구성되어 있다.

48. 다음 그림의 CNC 공작기계의 서보제어 방식으로 옳은 것은?

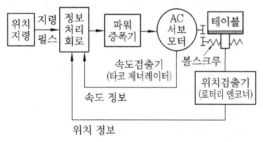

① 개방회로 방식   ② 복합회로 방식
③ 폐쇄회로 방식   ④ 반폐쇄회로 방식

해설 위치검출기의 위치정보와 속도검출기의 속도정보가 정보처리 회로로 피드백되어 제어되는 방식이기에 폐쇄회로 방식이다.

49. PLC 제어 프로그램에서 프로그램의 오류를 찾거나 연산과정을 추적하는 것은?

① Debug   ② Restart
③ Scan time   ④ Parameter

해설 PLC 제어 프로그램 연산처리
• 스캔 타임 : 프로그램을 처음부터 마지막까지 순차적으로 연산을 실행하고 출력 리플래시
• 디버그 : 사용자가 작성한 PLC 프로그램을 PLC

CPU에 쓰고, PLC 프로그램이 정상적으로 동작하는지를 테스트
• 리스타트 : 전원을 재투입하거나 또는 모드 전환에 의해서 RUN 모드로 운전을 시작할 때, 변수 및 시스템을 어떻게 초기화한 후 RUN 모드로 운전을 할 것인가를 설정

50. 다음 스테핑 모터의 구동 신호 패턴 중 가장 고분해능을 낼 수 있는 구동 방식은?

① 1상 여자 방식   ② 2상 여자 방식
③ 1-2상 여자 방식   ④ 3상 여자 방식

해설 • 1상 여자 방식 : 4개의 코일 중 언제나 하나의 코일만 여자하는 운전법이다.
• 2상 여자 방식 : 4개의 코일을 모두 하나의 상으로 보고 그중 언제나 2개의 코일을 여자하여 한쪽은 흡인력, 반대쪽은 반발력을 만들어 회전 운동에 사용하는 운전법을 말한다.
• 1-2 여자 방식 : 홀수 스텝은 1개 상이 여자되고 짝수 스텝은 2개 상이 여자되는 방식. 이 운전법에서는 스텝당 진행각이 2상 여자 때의 1/2이기 때문에 하프 스텝 운전법이라 한다. (스텝 각 1.8°의 유니폴라 모터를 1-2상 여자법으로 운전하면 0.9°의 분해능)

51. PD 제어기는 제어계의 과도특성 개선을 위해 쓰인다. 이것에 대응하는 보상기는?

① 과도보상기   ② 동상보상기
③ 지상보상기   ④ 진상보상기

해설 • 진상보상기 : PD 제어기 특성
• 지상보상기 : PI 제어기 특성
• 지상·진상보상기 : PID 제어기 특성

52. PLC 출력부에 부착하여 사용할 수 없는 것은?

① 전자밸브   ② 리밋 스위치
③ 전자 클러치   ④ 파일럿 램프

해설 리밋 스위치 : PLC 입력부에 장착하여 사용하는 센서의 일종이며 전자밸브, 전자 클러치, 파일럿 램프는 출력부에 장착하는 액추에이터이다.

53. 생산설비에 자동제어 기법을 적용한 경우의 특징이 아닌 것은?

① 원자재비 증가
② 연속작업이 가능
③ 제품 품질의 균일화
④ 정밀한 작업이 가능

(해설) 생산설비에 자동제어 기법을 적용할 경우 원자재비의 감소 효과를 얻을 수 있다.

54. C언어의 반복제어문에 해당되지 않는 것은?

① for문
② while문
③ do- while문
④ switch-case문

(해설) Switch-Case문 : switch의 입력 조건에 따라 분기하여 실행되는 조건 분기문이다.

55. 다음 그림과 같은 형태의 보드(bode) 선도를 가지는 전달 함수는?

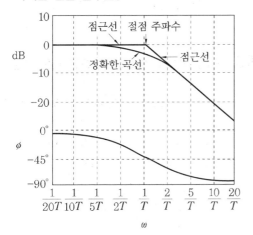

① $G(s) = \dfrac{1}{Ts}$
② $G(s) = \dfrac{1}{Ts^2}$
③ $G(s) = \dfrac{1}{Ts^3}$
④ $G(s) = \dfrac{1}{Ts+1}$

(해설) 1차 지연 요소의 보드 선도

전달 함수 $G(s) = \dfrac{1}{1+Ts}$

$$G(j\omega) = \dfrac{1}{1+j\omega T} = \dfrac{1}{1+\omega^2 T^2}(1-j\omega T)$$

이득 $g = 20\log\dfrac{1}{\sqrt{1+\omega^2 T^2}}$

$$= -10\log(1+\omega^2 T^2)$$

위상 $\theta = -\tan^{-1}\omega T$

56. 전달 함수를 정의할 때 고려해야 할 사항 중 가장 적합하게 표현하고 있는 것은?

① 입력만을 고수한다.
② 주파수를 고려한다.
③ 시간영역 특성만을 고려한다.
④ 모든 초깃값을 0으로 고려한다.

(해설) 제어계의 입력 신호와 출력 신호의 관계를 나타내는 방법은 전달 함수라 하며, 모든 초깃값은 0으로 가정했을 때 출력 신호의 라플라스 변환과 입력 신호의 라플라스 변환의 비이다.

$$G(s) = \dfrac{\text{출력의 라플라스 변환}}{\text{입력의 라플라스 변환}}$$

57. 유압시스템에서 사용하는 유량제어 밸브에 해당되지 않는 것은?

① 감압 밸브
② 교축 밸브
③ 압력 보상형 유량조절 밸브
④ 압력온도 보상형 유량조절 밸브

(해설) • 감압 밸브(reducing valve) : 주회로의 압력보다 저압으로 감압시켜 사용할 때 사용하는 밸브로 고압의 압축유체를 감압시켜 사용조건이 변동되어도 설정공급압력을 일정하게 유지시키며 출구 압력을 일정하게 유지
• 교축 밸브 : 유량 조절 밸브 중 구조가 가장 간단하며 통로 단면을 변화시켜 유량을 조절하는 밸브로서 압력보상이 없는 밸브

58. SI(international system of unit) 단위계에서 압력의 기본 단위는?

① Pa
② bar
③ psi
④ kgf/cm²

해설 압력의 기본 단위는 파스칼(Pa)$= N/m^2 =$ $kg \cdot m^{-1} \cdot s^{-2}$ 또는 $kg/m \cdot s^2$

59. 다음 그림의 전달 함수의 값으로 옳은 것은?

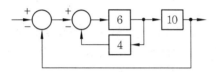

① 0.6   ② 0.7   ③ 0.8   ④ 0.9

해설

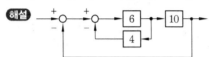

$$\frac{G}{1+G \cdot H} = \frac{6}{1+6.4}$$

$$\frac{G}{1+G} = \frac{\dfrac{6 \times 10}{25}}{1+\dfrac{6 \times 10}{25}} = \frac{60}{85} = 0.7$$

60. 공작물 수치제어 좌표계에서 절대위치 결정 방법에 대한 설명으로 옳은 것은?

① 공구의 위치를 항상 원점(영점)을 기준으로 표시
② 공구의 위치를 항상 앞의 공구위치를 기준으로 표시
③ 공구의 위치를 원점(영점)과 앞의 공구위치를 기준으로 표시
④ 공구의 위치를 X, Y축 선상에서 어느 한 점을 기준으로 표시

해설 • 절대지령(absolute) 방법 : 공구의 위치를 항상 원점(영점)을 기준으로 표시
• 증분지령(relative) 방법 : 공구의 위치를 항상 앞의 공구위치를 기준으로 표시
• 혼합지령 방법 : 공구의 위치를 원점(영점)과 앞의 공구위치를 병행하여 기준으로 표시

제4과목 : 메카트로닉스

61. 중앙처리장치(CPU)의 주요 기능이 아닌 것은?

① 메모리로 데이터를 전송한다.
② 외부 인터럽트에 응답하여 처리한다.
③ 프로그램 명령을 인출, 해독, 실행한다.
④ DMA(Direct Memory Access)를 처리한다.

해설 CPU의 기능 : 명령어 인출과 해독, 데이터 인출과 처리 및 저장

62. 8비트 데이터에서 2의 보수 방법으로 -5를 표기한 것은?

① 85H   ② 8BH
③ FBH   ④ FAH

해설

10진수 5	0000	0101
1의 보수	1111	1010
2의 보수	1111	1011
16진수	F	B

63. 다음 논리식을 간소화한 값으로 옳은 것은?

$$A\overline{B}\overline{C}+\overline{A}\,\overline{B}\overline{C}+\overline{A}\,\overline{B}C+AB\overline{C}= Y$$

① $AC+AB$ ② $AC+\overline{A}B$
③ $A\overline{C}+\overline{A}B$ ④ $A\overline{C}+\overline{A}\,\overline{B}$

해설 $Y = A\overline{B}\overline{C}+\overline{A}\,\overline{B}\overline{C}+\overline{A}\,\overline{B}C+AB\overline{C}$
$= A\overline{C}(B+\overline{B}) + \overline{A}\,\overline{B}(C+\overline{C})$
$= A\overline{C}+\overline{A}\,\overline{B}$

64. 서보 모터의 회전각을 제어하기 위해 사용하는 센서가 아닌 것은?

① 타코미터   ② 포텐셔미터
③ 자기 엔코더   ④ 광학식 엔코더

해설 포텐셔미터(potentiometer) : 직선변위 센서 사용

---

65. 위치, 속도, 가속도 등의 기계량을 제어하는 것으로 수치제어 공작기계나 로봇에 많이 응용되는 제어는?

① 서보(servo)제어
② 시퀀스(sequence) 제어
③ 개루프(open-loop) 제어
④ 프로세스(process) 제어

해설 되먹임 제어 : 제어량이 위치, 속도, 가속도를 대상으로 한다면 서보제어라 한다.

66. 계자 코일을 갖는 직류 모터 중 분권형 모터에 대한 특징이 아닌 것은?

① 기동 토크가 높다.
② 좋은 속도조정 성능을 갖는다.
③ 무부하 동작에서 속도가 낮다.
④ 전기자 코일과 계자 코일이 병렬로 연결되어 있다.

해설 직류 모터 분권형 전동기의 특성
• 무부하 동작에서 속도 변화가 없다.
• 계자 코일이 전기자 코일과 병렬로 연결된다.
• 계자 코일에 일정한 전압이 공급된다.

67. RLC 공진 회로에 대한 설명 중 틀린 것은?

① 병렬 공진 시 임피던스는 최대가 된다.
② 직렬 공진 시 전류의 크기는 최대가 된다.
③ 공진 시 전압과 전류의 위상은 이상(異相)이 된다
④ 병렬 공진 시 전압과 전류의 위상은 동상(同相)이 된다.

해설 • 직렬 공진 특징
  − 전체 임피던스 최소 $Z = R$
  − 전류는 최대
  − 공진 시 전압과 전류의 위상각은 '0'(동위상)
  − 공진 주파수 : $f_r = \dfrac{1}{2\pi\sqrt{LC}}$
• 병렬 공진 특징
  − 전체 임피던스 최대(이상적인 경우 무한대)

  − 전류는 최소
  − 공진 시 전압과 전류의 위상각은 '0'(동위상)
  − 공진 주파수 : $f_r = \dfrac{1}{2\pi\sqrt{LC}}$

68. 정밀도보다는 표면거칠기가 중요한 부품가공에 가장 적합한 가공 방법은?

① 호닝
② 숏 피닝
③ 레이저 가공
④ 슈퍼 피니싱

해설 • 슈퍼 피니싱(super finishing) : 입도가 작고, 연한 숫돌에 적은 압력을 가하면서, 가공물에 이송을 주고, 동시에 숫돌에 진동을 주어 표면거칠기를 좋게 하는 초정밀 가공법이다.
• 호닝(honing) : 혼(hone)이라는 직사각형의 숫돌을 스프링 축에 방사형으로 설치하여 원통의 내면 등을 가공 진원도, 진직도 등의 표면을 좋게 한다.
• 숏 피닝(shot peening) : 숏이라는 작은 입자 형태의 강철 볼(steel ball)을 압축공기나 원심력을 이용하여 가공물의 표면에 분사하여 표면을 다듬질하고 기계적 성질을 개선한다.
• 레이저 가공 : 레이저 광선을 이용하여 미세한 홀 등을 정밀가공한다.

69. 서브루틴에 뛰어들 때, 서브루틴 프로그램이 끝난 다음 주프로그램으로 되돌아올 주프로그램의 어드레스가 저장되는 장소는?

① 스택
② 데이터 레지스터
③ 프로그램 카운터
④ 힙(heap) 메모리

해설 • 스택(stack) : 기본 데이터 구조 중 하나로 데이터를 후입선출(LIFO : Last In, First Out) 구조를 가지고 있다.
• 데이터 레지스터(data register) : 마이크로프로세서 중앙 처리 장치에서 자료의 일시적인 저장을 위해 사용하는 특수한 레지스터, 자료의 증가와 감소 같은 간단한 자료 처리 기능이 있다.

- 프로그램 카운터(program counter) : 컴퓨터 제어장치의 일부로, 컴퓨터가 다음에 명령의 로케이션이 기억되어 있는 레지스터, 현재의 명령이 실행될 때마다 그 레지스터의 내용에 1이 자동적으로 덧셈된다.

70. 변화하는 자계 내에 놓인 권선수를 늘리면 코일에 유도되는 전압은?

① 증가한다.
② 감소한다.
③ 변함없다.
④ 전압이 유도되지 않는다.

해설 패러데이의 법칙(전자기 유도 법칙)
- 코일에 관하여 자속(Φ)의 변화율에 비례
- 코일에 감겨있는 권선수에 비례

$$\therefore e = -N\frac{\Delta\Phi}{\Delta t}$$

71. 어떤 126개의 데이터 각각에게 2진수로 번호를 붙이려고 할 때 필요한 비트수는?

① 4 ② 5 ③ 6 ④ 7

해설

7bit =	1	1	1	1	1	1	1
	2^6	2^5	2^4	2^3	2^2	2^1	2^0
127 =	64	32	16	8	4	2	1

72. 다음 마이크로프로세서의 명령 중 산술 논리 연산 명령은?

① INR ② JMP
③ MOV ④ PUSH

해설
- PUSH : sp 레지스터를 조작하는 명령어 중의 하나이다.
- MOV : 메모리나 레지스터의 값을 옮길 때 쓰인다.
- JMP : 특정한 메모리 오프셋으로 이동할 때 쓰인다.

73. 인덕턴스(L)만의 교류 회로에서 $L = 30\,\mathrm{mH}$의 코일에 50 Hz인 교류 전압을 인가할 때 이 코일의 리액턴스는?

① $3.4\,\Omega$ ② $9.4\,\Omega$
③ $30\,\Omega$ ④ $100\,\Omega$

해설 $X_L = \omega L = 2\pi f L = 2 \times \pi \times 50 \times 30 \times 10^{-3}$
$= 9.425\,\Omega$

74. 거리 계측이나 두께를 측정할 때 초음파의 강한 반사성과 전파성의 지연을 효과적으로 응용한 센서는?

① 광 센서 ② 자기 센서
③ 적외선 센서 ④ 초음파 센서

해설
- 자기 센서 : 자기 에너지를 검출
- 초음파 센서 : 음향 에너지를 전기 에너지로 변환하는 장치로서 20[kHz] 이상의 음향 에너지의 검출 소자(자동차 후미 감시, 거리 측정기, 보석가공, 플라스틱 제품의 용착)

75. 발광부와 수광부가 대향 배치되어 있어 그 사이에 물체가 들어가면 빛이 차단되어 수광부의 광전류가 차단되는 구조로 되어 있는 것은?

① 태양 전지 ② 컬러 센서
③ 포토 인터럽터 ④ 포토 아이솔레이터

해설
- 포토 인터럽터 : 물체의 통과를 검출하기 위하여 발광부와 수광부 사이에 공간을 노출시킨 광검출 소자
- 포토 아이솔레이터 : 광로가 패키지 내에 있으며, 외부 노이즈가 많은 기계제어 회로나 디지털-아날로그 인터페이스 회로 및 PLC 내의 하드웨어 I/O 결합 장치 등에 이용

76. 다음 변환기 중 특성이 다른 하나는?

① 사다리형 변환기
② 병렬 비교형 변환기
③ 축차 근사형 변환기
④ 2중 경사 적분법 변환기

해설 • D/A 변환기
- 사다리형(저항형) 변환기 : 저항 회로망과 OP −AMP 이용 가산 증폭기
• A/D 변환기
- 병렬 비교형 변환기
- 2중 경사 적분법 변환기
- 축차 근사형 변환기
- 계단형 변환기
- 전압−주파수 변환기
- 램프 변환기

77. 도체가 전류를 흐르게 하는 정도를 나타내는 컨덕턴스의 단위로 맞는 것은?

① Ohms   ② Volts
③ Current   ④ Siemens

해설 컨덕턴스 : 저항의 역수, 단위 [S]

78. 그림과 같은 OP 엠프 회로에서 $R_1 = R_2 = R_3 = R_f = 2\,\mathrm{k\Omega}$ 이고 입력 전압 $V_1 = V_2 = V_3 = 0.2\,\mathrm{V}$이면 출력 전압 $V_o\,[\mathrm{V}]$는?

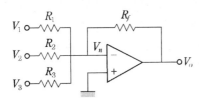

① −0.6   ② −1.2
③ −6   ④ −12

해설 $V_O = -\dfrac{R_f}{R_1}(V_1 + V_2 + V_3)$
$$= -(02 + 0.2 + 0.2)$$
$$= -0.6$$

79. 공작물을 양극으로 하고, 전기 저항이 작은 Cu, Zn을 음극으로 하여 전해액 속에 넣어 매끈한 공작물 표면을 얻을 수 있는 가공 방법은?

① 숏 피닝   ② 보링작업
③ 연삭작업   ④ 전해연마

해설 전해연마(electrolytic grinding) : 전기도금의 반대현상으로 공작물을 양극으로 하고, 전기 저항이 적은 Cu, Zn을 음극으로 하여 전해액 속에 넣어 매끈한 공작물 표면을 얻을 수 있는 가공 방법이다.

80. 온도 센서 중 서미스터의 원리로 옳은 것은?

① 온도 → 압력   ② 온도 → 저항
③ 온도 → 자속   ④ 온도 → 빛의 양

해설 • 서미스터의 원리 : 온도 → 저항
• 열전대(thermo couple) : 온도 → 기전력
• 측온 저항체(RTD) : 온도 → 저항

<table>
<tr><td colspan="6" align="center">**2016년 5월 8일 시행**</td></tr>
<tr><td>자격종목 및 등급(선택분야)</td><td>종목코드</td><td>시험시간</td><td>문제지형별</td><td>수검번호</td><td>성 명</td></tr>
<tr><td>**생산자동화산업기사**</td><td>**2034**</td><td>**2시간**</td><td>**A**</td><td></td><td></td></tr>
</table>

제1과목 : 기계가공법 및 안전관리

1. 수기가공에 대한 설명 중 틀린 것은?

① 탭은 나사부와 자루 부분으로 되어 있다.

② 다이스는 수나사를 가공하기 위한 공구이다.

③ 다이스는 1번, 2번, 3번순으로 나사가공을 수행한다.

④ 줄의 작업순서는 황목 → 중목 → 세목 순으로 한다.

해설 탭 작업(tapping) : 탭 공구를 이용한 암나사가공을 말하며 1번 탭, 2번 탭, 3번 탭 순으로 나사가공을 수행한다.

2. 피복 초경합금으로 만들어진 절삭공구의 피복 처리 방법은?

① 탈탄법　　　　② 경납땜법

③ 점용접법　　　④ 화학 증착법

해설 • 초경합금으로 만들어진 절삭공구의 피복 처리 방법은 증착법을 택한다.

• 화학적 증착법(CVD ; Chemical Vapor Deposition), 물리적 증착법(PVD ; Pysical Vapor Deposition)이 있다.

3. 밀링머신에서 테이블 백래시(back lash) 제거장치의 설치 위치는?

① 변속 기어　　　② 자동 이송레버

③ 테이블 이송나사　④ 테이블 이송핸들

해설 테이블 이송나사 : 밀링머신에서 테이블 백래시 제거장치를 설치한다.

4. 연삭작업 안전사항으로 틀린 것은?

① 연삭숫돌의 측면 부위로 연삭작업을 수행하지 않는다.

② 숫돌은 나무해머나 고무해머 등으로 음향 검사를 실시한다.

③ 연삭가공할 때, 안전을 위해 원주 정면에서 작업한다.

④ 연삭 작업할 때, 분진의 비산을 방지하기 위해 집진기를 가동한다.

해설 연삭가공할 때, 안전을 위해 원주 정면에 서지 않는다.

5. 칩 브레이커(chip breaker)에 대한 설명으로 옳은 것은?

① 칩의 한 종류로서 조각난 칩의 형태를 말한다.

② 스로 어웨이(throw away) 바이트의 일종이다.

③ 연속적인 칩의 발생을 억제하기 위한 칩 절단 장치이다.

④ 인서트 팁 모양의 일종으로서 가공 정밀도를 위한 장치이다.

해설 칩 브레이커(chip breaker) : 절삭 작업 중 칩이 연속적으로 생성됨으로써 공구, 공작물,

정답 　1. ③　2. ④　3. ③　4. ③　5. ③

공작기계(척)에 엉키는 것을 방지하기 위한 칩을 절단하는 장치이다.

6. 다음 중 초음파 가공으로 가공하기 어려운 것은?

① 구리　　　　　② 유리
③ 보석　　　　　④ 세라믹

해설 초음파 가공(ultra-sonic machining)
- 초음파(超音波)를 이용한 전기적 에너지를 기계적 에너지로 변환시켜 금속, 비금속을 정밀 가공한다.
- 주로 유리, 보석, 세라믹 등 소성 변형이 되지 않고 취성이 큰 재료를 가공한다.

7. 절삭 속도 150 m/min, 절삭 깊이 8 mm, 이송 0.25 mm/rev로 75 mm 지름의 원형 단면봉을 선삭 때의 주축 회전수(rpm)는?

① 160　　② 320　　③ 640　　④ 1,280

해설
- $V = \dfrac{\pi d n}{1,000}$ 의 공식을 적용한다.
- $n = \dfrac{1,000\,V}{\pi d}$ 이므로 $\dfrac{1,000 \times 150}{3.14 \times 75} = 637$
  $\fallingdotseq 640\ \text{rpm}$

8. 피치 3 mm의 3줄 나사가 2회전하였을 때 전진 거리는?

① 8 mm　　　　② 9 mm
③ 11 mm　　　　④ 18 mm

해설
- $l = n \times p$ [l＝리드(1회전 시 이동한 거리), n＝줄수, p＝피치]
- 2회전이므로 $l = 3 \times 3 \times 2 = 18\ \text{mm}$

9. 200 rpm으로 회전하는 스핀들에서 6회전 휴지(dwell) NC 프로그램으로 옳은 것은?

① G01 1800 ;　　　② G01 P2800 ;
③ G04 P1800 ;　　　④ G04 P2800 ;

해설 휴지(dwell) NC 프로그램의 예(1초의 휴지 명령)

- G04 P1000
- G04 X1.0
- G04 U1.0
- 휴지시간은 $\dfrac{6 \times 60}{200} = 1.8$초이므로 NC 프로그램은 G04 P1800 ;

10. 기어 절삭에 사용되는 공구가 아닌 것은?

① 호브　　　　　② 랙 커터
③ 피니언 커터　　④ 더브테일 커터

해설 더브테일 커터(dovetail milling cutter) : 밀링 커터로 더브테일 형상과 같은 각이 있는 홈을 가공하는 데 사용되는 공구이다.

11. 다음 중 드릴의 파손 원인으로 가장 거리가 먼 것은?

① 이송이 너무 커서 절삭저항이 증가할 때
② 씨닝(thinning)이 너무 커서 드릴이 약해졌을 때
③ 얇은 판의 구멍가공 시 보조판 나무를 사용할 때
④ 절삭칩이 원활하게 배출되지 못하고 가득 차 있을 때

해설 드릴작업을 안전하게 하기 위하여 얇은 판의 구멍가공 시 보조판 나무를 사용한다.

12. 터릿 선반의 설명으로 틀린 것은?

① 공구를 교환하는 시간을 단축할 수 있다.
② 가공 실물이나 모형을 따라 윤곽을 깎아낼 수 있다.
③ 숙련되지 않은 사람이라도 좋은 제품을 만들 수 있다.
④ 보통 선반의 심압대 대신 터릿대(turret carriage)를 놓는다.

해설 모방선반(copy lathe) : 가공 실물이나 모형을 따라 윤곽을 깎아 낼 수 있다.

13. 수기가공에 대한 설명으로 틀린 것은?

① 서피스 게이지는 공작물에 평행선을 긋거나 평행면의 검사용으로 사용된다.

② 스크레이퍼는 줄가공 후 면을 정밀하게 다듬질 작업하기 위해 사용된다.

③ 카운터 보어는 드릴로 가공된 구멍에 대하여 정밀하게 다듬질하기 위해 사용된다.

④ 센터 펀치는 펀치 끝의 각도가 60~90° 원뿔로 되어 있고 위치를 표시하기 위해 사용된다.

해설 • 카운터 보어(counter bore) : 볼트 또는 너트의 머리 부분이 가공물 안으로 묻히도록 드릴구멍을 확공하는 것을 카운터 보링(counter boring)이라 하며, 이때의 공구를 카운터 보어라고 한다.
• 리밍(reaming) : 드릴로 가공된 구멍에 대하여 정밀하게 다듬질하기 위한 작업을 말하며 리머(reamer) 공구를 사용한다.

14. 연삭숫돌의 결합제에 따른 기호가 틀린 것은?

① 고무 – R

② 셀락 – E

③ 레지노이드 – G

④ 비트리파이드 – V

해설 레지노이드 결합제(resinoid bond) : B로 표시한다.

15. 선반가공에 영향을 주는 조건에 대한 설명으로 틀린 것은?

① 이송이 증가하면 가공 변질층은 증가한다.

② 절삭각이 커지면 가공 변질층은 증가한다.

③ 절삭 속도가 증가하면 가공 변질층은 감소한다.

④ 절삭 온도가 상승하면 가공 변질층은 증가한다.

해설 절삭 온도가 상승하면 가공 변질층(deformed layer)은 감소한다.

16. 나사를 측정할 때 삼침법으로 측정 가능한 것은?

① 골 지름   ② 유효 지름

③ 바깥 지름   ④ 나사의 길이

해설 삼침법(三針法 ; three wire system) : 지름이 같은 3개의 와이어를 이용하여 나사의 유효 지름을 측정하는 방법을 말한다.

17. 밀링머신에서 육면체 소재를 이용하여 다음과 같이 원형기둥을 가공하기 위해 필요한 장치는?

① 다이스   ② 각도바이스

③ 회전 테이블   ④ 슬로팅 장치

해설 회전 테이블(원형 테이블 ; circular table, rotary table) : 밀링머신의 테이블 위의 바이스에 설치하며, 수동 또는 자동으로 회전시킬 수 있어 가공물의 원형이나 윤곽가공, 간단한 등분을 할 때 사용하는 밀링머신의 부속품이다.

18. 연삭숫돌에 대한 설명으로 틀린 것은?

① 부드럽고 전연성이 큰 연삭에는 고운 입자를 사용한다.

② 연삭숫돌에 사용되는 숫돌입자에는 천연산과 인조산이 있다.

③ 단단하고 치밀한 공작물의 연삭에는 고운 입자를 사용한다.

④ 숫돌과 공작물의 접촉 면적이 작은 경우에는 고운 입자를 사용한다.

해설 • 부드럽고 전연성이 큰 연삭에는 거친 입자를 사용한다.
• 입도(grain size) : 입자의 크기를 말하며, 메시(mesh)로 표시한다.
• 거친 입자
  − 거친 연삭, 절삭 깊이와 이송량이 클 때

－ 숫돌과 가공물의 접촉 면적이 클 때
－ 연하고, 연성이 있는 재료의 연삭
• 고운 입자
－ 다듬질 연삭, 공구연삭
－ 숫돌과 가공물의 접촉 면적이 작을 때
－ 경도가 크고 메진 가공물의 연삭

19. 그림과 같이 더브테일 홈가공을 하려고 할 때 X의 값은 약 얼마인가? (단, $\tan60°=1.7321$, $\tan30°=0.5774$이다.)

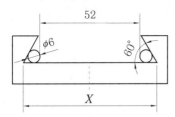

① 60.26 ② 68.39
③ 82.04 ④ 84.86

해설 $X=52+2\times8.2$

$$X_1=\frac{r}{\tan30°}+r=\frac{3}{0.5774}+3=8.2$$

$$\therefore X=52+2X_1=52+16.4=68.4$$

20. 드릴로 구멍을 뚫은 이후에 사용되는 공구가 아닌 것은?

① 리머
② 센터 펀치
③ 카운터 보어
④ 카운터 싱크

해설 • 센터 펀치(center punch) : 드릴로 구멍을 뚫기 전에 사용하는 공구이다.
• 리머(reamer) : 뚫어져 있는 구멍을 정밀도가 높고, 가공 표면의 표면거칠기를 좋게 하기 한 가공이며, 절삭공구는 리머를 사용한다.
• 카운터 보어(counter bore) : 볼트 또는 너트의 머리 부분이 가공물 안으로 묻히도록 드릴과 동심원의 2단 구멍을 절삭하는 방법을 카운터 보링(counter boring)이라고 하며, 사용공구를 카운터 보어라고 한다.

• 카운터 싱크(counter sink) : 카운터 보링과 같은 의미로 사용되며, 나사 머리의 모양이 접시 모양일 때 테이퍼 원통형으로 절삭하는 가공을 카운터 싱킹(counter sinking)이라 한다. 절삭 공구는 카운터 싱크를 사용한다.

제2과목 : **기계제도 및 기초공학**

21. 표면의 결 도시 방법 및 면의 지시 기호에서 가공으로 생긴 선 모양의 약호로 'C'의 의미는?

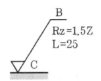

① 거의 동심원
② 다방면으로 교차
③ 거의 방사상
④ 거의 무방향

해설 • 거의 동심원 : C
• 다방면으로 교차 : M
• 거의 방사상 : R
• 거의 무방향 : M

22. 기준치수 49.000 mm, 최대 허용 치수 49.011 mm, 최소 허용 치수 48.985 mm일 때 위치수 허용차와 아래치수 허용차는?

(위치수 허용차) (아래치수 허용차)
① +0.011 mm −0.085mm
② −0.015 mm −0.011mm
③ −0.025 mm +0.025mm
④ +0.011 mm −0.015mm

해설 • 위치수 허용차=최대 허용 치수−기준치수
=49.011−49.000=+0.011
• 아래치수 허용차=최소 허용 치수−기준치수
=49.000−48.985=−0.015

23. 그림과 같은 입체도를 화살표 방향에서 보았을 때 가장 적합한 투상도는?

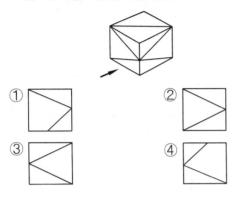

24. 그림과 같이 나타난 단면도의 명칭은?

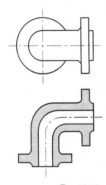

① 온 단면도　　② 회전 도시 단면도
③ 한쪽 단면도　　④ 부분 단면도

해설 온 단면도(full sectional view) : 대상물의 기본적인 모양을 가장 좋게 표시할 수 있도록 절단면을 정하여 도시한다.

25. 도면 양식에서 용지를 여러 구역으로 나누는 구역 표시를 하는 데 있어서 세로방향으로는 대문자 영어를 표시한다. 이때 사용해서는 안 되는 문자는?

① A　　　　② H
③ K　　　　④ O

해설 대문자 영어를 표시해서는 안 되는 문자 : O, I, Q

26. 다음과 같은 도면에서 플렌지 A부분의 드릴 구멍의 지름은?

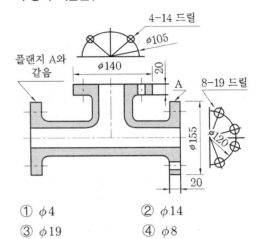

① $\phi 4$　　　　② $\phi 14$
③ $\phi 19$　　　　④ $\phi 8$

해설 8-19드릴 : 8개구멍을 $\phi 19$로 가공한다.

27. 그림과 같은 평면도에 대한 정면도로 가장 옳은 것은?

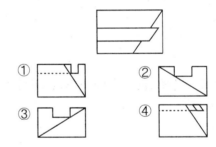

28. 평행 핀에 대한 호칭 방법을 옳게 나타낸 것은? (단, 오스테나이트계 스테인리스강 A1 등급이고, 호칭 지름 5 mm, 공차 h7, 호칭 길이 25 mm이다.)

① 평행 핀 - h7 5×25 - A1
② 5 h7×25 - A1 - 평행 핀
③ 평행 핀 - 5 h7×25 - A1
④ 5 h7×25 - 평행 핀 - A1

해설 • 오스테나이트계 스테인리스강 평행 핀 호칭 방법 : 평행 핀 KS B 1320 - 5 h7×25 - A1

정답　23. ②　24. ①　25. ④　26. ③　27. ④　28. ③

• 비경화강 평행 핀 호칭 방법 : 평행 핀 KS B
1320 − 5 h7×25 − St

29. 유압·공기압 도면 기호에서 그림의 기호 명칭으로 옳은 것은?

① 단동 솔레노이드
② 복동 솔레노이드
③ 단동 가변식 전자 액추에이터
④ 복동 가변식 전자 액추에이터

해설 상기 도면은 단동 솔레노이드(single acting solenoid)를 말한다.

30. 다음과 같이 상호 관련된 구멍 4개의 치수 및 위치 허용 공차에 대한 설명으로 틀린 것은?

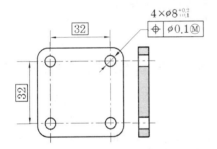

① 각 형태의 실제 부분 크기는 크기에 대한 허용 공차 0.1의 범위에 속해야 하며, 각 형태는 $\phi 8.1$에서 $\phi 8.2$ 사이에서 변할 수 있다.
② 각 형태의 지름이 $\phi 8.2$인 최소 재료 크기일 경우 각 형태의 축은 $\phi 0.1$인 허용 공차 영역 내에서 변할 수 있다.
③ 각 형태의 지름이 $\phi 8.1$인 최대 재료 크기일 경우 각 형태의 축은 $\phi 0.1$의 위치 허용 공차 범위에 속해야 한다.
④ 모든 허용 공차가 적용된 형태는 실질조건 경계, 즉 $\phi 8 (= \phi 8.1 - 0.1)$의 완전한 형태의 내접 원주를 지켜야 한다.

해설 각 형태의 지름이 $\phi 8.2$인 최소 재료 크기일 경우 각 형태의 축은 $\phi 0.3$인 허용공차 영역 내에서 변할 수 있다.

31. 관 속 내의 유량에 관한 설명으로 옳은 것은?

① 유량은 정해진 시간 동안 관을 통하여 흐르는 유체의 중량이다.
② 단면이 변하는 관을 통하여 유체가 흐를 때 관의 면적이 크면 유량도 많게 흐른다.
③ 단면이 변하는 관을 통하여 유체가 흐를 때 관의 면적이 작으면 유량도 적게 흐른다.
④ 단면이 변하는 관을 통하여 유체가 흐를 때 관의 면적이 크거나 작아도 유량은 일정하게 흐른다.

해설 관 속 내의 유량은 단면이 변하는 관을 통하여 유체가 흐를 때 관의 면적이 크거나 작아도 유량은 일정하게 흐른다.

32. 지름이 20 mm이고, 길이가 100 mm인 환봉의 부피[mm³]를 구하는 식으로 옳은 것은?

① $V = 2\pi \times 20 \times 100$
② $V = \pi \times 20^2 \times 100$
③ $V = \dfrac{\pi \times 10^2}{4} \times 100$
④ $V = \dfrac{\pi \times 20^2}{4} \times 100$

해설 • 부피(V) = 단면적(A) × 길이(l)
• $V = \dfrac{\pi d^2}{4} \times l = \dfrac{\pi \times 20^2}{4} \times 100$

33. 하중을 가할 때 응력 분포 상태가 불규칙하고 부분적으로 큰 응력이 집중하게 되는 응력집중 현상이 일어나는 단면이 아닌 것은?

① 구멍 부분　　② 나사 부분
③ 노치 홈 부분　　④ 긴 축의 중간 부분

해설 • 응력집중(stress concentration) : 재료가 하중을 받을 때 단면적이 급격히 변화하는 곳에서 큰 응력이 발생하는 현상을 말한다.
- 응력집중 현상이 일어나는 단면 : 구멍, 나사, 노치 홈, 단붙이 부분이다.

34. 어떤 물체가 v_1인 속도로 A점을 지나 v_2인 속도로 B점을 지나갈 때 시간 t가 소요되었다면 가속도는?

① $v_1 t$ ② $v_2 t$

③ $\dfrac{v_2 - v_1}{t}$ ④ $\dfrac{t}{v_2 - v_1}$

해설 • 가속도(acceleration) : 단위 시간에 일어나는 속도의 변화량을 말한다.
- 가속도$(a) = \dfrac{속도의 \ 변화량}{걸린 \ 시간} = \dfrac{v_2 - v_1}{t}$

35. A와 B가 얼음판 위에서 마주 보고 서 있는데 질량 40 kg인 A가 질량 80 kg인 B를 40 N으로 밀었다. B가 A를 미는 힘의 크기는?

① 10N   ② 20N   ③ 40N   ④ 80N

해설 동일한 힘(40 N)으로 작용한다.

36. 길이가 20 cm인 스패너에 파이프를 끼워 길이를 50 cm로 만든다면 토크는 얼마나 증가하는가? (단, 스패너 끝과 파이프 끝에 가한 힘은 각각 20 kgf이다.)

① 2 kgf·m   ② 4 kgf·m
③ 6 kgf·m   ④ 8 kgf·m

해설 $T_1 = F_1 \times L_1 = 20 \times 0.2 = 4 \ \text{kgf} \cdot \text{m}$
$T_2 = F_2 \times L_2 = 20 \times 0.5 = 10 \ \text{kgf} \cdot \text{m}$ 이므로
$T_2 - T_1 = 6 \ \text{kgf} \cdot \text{m}$

37. 단위의 연결이 틀린 것은?

① 압력 : Pa   ② 저항 : Ω
③ 주파수 : A   ④ 콘덴서 : F

해설 • 주파수 : Hz

• 전류 : A

38. 어떤 가정용 전기 기기에 220V 전압을 가했을 경우 440W의 전력이 소비되었다. 이때 전기 기기에 흐르는 전류는?

① 2A   ② 4A   ③ 8A   ④ 22A

해설 • $W = IV$에서 $I = \dfrac{W}{V}$이므로

• $I = \dfrac{440}{220} = 2 \ \text{A}$

39. 질량 4 kg인 물체가 힘을 받아 2 m/s^{2}만큼 가속되어 12 m를 이동하였을 때, 이 물체에 가해진 힘은?

① 8N   ② 24N
③ 48N   ④ 96N

해설 질량(m) : 4kg, 가속도(a) : 2 m/s^2,
힘(F) : kg·m/s^2
$F = ma = 4 \times 2 = 8 \ \text{kg} \cdot \text{m/s}^2 = 8\text{N}$

40. 120 rpm은 1초 동안 몇 회전하는 속도인가?

① 1회전   ② 2회선
③ 3회전   ④ 4회전

해설 120 rpm : 1분(60초) 간의 회전수이므로 1초 동안 2회전한다.

제3과목 : 자동제어

41. 베인펌프의 특징을 설명한 것으로 틀린 것은?

① 구조가 복잡하고 대형이다.
② 펌프 출력에 비해 형상 치수가 작다.
③ 비교적 고장이 적고 수리 및 관리가 용이하다.
④ 베인의 마모에 의한 압력 저하가 발생되지 않는다.

해설 베인펌프(vane pump)의 특성
- 기어펌프, 피스톤 펌프에 비해 토출 압력의 맥동이 적다.
- 베인의 마모로 인해 압력 저하가 적다. (수명이 길다.)
- 카트리지 방식과 함께 호환성이 양호하고 보수가 용이하다.
- 기어펌프나 피스톤 펌프에 비하여 소음이 적다.
- 기어펌프나 피스톤 펌프에 비하여 동일 토출량과 마력의 펌프에서의 형상 치수가 최소이다.
- 급속 시동이 가능하다.

42. 다음 그림은 두 개의 NC 스위치를 연결한 접점 회로이다. 이에 맞는 논리 회로는?

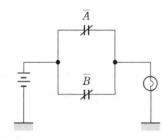

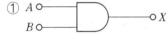
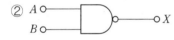

해설 A, B 입력이 B접점이기에 $\overline{A}$, $\overline{B}$이며 병렬 연결이므로 OR이다.
즉, $Y = \overline{A} + \overline{B} = \overline{A \cdot B}$이며 이는 NAND 게이트에 해당한다.

43. 자동제어계를 해석할 때 기준 입력신호로 사용되지 않는 함수는?

① 전달 함수
② 임펄스 함수
③ 단위 계단 함수
④ 단위 경사 함수

해설 자동제어의 기준입력신호
- 단위 계단 함수
- 단위 임펄스 함수
- 단위 램프(경사) 함수

44. 시퀀스 제어와 비교하여 피드백 제어에서만 필요한 장치는?

① 구동 장치
② 입력 장치
③ 제어 장치
④ 입출력 비교 장치

해설 피드백 시스템(feedback system) : 피드백 제어 또는 궤환제어 시스템은 출력신호가 제어 동작에 직접적인 영향을 주는 시스템이다. 입력신호와 출력(피드백)신호의 차이가 오차제어 동작신호이며 이 신호가 조절기에 전달되어 오차를 감소시키고 최종적으로 시스템의 출력을 요구하는 수치에 도달하게 한다.

45. 어드레스 버스 중 2개의 비트만 사용하여 지정할 수 있는 어드레스는 몇 가지인가?

① 2
② 4
③ 6
④ 8

해설 정밀 입자가공은 연삭가공한 후에 다시 주소 버스의 대역은 시스템이 할당할 수 있는 메모리의 양을 결정한다. 이를테면 32비트 주소 버스를 지닌 시스템은 2^{32}(4,294,967,296)개의 메모리 위치를 할당할 수 있다

46. 질량 M인 물체에 힘 f를 가하여 거리 x만큼 이동한 물리계의 전달 함수는? (단, 초기 조건은 0이다.)

① Ms
② Ms^2
③ $\dfrac{1}{Ms}$
④ $\dfrac{1}{Ms^2}$

해설 • 기계적 선형 요소 표현성 :
$$f(t) = M \frac{d^2 x(t)}{dt^2}$$
- 라플라스 변환 : $F(s) = Ms^2 X(s)$
- 전달 함수 : $G(s) = \dfrac{X(s)}{F(s)} = \dfrac{1}{Ms^2}$

2016

47. 유압 작동유가 구비하여 할 조건 중 틀린 것은?

① 압축성이어야 한다.
② 열을 방출시킬 수 있어야 한다.
③ 적절한 점도가 유지되어야 한다.
④ 장시간 사용하여도 화학적으로 안정되어야 한다.

해설 유압 작동유의 구비 조건
- 비압축성이어야 한다.
- 장치의 운전온도 범위에서 회로 내를 유연하게 유동할 수 있는 적절한 점도가 유지되어야 한다.
- 장시간 사용하여도 화학적으로 안정하여야 한다.(노화 현상)
- 녹이나 부식 발생 등이 방지되어야 한다.
- 열을 방출시킬 수 있어야 한다.(산화안정성)
- 외부로부터 침입한 불순물을 침전·분리시킬 수 있어야 한다.

48. 되먹임 제어계의 특징을 설명한 것으로 틀린 것은?

① 제어 시스템이 비교적 안정적이다.
② 목표값을 보다 정확히 달성할 수 있다.
③ 오픈루프 제어가 대표적인 시스템이다.
④ 제어계의 제어 특성을 향상시킬 수 있다.

해설 되먹임제어계 또는 피드백 시스템 : 피드백 제어 또는 궤환제어 시스템은 출력신호가 제어 동작에 직접적인 영향을 주는 시스템이다. 입력신호와 출력(피드백)신호의 차이가 오차제어 동작신호이며 이 신호가 조절기에 전달되어 오차를 감소시키고 최종적으로 시스템의 출력을 요구하는 수치에 도달하게 한다.

49. 폐루프 제어 시스템에서 정상 상태 오차가 발생하는 경우 이를 줄이기 위해서 어떤 제어 방식을 추가하여야 하는가?

① P(비례)제어
② I(적분)제어
③ D(미분)제어
④ PD(비례미분)제어

해설
- 정상 상태 오차(제어 편차 : off set)는 비례동작에서 발생한다.
- I(적분)제어 : 비례동작에서 발생하는 정상 상태 오차(오프셋)를 소멸시킬 수 있다.

50. PLC의 입력 측에 연결할 수 있는 부품으로 적절한 것은?

① Lamp ② Motor
③ Buzzer ④ Push botton

해설 PLC 입력 측에는 센서 또는 입력신호를 넣을 수 있는 스위치, 버튼 등이 연결 가능하며 출력 측에는 Lamp, motor, buzzer와 같은 액추에이터가 연결 가능하다.

51. 다음 중 온도, 유량, 압력 등을 제어량으로 하는 제어로 알맞은 제어 방식은?

① 서보제어 ② 정치제어
③ 개루프 제어 ④ 프로세스 제어

해설 제어량의 종류에 의한 분류
- 프로세스 제어 : 온도, 유량, 압력, 레벨, 효율 등의 공업 프로세스의 상태량을 제어량으로 하는 제어
- 서보기구 : 물체의 위치, 각도 등을 제어량으로 하고 목표값의 임의의 변화에 추종하는 것
- 자동 조정 : 제어량은 회전수, 압력, 전압, 주파수, 온도, 속도 등

52. 다음 회로에서 양단에 걸리는 전압 $V(s)$는?

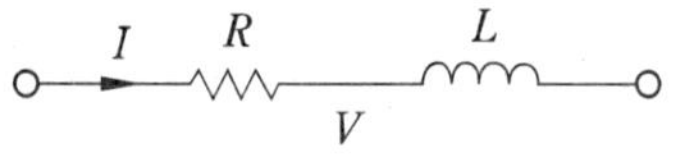

① $V(s)=RI(s)+sLI(s)$
② $V(s)=\frac{1}{R}I(s)+sLI(s)$
③ $V(s)=RI(s)+\frac{1}{L}I(s)$
④ $V(s)=RI(s)+\frac{1}{sL}I(s)$

정답 47. ① 48. ③ 49. ② 50. ④ 51. ④ 52. ①

해설 전압 $v(t) = Ri(t) + L\dfrac{di(t)}{dt}$

라플라스 변환 $V(s) = RI(s) + sLI(s)$

53. $F(s) = \dfrac{1}{s^2 + 6s + 10}$ 의 값은?

① $e^{-3t}\sin t$ 　　② $e^{-t}\sin 5t$

③ $e^{-3t}\cos wt$ 　　④ $e^{-t}\sin 5wt$

해설 $F(s) = \dfrac{1}{s^2+6s+10} = \dfrac{1}{(s+3)^2+1}$

함수 $f(t) = \sin wt$를 라플라스 변환하면

$F(s) = \dfrac{w}{s^2+w^2}$

그러므로 역 라플라스 변환 : $f(t) = e^{-3t}\sin t$

54. 입력제어 밸브 중 주로 안전밸브로 사용되고 시스템 내의 압력이 최대 허용 압력을 초과하는 것을 방지해 주는 밸브는?

① 체크 밸브 　　② 릴리프 밸브

③ 무부하 밸브 　④ 시퀀스 밸브

해설 • 체크 밸브 : 한 방향으로 유동을 허용하나 역방향의 유동은 완전히 저지
• 릴리프 밸브 : 유압 장치에 사용하는 회로의 최고 압력을 제한하는 밸브로서 회로의 압력을 일정하게 유지시키는 밸브

55. 전달 함수의 일반적인 식으로 옳은 것은?

① 전달 함수 $= \dfrac{목표값}{제어량}$

② 전달 함수 $= \dfrac{제어량}{목표값}$

③ 전달 함수 $= \dfrac{초깃값을 0으로 한 입력의 라플라스 변환값}{초깃값을 0으로 한 출력의 라플라스 변환값}$

④ 전달 함수 $= \dfrac{초깃값을 0으로 한 출력의 라플라스 변환값}{초깃값을 0으로 한 입력의 라플라스 변환값}$

해설 전달 함수는 제어계에 입력되는 신호를 분

모로 출력되는 신호를 분자로 놓고 이를 초깃값을 0으로 하는 라플라스 변환 결과 함수이다.

56. 전달 함수의 특징으로 옳지 않은 것은?

① 시스템의 모든 초기 조건은 0으로 한다.
② 전달 함수는 오직 선형 시불변 시스템에만 정의된다.
③ 출력의 라플라스 변환식과 입력의 라플라스 변환식의 비이다.
④ 전달 함수는 시스템의 입력 신호의 형태에 따라 달라질 수 있다.

해설 전달 함수의 특징
• 전달 함수는 선형 제어계에서만 정의된다.
• 전달 함수는 임펄스 응답의 라플라스 변환으로 정의되며, 제어계의 입력 및 출력 함수의 라플라스 변환에 대한 비가 된다.
• 전달 함수를 구할 때 제어계의 모든 초기 조건을 0으로 하므로 정상 상태의 주파수 응답을 나타내며 과도응답특성은 알 수 없다.
• 전달 함수는 제어계의 입력과는 관계없다.

57. 컴퓨터를 구성하는 기본 요소를 기능별로 분류할 때 해당되지 않는 것은?

① 연산 장치 　　② 제어 장치

③ 출력 장치 　　④ 컴파일러 장치

해설 컴퓨터의 기본구성 : 중앙처리장치(CPU) – 연산장치와 제어장치, 출력장치, 입력장치

58. 수치제어를 적용하는 공작기계에서 사람의 손, 발과 같은 역할을 담당하며 범용기계에는 없는 부분은?

① 부품 도면 　　② 서보기구

③ NC 테이프 　　④ 정보 처리 회로

해설 서보(servo) 기구는 사람의 손과 발에 해당하는 부분으로 정보처리회로의 명령에 따라 공작기계의 테이블 등을 움직이는 역할을 담당

정답 53. ① 　54. ② 　55. ④ 　56. ④ 　57. ④ 　58. ②

59. 수치제어 공작기계 시스템에서 서보 회로 구성 시 속도와 위치를 측정하고 이를 이용하여 속도나 위치를 제어하는 제어 방식은?

① 병렬 방식　　　② 개루프 방식
③ 폐루프 방식　　④ 하이브리드 방식

해설 폐루프 제어 시스템 : 입력 신호와 피드백 신호의 차이가 오차 제어동작 신호이며, 이 신호가 제어기에 전달되어 오차를 감소시키고 최종적으로 시스템의 출력을 요구 수치에 도달케 하는 것

60. 개루프 제어 시스템과 비교해 볼 때 폐루프 제어 시스템의 특성이 아닌 것은?

① 제어 오차가 감소한다.
② 필요한 센서의 개수가 증가한다.
③ 제어 시스템의 구성이 복잡해진다.
④ 제어 시스템의 가격이 저렴해진다.

해설 폐루프 제어 시스템의 장·단점
- 외부조건의 변화에 대처할 수 있다.
- 제어계의 특성을 향상시킬 수 있다.
- 목표값에 정확히 도달할 수 있다.
- 복잡해지고 값이 비싸진다.
- 제어계 전체가 불안정해질 수 있다.

제4과목 : 메카트로닉스

61. 세그먼트 레지스터(segment resister)의 분류에 속하지 않는 것은?

① BS(Base Segment resister)
② CS(Code Segment resister)
③ DS(Data Segment resister)
④ SS(Stack Segment resister)

해설
- CS : 함수나 제어문 같은 명령어들이 저장되는 코드 세그먼트
- DS : 주로 전역, 정격 변수 데이터가 들어 있는 데이터 세그먼트의 데이터 위치를 가리키는 레지스터
- SS : 주소와 데이터를 일시적으로 저장할 목적으로 쓰이는 스택의 주소를 지정
- ES : 추가 레지스터로 주로 문자 데이터의 주소를 지정하는 데 사용

62. 다음 중 머시닝 센터(machining center)에 대한 설명으로 틀린 것은?

① 드릴링 작업을 할 수 있다.
② 방전을 이용한 가공 작업이다.
③ 자동 공구 교환 장치(ATC)가 있다.
④ 테이블은 가공물을 절삭에 필요한 위치에 오게 한다.

해설
- 방전을 이용한 가공 작업은 방전가공 작업이다.
- 방전가공은 전극에 의해 가공되는 방전가공(EDM)과 와이어에 의해 가공되는 와이어 컷 방전가공으로 분류한다.

63. 다음 중 서보 모터의 용도로 적합한 것은?

① 기중기용
② 전동차용
③ 엘리베이터용
④ 안테나 위치 제어용

해설 서보기구 : 물체의 위치, 자세, 방향 제어에 활용

64. 초음파 센서의 특징으로 틀린 것은?

① 초음파 센서는 투명 물체를 검출할 수 없다.
② 초음파는 높은 영역일수록 그 지향성이 강하다.
③ 초음파 센서는 압전기 직접 효과를 이용한 것이다.
④ 초음파 센서는 온도가 올라가면 중심 주파수가 내려간다.

해설 초음파 센서의 특징

- 고체, 액체, 기체에 따라서 전달 속도를 달리 한다.
- 초음파는 파장이 짧아지면 지향성 폭이 좁아 지고 분해능이 향상된다.
- 압전기 직접 효과 : 압력 에너지를 전기 에너 지로 변환
- 역 압전기 효과 : 전기 에너지를 기계적 에너 지로 변환

65. 다음 회로는 어떤 회로를 나타낸 것인가?

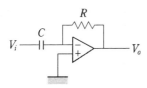

① 미분 회로　　② 적분 회로
③ 가산기 회로　④ 차동 증폭기 회로

해설 미분 회로 : 입력파형의 변화율(기울기)이 출력에 나타나는 회로로 입력 신호에 콘덴서가 위치한다.

66. 8비트 어드레스 시스템인 경우, 그림에서 PA 의 신호에 의해 사용되는 장치가 활성화되기 위한 어드레스로 옳은 것은?

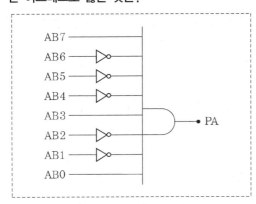

① 89H　　　　② 91H
③ 95H　　　　④ 99H

해설 AB0~7의 입력을 받아서 AND 게이트를 거쳐 PA 출력이 나온다.
AB1, AB2, AB4, AB5, AB6은 NOT 게이트가

있기 때문에 입력값이 반전되게 된다.

입력	AB7	AB6	AB5	AB4	AB3	AB2	AB1	AB0
값	1	0	0	0	1	0	0	1
16진수	8				9			

67. 기계의 전자화 또는 전자기기의 기계화를 통칭하는 기술을 무엇이라 하는가?

① PLC
② CAD/CAM
③ 메카트로닉스
④ 마이크로프로세서

해설 메카트로닉스 : 기계, 전기, 전자 및 통신을 융합한 기술 접목

68. 10진수의 41을 2진수로 변환한 것은?

① 110001　　　② 100011
③ 101001　　　④ 101101

해설

∴ 101001

69. 전자유도에 대한 설명 중 틀린 것은?

① 코일을 지나는 자속이 변화하면 코일에 기 전력이 생기는 현상을 전자유도라 한다.
② 전자유도에 의하여 흐르는 전류를 유도 전류라 한다.
③ 전자유도에 의하여 회로에 유도되는 기전 력은 자속이 증가, 감소하는 정도에 반비 례한다.
④ 전자유도 작용은 패러데이에 의하여 1831 년에 발견되었다.

해설 패러데이의 법칙(전자기 유도 법칙)

정답 65. ①　66. ①　67. ③　68. ③　69. ③

- 코일에 관하여 자속(Φ)의 변화율에 비례
- 코일에 감겨있는 권선수에 비례

$$\therefore e = -N \frac{\Delta \Phi}{\Delta t}$$

70. 마이크로프로세서의 어드레스 단자가 16개이고, 데이터 단자가 8개일 때 메모리의 최대 크기는?

① 64 kbyte   ② 128 kbyte
③ 256 kbyte   ④ 512 kbyte

해설 $216 \times 8b = 64 \times 210 \text{byte} = 64 \text{kbyte}$

71. 프레스 가공의 분류 중 전단가공 그룹에 속하지 않는 것은?

① 슬리팅   ② 엠보싱
③ 트리밍   ④ 피어싱

해설 엠보싱(embossing) : 상, 하 형(型) 사이에 소재를 넣고 눌러 붙여 판에 요철(凹凸)을 만드는 작업으로 프레스 가공의 분류 중 굽임 가공에 속한다.

72. 동기 전동기에서 자극수가 4극이면 60 Hz의 주파수로 전원 공급할 때, 회전수는 몇 rpm이 되는가?

① 1,200   ② 1,800
③ 3,600   ④ 7,200

해설 회전수[rpm] $= \frac{2}{N} \times f \times 60$

$\qquad = \frac{2}{4} \times 60 \times 60 = 1,800 \text{ rpm}$

73. 2진수 $(01011)_2$의 2의 보수는?

① 10100   ② 10101
③ 11010   ④ 11111

해설

2진수	0	1	0	1	1
1의 보수	1	0	1	0	0
2의 보수	1	0	1	0	1

74. 2종의 금속 또는 반도체를 둥근 모양으로 접속하고, 접속한 2점 사이에 온도차를 주면 기전력이 발생하여 전류가 흐른다. 이러한 현상을 무엇이라고 하는가?

① 홀 효과   ② 광전 효과
③ 제베크 효과   ④ 루미네센스 효과

해설 제베크 효과(seebeck effect)
- 열전 효과(熱電 效果, thermo electric effect)라고도 한다.
- 2종의 금속 또는 반도체를 둥근 모양으로 접속하고, 접속한 2점 사이에 온도차를 주면 기전력이 발생하여 전류가 흐르는 원리를 말한다.

75. 저항 R1, R2, R3, R4가 직렬로 연결되어 있을 때와 이들이 병렬로 연결되어 있을 때의 합성저항의 비(직렬/병렬)는? (단, R1=R2=R3=R4이다.)

① 4   ② 8   ③ 12   ④ 16

해설
- 직렬일 때 합성저항 R=4R1
- 병렬일 때 합성저항 $\frac{1}{R} = \frac{4}{R1}$, $R = \frac{R1}{4}$ 이므로
- 합성저항의 비(직렬/병렬) $= 4R1 : \frac{R1}{4} = 16 : 1$

76. 실횻값 100V, 주파수 60Hz인 정현파 교류전압의 최댓값은?

① $60\sqrt{2}$ ② $100\sqrt{2}$
③ $\frac{60}{\sqrt{2}}$ ④ $\frac{100}{\sqrt{2}}$

해설 $V_{\max} = \sqrt{2} \times$ 실횻값 $= 100\sqrt{2}$

77. 스테핑 모터의 특징에 대한 설명으로 틀린 것은?

① 특정 주파수에서 진동, 공진 현상이 없으며 관성이 있는 부하에 강하다.
② 디지털 신호로 직접 오픈 루프제어를 할 수 있고, 시스템 전체가 간단하다.
③ 펄스 신호의 주파수에 비례한 회전 속도

를 얻을 수 있으므로 속도제어가 광범위하다.

④ 회전각의 검출을 위한 별도의 센서가 필요 없어 제어계가 간단하며, 가격이 상대적으로 저렴하다.

해설 스테핑 모터의 특징
- 구동 회로에 가해지는 입력 펄스의 수에 의해서 회전각이 결정된다.
- 구동 회로에 가해지는 입력 펄스의 주파수에 의해서 회전 속도가 결정된다.
- 디지털 신호로 직접 오픈 루트제어할 수 있고 시스템 전체가 간단하다.
- 정지 시에 홀딩 토크가 커서 제 위치를 유지할 수 있다.
- 기동, 정지, 정·역회전, 변속이 용이하며, 응답 특성이 우수하다.
- 회전 각도의 오차가 작고, 오차는 누적되지 않는다.
- 기계적으로 견고하고, 유지비가 들지 않는다.
- 모터의 발생 토크는 연속적으로 입력 펄스에 대응하여 증감하므로 전동기는 본질적으로 진동하면서 회전하여 간다. 이 진동 주기와 입력 펄스의 시기가 같으면 스테핑 모터의 약점인 공진의 문제가 발생한다.

78. 제너 다이오드를 사용하는 회로는?

① 검파회로
② 정전압회로
③ 고압 증폭회로
④ 고주파 발진회로

해설 • 제너 다이오드 : 불순물 농도가 높은 PN 접합 실리콘 다이오드에 역방향 전압을 인가하면 역방향 전압이 낮을 때는 전류가 거의 흐르지 않지만 전압을 증가시키면 어느 특정한 전압에서는 급격히 많은 전류가 흐르는 제너 효과를 이용한 다이오드
• 정전압회로 : 일정치 않은 전압이 입력으로 들어와도 항상 같은 전압이 출력되는 회로

79. 다음 논리회로의 명칭은?

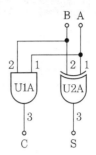

① 반가산기
② 전가산기
③ 병렬가산기
④ 직렬가산기

해설 XOR와 AND 게이트를 사용한 논리회로이며 출력으로 Sum과 Carry를 내보내는 반가산기(Half Adder) 회로임

A	B	C	S
1	1	1	0
1	0	0	1
0	1	0	1
0	0	0	0

80. 다음 [보기]와 같은 기계제작 공정이 필요한 경우 작업순서를 올바르게 나열한 것은?

──── [보기] ────
ⓐ 제품 조립   ⓑ 설계
ⓒ 기계가공   ⓓ 제품 검사

① ⓐ → ⓑ → ⓒ → ⓓ
② ⓑ → ⓒ → ⓐ → ⓓ
③ ⓒ → ⓐ → ⓑ → ⓓ
④ ⓓ → ⓑ → ⓒ → ⓐ

해설 기계제작 공정의 작업순서
① 설계 → ② 기계가공 → ③ 제품 조립 → ④ 제품 검사

정답 78. ② 79. ① 80. ②

2016년 8월 21일 시행

자격종목 및 등급(선택분야)	종목코드	시험시간	문제지형별	수검번호	성 명
생산자동화산업기사	2034	2시간	A		

제1과목 : 기계가공법 및 안전관리

1. 밀링머신 호칭 번호를 분류하는 기준으로 옳은 것은?

① 기계의 높이
② 주축모터의 크기
③ 기계의 설치 면적
④ 테이블의 이동 거리

해설 • 밀링머신 호칭 번호 : 밀링머신의 크기를 나타낸다.
• 밀링머신의 크기 : 테이블의 이동 거리(mm)로 표시하고 0호, 1호, 2호, 3호, 4호, 5호로 표시한다.

2. 선반가공에서 절삭 저항의 3분력이 아닌 것은?

① 배분력
② 주분력
③ 이송분력
④ 절삭분력

해설 • 선반가공에서 절삭 저항의 3분력 : ① 주분력, ② 배분력, ③ 이송분력
• 절삭 저항의 3분력의 크기 : 주분력(10) : 배분력(2~4) : 이송분력(1~2)
• 주 분력을 절삭저항이라고도 한다.

3. 센터리스 연삭기의 특징으로 틀린 것은?

① 긴 홈이 있는 가공물이나 대형 또는 중량물의 연삭이 가능하다.
② 연삭숫돌 폭보다 넓은 가공물을 플런지 컷 방식으로 연삭할 수 없다.
③ 연삭숫돌의 폭이 크므로, 연삭숫돌 지름의 마멸이 적고 수명이 길다.
④ 센터가 필요하지 않아 센터 구멍을 가공할 필요가 없고 속이 빈 가공물을 연삭할 때 편리하다.

해설 센터리스 연삭기(centerless grinding machine)의 장점
• 센터가 필요하지 않아 센터 구멍을 가공할 필요가 없고, 속이 빈 가공물을 연삭할 때 편리하다.
• 숙련을 요구하지 않으며, 연삭 여유가 작아도 된다.
• 가늘고 긴 가공물의 연삭에 적합하다.
• 연삭숫돌의 폭이 크므로, 연삭숫돌 지름의 마멸이 적고 수명이 길다.
센터리스 연삭기(centerless grinding machine)의 단점
• 긴 홈이 있는 가공물이나 대형 또는 중량물의 연삭이 불가능하다.
• 연삭숫돌 폭보다 넓은 가공물을 플런지 컷 방식으로 연삭할 수 없다.

4. 평면도 측정과 관계없는 것은?

① 수준기
② 링 게이지
③ 옵티컬 플랫
④ 오토콜리메이터

해설 링 게이지(ring gauge)
• 축용 한계 게이지의 용도로 사용된다.
• 지름이 작거나 두께가 얇은 공작물의 측정에 사용된다.

5. 축용으로 사용되는 한계 게이지는?

① 봉 게이지　　② 스냅 게이지
③ 블록 게이지　　④ 플러그 게이지

해설 • 축용으로 사용되는 한계 게이지 : 스냅
게이지, 링 게이지
• 스냅 게이지(snap gauge) : 양구판, 편구판,
C형판이 있다.
• 링 게이지(ring gauge) : 지름이 작거나 두께
가 얇은 공작물의 측정에 사용된다.

6. 밀링작업의 안전수칙에 대한 설명으로 틀린 것은?

① 공작물의 측정은 주축을 정지하여 놓고
실시한다.
② 급송이송은 백래시 제거 장치가 작동하고
있을 때 실시한다.
③ 중절삭할 때는 공작물을 가능한 바이스에
깊숙이 물려야 한다.
④ 공작물을 바이스에 고정할 때 공작물이
변형이 되지 않도록 주의한다.

해설 하향절삭(down cutting)일 때 백래시(back
lash) 제거 장치를 한다.

7. 선삭에서 지름 50 mm, 회전수 900 rpm, 이송
0.25 mm/rev, 길이 50 mm를 2회 가공할 때 소
요되는 시간은 약 얼마인가?

① 13.4초　　　　② 26.7초
③ 33.4초　　　　④ 46.7초

해설 • 공작물 2개이므로 가공 길이는 100 mm
이다.
• 분당 이송거리를 계산하여 비례식으로 쉽게 풀
이한다.
• 분당 이송거리 = 0.25 × 900 = 225 mm
• 60(초) : 225 = 소요시간(초) : 100이므로
• 소요시간(초) = $\dfrac{60 \times 100}{225}$ = 26.7초

8. 유막에 의해 마찰면이 완전히 분리되어 윤활의
정상적인 상태를 말하는 것은?

① 경계 윤활　　② 고체 윤활
③ 극압 윤활　　④ 유체 윤활

해설 • 유체 윤활(fluid lubrication) : 유막에 의
해 마찰면이 완전히 분리되어 윤활의 정상적인
상태를 말한다.
• 경계 윤활(boundary lubrication) : 불완전한
윤활 상태로 점도가 떨어지면서 유막으로는 하
중을 지탱할 수 없는 상태를 말한다.
• 극압 윤활(extreme pressure lubrication) :
유막이 파괴되어 윤활이 지극히 불량한 상태를
말한다.

9. 보링 머신의 크기를 표시하는 방법으로 틀린 것은?

① 주축의 지름
② 주축의 이송거리
③ 테이블의 이동거리
④ 보링 바이트의 크기

해설 보링 머신의 크기를 표시하는 방법
• 주축의 지름
• 주축의 이송거리
• 테이블의 이동거리
• 테이블의 크기

10. 윤활제의 급유 방법으로 틀린 것은?

① 강제 급유법　　② 적하 급유법
③ 진공 급유법　　④ 핸드 급유법

해설 윤활제의 급유 방법
• 강제 급유법(circulating oiling) : 순환펌프를
이용하여 강제순환 급유한다.
• 적하 급유법(drop feed oiling) : 마찰면이 넓
거나 시동횟수가 많을 때 일정량을 낙하 급유
한다.
• 핸드 급유법(hand oiling) : 작업자가 급유 위
치에 급유하는 방법을 말한다.

11. 보통형(conventional type)과 유성형(planetary
type) 방식이 있는 연삭기는?

① 나사 연삭기　　② 내면 연삭기

정답 　6. ②　7. ②　8. ④　9. ④　10. ③　11. ②

③ 외면 연삭기 　　④ 평면 연삭기

해설 내면 연삭기

보통형, 유성형, 센터리스형으로 분류한다.
- 보통형(conventional type) : 가공물과 연삭숫돌에 회전운동을 주어 연삭한다.
- 유성형(planetary type) : 가공물은 고정시키고, 연삭숫돌이 회전 및 공전운동을 동시에 하며 연삭한다.
- 센터리스형(centerless type) : 센터리스 연삭기를 이용하여 가공물을 고정하지 않고 연삭한다.

12. 드릴의 자루(shank)를 테이퍼 자루와 곧은 자루로 구분할 때 곧은 자루의 기준이 되는 드릴 지름은 몇 mm 이하인가?

① 13　　② 18　　③ 20　　④ 25

해설 • 드릴 지름이 13 mm 이상이면 드릴의 자루 부는 테이퍼로 제작한다.
- 드릴 지름이 13 mm 이하이면 자루는 직선으로 드릴 척(chuck)으로 고정한다.

13. 그림과 같은 공작물을 양 센터 작업에서 심압대를 편위시켜 가공할 때 편위량은? (단, 그림의 치수 단위는 mm이다.)

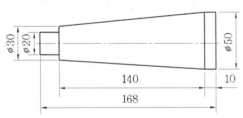

① 6 mm　　　　② 8 mm
③ 10 mm　　　　④ 12 mm

해설 편위량 $x = \dfrac{(D-d)L}{2l}$

$$= \frac{(50-20) \times 168}{2 \times 140} = 12$$

14. 밀링가공에서 공작물을 고정할 수 있는 장치가 아닌 것은?

① 면판　　　　② 바이스
③ 분할대　　　④ 회전 테이블

해설 밀링머신에서 공작물을 고정할 수 있는 장치
- 바이스(milling vise) : 밀링 테이블에 T볼트를 이용하여 설치한다.
- 분할대(indexing head) : 분할대와 심압대로 가공물을 지지하거나, 분할대의 척에 가공물을 고정한다.
- 회전 테이블(rotary table) : 테이블 위에 설치하며, 가공물의 바깥부분을 원형이나 윤곽 가공, 간단한 등분을 할 때 사용한다.

15. 테이퍼 플로그 게이지(taper plug gage)의 측정에서 다음 그림과 같이 정반 위에 놓고 핀을 이용해서 측정하려고 한다. M을 구하는 식으로 옳은 것은?

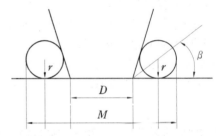

① $M = D + r + r \cdot \cot\beta$
② $M = D + r + r \cdot \tan\beta$
③ $M = D + 2r + 2r \cdot \cot\beta$
④ $M = D + 2r + 2r \cdot \tan\beta$

해설 $M = D + 2r + 2\dfrac{r}{\tan\beta} = D + 2r + 2r \cdot \cot\beta$

16. 창성식 기어 절삭법에 대한 설명으로 옳은 것은?

① 밀링머신과 같이 총형 밀링 커터를 이용하여 절삭하는 방법이다.
② 셰이퍼 등에서 바이트를 치형에 맞추어 절삭하여 완성하는 방법이다.
③ 셰이퍼의 테이블에 모형과 소재를 고정한 후 모형에 따라 절삭하는 방법이다.
④ 호빙 머신에서 절삭 공구와 일감을 서로

적당한 상대 운동을 시켜서 치형을 절삭하는 방법이다.

해설 창성식 기어 절삭법(generated system)
- 호빙 머신에서 절삭 공구와 일감을 서로 적당한 상대 운동을 시켜서 치형을 절삭하는 방법이다.
- 인벌류트 치형을 정확히 가공할 수 있는 방법이다.
- 랙 커터(rack cutter)와 피니온 커터인 호브(hob)를 사용한다.

17. 원하는 형상을 한 공구를 공작물의 표면에 눌러 대고 이동시켜 표면에 소성 변형을 주어 정도가 높은 면을 얻기 위한 가공법은?

① 래핑(lapping)
② 버니싱(burnishing)
③ 폴리싱(polishing)
④ 슈퍼 피니싱(super finishing)

해설 버니싱
- 원하는 형상을 한 공구를 공작물의 표면에 눌러 대고 이동시켜 표면에 소성 변형을 주어 정도가 높은 면을 얻기 위한 가공법이다.
- 1차 가공에서 발생한 가공 자국, 긁힘(scratch), 흔적, 패인 곳 등을 제거한다.

18. 호환성이 있는 제품을 대량으로 만들 수 있도록 가공 위치를 쉽고 정확하게 결정하기 위한 보조용 기구는?

① 지그   ② 센터
③ 바이스   ④ 플랜지

해설 지그(jig) : 호환성이 있는 제품을 대량으로 만들 수 있도록 가공 위치를 쉽고 정확하게 결정하기 위한 보조용 기구이다.

19. 다음 중 소재의 두께가 0.5 mm인 얇은 박판에 가공된 구멍의 안지름을 측정할 수 없는 측정기는?

① 투영기   ② 공구 현미경
③ 옵티컬 플랫   ④ 3차원 측정기

해설 옵티컬 플랫(optical flat)
- 작은 부품의 평면도 측정에 사용되는 기구이다.
- 광선정반(光線定盤)이라고도 한다.

20. 리밍(reaming)에 관한 설명으로 틀린 것은?

① 날 모양에는 평행 날과 비틀림날이 있다.
② 구멍의 내면을 매끈하고 정밀하게 가공하는 것을 말한다.
③ 날끝에 테이퍼를 주어 가공할 때 공작물에 잘 들어가도록 되어 있다.
④ 핸드 리머와 기계 리머는 자루 부분이 테이퍼로 되어 있어서 가공이 편리하다.

해설 리머가공, 리밍(reaming)
- 핸드 리머의 자루 부분은 곧은 자루에 끝부분이 사각으로 되어 있다.
- 기계 리머는 자루 부분이 곧은 것과 테이퍼로 되어 있으며, 모스 테이퍼로 되어 있다.

제2과목 : 기계제도 및 기초공학

21. 그림과 같은 입체도에서 화살표 방향이 정면일 때 평면도로 가장 적합한 것은?

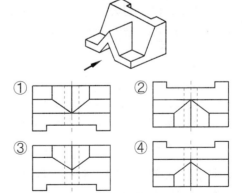

22. '왼 2줄 M50×3-6H'의 나사기호 해독으로 올바른 것은?

① 리드가 3 mm
② 암나사 등급 6H
③ 왼쪽 감김 방향 1줄 나사
④ 나사산의 수가 3개

해설 왼 2줄 M50×3-6H의 나사기호 해독
• 왼 2줄 : 왼나사이며, 2줄 나사
• M50×3 : 미터나사이며 호칭지름 50, 피치는 3 mm
• 6H : 암나사 등급
• 리드(lead) : $l = np = 2 \times 3 = 6$

23. 기계제도에서 치수선을 나타내는 방법에 해당하지 않는 것은?

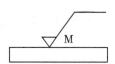

24. 그림과 같은 표면의 결 표시기호에서 M이 뜻하는 것은?

① 가공으로 생긴 선이 투상면에 직각
② 가공으로 생긴 선이 거의 동심원
③ 가공으로 생긴 선이 두 방향으로 교차
④ 가공으로 생긴 선이 여러 방향

해설 • M : 가공으로 생긴 선이 여러 방향 또는 무방향
• ⊥ : 가공으로 생긴 선이 투상면에 직각
• C : 가공으로 생긴 선이 거의 동심원
• X : 가공으로 생긴 선이 두 방향으로 교차

25. 베어링 기호 '6012 C2 P4'에서 각 기호의 뜻을 설명한 것으로 틀린 것은?

① 60 – 베어링 계열 기호
② 12 – 안지름 번호
③ C2 – 레이디얼 내부틈새 기호
④ P4 – 베어링 조합 기호

해설 P4 – 베어링 등급 기호

26. 기하 공차를 사용하는 이유로 가장 거리가 먼 것은?

① 각각 좌표의 치수 방법을 변환시켜 간편하게 표시한다.
② 상호 결합되는 부품의 호환성을 확보한다.
③ 생산 원가를 절감할 수 있는 방향으로 설계할 수 있다.
④ 생산성을 높일 수 있는 방향으로 공차를 적용할 수 있다.

해설 기하공차(GT : Geometrical Tolerance)
• 상호 결합되는 부품의 호환성을 확보한다.
• 생산 원가를 절감할 수 있는 방향으로 설계할 수 있다.
• 생산성을 높일 수 있는 방향으로 공차를 적용할 수 있다.
• 설계치수 및 공차상의 요구가 명확하게 정해지고, 확실해진다.
• 도면의 안정성과 통일성으로 일률적인 설계를 할 수 있다.

27. 나사의 도시에서 완전 나사부와 불완전 나사부의 경계를 나타내는 선은?

① 굵은 실선
② 가는 실선
③ 가는 파선
④ 가는 1점 쇄선

해설 나사의 도시 방법
• 수나사의 바깥지름, 암나사의 안지름 : 굵은 실선
• 수나사와 암나사의 끝 : 가는 실선
• 완전 나사부와 불완전 나사부의 경계선 : 굵은 실선

28. 그림에서 가는 실선으로 나타낸 대각선 부분의 의미는?

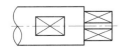

① 대각선으로 표시된 면이 구면임을 나타냄
② 대각선으로 표시된 면이 평면임을 나타냄
③ 대각선으로 표시된 면은 가공하지 않음을 표시함
④ 대각선으로 표시된 면만 열처리할 것을 표시함

해설 • 대각선으로 표시된 면이 평면임을 나타낸다.
• 가는 실선으로 나타낸다.

29. 도면에 $20^{+0.02}_{-0.01}$로 표시된 치수의 치수 공차는 얼마인가?

① 0.01
② −0.01
③ 0.02
④ 0.03

해설 치수 공차 = 0.02 − (−0.01) = 0.03

30. 다음 중 단면도의 분류에 있어서 그 종류가 다른 하나는?

①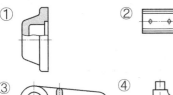

②

③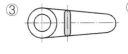

④

해설 • 부분 단면도(①번) : 일부분을 잘라내고 필요한 내부 모양을 그리기 위한 방법으로 파단선을 그어서 단면 부분의 경계를 표시한다.
• 회전 도시 단면도(②, ③번) : 핸들, 벨트풀리, 기어 등과 같은 바퀴의 암(arm), 림(rim), 리브(rib), 훅(hook), 축 등의 절단면은 회전시켜서 도시한다.

• 인출 회전 단면도(④번) : 단면의 모양이 여러 개로 표시되어 도면 내에 회전 단면을 그릴 여유가 없는 경우에 절단선과 연장선상이나 임의의 위치에 빼내어 도시한다.

31. 길이가 일정한 막대에 좌측 끝단에는 7 kgf, 우측 끝단에는 3 kgf인 물체를 올려놓았을 때 수평을 유지하기 위한 받침대의 좌측과 우측의 길이 비율은? (단, 좌측 : 우측이다.)

① 7 : 3
② 3 : 7
③ 7 : 10
④ 10 : 7

해설 지레의 원리를 적용한다.
$F_1 l_1 = F_2 l_2$ 관계식에서 $7 \times l_1 = 3 \times l_2$이므로
$l_1 : l_2 = 3 : 7$

32. 지름이 6 cm인 원형 단면에 2,400 kgf의 인장 하중이 작용할 때 발생하는 인장응력은 약 몇 kgf/cm²인가?

① 85
② 95
③ 105
④ 125

해설 인장응력$(\sigma_t) = \dfrac{\text{인장 하중}}{\text{단면적}}$ 이므로
$$\sigma_t = \frac{2,400}{\dfrac{\pi \times 6^2}{4}} = \frac{4 \times 2,400}{3.14 \times 36} = 84.9$$

33. 1 μF 콘덴서 5개를 직렬 연결했을 때 합성 정전 용량(μF)은?

① 0.2
② 0.5
③ 2
④ 5

해설 합성 정전 용량
$$C = \frac{1}{\dfrac{1}{C_1} + \dfrac{1}{C_2} + \dfrac{1}{C_3} + \dfrac{1}{C_4} + \dfrac{1}{C_5}} = \frac{1}{5} = 0.2$$

34. 다음 그림과 같이 가로, 세로, 높이가 모두 100 mm인 사각기둥에 지름이 50 mm인 구멍이

2016

윗면에서 밑면까지 수직으로 뚫려 있다면 사각
기둥의 부피는 약 몇 mm³인가?

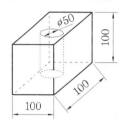

① 392,500   ② 740,300
③ 803,650   ④ 965,000

해설 사각기둥의 체적에서 구멍의 체적을 뺀다.
사각기둥의 체적=가로×세로×높이
$$=100×100×100=1,000,000$$

구멍의 부피=밑면적×높이=$\frac{\pi d^2}{4}×100$

$$=\frac{3.14×50×50}{4}×100$$
$$=196,350$$
$$\therefore\ 1,000,000-196,350=803,650$$

35. 질량이 4.5 kg인 물체에 12 N의 힘을 가했다
면 이 물체의 가속도는?

① $2.67\ \text{m/s}^2$ ② $3.67\ \text{m/s}^2$
③ $26.7\ \text{m/s}^2$ ④ $36.7\ \text{m/s}^2$

해설 힘(F)=질량(m)×가속도(a)이므로
$$a=\frac{F}{m}=\frac{12}{4.5}=2.67\ \text{m/s}^2$$

36. 단면적이 10 mm²이고, 길이가 1 km인 구리선
의 저항(Ω)은? (단, 구리선의 고유 저항은 1.77
×10⁻⁸ Ω·m이다.)

① 0.177   ② 1.77   ③ 17.7   ④ 177

해설 저항$(r)=\rho×\dfrac{l}{A}$에서

$l=1\,\text{km}=103\,\text{m},\ A=10\,\text{mm}^2$
$\quad =10×10-6\,\text{m}^2=10-5\,\text{m}^2$

$$r=1.77×10-8×\frac{10^3}{10^{-5}}$$

$$=1.77×10-8×\frac{1}{10^{-8}}=1.77\ \Omega$$

37. 뉴턴의 운동 제2법칙에 맞는 식은? (단, F는
힘, m은 질량, a는 가속도이다.)

① $F=ma$ ② $F=m/a$
③ $F=m^2a$ ④ $F=ma^2$

해설 • 뉴턴의 운동 제1법칙 : 관성의 법칙
• 뉴턴의 운동 제2법칙 : 힘, 가속도의 법칙(F
$=ma$)
• 뉴턴의 운동 제3법칙 : 작용, 반작용의 법칙
이라 한다.

38. 하중 500 kgf를 SI 단위로 변환하면 약 얼마
인가?

① 3,901 N   ② 4,903 N
③ 5,803 N   ④ 9,801 N

해설 • $1\,\text{kgf}=1\,\text{kg}×\text{f}=1\,\text{kg}×9.806\ \text{m/s}^2$
$\qquad =9.806\ \text{kg}\cdot\text{m/s}^2=9.806\ \text{N}$
• $500\,\text{kgf}=500×9.806\ \text{kg}\cdot\text{m/s}^2=4,903\ \text{N}$

39. 전동축은 비틀림 모멘트(T)와 굽힘 모멘트
(M)를 동시에 받는다. 이때의 상당 굽힘 모멘
트 (M_e)는?

① $M_e=\sqrt{M^2+T^2}$
② $M_e=M+\sqrt{M^2+T^2}$
③ $M_e=\dfrac{1}{2}(\sqrt{M^2+T^2})$
④ $M_e=\dfrac{1}{2}(M+\sqrt{M^2+T^2})$

해설 • 상당 굽힘 모멘트
$$M_e=\frac{1}{2}(M+\sqrt{M^2+T^2})$$
• 상당 비틀림 모멘트
$$T=\sqrt{M^2+T^2}$$

40. 임의의 점 P에서 Q까지 6C의 전하를 이동

정답   35. ①   36. ②   37. ①   38. ②   39. ④   40. ②

시키는 데 12 J의 일을 하였다면 전위차는?

① 1V　　② 2V　　③ 4V　　④ 6V

해설 $E[\mathrm{V}] = \dfrac{W[\mathrm{J}]}{Q} = \dfrac{12}{6} = 2\,\mathrm{V}$

제3과목 : 자동제어

41. USB 장치 및 USB 버스에 대한 설명으로 틀린 것은?

① 플러그 앤 플레이 설치를 지원하는 외부 버스이다.

② 병렬 버스 장치를 연결할 수 있도록 해주는 컴퓨터 인터페이스이다.

③ 컴퓨터를 종료하거나 다시 시작하지 않아도 USB 장치를 연결하거나 연결을 끊을 수 있다.

④ 단일 USB 포트를 사용하여 스피커, 전화, CD−ROM 드라이브, 스캐너 등 주변 기기를 연결할 수 있다.

해설 USB(Universal Serial Bus) : '범용 직렬 버스' 장치이다.

42. 리밋 스위치의 기호로 옳은 것은?

해설 • 리밋 스위치 a접점(기계적 접점)

• 푸시 버튼 스위치(수동조작 자동 복귀)

• 유지형 스위치(토글, 비상 정지 스위치)

43. 3/2−Way 방향제어 밸브에 대한 설명으로 틀

린 것은?

① 연결구의 수가 2개이다.

② 정상 상태 열림형도 있다.

③ 정상 상태 닫힘형도 있다.

④ 솔레노이드 작동, 스프링 리셋(복귀)형도 있다.

해설 3/2−Way 방향제어 밸브 : 2위치 3포트 밸브(솔레노이드 조작)

44. $f(t) = t^2$ 의 라플라스 변환은?

① $\dfrac{1}{s}$　　　　　② $\dfrac{1}{s^2}$

③ $\dfrac{2}{s^3}$　　　　　④ $\dfrac{2}{s^4}$

해설 $f(t) = t^2$

$F(s) = \dfrac{2 \times 1}{s^{2+1}} = \dfrac{2}{s^3}$

45. 다음 블록 선도에서 합성 전달 함수는?

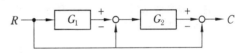

① $1 + G_1 G_2$

② $-1 + G_1 + G_2$

③ $-1 - G_1 - G_2 G_1$

④ $-1 - G_2 + G_1 G_2$

해설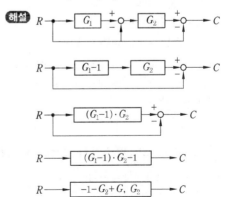

46. 온도를 전압으로 변환시키는 특징을 가진 것은?

① 광전지 ② 열전대
③ 차동 변압기 ④ 측온 저항체

> **해설** • 열전대(thermocouple) : 제어백(seeback) 효과에 의한 온도를 열기전력으로 감지하는 온도 센서
> • 측온 저항체(RTD) : 온도 증가에 따른 저항 증가로 선형적인 온도 특성을 갖는다.

47. 다음 중 공압 장치의 구성기기로 가장 거리가 먼 것은?

① 윤활기(lubricator)
② 축압기(accumulator)
③ 공기 압축기(compressor)
④ 애프터 쿨러(after cooler)

> **해설** 공압 장치의 구성기기
> • 공기 압축기(air compressor)
> • 압축공기 정화 장치(애프터 쿨러 : after cooler)
> • 압축공기 분배 라인
> • 축압기(accumulator) : 유압 용기 내에 오일을 고압으로 압입하여 유용한 작업을 하는 유압유 저장 용기

48. 다음 데이터 통신 방식 중 직렬 데이터 전송 방식이 아닌 것은?

① 반 이중 방식
② 전 이중 방식
③ 단방향 전송 방식
④ 스트로브 – 에크놀리지 방식

> **해설** 병렬 전송의 경우 수신 문자들 간의 간격을 식별하는 스트로브(strobe) 신호를 사용하여 문자들을 식별

49. 동기형 AC 서보 전동기의 특징으로 틀린 것은?

① 교류 전원을 사용한다.
② 회전자에 영구자석을 사용한다.

③ 정류자 브러시가 없어 유지 보수가 용이하다.
④ 제어 시 회전자 위치를 검출할 필요가 없어 회전 검출기가 필요 없다.

> **해설** 동기형 AC 서보 전동기의 특징
> • 교류 전원을 사용한다.
> • 회전자에 영구자석을 사용하는 구조이므로 복잡하다.(시스템이 복잡하고 고가)
> • 제어 시 회전자 위치를 검출해야 할 필요가 있다.(회전 검출기가 필요)
> • 브러시가 없어 보수가 용이하다.
> • 전기적 시정수가 크다.

50. 다음 자동제어 시스템의 주요 구성 요소 중에서 오차를 찾아내는 부분은?

① Block ② Direct arrow
③ Takeout point ④ Summing point

> **해설** • 블록(block) : 입·출력 간의 전달특성을 표시하는 신호전달요소(signal flow element)를 나타낸 것이다.
> • 가합점(summing point) : 신호의 부호에 따라서 가산을 행한다. 신호의 차원은 동일해야 한다.
> • 인출점(takeout point) : 하나의 신호를 둘 이상의 계통으로 신호의 분기를 나타낸다.

51. 함수 $F(s) = \dfrac{4}{s^3 + 3s^2 + 2s}$ 를 라플라스 역변환한 결과값 $f(t)$은?

① $2 - 4e^{-t} + 2e^{-2t}$

② $2 - 4e^{-t} - 2e^{-2t}$

③ $\dfrac{1}{2} - \dfrac{1}{4}e^t + \dfrac{1}{2}e^{-t}$

④ $\dfrac{1}{2} - \dfrac{1}{4}e^t - \dfrac{1}{2}e^{-t}$

> **해설** $F(s) = \dfrac{4}{s^3 + 3s^2 + 2s}$ 의 역 라플라스 변환
> $F(s) = \dfrac{4}{s(s+1)(s+2)}$ 의 부분분수 전계법
> $F(s) = \dfrac{K_1}{s} + \dfrac{K_2}{s+1} + \dfrac{K_3}{s+2}$

$$K_1 = \lim_{s \to 0} s \cdot F(s) = \lim_{s \to 0} s \cdot \frac{4}{s(s+1)(s+2)}$$
$$= 2$$
$$K_2 = \lim_{s \to -1} (s+1) \frac{4}{s(s+1)(s+2)}$$
$$= \lim_{s \to -1} \frac{4}{s(s+2)} = -4$$
$$K_3 = \lim_{s \to -2} (s+2) \frac{4}{s(s+1)(s+2)}$$
$$= \lim_{s \to -2} \frac{4}{s(s+1)} = 2$$
$$\therefore f(t) = 2 - 4e^{-t} + 2e^{-2t}$$

52. 다음 그래프의 Laplace 변환은?

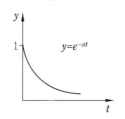

① as

② $\dfrac{a}{s}$

③ $\dfrac{1}{(s+a)}$

④ $\dfrac{1}{(s-a)}$

해설 지수 함수의 라플라스 변환
$$f(t) = e^{-at}$$
$$F(s) = \frac{1}{(s+a)}$$

53. 주파수 영역에서 시스템의 응답성 및 안전성을 표시하기 위한 값이 아닌 것은?

① 대역폭

② 이득 여유

③ 위상 여유

④ 피크 시간

해설 제어계의 안정도 판별하는 방법
• 루드−홀비츠 안정도 판별법
• 나이퀴스트 안정도 판별법
• 보드 선도
• 니콜스 선도
• 근궤적법
∴ 모든 제어계는 안정하고 가장 알맞은 제어응답을 얻기 위해서는 위상 여유, 이득 여유,

주파수 대역폭으로 판별한다.

54. C언어의 조건에 따른 흐름 제어문에 해당되지 않는 것은?

① if문

② if−else문

③ do−while문

④ switch−case문

해설 C언어의 조건에 따른 흐름 분기 제어문 : 상황에 따른 프로그램의 유연성 부여
• if문
• if~else문
• switch vs. if~case문
• 제어문 : while문, do~while문, while문, do~while문, for문, break문, continue문, goto문

55. 그림에서 2개의 피스톤 ㉠, ㉡의 단면적 A_1, A_2가 각각 $2\,\mathrm{m}^2$, $10\,\mathrm{m}^2$일 때, F_1으로 1 N의 힘으로 가하면 F_2에 생성되는 힘(N)은?

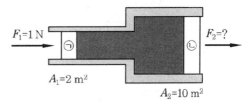

① 5

② 10

③ 20

④ 25

해설 파스칼의 원리 : 유체 내의 압력은 모든 부분에 똑같은 크기로 전달된다.
$$P = \frac{F_1}{A_1} = \frac{F_2}{A_2}$$
$$F_2 = F_1 \times \frac{A_2}{A_1} = 1 \times \frac{10}{2} = 5\,\mathrm{N}$$

56. 다음 중 주파수 영역에서 자동 제어계를 해석할 때 기본 입력으로 많이 사용되는 것은?

① 계단 입력

② 등속 입력

③ 등가속 입력

④ 정현파 입력

해설 주파수 응답법에서 자동 제어계의 입력 신호 : 정현파 입력

57. 전기식 서보기구에 대한 설명으로 옳은 것은?

① 작동속도가 유압식에 비해 느리다.

② 유압식에 비해 큰 출력을 얻을 수 있다.

③ 유압식에 비해 경제성과 취급이 용이하다.

④ 전기식 서보기구에는 분사관식 서보기구가 있다.

> **해설** • 유압식 서보기구는 작동속도가 전기식에 비해 느리다.
> • 유압식은 전기식에 비해 큰 출력을 얻을 수 있다.
> • 전기식은 유압식에 비해 경제성과 취급이 용이하다.
> • 유압식 서보기구에는 분사관식 서보기구가 있다.

58. 다음 블록 선도의 전체 전달 함수를 구하는 식으로 옳은 것은?

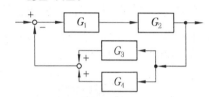

① $G = \dfrac{G_3 + G_4}{1 + G_1 G_2}$ ② $G = \dfrac{G_3 + G_4}{1 - G_1 G_2}$

③ $G = \dfrac{G_1 G_2}{1 + G_1 G_2 (G_3 + G_4)}$

④ $G = \dfrac{G_1 + G_2}{1 - G_1 G_2 (G_3 + G_4)}$

> **해설**
>
>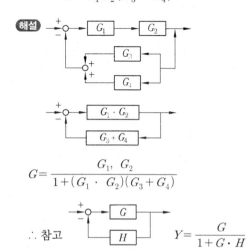
>
> $G = \dfrac{G_1,\ G_2}{1 + (G_1 \cdot G_2)(G_3 + G_4)}$
>
> ∴ 참고 $Y = \dfrac{G}{1 + G \cdot H}$

59. 비례동작에 의해 발생되는 잔류편차를 제거하기 위한 것으로 제어 결과가 진동적으로 되기 쉬우나 잔류 편차가 작아지는 제어 동작은?

① 미분제어동작   ② 비례제어동작

③ 비례미분제어동작   ④ 비례적분제어동작

> **해설** 제어기동작에 의한 분류
> • P제어 : 잔류편차(offset)가 발생한다. (속응성)
> • I제어 : 응답속도는 느리지만, 정확성이 좋다. (offset 제거)
> • D제어 : 오차가 커지는 것을 미연에 방지한다. (안정성)
> • PI제어 : offset 소멸, 진동으로 접근하기 쉽다.
> • PD제어 : 응답속도 개선에 사용된다.
> • PID제어 : 비례동작은 잔류편차를 발생하며 적분동작은 잔류편차를 없애고, 미분동작은 동특성을 개선하는 동작이므로 제어시스템은 안정적이다.

60. 제어용 기기에 대한 설명으로 틀린 것은?

① 전기 릴레이는 다수 독립 회로를 개폐할 수 있다.

② 도체에 흐르는 전류의 크기는 도체의 저항에 반비례한다.

③ 전기 접점에 상시 열려 있다가 작동되면 닫히는 접점을 b접점이라 한다.

④ 전자 접촉기란 전자석의 동작에 의하여 부하전로를 개폐하는 접촉기를 말한다.

> **해설** 전기 접점에 상시 열려 있다가 작동되면 닫히는 접점은 a접점이라 한다.

제4과목 : 메카트로닉스

61. 가공 공정을 줄이기 위해 선삭, 밀링가공, 드릴링 등의 작업을 모두 할 수 있는 기계는?

① 선반   ② 호빙 머신

③ 복합 가공기　　④ 다축 드릴 머신

해설 복합 가공기 : 가공 공정을 줄이기 위해 선삭, 밀링가공, 드릴링 등의 작업을 모두 할 수 있는 기계를 말한다.

62. 일반 선삭 작업에서 할 수 없는 작업은?

① 홈 절삭　　　　② 기어 절삭
③ 나사 절삭　　　④ 테이퍼 절삭

해설 • 기어 절삭 : 호빙머신(hobbing machine), 만능 밀링머신에서 절삭한다.
• 선반가공(선삭) : 바깥지름가공, 단면가공, 홈 절삭, 나사 절삭, 테이퍼 절삭, 드릴링 등을 할 수 있다.

63. 명령어가 실행 중일 때 CPU가 사용 중인 내부 데이터를 일시적으로 저장하는 곳은?

① 기억 장치　　　　② 레지스터
③ 중앙 처리 장치　　④ 산술논리 연산 장치

해설 레지스터(register) : 데이터나 중간 결과를 일시적으로 기억해 두는 고속의 전용 영역을 레지스터라 한다.

64. 발진 회로를 정현파 발진 회로와 비정현파 발진 회로로 구분할 때 비정현파 발진회로에 해당되는 것은?

① LC 발진 회로
② RC 발진 회로
③ 수정 발진 회로
④ 멀티바이브레이터 발진 회로

해설 발진회로
• 정현파 발진 회로 : RC 발진 회로, LC 발진 회로, 수정 발진 회로
• 비정현파 발진 회로 : 구형파(방형파) – 멀티바이브레이터

65. 다음 불 대수식 중 틀린 것은?

① $\overline{AB} = \overline{A} + \overline{B}$

② $AB + A\overline{B} = A$

③ $A\overline{B} + B = A + B$

④ $(A + \overline{B})B = A + B$

해설 드 모르간의 법칙
• $\overline{AB} = \overline{A} + \overline{B}$
• $AB + A\overline{B} = A(B + \overline{B}) = A$
• $A\overline{B} + B = A\overline{B} + B(1 + A)$
$\qquad = A\overline{B} + AB + B$
$\qquad = A(\overline{B} + B) + B$
$\qquad = A + B$
• $(A + \overline{B})B = AB + B\overline{B} = AB$

66. 다음 식과 같이 표현되는 순시 전류에 대한 설명 중 틀린 것은?

$$i = 50\sqrt{2}\sin\left(377t + \frac{\pi}{6}\right)[\text{A}]$$

① 실횻값은 50A이다.
② 최댓값은 $50\sqrt{2}$ A이다.
③ 주파수는 약 60Hz이다.
④ 이 파형의 주기는 $\dfrac{1}{377}$ s이다.

해설 $i = 50\sqrt{2}\sin\left(2\pi \text{ft} + \dfrac{\pi}{6}\right)$
$= (\text{실횻값})\sqrt{2}\sin(2\pi \times 60 \times t + \theta)$
$= (\text{최댓값})\sin(2\pi \times 60 \times t + \text{위상값})$

67. 센서에 대한 설명이 옳은 것은?

① 리드 스위치는 빛을 검출하는 센서이다.
② 근접 스위치는 물체의 변형력을 검출하는 센서이다.
③ 자기 센서로 사용되는 홀 소자는 압전 효과를 이용하는 것이다.
④ 로드 셀은 중량에 비례한 변형을 저항 변화로 변환하는 센서이다.

해설 • 리드 스위치 : 자기 에너지를 기계적 접점으로 변화
• 근접 스위치 : 비접촉으로 물체에 접근하면 무접점 변화
• 자기 센서 : 홀 효과 원리, 자기 에너지 변화를 기전력 변화
• 로드 셀 : 중량 센서, 스트레인 게이지의 원리로 중량에 따라 저항 변형

68. 다음 회로는 간단한 디지털 조도계 회로도이다. 다음 중 회로도의 7-세그먼트 옆 ⓐ에 접합한 소자는?

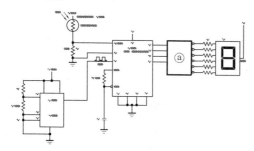

① 디코더   ② 엔코더
③ 카운터   ④ 타이머

해설 디지털 신호를 아날로그 신호로 변환하는 요소 : 디지털 신호 → 디코더 → 디스플레이(세븐 세그먼트)

69. 전류에 관한 설명으로 옳은 것은?

① 전류는 저항에 비례한다.
② 전류는 전기적인 압력에 반비례한다.
③ 전류의 이동방향은 전자의 이동방향과 같다.
④ 전자의 이동방향과 전류의 흐름은 반대이다.

해설 • 옴의 법칙 $I = \dfrac{V}{R}$
• 전류는 저항에 반비례한다.
• 전류의 흐름은 전자의 이동방향과 반대이다.

70. 지름 32 mm인 고속도강 드릴을 사용하여 절삭 속도 50 m/min으로 공작물에 구멍을 뚫을 때 드릴링 머신의 스핀들 회전수(rpm)는 약 얼마인가?

① 300   ② 400
③ 500   ④ 600

해설 $V = \dfrac{\pi D n}{1,000}$ 의 관계식을 적용한다.

$$n = \frac{1,000\,V}{\pi D} = \frac{1,000 \times 50}{3.14 \times 32} = 497.6 = 약 \ 500 \ \text{rpm}$$

71. 다음 프로그램과 회로도에서 푸시 버튼 스위치가 SW6은 ON, SW7은 OFF 상태일 때의 2진수 8비트 표현값으로 옳은 것은? (단, x = 리던던시, JP3의 1번 단자가 LSB이고 8번 단자가 MSB이다.)

프로그램
lnputb(PPl_C);

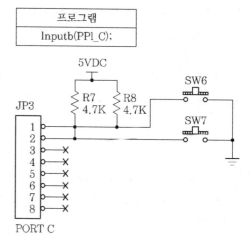

PORT C

① xxxx xx00   ② xxxx xx01
③ xxxx xx10   ④ xxxx xx11

해설 • 포트 2번 : 풀업저항 4.7K를 연결해서 입력이 1이 된다.
• 포트 1번 : 풀업저항 4.7K가 병렬로 2개 연결되므로 2.35K가 연결되기에 입력이 0이 된다.

72. 열기전력이 다른 두 금속을 접합하여 만든 열전대를 이용하여 만든 스위치는?

① 광전 스위치   ② 리드 스위치
③ 온도 스위치   ④ 전자 계산기

해설 열전대(thermocouple) : 서로 다른 두 금속을 접합하여 만든 열전대는 온도를 접합점에 가열하면 온도차에 따른 열기전력이 발생 – 온도 스위치

73. 물체를 자화시킬 때 그림과 같이 N극 가까운 쪽에 N극, 자석 S극 쪽에 S극으로 자화되는 물체로 옳은 것은?

자화되는 물체

① 정자성체 ② 강자성체
③ 반자성체 ④ 최전도체

해설 반자성체 : 외부자기장에 의해 반대방향으로 자회되는 물질

74. 온도에 민감한 저항체라는 의미를 가지고 있으며 온도 변화에 따라 소자의 전기 저항이 크게 변화하는 대표적인 반도체 감온 소자는?

① 열전쌍 ② 로드 셀
③ 서미스터 ④ 적외선 센서

해설 • 서미스터(thermistor) : 반도체 감온 소자
– 온도 증가에 따른 저항 감소 특성(NTC)
• 로드 셀 : 중량 센서
• 열전쌍 : 온도 변화에 따른 열기전력 검출

75. 마이크로프로세서의 구성 요소 중 조건 코드 레지스터 또는 플래그 레지스터라고도 하며, 산술 논리 연산 장치에서 수행한 최근의 처리 결과에 관한 정보를 담고 있는 것은?

① 범용 레지스터 ② 상태 레지스터
③ 누산기 레지스터 ④ 명령어 레지스터

해설 • 범용 레지스터 : 명령어 실행 중에 연산과 관련된 데이터를 저장한다.
• 상태 레지스터 : 마이크로프로세서에서 다양한 연산 결과의 상태를 알려주는 플래그 비트들이 모인 레지스터이다.(플래그 레지스터)
• 누산기 레지스터 : 데이터를 기억시키기 전에 보관하는 레지스터 또는 기억 장소에서 호출되어 보관되는 레지스터이다.
• 명령어 레지스터 : 현재 실행 중인 명령어를 저장한다.

76. RS 플립플롭(flip-flop)에서 SET(S) 입력에 0, RESET(R) 입력에 1을 입력하면 출력(Q)은?

① Low(0) ② High(1)
③ 불확실 ④ 이전 상태 유지

해설 RS Flip-Flop 진리표

CP	SET(S)	RESET(R)	Q(t+1)
1	0	0	Q(t)(불변)
1	0	1	0
1	1	0	1
1	1	1	(부정)

77. 4상 스테핑 모터의 여자 방식으로 사용하지 않는 방법은?

① 1상 여자법
② 2상 여자법
③ 1-2상 여자법
④ 3상 여자법

해설 4상 스테핑 모터의 여자 방식
1-1상, 1-2상, 2-2상 여자 방식 사용

78. 코일에 흐르는 전류가 4배로 증가하면 축적되는 에너지는 어떻게 변하는가?

① $\frac{1}{4}$ 로 감소 ② 4배로 증가

③ $\frac{1}{16}$ 로 감소 ④ 16배로 증가

해설 유도 코일에 전류를 흘렸을 때 축적되는 에너지 : 흐르는 전류의 제곱에 비례한다.
$$W = \frac{1}{2}LI^2[J]$$

79. 스테핑 모터에 대한 설명으로 틀린 것은?

① 영구자석 스텝 모터의 경우 무여자 정지 때도 유지 토크를 갖는다.

② 유니폴라 구동 방식은 여자 전류가 한 방향만인 방식이다.(+ 또는 0)

③ 바이폴라 구동 방식은 유니폴라 구동 방식에 비하여 더 큰 토크를 얻을 수 있다.

④ 1분간 가해진 펄스수를 n, 스텝각(deg)을 θ_s이라 하면 회전수(rpm) $N = n \times \theta_s \times 180$이다.

해설 회전수(rpm)

$$N = (n : 1분간 \ 가해진 \ 펄스수) \times \frac{360}{\theta_S}$$

80. 저손실이며 전류의 상승 시간을 개선한 스테핑 모터의 구동법은?

① PAM ② PWM

③ 바이폴라 ④ 유니폴라

해설 • 바이폴라 구동 방식 : 2상의 권선에 극성을 달리하여 여자 전류를 흘려 구동하는 방식이다.

• 유니폴라 구동 방식 : 4개의 권선에 흐르는 전류를 순서대로 바꾸어 가면서 접속시키며 모터 구동하는 방식이다.(1상, 2상, 1-2상 여자법)

• PAM : Pulse Amplitude Modulation은 진폭으로 전류를 제어한다.

• PWM : Pulse Wideth Modulation으로 펄스폭을 조절하여 전류를 제어한다.

생산자동화산업기사 필기

2017년

출제문제

2017년 3월 5일 시행

자격종목 및 등급(선택분야)	종목코드	시험시간	문제지형별	수검번호	성 명
생산자동화산업기사	2034	2시간	A		

제1과목 : 기계가공법 및 안전관리

1. 밀링작업의 단식 분할법에서 원주를 15등분하려고 한다. 이때 분할대 크랭크의 회전수를 구하고, 15구멍열 분할판을 몇 구멍씩 보내면 되는가?

① 1회전에 10구멍씩 ② 2회전에 10구멍씩
③ 3회전에 10구멍씩 ④ 4회전에 10구멍씩

해설 $\dfrac{h}{H} = \dfrac{40}{N}$ 을 적용한다.

$\dfrac{40}{15} = 2\dfrac{10}{15}$ 이므로 15구멍열 분할판을 2회전에, 10구멍씩 이동시키며 가공한다.

2. 연삭숫돌의 표시에 대한 설명이 옳은 것은?

① 연삭입자 C는 갈색 알루미나를 의미한다.
② 결합제 R은 레지노이드 결합제를 의미한다.
③ 연삭숫돌의 입도 #100이 #300보다 입자의 크기가 크다.
④ 결합도 K 이하는 경한 숫돌, L~O는 중간 정도 숫돌, P 이상은 연한 숫돌이다.

해설 • 연삭입자 C : 탄화규소를 의미한다.
• 결합제 R : 고무(rubber bond) 결합제를 의미한다.
• 결합도 K 이하 : 연한 숫돌, L~O : 중간정도 숫돌 P 이상 : 경한 숫돌이다.

3. 선반에서 맨드릴(mandrel)의 종류가 아닌 것은?

① 갱 맨드릴　　　② 나사 맨드릴

③ 이동식 맨드릴　　④ 테이퍼 맨드릴

해설 선반에서 맨드릴(심봉 ; mandrel)의 종류
• 표준 맨드릴(단체 맨드릴) : 가장 일반적인 형식의 심봉이다. $\dfrac{1}{100} \sim \dfrac{1}{1,000}$ 의 테이퍼가 있다.
• 갱(gang) 맨드릴 : 두께가 얇은 가공물 여러 개를 한 번에 너트로 고정하여 가공할 때 사용한다.
• 나사(thread) 맨드릴 : 가공물의 구멍이 암나사로 되어 있는 경우에 사용한다.
• 테이퍼(taper) 맨드릴 : 가공물의 구멍이 테이퍼로 되어 있는 경우에 맨드릴의 바깥지름을 테이퍼로 가공하여 사용한다.
• 팽창(expanding) 맨드릴 : 가공물의 구멍이 일반 공차 정도일 때도 사용할 수 있도록 맨드릴의 바깥지름을 팽창시켜서 사용한다.

4. 상향절삭과 하향절삭에 대한 설명으로 틀린 것은?

① 하향절삭은 상향절삭보다 표면거칠기가 우수하다.
② 상향절삭은 하향절삭에 비해 공구의 수명이 짧다.
③ 상향절삭은 하향절삭과는 달리 백래시 제거 장치가 필요하다.
④ 상향절삭은 하향절삭할 때보다 가공물을 견고하게 고정하여야 한다.

해설 하향절삭(down cutting) : 상향절삭과는 달리 백래시 제거 장치가 필요하다.

5. 주축의 회전운동을 직선 왕복운동으로 변화시

킬 때 사용하는 밀링 부속장치는?

① 바이스　　　　② 분할대
③ 슬로팅 장치　　④ 랙 절삭 장치

해설 슬로팅 장치(sllotting attachment) : 주축의 회전운동을 직선 왕복운동으로 변화시켜 가공물의 안지름에 키(key)홈, 스플라인(spline), 세레이션(serration) 등을 가공할 수 있다.

6. 선반을 설계할 때 고려할 사항으로 틀린 것은?

① 고장이 적고 기계효율이 좋을 것
② 취급이 간단하고 수리가 용이할 것
③ 강력 절삭이 되고 절삭 능률이 클 것
④ 기계적 마모가 높고, 가격이 저렴할 것

해설 선반을 설계할 때 고려할 사항 : 기계적 마모가 적고, 가격이 저렴할 것

7. 드릴 머신으로서 할 수 없는 작업은?

① 널링　　　　　② 스폿 페이싱
③ 카운터 보링　　④ 카운터 싱킹

해설 널링(knurling)
• 선반에서 가공할 수 있다.
• 가공물 표면에 널(knurl)을 압입하여, 가공물 원주면에 사각형, 다이아몬드 형, 평형 등의 요철(凹凸) 형태로 가공하는 방법이다.
• 널링은 선반가공법 중에서 유일한 소성가공법이다.

8. 나사 연삭기의 연삭 방법이 아닌 것은?

① 다인 나사연삭 방법
② 단식 나사연삭 방법
③ 역식 나사연삭 방법
④ 센터리스 나사연삭 방법

해설 나사 연삭기의 연삭 방법
• 다인 나사연삭 방법(multi edge wheel)
• 단식 나사연삭 방법(single edge wheel)
• 센터리스 나사연삭 방법(centerless type wheel)

9. 선반의 주요 구조부가 아닌 것은?

① 베드　　　　　② 심압대
③ 주축대　　　　④ 회전 테이블

해설 회전 테이블(rotary table) : 밀링머신의 부속품이다.

10. 그림에서 플러그 게이지의 기울기가 0.05일 때, M_2의 길이[mm]는? (단, 그림의 치수단위는 mm이다.)

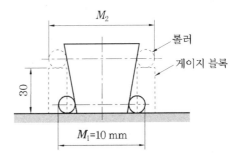

① 10.5　　　　② 11.5
③ 13　　　　　④ 16

해설 $\tan\dfrac{\alpha}{2} = \dfrac{M_2 - M_1}{2H}$

$0.05 = \dfrac{M_2 - 10}{2 \times 30}$ 이므로, $M_2 = 13$

11. 일반적인 손다듬질 작업 공정순서로 옳은 것은?

① 정 → 줄 → 스크레이퍼 → 쇠톱
② 줄 → 스크레이퍼 → 쇠톱 → 정
③ 쇠톱 → 정 → 줄 → 스크레이퍼
④ 스크레이퍼 → 정 → 쇠톱 → 줄

해설 • 일반적인 손다듬질 작업 공정순서 : 쇠톱 → 정 → 줄 → 스크레이퍼
• 스크레이퍼 작업은 정밀한 다듬질 가공으로 마지막 가공으로 한다.

12. 절삭공구의 절삭면에 평행하게 마모되는 현상은?

① 치핑(chiping)
② 플랭크 마모(flank wear)

③ 크레이터 마모(crater wear)

④ 온도 파손(temperature failure)

해설 • 플랭크 마모(flank wear) : 절삭공구의 절삭면에 평행하게 마모되는 현상
 • 치핑(chipping) : 절삭공구 인선 일부가 미세하게 탈락되는 현상
 • 크레이터 마모(crater wear) : 절삭공구의 상면 경사면이 오목하게 파여지는 현상
 • 온도 파손(temperature failure) : 절삭온도의 상승은 절삭공구의 수명을 감소시키며, 마모가 발생

13. 드릴작업에 대한 설명으로 적절하지 않은 것은?

① 드릴작업은 항상 시작할 때보다 끝날 때 이송을 빠르게 한다.

② 지름이 큰 드릴을 사용할 때는 바이스를 테이블에 고정한다.

③ 드릴은 사용 전에 점검하고 마모나 균열이 있는 것은 사용하지 않는다.

④ 드릴이나 드릴 소켓을 뽑을 때는 전용공구를 사용하고 해머 등으로 두드리지 않는다.

해설 • 드릴작업은 항상 시작할 때보다 끝날 때 이송을 느리게 한다.
 • 드릴의 지름이 클수록 회전수는 작게 한다.

14. 구멍가공을 하기 위해서 가공물을 고정시키고 드릴이 가공 위치로 이동할 수 있도록 제작된 드릴링 머신은?

① 다두 드릴링 머신

② 다축 드릴링 머신

③ 탁상 드릴링 머신

④ 레이디얼 드릴링 머신

해설 레이디얼 드릴링 머신(radial drilling machine) : 구멍가공을 하기 위해서 가공물을 고정시키고 드릴이 가공 위치로 이동할 수 있도록 제작된 드릴링 머신이다.

15. 일감에 회전운동과 이송을 주며, 숫돌을 일감

표면에 약한 압력으로 눌러 대고 다듬질할 면에 따라 매우 작고 빠른 진동을 주어 가공하는 방법은?

① 래핑

② 드레싱

③ 드릴링

④ 슈퍼 피니싱

해설 슈퍼 피니싱(super finishing) : 일감에 회전운동과 이송을 주며, 숫돌을 일감 표면에 약한 압력으로 눌러대고 다듬질할 면에 따라 매우 작고 빠른 진동을 주어 가공하는 방법이다.

16. 절삭공작기계가 아닌 것은?

① 선반

② 연삭기

③ 플레이너

④ 굽힘 프레스

해설 굽힘 프레스는 소성가공이다.

17. 삼각 함수에 의하여 각도를 길이로 계산하여 간접적으로 각도를 구하는 방법으로, 블록 게이지와 함께 사용하는 측정기는?

① 사인바

② 베벨 각도기

③ 오토 콜리메이터

④ 콤비네이션 세트

해설 사인바(sine bar) : 삼각 함수에 의하여 각도를 길이로 계산하여 간접적으로 각도를 구하는 방법으로 블록 게이지와 함께 사용하는 측정기이다.

18. CNC 기계의 움직임을 전기적인 신호로 속도와 위치를 피드백하는 장치는?

① 리졸버(resolver)

② 컨트롤러(controller)

③ 볼 스크루(ball screw)

④ 패리티 체크(parity check)

해설 리졸버(resolver) : CNC 기계의 움직임을 전기적인 신호로 속도와 위치를 피드백하는 장치이다.

19. 20℃에서 20 mm인 게이지 블록이 손과 접촉

후 온도가 36℃가 되었을 때, 게이지 블록에 생긴 오차는 몇 mm인가? (단, 선팽창계수는 1.0×10^{-6} /℃이다.)

① 3.2×10^{-4} ② 3.2×10^{-3}
③ 6.4×10^{-4} ④ 6.4×10^{-3}

해설 $l' = l \times \alpha(t_2 - t_1)$ 의 관계식을 적용한다.

$l' = 20 \times 1.0 \times 10^{-6} \times (36 - 20)$
$= 3.2 \times^{-4} (\text{mm})$

20. 기어 절삭기에서 창성법으로 치형을 가공하는 공구가 아닌 것은?

① 호브(hob)
② 브로치(broach)
③ 랙 커터(rack cutter)
④ 피니언 커터(pinion cutter)

해설 • 브로치 : 가늘고 긴 일정한 단면 모양을 가진 절삭공구
• 브로칭 : 브로치 공구를 사용하여 가공물의 내면이나 바깥지름에 필요한 형상의 부품가공

제2과목 : 기계제도 및 기초공학

21. 나사의 종류를 표시하는 기호가 잘못 연결된 것은?

① 30° 사다리꼴 나사 : TW
② 유니파이 보통나사 : UNC
③ 유니파이 가는 나사 : UNF
④ 미터 가는 나사 : M

해설 • 30° 사다리꼴 나사 : TM
• 29° 사다리꼴 나사 : TW

22. 축의 도시 방법에 관한 설명으로 틀린 것은?

① 축의 구석부나 단이 형성되어 있는 부분

에 형상에 대한 세부적인 지시가 필요할 경우 부분 확대도로 표시할 수 있다.
② 긴축은 단축하여 그릴 수 있으나 길이는 실제 길이를 기입해야 한다.
③ 축은 일반적으로 길이방향으로 단면도시 하여 나타낼 수 있다.
④ 축의 절단면은 90°회전하여 회전도시 단면도로 나타낼 수 있다.

해설 축은 일반적으로 길이방향으로 단면도시를 하지 않는다. 단, 부분단면은 허용한다.

23. 가상선의 용도에 대한 설명으로 틀린 것은?

① 인접부분을 참고로 표시하는 선
② 공구, 지그 등의 위치를 참고로 표시하는 선
③ 가동부분의 이동한계 위치를 표시하는 선
④ 가공면이 평면임을 나타내는 선

해설 가상선의 용도
• 인접부분을 참고로 표시하는 선
• 공구, 지그 등의 위치를 참고로 표시하는 선
• 가동부분의 이동한계 위치를 표시하는 선
• 가공 전 또는 가공 후의 모양을 표시하는 선
• 되풀이하는 것을 나타내는 선

24. 다음 도면 배치 중에서 제3각법에 의한 배치 내용이 아닌 것은?

①

우측면도	정면도
	평면도

②

평면도	
정면도	우측면도

③

	평면도
좌측면도	정면도

④

좌측면도	정면도
	저면도

해설 그림 ①은 제1각법에 의한 배치이다.

25. 구름 베어링의 호칭 번호가 6001일 때 안지름은 몇 mm인가?

① 10   ② 11   ③ 12   ④ 13

해설 베어링의 안지름
호칭 번호 4자리 숫자 중 3번째, 4번째를 말한다.
• 00 : 베어링 안지름 10
• 01 : 베어링 안지름 12
• 02 : 베어링 안지름 15
• 03 : 베어링 안지름 17
• 04 : 04부터는 5를 곱한 안지름

26. 다음 중 억지 끼워맞춤에 해당하는 것은?

① H7/g6   ② H7/s6
③ H7/k6   ④ H7/m6

해설 자주 사용하는 구멍 기준 끼워맞춤

기준구멍	축의 공차 범위 클래스												
	헐거운 끼워맞춤		중간 끼워맞춤			억지 끼워맞춤							
H6		g5	h5	js6	k5	m5							
	f6	g6	h6	js6	k6	m6		p6					
H7	f6	g6	h6	js6	k6	m6	n6	p6	r6	s6	t6	u6	x6

27. 그림과 같은 도면에서 평면도로 가장 적합한 것은?

(정면도) (우측면도)

①   ②
③   ④

28. 가공 방법에 관한 약호에서 스크레이퍼 가공을 의미하는 것은?

① FR   ② FL

③ FF   ④ FS

해설 • 스크레이퍼 가공(scraping) : FS
• 줄 다듬질 : FF
• 리머가공(reaming) : FR
• 랩 다듬질(lapping) : GL

29. 도면 부품란의 재료기호에 기입된 'SPS 6'은 어떤 재료를 의미하는가?

① 스프링 강재
② 스테인레스 압연강재
③ 냉간압연 강판
④ 기계구조용 탄소강재

해설 • 스프링 강재 : SPS 1~SPS 9
• 스테인레스 압연강재 : STSCP
• 냉간압연 강판 : SCP1~SCP3
• 기계구조용 탄소강재 : SM10C~SM58C

30. 배관도면에서 다음과 같이 배관이 표시되었을 때 이에 관한 설명 중 잘못된 것은?

SPPS 380-S-C 50×Sch40

① 압력배관용 탄소강관이다.
② 호칭지름은 50이다.
③ 호칭 두께는 Sch40이다.
④ 열간가공하여 이음매 없는 강관이다.

해설 • S-C : 냉간가공하여 이음매 없는(seamless) 강관이다.
• S-H : 열간가공하여 이음매 없는 강관이다.

31. 응력에 대한 설명 중 틀린 것은?

① 물체에 작용하는 하중과 응력은 비례관계에 있다.
② 작용하중이 일정할 때 면적이 크면 응력은 커진다.
③ 단위 면적당 재료의 내부에서 저항하는 힘의 크기를 말한다.

④ 응력이 단면에 직각으로 작용할 때 이것을 수직응력이라 한다.

해설 · 응력(stress) : 작용하중이 일정할 때 면적이 크면 응력은 작아진다.

· 응력(σ)$= \dfrac{\text{작용하는 하중}(P)}{\text{단면적}(A)} = \dfrac{P}{A}$ [N/mm²]

32. 단면적이 A인 관로에서 시간 t동안 v의 속도로 유출되는 물의 양을 V라고 할 때 V를 구하는 식으로 옳은 것은?

① $\dfrac{A \cdot v}{t}$ ② $\dfrac{A \cdot t}{v}$

③ $A \cdot v \cdot t$ ④ $\dfrac{\pi}{4} \cdot A^2 \cdot v \cdot t$

해설 유량의 계산식을 적용한다.

$V = A \times v$에서

V : 유량, A : 관로의 단면적, v : 유속

보통 유속 v는 m/s이므로 시간 t를 분당이면 60, 시간당이면 3,600을 곱하여 계산한다. 그러므로

$V = A \times v \times t$

33. 다음 그림과 같이 3개의 저항이 병렬로 접속된 회로에서 저항 R_3에 흐르는 전류 I_3[A]은?

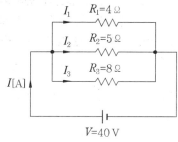

① 5   ② 8
③ 10   ④ 23

해설 병렬회로이므로 전압은 동일하며, 옴의 법칙을 적용한다.

$I_3 = \dfrac{V}{R_3} = \dfrac{40}{8} = 5$

34. 물체에 작용하는 힘의 3요소에 속하지 않는 것은?

① 힘의 방향
② 힘의 크기
③ 힘의 작용점
④ 힘의 작용시간

해설 힘(F ; Force)의 3요소 : 힘의 작용점, 크기, 방향을 말한다.

35. 다음 시간에 따른 물체의 위치에 관한 식에서 t를 3으로 두었을 때 속도는? (단, t : 시간, x : 물체의 위치이다.)

$$x = t^3 + 3t$$

① 6   ② 18   ③ 30   ④ 36

해설 거리로 나타낸 함수를 1차 미분하여 속도를 구한다.

$\dfrac{dx}{dt} = [3x^2 + 3]_{t=3} = 3 \times 3^2 + 3 = 30$

36. 유체 연속의 법칙에 대한 설명 중 틀린 것은? (단, 유체의 밀도는 변하지 않는다.)

① 유량은 단면적의 크기에 따라서 변한다.
② 유체가 흐르는 단면적이 작아지면 속도는 빨라진다.
③ 유체가 흐르는 단면적이 커지면 유체의 속도가 느려진다.
④ 정상흐름 상태에서 임의의 단면을 통과하는 유량은 일정하다.

해설 유체 연속의 법칙에 따른 유량은 일정하다.

$Q = A_1 V_1 = A_2 V_2$

37. 1.5V, 2.5V, 3V의 전지를 직렬로 연결하였을 때의 전압(V)은?

① 3   ② 4   ③ 5   ④ 7

정답   32. ③   33. ①   34. ④   35. ③   36. ①   37. ④

2017

해설 직렬일 때 합성전압 $V_t = V_1 + V_2 + V_3$
$= 1.5 + 2.5 + 3 = 7(\text{V})$

38. 다음 회로의 합성저항($k\Omega$)은? (단, $R_1 = 2\,k\Omega$, $R_2 = 3\,k\Omega$, $R_3 = 6\,k\Omega$ 이다.)

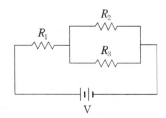

① 3.5
② 4
③ 4.5
④ 5

해설 직렬회로 합성저항 $R = R_1 + R_2$
병렬회로 합성저항 $R = \dfrac{1}{\dfrac{1}{R_1} + \dfrac{1}{R_2}}$ 이므로

$R = 2 + \left(\dfrac{1}{\dfrac{1}{3} + \dfrac{1}{6}} \right) = 2 + 2 = 4$

39. 축의 회전수를 n, 전달되는 동력을 H라 할 때 회전모멘트 $T[\text{N}\cdot\text{m}]$는?

① $\dfrac{60H}{n^2}$
② $\dfrac{60H}{2\pi n}$
③ $\dfrac{2\pi n}{60H}$
④ $\dfrac{n^2}{60H}$

해설 각속도 $\omega = \dfrac{2\pi n}{60}$

전달동력 $H = T\omega$ 이므로 $H = \dfrac{2\pi n T}{60}$ 가 된다.

따라서 회전모멘트 $T = \dfrac{60H}{2\pi n}$

40. 전동축의 전달 동력을 $H\,[\text{kW}]$, 회전수를 n [rpm]이라 할 때, 전달토크 $T[\text{N}\cdot\text{mm}]$를 구하는 식으로 옳은 것은?

① $9.55 \times 10^3 \dfrac{H}{n}$
② $9.55 \times 10^6 \dfrac{H}{n}$
③ $9.74 \times 10^4 \dfrac{H}{n}$
④ $9.74 \times 10^5 \dfrac{H}{N}$

해설
- [kW]일 때 전달토크 $T = 9.55 \times 10^6 \dfrac{H}{n} [\text{N} \cdot \text{mm}]$
- [PS]일 때 전달토크 $T = 7.026 \times 106 \dfrac{H}{N}$ [N·mm]

제3과목 : 자동제어

41. PLC의 통신 중 RS-422방식에 대한 설명으로 틀린 것은?

① 1byte 단위로 data가 전송된다.
② 전송속도가 느리나 소프트웨어가 간단하다.
③ 데이터를 1개의 케이블을 통해 1bit씩 전송된다.
④ RS-232C에 의해 전송길이가 길고 1 : N 접속이 가능하다.

해설 RS-422방식 : 송수신 각각 2선씩, 전원은 5V로 낮은 전압, 꼬인 쌍선(Twisted Pair ; TP)을 써서 장거리를 저잡음으로 통신 가능, 동시 송수신이 가능, 직렬 통신 규격

42. 출력이 0.5 mV/℃인 열전대 센서에서 0~200℃의 온도 범위를 분해능 0.5℃로 측정하고자 할 때, 필요한 A/D 변환기의 최소 비트수는?

① 6
② 7
③ 8
④ 9

해설 최소 스텝 : $\dfrac{200}{0.5} = 400$스텝 이상을 만들어야 한다.

9bit =	1	1	1	1	1	1	1	1	1
	2^8	2^7	2^6	2^5	2^4	2^3	2^2	2^1	2^0
511 =	256	128	64	32	16	8	4	2	1

43. 공압장치의 구성기기가 아닌 것은?

① 공기탱크
② 서비스 유닛
③ 애프터 쿨러
④ 어큐뮬레이터

[해설] 공압장치의 종류
- 공기 압축기(air-compressor)
- 냉각기(cooler)
- 공기탱크(air tank)
- 공기 건조기(air-dryer)

∴ 어큐뮬레이터(accumulator) : 용기 내에 오일을 고압으로 압입하여 유용한 작업을 하는 유압유 저장용기

44. 제어의 종류를 제어량에 따라 분류했을 때 다음 중 공정제어와 가장 관계가 먼 것은?

① 위치 제어   ② 유량 제어
③ 온도 제어   ④ 액면 제어

[해설] 제어량의 종류에 의한 분류
- 프로세서 제어(process control) : 플랜트나 생산 공정 중의 온도, 유량, 압력, 레벨, 효율 등의 공업 프로세서의 상태량을 제어량으로 하는 제어
- 서보기구 : 물체의 위치, 각도 등을 제어량으로 하고 목표값의 임의의 변화에 추종하는 것
- 자동 조정 : 제어량은 회전수, 압력, 전압, 주파수, 온도, 속도 등

45. 동기기형 서보 전동기에 관한 설명으로 틀린 것은?

① 신뢰성이 높다.
② 시스템이 간단하고 저가이다.
③ 고속, 고 토크 이용이 가능하다.
④ 브러시가 없어 보수가 용이하다.

[해설] 장점
- 브러시가 없어 보수가 용이하다.
- 내 환경성이 좋다.
- 신뢰성이 높다.
- 고속, 고 토크 이용이 가능하다.
- 방열이 좋다.

단점
- 시스템이 복잡하고 고가이다.
- 전기적 시정수가 크다.
- 회전 검출기가 필요하다.

46. 다음 중 생산 공정이나 기계장치 등을 자동화하였을 때 효과로 가장 거리가 먼 것은?

① 인건비 감소
② 생산속도 증가
③ 제품 품질의 균일화
④ 생산 설비의 수명 감소

[해설] 생산 공정이나 기계장치 등을 자동화하였을 때 생산 설비의 수명 증가 효과를 얻을 수 있다.

47. 제어 대상의 제어량을 제어하기 위하여 제어요소를 만들어 내는 회전력, 열, 수증기, 빛 등과 같은 것으로 제어요소가 제어대상에 주는 신호는?

① 목표값   ② 제어량
③ 조작량   ④ 동작신호

[해설] 조작량 : 제어요소가 제어대상에 주는 신호

48. DC 모터에 대한 설명으로 틀린 것은?

① 가격이 저렴하고 기동 토크가 크다.
② 입력 주파수에 따라 속도가 가변된다.
③ 브러시에 의한 노이즈 발생이 심하다.
④ 인가전압에 따른 회전특성이 직선적이다.

[해설] DC모터의 특징
- 기동 토크가 커서 기동이 뛰어나다.
- 속도제어, 정·역회전 변경이 쉽다.
- 같은 크기의 AC 모터에 비해 출력이 크고 동시에 효율이 좋다.
- AC 모터에 비해 저전압 사양 및 절연의 간소화가 가능하다.
- 브러시의 마모로 수명에 한계가 있다.
- 브러시와 정류자에 의해서 노이즈가 발생된다.

49. 순차 제어시스템과 되먹임 제어시스템을 비교하는 경우 되먹임 제어시스템에만 있는 구성요소는?

① 비교부   ② 조작부
③ 조절부   ④ 출력부

정답 ▶ 44. ①   45. ②   46. ④   47. ③   48. ②   49. ①

해설 비교부 : 검출부에서 검출된 신호와 입력 신호를 비교하는 부분

50. 8bit 데이터 버스 D0~D7를 통해서 전송되는 데이터 값이 95H이다. 데이터 버스 각 핀의 신호 중 High(ON 또는 1)가 아닌 신호 핀은?

① D0 ② D2

③ D4 ④ D6

해설

Data bus	D7	D6	D5	D4	D3	D2	D1	D0
Data	1	0	0	1	0	1	0	1

(9) (5) H

51. 리셋 신호가 들어오지 않은 상태에서 입력신호가 몇 번 들어 왔는가를 계수하여 설정값이 되면 출력을 내보내는 PLC의 기능으로 옳은 것은?

① 로드 ② 함수

③ 카운터 ④ 타이머

해설 카운터 : 리셋 신호가 들어오지 않은 상태에서 입력신호가 몇 번 들어 왔는가를 계수하여 설정값이 되면 출력

52. 다음 컴퓨터 구성장치 중 입력장치가 아닌 것은?

① OMR(Optical Mark Reader)

② OCR(Optical Character Reader)

③ COM(Computer Output Microfilmer)

④ MICR(Magnetic Ink Character Reader)

해설 타이프라이터, 천공카드, 자기테이프, 자기디스크, A/D 변환기

• OMR(Optical Mark Reader) : 광학식 마크 판독장치

• OCR(Optical Character Reader) : 광학적 문자 판독장치

• COM(Computer Output Microfilm) : 자기테

이프장치에서 정보를 마이크로 필름상에 출력하는 장치

• MICR(Magnetic Ink Character Reader) : 자기 잉크 문자 판독 장치

53. 그림에서 $R(s) = 101$, $C(s) = 10$일 때 전달 함수 G의 값은?

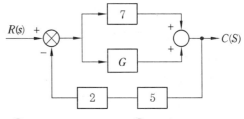

① 3 ② 6

③ 9 ④ 12

해설 그림의 전달 함수 G를 계산하면

$$G(s) = \frac{C(s)}{R(s)} = \frac{10}{101} = \frac{2 \times 5}{1 + (7 + G) \times 2 \times 5}$$

$$10 + (7 + G) \times 100 = 1010$$

$$10 + 700 + 100G = 1010$$

$$G = \frac{300}{100} = 3$$

54. 제어계가 안정하려면 특성 방정식의 근이 다음 그림과 같은 s – 평면에서 어느 곳에 위치하여야 하는가?

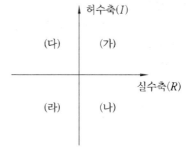

① (가), (나)

② (가), (다)

③ (나), (라)

④ (다), (라)

해설

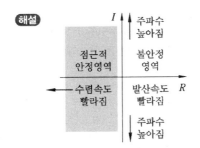

55. 회전형 공기 압축기가 아닌 것은?

① 베인형
② 스크루형
③ 스크롤형
④ 다이어프램형

해설 회전형 공기 압축기 종류
• 베인(vane)형 공기 압축기
• 스크루(screw)형 공기 압축기
• 스크롤(scroll)형 공기 압축기
• 루트 블로워(roots blower)형 공기 압축기

56. 전자력을 이용하여 유체의 방향을 제어하는 밸브 조작 방식으로 사용되는 것은?

① 수동 방식
② 공기압 방식
③ 기계 작동 방식
④ 솔레노이드 방식

해설 솔레노이드 : 원통형으로 감은 전기 코일에 전류를 흘리면 원의 내측에 자기장이 생기며, 자성 물질인 쇠막대를 움직여 전기 에너지를 기계 에너지로 변환시키는 것

57. 제어계의 과도 응답을 조사하는 데 사용되는 입력은?

① 램프 함수
② 사인 함수
③ 포물선 함수
④ 단위 계단 함수

해설 과도 응답(transient response), 램프 함수 (ramp function, 경사 함수), 사인 함수(sine function, 정현파 함수), 포물선 함수(parabola function), 단위 계단 함수(unit step function)

58. $G(s) \cdot H(s) = \dfrac{K(s+3)}{s(s+1)^3(s+2)}$ 에서 근궤적의 수는?

① 4   ② 5   ③ 6   ④ 7

해설 • $K=0$점은 $G(s) \cdot H(s)$의 극점이므로 근궤적의 수는 극점의 수이다.
• $s=0$, $s=-1$, $s=-1\pm j$, $s=-2$의 5개 극점을 가진다.

59. 다음 FND로 숫자 '2'를 표시하고자 할 때 옳은 데이터는?

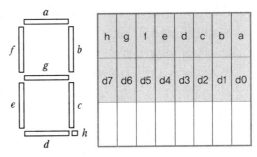

h	g	f	e	d	c	b	a
d7	d6	d5	d4	d3	d2	d1	d0

① 4AH   ② 4BH
③ 5AH   ④ 5BH

해설

h	g	f	e	d	c	b	a	FND
d7	d6	d5	d4	d3	d2	d1	d0	
0	1	0	1	1	0	1	1	2진수
		5			B			Hex

60. 무접점 시퀀스회로 구성에서 검출기로부터 신호를 받아서 제어대상에 어떠한 조작을 가할 것인가라는 것을 판단하고 조작기기에 명령을 내리는 회로는?

① 논리회로   ② 입력회로
③ 제어회로   ④ 출력회로

해설 무접점 시퀀스 : 논리회로를 응용한 것이다.

제4과목 : 메카트로닉스

61. 2진수 100110의 2의 보수는?

① 011001　　　　② 011010

③ 100111　　　　④ 111000

해설

(1	0	0	1	1	0)₂	2진수

$$
\begin{array}{cccccc}
(1 & 0 & 0 & 1 & 1 & 0)_2 \quad \text{2진수}\\
(0 & 1 & 1 & 0 & 0 & 1) \quad \text{1의 보수}\\
\hline
& & & & & {}^{+1}\\
(0 & 1 & 1 & 0 & 1 & 0) \quad \text{2의 보수}
\end{array}
$$

62. RISC(Reduced Instruction Set Computer) 구조의 마이크로프로세서 설명 중 틀린 것은?

① 명령어 개수가 적다.

② 명령어 수행 속도가 느리다.

③ 명령어는 단일 사이클로 실행한다.

④ 명령어가 고정된 길이 명령어를 사용한다.

해설 RISC의 특징

• 해석 속도가 빠르고 여러 개의 명령어를 처리하기에 적합하다.

• 명령의 대부분은 1머신 사이클에 실행된다.

• 명령 길이는 고정이다.

• 명령 세트는 단순한 것으로 구성된다.

63. 코일에 흐르는 전류가 변화할 때, 변화하는 자계로 인해 유도전압이 발생하고 유도전압의 방향은 항상 전류의 변화를 방해하는 방향으로 결정된다는 유도전압의 방향을 정의한 법칙은?

① Lenz의 법칙

② Gauss의 법칙

③ Weber의 법칙

④ Faraday의 법칙

해설 • 패러데이의 법칙 : 코일에 유도되는 전압의 크기는 코일에 대한 자계의 변화율에 직접적으로 비례하고, 코일의 권수에도 직접적으로 비례한다.

$$e = -N\frac{\Delta \Phi}{\Delta t}$$

• 렌츠의 법칙 : 코일에 흐르는 전류가 변화할 때, 변화하는 자계에 의해 생성된 유도전압의 극성은 항상 전류의 변화를 방해하는 방향이다.

• 가우스의 법칙 : 폐곡면을 통과하는 전기 선속이 폐곡면 속의 알짜 전하량에 비례한다.

64. 어드레스 핀이 10개, 데이터 핀이 8개인 메모리의 용량은 몇 bit인가?

① 512　　　　② 1,024

③ 4,028　　　　④ 8,192

해설 메모리의 용량

$2^{10} \times 8\,\text{bit} = 1,024 \times 8 = 8,192\,\text{bit}$

65. 다음 그림과 같이 1대의 컴퓨터로 여러 대의 CNC 공작기계를 제어하는 구조의 시스템은?

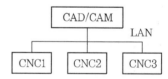

① DNC　　　　② FMC

③ FMS　　　　④ CIMS

해설 • DNC(distributed, Direct Numerical Control) : 1대의 컴퓨터로 여러 대의 CNC 공작기계를 제어하는 구조의 시스템을 말한다.

• FMC(Flexible Manufacturing Cell) : 기계의 가동률을 향상시킬 수 있는 셀 단위의 가공 시스템을 말한다.

• FMS(Flexible Manufacturing System) : 제조공정을 중앙 컴퓨터에서 제어하는 유연생산 시스템을 말하며, 다품종 소량생산에 적합한 생산 시스템이다.

66. 에너지와 같은 단위를 사용하는 물리량은?

① 저항   ② 전류
③ 전압   ④ 전력량

해설 • 저항(resistor) : Ω (Ohm/옴)
• 전류(current) : A(Ampere/암페어)
• 전압(voltage) : V(Volt/볼트)
• 전력량(energy) : Wh(Watt-hour/와트시)

67. 센서는 일반적으로 비선형 신호를 출력하며, 같은 센서라도 그 측정값의 변화량에 따라 변형되는 출력의 크기가 범위에 따라 다르므로 이것을 그대로 이용하기는 매우 어렵다. 이를 해결하기 위한 방법은?

① 디지털 변환   ② 신호의 정렬
③ 신호의 증폭   ④ 신호의 선형화

해설 센서에서 입력된 비선형 신호에서 전형화를 통해 필요한 신호만을 취득해야 한다.

68. 다음 AD 변환기 중 변환속도가 가장 빠른 것은?

① 계수 비교형   ② 병렬 비교형
③ 이중 적분형   ④ 축차 비교형

해설 A/D 변환기 종류와 특징
• 병렬 비교형 : 아날로그 입력이 병렬 비교기들에 의해서 레벨이 비교되어 4비트의 2진수로 동시에 부호화되어 출력된다.
• 2중 경사 적분형 : 적분기, 제어회로, 클럭, 비교기, 출력 카운터로 구성된다. 이 변환기는 입력 신호에 비례하는 펄스수를 카운트함으로써 변환, 정밀도 측정에 유리하다.
• 축차 비교(근사)형 : 변환의 신뢰성이 높고, 단조성 및 고속 변환이 가능하기 때문에 컴퓨터 주변 회로의 데이터 변환 시스템의 대부분에 이용
• 계단형 A/D변환기
• 전압-주파수 : 이 변환기의 최대 장점은 입력 신호가 적분기에 의해 적분되기 때문에 잡음에 대해서 아주 강하다. 반면에 변환 사이클

수가 높지 않기 때문에 속도가 늦은 단점이 있다.
• 램프 A/D 변환기 : 이 변환기의 특징은 회로가 간단하다. 속도는 전압-주파수 변환기보다 약간 빠르다.

69. 로봇 팔의 구동뿐만 아니라 기계의 위치, 속도, 가속도 등의 정밀 제어를 필요로 하는 기계 구동에 사용되는 제어는?

① 공정 제어   ② 서보 제어
③ 개루프 제어   ④ 플랜트 제어

해설 제어량의 종류에 따른 분류
• 공정 제어(프로세서 제어) : 어떤 장치에 원료를 넣어 이것에 물리적, 화학적 처리를 가하여 목적하는 제품을 만드는 공정을 프로세서라 하며, 온도, 유량, 압력, 레벨, 효율 등의 공업 프로세서의 상태량을 제어
• 서보 제어 : 물체의 위치, 각도(자세, 방향) 등을 제어량으로 하고 목표값의 임의의 변화에 추종하는 제어장치

70. 자기장 내에 있는 도체에 전류를 흐르게 하면 발생되는 힘 F[N]는? (단, B : 자속밀도, l : 도체의 길이, I : 전류, θ : 자기장과 도체가 이루는 각도이다.)

① $F = BIl\sin\theta$ ② $F = BIl\cos\theta$
③ $F = BIl\tan\theta$ ④ $F = BIl\tan^{-1}\theta$

해설 플레밍의 왼손법칙 : 자속밀도 $B = \mu_0 H$ [Wb/m^2]이고 단위 길이마다 작용하는 전자력 $F = \mu_0 HI\sin\theta$ [N/m] $= BI\sin\theta$ [N/m]가 된다.

71. 나사의 종류에 따른 기호의 연결이 틀린 것은?

① 미니추어 나사 – S
② 미터 보통나사 – M
③ 유니파이 가는 나사 – UNF
④ 유니파이 보통나사 – CTG

해설 유니파이 보통나사 – UNC

72. 다음 중 주변 장치와 메모리 사이에 고속의 데이터 전송이 필요할 때 적합한 방식은?

① 폴링　　　　　　② DMA 전송
③ 핸드셰이킹　　　④ 인터럽트 전송

> **해설** • DMA 전송 : CPU의 개입 없이 I/O 장치와 기억장치 사이에 데이터 전송이 일어나므로 이는 직접메모리 제어 방식
> • 인터럽트 전송 : 기억장치와 I/O 장치 간의 데이터 통신에 CPU가 직접 개입

73. 반사형 포토 센서의 특징으로 틀린 것은?

① 응답속도가 빠르다.
② 검출 정밀도가 좋다.
③ 신뢰성이 좋고 수량이 많다.
④ 먼지나 연기가 많은 환경에서도 사용에 문제가 없다.

> **해설** 반사형 포토 센서의 특징
> • 응답속도가 빠르다.
> • 검출 정밀도가 좋다.
> • 신뢰성이 좋고 수량이 많다.

74. 온도의 변화에 따른 저항이 변화되는 특징을 이용한 센서는?

① 광전소자　　　　② 서미스터
③ 마그네틱 센서　　④ 스트레인 게이지

> **해설** • 광전소자 : 빛을 이용한 전기신호로 검출
> • 서미스터 : 온도 변화에 따른 저항 변화
> • 마그네틱 센서 : 자기 변화를 전기신호로 검출
> • 스트레인 게이지 : 압력 변화에 따른 전기저항 변화

75. 2진수 101.1을 10진수로 나타내면 얼마인가?

① 5.25　　　　　② 5.5
③ 6.25　　　　　④ 6.5

> **해설** $1 \times 2^2 + 0 \times 2^1 + 1 \times 2^0 + 1 \times 2^{-1}$
> $= 4 + 0 + 1 + 0.5 = 5.5$

76. 전기자와 계자에 별도의 전원을 사용한 DC 서보 모터로 제어성이 우수하며, 대용량 서보 모터에 적합한 형은?

① 복권형　　　　　② 분권형
③ 직권형　　　　　④ 타여자형

> **해설** 타여자 모터라고 하는 것은 전기자 코일에 대하여 계자 코일을 별도의 다른 전원으로 여자하는 것이다. 코일에 전류를 흐르게 하여 전자석을 만드는 것을 여자한다라고 말한다.

77. 전기적 에너지를 기계적 진동 에너지로 변환시켜 금속, 비금속 등의 재료에 관계없이 정밀가공이 가능한 가공 방법은?

① 밀링가공　　　　② 선반가공
③ 연삭가공　　　　④ 초음파 가공

> **해설** 초음파 가공(ultrasonic machining)
> • 전기적 에너지를 기계적 진동 에너지로 변환시켜 금속, 비금속 등의 재료에 관계없이 정밀가공이 가능한 가공 방법이다.
> • 취성이 커서 절삭가공이 곤란한 수정, 유리, 세라믹, 보석류 등에 눈금, 무늬, 문자, 구멍, 절단 등의 가공에 효율적이다.

78. 고정자 측에 영구자석을 배치하여 공극부에 직류 바이어스 자계를 발생시켜 제어하는 스테핑 모터는?

① 영구 자석형　　　② 하이브리드형
③ 반영구 자석형　　④ 가변 릴럭턴스형

> **해설** 스테핑 모터의 종류
> • 가변 릴렉턴스(VR)형 : 회전자가 자력선의 통로가 되면서 자력(흡인력)을 발생시키는 원리
> • 영구자석(PM)형 : 로터(회전자)에 영구자석을 사용한 것
> • 하이브리드(hybird)형 : 영구자석형과 가변릴렉턴스형 모터 원리를 절충한 방식으로 고정자 측에 영구자석을 배치하여 공극부에 직류 바이어스 자계를 발생시켜 제어

정답 ▶　72. ②　73. ④　74. ②　75. ②　76. ④　77. ④　78. ②

79. 사인바에 의한 테이퍼 측정 시 불필요한 장치는?

① 측장기
② 게이지 블록
③ 다이얼 게이지
④ 테이퍼 플러그 게이지

해설 사인 바(sine bar)
- 길이를 측정하여 직각 삼각형의 삼각 함수를 이용한 계산에 의하여 임의각의 측정 또는 임의각을 만드는 기구이다.
- 필요한 장치는 게이지 블록, 다이얼 게이지, 테이퍼 플러그 게이지 등이다.

80. 도체를 관통하는 자속의 변화로 도체에 전압이 발생하는 현상의 명칭은?

① 홀효과   ② 자기유도
③ 전자유도   ④ 핀치효과

해설 • 전자유도(패러데이의 법칙) : 코일에 유도되는 전압의 크기는 코일에 대한 자계의 변화율에 직접적으로 비례하고, 코일의 권수에도 직접적으로 비례

$$v = N \frac{d\Phi}{dt} [\text{V}]$$

• 홀 효과 : 자장에 비례하여 기전력이 발생하는 현상

$$V_H = R_H \frac{I \cdot B}{d} [\text{V}]$$

2017년 5월 7일 시행

자격종목 및 등급(선택분야)	종목코드	시험시간	문제지형별	수검번호	성 명
생산자동화산업기사	2034	2시간	A		

제1과목 : 기계가공법 및 안전관리

1. 다이얼 게이지 기어의 백래시(back lash)로 인해 발생되는 오차는?

① 인접 오차　　　② 지시 오차
③ 진동 오차　　　④ 되돌림 오차

해설 되돌림 오차 : 일명 후퇴오차라고도 한다. 기계적인 접촉 부분의 마찰저항, 뒤틀림, 흔들림 등으로 인하여 생긴다.

2. 미끄러짐을 방지하기 위한 손잡이나 외관을 좋게 하기 위하여 사용되는 다음 그림과 같은 선반 가공법은?

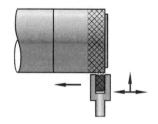

① 나사가공　　　② 널링가공
③ 총형가공　　　④ 다듬질 가공

해설 널링가공(knurling) : 미끄러짐을 방지하기 위한 손잡이나 외관을 좋게 하기 위하여 환봉의 외경에 사각, 다이아몬드형의 무늬를 가공하는 선반 가공법이다.

3. 선반에서 할 수 없는 작업은?

① 나사가공　　　② 널링가공
③ 테이퍼 가공　　④ 스플라인 홈가공

해설 스플라인 홈가공은 브로칭 머신(broaching machine)에 의한 가공이다.

4. 밀링머신에서 절삭공구를 고정하는 데 사용되는 부속장치가 아닌 것은?

① 아버(arbor)　　② 콜릿(collet)
③ 새들(saddle)　　④ 어댑터(adapter)

해설 새들 : 밀링머신에서 테이블을 좌우로 이동시킬 수 있는 이송장치이다.

5. 수기가공할 때 작업안전 수칙으로 옳은 것은?

① 바이스를 사용할 때는 조에 기름을 충분히 묻히고 사용한다.
② 드릴가공을 할 때는 장갑을 착용하여 단단하고 위험한 칩으로부터 손을 보호한다.
③ 금긋기 작업을 하는 이유는 주로 절단을 할 때 절삭성이 좋아지기 위함이다.
④ 탭 작업 시에는 칩이 원활하게 배출될 수 있도록 후퇴와 전진을 번갈아 가면서 점진적으로 수행한다.

해설 • 바이스를 사용할 때는 조에 기름을 닦아내고 사용한다.
• 드릴가공을 할 때 장갑을 착용하면 위험하다.
• 금긋기 작업을 하는 이유는 기준면과 기준선을 설정하기 위함이다.

정답 　1. ④　 2. ②　 3. ④　 4. ③　 5. ④

6. 심압대의 편위량을 구하는 식으로 옳은 것은? (단, X : 심압대 편위량이다.)

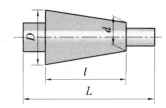

① $X = \dfrac{D - dL}{2l}$ ② $X = \dfrac{L(D - d)}{2l}$

③ $X = \dfrac{l(D - d)}{2l}$ ④ $X = \dfrac{2L}{(D - d)l}$

해설 • 심압대의 편위량 $X = \dfrac{L(D - d)}{2l}$

• 복식 공구대를 경사시키기 위한 각 $\tan\theta = \dfrac{D - d}{2l}$

7. 공기 마이크로미터에 대한 설명으로 틀린 것은?

① 압축 공기원이 필요하다.
② 비교 측정기로 1개의 마스터로 측정이 가능하다.
③ 타원, 테이퍼, 편심 등의 측정을 간단히 할 수 있다.
④ 확대 기구에 기계적 요소가 없기 때문에 장시간 고정도를 유지할 수 있다.

해설 공기 마이크로미터(air micrometer) : 비교 측정기로 큰 범위와 작은 범위의 2개의 마스터가 필요하다.

8. 입자를 이용한 가공법이 아닌 것은?

① 래핑 ② 브로칭
③ 배럴가공 ④ 액체 호닝

해설 브로칭(broaching) : 가늘고 긴 단면 모양의 브로치 공구를 이용하여 가공물의 내면이나 바깥지름에 필요한 형상의 부품을 가공하는 것을 말한다.

9. 밀링머신에서 테이블의 이송속도(f)를 구하는 식으로 옳은 것은? (단, f_z : 1개의 날당 이송[mm], z : 커터의 날수, n : 커터의 회전수[rpm]이다.)

① $f = f_z \times z \times n$
② $f = f_z \times \pi \times z \times n$
③ $f = \dfrac{f_z \times z}{n}$
④ $f = \dfrac{(f_z \times z)^2}{n}$

해설 밀링머신에서 테이블의 이송속도(f)는 커터 1개의 날을 기준으로 산출한다.
$$f = f_z \times z \times n$$

10. 비교 측정하는 방식의 측정기는?

① 측장기 ② 마이크로미터
③ 다이얼 게이지 ④ 버니어 캘리퍼스

해설 • 비교 측정 : 다이얼 게이지는 측정자의 직선 또는 원호 운동을 기계적으로 확대하여 그 움직임을 회전 변위로 변환시켜 길이를 측정하는 비교 측정기이다.

• 직접 측정 : 측장기, 마이크로미터, 버니어 캘리퍼스 등을 이용하여 피 측정물을 직접 측정하고 눈금에 의해 치수를 측정한다.

11. 다음 그림과 같이 피 측정물의 구면을 측정할 때 다이얼 게이지의 눈금이 0.5 mm 움직이면 구면의 반지름[mm]은 얼마인가? (단, 다이얼 게이지의 측정자로부터 구면계의 다리까지의 거리는 20 mm이다.)

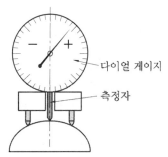

① 100.25 ② 200.25
③ 300.25 ④ 400.25

해설 • 구면 측정에서 반지름(R)을 구하는 공식을 적용한다.

- $R = h^2 + \dfrac{r^2}{2h}$ (R : 구면의 반지름, r : 측정자로부터 구면계 다리까지의 거리, h : 게이지에 나타난 측정 차)

- $R = 0.5^2 + \dfrac{20^2}{2 \times 0.5} = 0.25 + 400 = 400.25$

12. 일반적으로 센터드릴에서 사용되는 각도가 아닌 것은?

① 45° ② 60°
③ 75° ④ 90°

해설 일반적으로 60°가 가장 많이 사용된다. 대형, 중량의 가공물인 경우 75°, 90°의 센터 드릴도 사용한다.

13. 연삭작업에 대한 설명으로 적절하지 않은 것은?

① 거친 연삭을 할 때는 연삭 깊이를 얕게 주도록 한다.
② 연질가공물을 연삭할 때는 결합도가 높은 숫돌이 적합하다.
③ 다듬질 연삭을 할 때는 고운 입도의 연삭 숫돌을 사용한다.
④ 강의 거친 면에서 공작물 1회전마다 숫돌바퀴 폭의 1/2~3/4로 이송한다.

해설 거친 연삭을 할 때는 연삭 깊이를 깊게 주도록 한다.

14. 센터리스 연삭에 대한 설명으로 틀린 것은?

① 가늘고 긴 가공물의 연삭에 적합하다.
② 긴 홈이 있는 가공물의 연삭에 적합하다.
③ 다른 연삭기에 비해 연삭 여유가 작아도 된다.
④ 센터가 필요치 않아 센터 구멍을 가공할 필요가 없다.

해설 센터리스 연삭(centerless grinding)의 특성(단점)
- 긴 홈이 있는 가공물의 연삭은 불가능하다.

- 대형이나 중량물의 연삭은 불가능하다.
- 연삭숫돌 폭보다 큰 가공물을 플런지 컷 방식으로 연삭할 수 없다.

15. 트위스트 드릴은 절삭날의 각도가 중심에 가까울수록 절삭작용이 나쁘게 되기 때문에 이를 개선하기 위해 드릴의 웨브 부분을 연삭하는 것은?

① 시닝(thinning)
② 트루잉(truing)
③ 드레싱(dressing)
④ 글레이징(glazing)

해설 시닝 : 트위스트 드릴은 절삭날의 각도가 중심에 가까울수록 절삭 작용이 나쁘게 되기 때문에 이를 개선하기 위해 드릴의 웨브 부분을 연삭하는 것을 말한다.

16. 풀리(pulley)의 보스(boss)에 키 홈을 가공하려 할 때 사용되는 공작기계는?

① 보링 머신 ② 호빙 머신
③ 드릴링 머신 ④ 브로칭 머신

해설 브로칭 머신(broaching machine)
- 풀리의 보스에 키 홈을 가공하려할 때 사용되는 공작기계이다.
- 가늘고 긴 일정한 단면 모양의 브로치(broach) 공구를 사용한다.
- 내면 브로칭 머신(internal broaching machine)과 외면 브로칭 머신(surface broaching machine)이 있다.

17. 산화알루미늄(Al_2O_3) 분말을 주성분으로 마그네슘(Mg), 규소(Si) 등의 산화물과 소량의 다른 원소를 첨가하여 소결한 절삭공구의 재료는?

① CBN ② 서멧
③ 세라믹 ④ 다이아몬드

해설 세라믹(ceramic) 공구의 특징
- 고온에서 경도가 높고 내마모성이 우수하다.
- 초경합금보다는 인성이 작고 취성이 커서 충

격이나 진동에는 약하다.
- 고속 다듬질 절삭에는 우수하지만 중 절삭에는 적합하지 않다.

---

18. 박스 지그(box jig)의 사용처로 옳은 것은?

① 드릴로 대량 생산을 할 때
② 선반으로 크랭크 절삭을 할 때
③ 연삭기로 테이퍼 작업을 할 때
④ 밀링으로 평면 절삭작업을 할 때

해설 박스 지그
- 드릴로 대량 생산을 할 때 사용된다.
- 가공물을 지그 중앙에 클램핑시키고 지그를 회전시키면서 가공할 수 있다.
- 가공물의 위치를 다시 결정하지 않고 전면을 가공·완성할 수 있다.

---

19. 래핑 작업에 사용하는 랩제의 종류가 아닌 것은?

① 흑연
② 산화크롬
③ 탄화규소
④ 산화알루미나

해설 랩제(lapping powder)
- 탄화규소(SiC), 산화알루미나(Al_2O_3)가 주로 사용된다.
- 산화철, 산화크롬, 탄화 붕소, 다이아몬드 분말 등도 사용된다.
- 표면거칠기를 좋게 하기 위해서는 랩제의 크기를 작은 입자로 사용한다.

---

20. 범용 밀링머신으로 할 수 없는 가공은?

① T홈가공
② 평면가공
③ 수나사가공
④ 더브테일 가공

해설 수나사가공은 선반가공 또는 다이스 작업을 통하여 할 수 있다.

---

21. 기하학적 형상공차를 사용하는 이유로 거리가 먼 것은?

① 최대 생산 공차를 주어 생산성을 높인다.
② 끼워맞춤 부품의 호환성을 보증한다.
③ 직각좌표의 치수 방법을 변환시켜 간편하게 표시한다.
④ 끼워맞춤, 조립 등 그 형상이 요구하는 기능을 보증한다.

해설 기하학적 형상공차는 도면에 표시하는 대상물에 모양, 자세, 위치 및 흔들림의 공차(기하공차 ; geometrical tolerance)를 기호에 의한 표시와 도시 방법에 대하여 규정한다.

---

22. 그림과 같은 도면에서 테이퍼가 1/2일 때 a의 지름은 몇 mm인가?

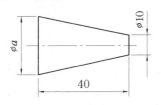

① 20
② 25
③ 30
④ 35

해설 테이퍼(T) $= \dfrac{D-d}{l}$에서 $\dfrac{1}{2} = \dfrac{a-10}{40}$, $a-10 = 20$이므로, $a = 30$

---

23. 그림과 같은 용접기호를 가장 잘 설명한 것은?

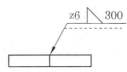

① 목길이 6 mm, 용접길이 300 mm인 화살표 쪽의 필릿용접
② 목두께 6 mm, 용접길이 300 mm인 화살

표 쪽의 필릿용접

③ 목길이 6 mm, 용접길이 300 mm인 화살표 반대 쪽의 필릿용접

④ 목두께 6 mm, 용접길이 300 mm인 화살표 반대 쪽의 필릿용접

해설 목길이 6 mm, 용접길이 300 mm인 화살표 쪽의 필릿 용접을 표시한다.

24. 축의 치수허용차 기호에서 위치수 허용차가 0인 공차의 기호는?

① b　　② h　　③ g　　④ s

해설 축의 치수허용차 기호에서 위치수 허용차가 0인 공차는 h5~h9이 있다.

25. 그림과 같은 입체도를 제3각법으로 투상하였을 때 가장 적합한 투상도는?

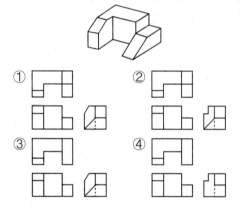

26. 그림과 같은 기어 간략도를 살펴볼 때 기어의 종류는?

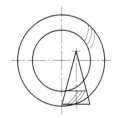

① 헬리컬 기어

② 스파이럴 베벨 기어

③ 스크루 기어

④ 하이포이드 기어

27. 가공 방법의 약호 중 FR이 뜻하는 것은?

① 브로칭 가공　　② 호닝가공

③ 줄 다듬질　　④ 리밍가공

해설 •리밍가공 : FR
•브로칭 가공 : BR
•호닝가공 : GH(액체 호닝가공 : SPLH)
•줄 다듬질 : FF

28. 나사 표시 'M15×1.5-6H/6g'에서 6H/6g는?

① 나사의 호칭치수　② 나사부의 길이

③ 나사의 등급　　④ 나사의 피치

해설 •6H/6g : 나사의 등급
•M15 : 나사의 호칭치수(미터나사 호칭지름 15 mm)
•1.5 : 나사의 피치(피치 1.5 mm)

29. 그림과 같이 하나의 그림으로 정육면체 세 면 중의 한 면만을 중점적으로 엄밀·정확하게 표현하는 것으로, 캐비닛도가 이에 해당하는 투상법은?

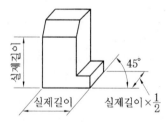

① 사투상법　　② 등각투상법

③ 정투상법　　④ 투시도법

해설 •사투상법 : 투상선이 투상면을 사선으로 평행하도록 무한대의 수평 시선으로 얻은 물체의 윤곽을 그리는 방법을 말한다.
•캐비닛도(cabinet) : 사투상법 중 60°의 경사축을 그린 것을 말한다.
•카발리에도(cabalier) : 사투상법 중 45°의 경

사 축을 그린 것을 말한다.

30. 특수 가공하는 부분이나 특별한 요구사항을 적용하도록 범위를 지정하는 데 사용되는 선의 종류는?

① 가는 1점 쇄선　　② 가는 2점 쇄선
③ 굵은 실선　　　　④ 굵은 1점 쇄선

해설 굵은 1점 쇄선 : 특수 가공하는 부분이나 특별한 요구사항을 적용하도록 범위를 지정하는 데 사용되는 선이다.

31. $30\,\mu\mathrm{F}$ 콘덴서 3개를 병렬 연결하면 합성 정전용량($\mu\mathrm{F}$)은?

① 3　　② 9　　③ 10　　④ 90

해설 합성 정전용량 $C = C_1 + C_2 + C_3 = 3 \times 30$
$$= 90\,\mu\mathrm{F}$$

32. 자동차가 12분 동안 6 km를 달렸다면, 평균속력(km/h)은 얼마인가?

① 2　　② 3　　③ 20　　④ 30

해설 비례식으로 쉽게 계산한다.

12분, 즉 $\dfrac{12}{60}$ 시간(0.2시간) = 6 km이므로

$0.2 : 6 = 1 : 1$시간에 이동거리(X)

$0.2X = 6$이므로 $X = 30$ km/h

33. 스패너를 이용하여 수평면상의 볼트를 조일 때 동일한 힘을 이용하여 토크를 2배 증가시키기 위한 방법으로 옳은 것은?

① 스패너의 길이를 $\dfrac{1}{2}$로 짧게 한다.

② 스패너의 무게를 $\dfrac{1}{2}$로 가볍게 한다.

③ 스패너의 길이를 2배로 길게 한다.

④ 스패너의 무게를 2배로 무겁게 한다.

해설 힘의 모멘트(moment) : 회전 중심에서 힘의 작용선까지의 수직거리에 힘의 크기를 산술

적으로 곱하여 계산한다. $M = F \times L$이므로 스패너의 길이를 2배로 길게 한다.

34. 9.8 N에 관한 내용으로 틀린 것은?

① $9.8\,\mathrm{N} = 1\,\mathrm{kgf}$
② $9.8\,\mathrm{N} = 10^5\,\mathrm{dyn}$
③ $9.8\,\mathrm{N} = 9.8\,\mathrm{kg \cdot m/s^2}$
④ 질량 1kg인 물체의 지구상 중량이다.

해설　• $1\,\mathrm{N} = 1\,\mathrm{kg \cdot m/s^2}$
　• $1\,\mathrm{kgf} = 1\,\mathrm{kg} \times 9.8\,\mathrm{m/s^2} = 9.8\,\mathrm{kg \cdot m/s^2} = 9.8\,\mathrm{N}$
　• $1\,\mathrm{N} = 10^5\,\mathrm{dyn}$

35. 다음 그림의 A점에 대한 모멘트(kgf · mm)는 얼마인가?

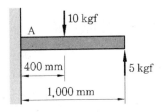

① 5　　　　　　② 10
③ 100　　　　　④ 1,000

해설 모멘트 $M = F \times L$이므로 합성 모멘트는 큰 값에서 작은 값을 뺀다.
$$M = 5 \times 1,000 - 10 \times 400 = 1,000\,\mathrm{kgf \cdot mm}$$

36. 압력 1 kgf/cm²는 약 몇 bar인가?

① 0.098　　　　② 0.98
③ 9.8　　　　　④ 98

해설 $1\,\mathrm{kgf/cm^2} = 9.8\,\mathrm{N/cm^2} = 9.8 \times 10^4\,\mathrm{N/m^2}$
$1\,\mathrm{bar} = 10^5\,\mathrm{N/m^2}$이므로 $\dfrac{9.8 \times 10^4}{10^5} = 0.98\,\mathrm{bar}$

37. 가위로 물체를 자르거나 전단기로 철판을 절단할 경우에 주로 생기는 응력은?

① 굽힘응력　　　　② 수직응력
③ 압축응력　　　　④ 전단응력

정답　30. ④　31. ④　32. ④　33. ③　34. ②　35. ④　36. ②　37. ④

해설 • 전단응력(shearing stress, τ) : 전단하중에 의해 재료의 횡단면과 평행하는 방향으로 발생되는 응력(전단이 될 때의 응력)을 말한다.
• 수직응력 : 하중이 재료의 축방향으로 작용할 때의 응력을 말하며 압축응력, 인장응력이 있다.

38. 모멘트의 중심에서 200 cm 떨어진 지점에 접선방향으로 20 N의 힘이 작용할 때의 모멘트(N·m)는 얼마인가?

① 10   ② 40
③ 100   ④ 400

해설 힘의 모멘트 $M = F \times L$이므로
$M = 20\,N \times 200\,cm = 20\,N \times 200 \times 10^{-2}\,m$
$\quad = 40\,N \cdot m$

39. SI 유도단위가 아닌 것은?

① 힘(N)   ② 열량(J)
③ 질량(kg)   ④ 압력(Pa)

해설 • SI 유도단위 : 기본량들을 구체적으로 정한 절차에 따라 유도해 낸 양을 표시하며, 힘, 열량, 압력 등이 있다.
• 질량(kg) : 가장 기본이 되는 단위로서 SI 기본단위에 해낭된다.

40. 전자유도 현상에 의하여 생기는 유도 기전력의 크기를 정의하는 법칙은?

① 옴의 법칙
② 쿨롱의 법칙
③ 오른나사의 법칙
④ 패러데이의 법칙

해설 • 패러데이의 법칙 : 유도 기전력의 크기는 코일의 단면을 지나가는 자속의 시간적 변화율과 코일의 감은 횟수에 비례한다.
• 옴의 법칙 : 도체에 일정한 전위차가 존재할 때 도체의 저항의 크기와 전류의 크기는 반비례한다.
• 쿨롱의 법칙 : 두 전하 사이에서 작용하는 힘은 두 전하 크기의 곱에 비례하고 거리의 제곱에 반비례한다.

제3과목 : 자동제어

41. 어떤 대상물의 현재 상태를 원하는 상태로 조절하는 것을 무엇이라 하는가?

① 신호(signal)   ② 밸브(valve)
③ 제어(control)   ④ 명령(instruction)

해설 제어 : 기기, 장치, 설비 등 어떤 대상물의 현재 상태를 사람이 원하는 상태로 조절하는 것

42. 잔류편차가 감소하고 응답 속응성이 개선되며 오버슈트를 감소시키는 제어동작은?

① 적분 제어동작
② 비례미분 제어동작
③ 비례적분 제어동작
④ 비례적분미분 제어동작

해설 • 비례 제어동작 : 잔류편차 발생 결점
• 미분 제어동작 : 응답의 오버슈트를 감소시키고 응답을 빠르게 하는 효과
• 적분 제어동작 : 잔류편차를 줄이는 작동

43. PPI 8255에서 포트(port)를 통해서 외부장치로 데이터를 보낼 때만 사용하는 신호는?

① CS   ② RD
③ WR   ④ RESET

해설 • CS(Chip Select) : CPU로부터 8255 자체를 선택하기 위한 IC 칩 선택 신호로 액티브 'L'의 입력신호
• RD : 포트를 통해서 CPU의 데이터를 외부 장치로 보낼 때만 사용하는 신호선
• WR : 포트를 통해서 외부장치로 데이터를 보낼 때만 사용하는 신호선
• Reset : 8255를 초기화하는 입력 단자로 'H'일 때 액티브

44. 전압, 주파수를 제어량으로 하고 목표값을 장시간 일정하게 유지하도록 하는 제어는?

① 비율제어 　② 서보기구
③ 자동조정 　④ 추종제어

해설 1. 제어량의 성질에 의한 분류
 • 프로세서 제어 : 제어량의 온도, 유량, 압력, 액위, 농도, 밀도 등의 플랜트나 생산공정 중의 상태량을 제어량으로 하는 제어
 • 서보기구 : 물체의 위치, 방위, 자세 등의 기계적 변위를 제어량으로 해서 목표값의 임의의 변화에 추종하도록 구성하는 제어계
 • 자동조정 : 전압, 전류, 주파수, 회전속도, 힘 등 전기적, 기계적인 양을 주로 제어하는 것으로서 응답속도가 빠른 장치
2. 목표값의 시간적 성질에 의한 분류
 • 정치 제어 　• 추종 제어
 • 프로그램 제어 　• 비율 제어

45. 다음 기계시스템과 전기시스템의 요소 중 상사 관계가 잘못 연결된 것은?

① 기계시스템 – 힘, 전기시스템 – 전압
② 기계시스템 – 변위, 전기시스템 – 전류
③ 기계시스템 – 질량, 전기시스템 – 인덕턴스
④ 기계시스템 – 점성마찰계수, 전기시스템 – 저항

해설 기계(물리적)시스템과 전기시스템의 관계

기계시스템	전기시스템
질량	인덕턴스
스프링	콘덴서
점성-마찰	저항
힘	전압

46. PLC의 입출력부에서 외부기기와 내부회로를 전기적으로 절연시킬 목적으로 사용되는 전자소자는?

① 다이오드 　② 트라이액
③ 트랜지스터 　④ 포토커플러

해설 포토커플러(photo coupler) : 전기신호를 빛으로 결합시키는 장치이며 발광부와 수광부가 서로 전기적으로 절연되는 장점을 이용한 것이다.

47. 다음 회로에서 시정수(time constant)는?

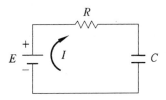

① RC 　② $\dfrac{C}{R}$
③ $\dfrac{R}{C}$ 　④ $\dfrac{1}{RC}$

해설 RC 직렬회로의 시정수 $\tau = RC\,[\mathrm{s}]$

48. 물체의 위치, 방위, 자세 등의 기계적 변위를 제어량으로 하는 제어방식은?

① 공정제어 　② 서보제어
③ 자동조정 　④ 정치제어

해설 제어량의 성질에 의한 분류
 • 프로세서 제어 : 제어량의 온도, 유량, 압력, 액위, 농도, 밀도 등의 플랜트나 생산공정 중의 상태량을 제어량으로 하는 제어
 • 서보기구 : 물체의 위치, 방위, 자세 등의 기계적 변위를 제어량으로 해서 목표값의 임의의 변화에 추종하도록 구성하는 제어계
 • 자동조정 : 전압, 전류, 주파수, 회전속도, 힘 등 전기적, 기계적인 양을 주로 제어하는 것으로서 응답속도가 빠른 장치

49. 감쇠비 $h = 0.4$, 고유주파수 $\omega_n = 1\,\mathrm{rad/s}$ 인 2차계의 전달 함수는?

① $\dfrac{1}{s^2 + 0.4s + 1}$ 　② $\dfrac{0.16}{s^2 + 0.4s + 1}$
③ $\dfrac{1}{s^2 + 0.8s + 1}$ 　④ $\dfrac{0.16}{s^2 + 0.8s + 1}$

해설 다음 시스템의 폐루프 전달 함수

$$G(s) = \frac{k}{s^2 + ps + k} \text{ 또는}$$

$$G(s) = \frac{\omega_n^2}{s^2 + 2h\omega_n s + \omega_n^2}$$

$$G(s) = \frac{1}{s^2 + 2 \times 0.4 \times s + 1}$$

50. 다음 중 서보모터의 관성을 줄이고 기계적 시정수를 줄이기 위한 조치로 적절하지 않은 것은?

① 회전자 반지름을 크게 한다.
② 모터 회전자의 중량을 줄인다.
③ 코어리스(coreless) 구조로 모터를 만든다.
④ 모터 회전자의 지름을 작게 하고 축방향으로 길게 하는 구조로 한다.

해설 서보모터의 기본적 성능
- 회전력/관성 비가 클 것 : 가감속 특성, 응답성이 좋아진다.
- 파워 비가 클 것 : 응답성이 좋아진다.
- 자리잡기 정밀도가 높을 것 : 이 때문에 속도 제어 범위가 넓고, 극저속이라도 매끄럽게 회전하며 또 정역전이 동일할 것
- 시동 정지가 빈번해서 가혹한 용도에도 견딜 수 있을 것
- 소형 경량이며 높은 출력일 것
- 강성이 높을 것
- 브러시 수명이 길 것
- 서보 모터는 자동제어계에 있어서 반드시 피드백해서 사용되는 높은 성능의 속도검출기나, 높은 정밀도의 위치제어를 구비할 것

51. 전달 함수의 성질에 대한 설명으로 틀린 것은?

① 전달 함수는 제어계의 입력과는 무관하다.
② 전달 함수는 비선형 제어계에서만 정의된다.
③ 전달 함수를 구할 때 제어계의 모든 초기 조건을 0으로 한다.
④ 전달 함수는 임펄스 응답의 라플라스 변환으로 정의되며, 제어계의 입력 및 출력

함수의 라플라스 변환에 대한 비가 된다.

해설 전달 함수의 특징
- 전달 함수는 선형 제어계에서만 정의된다.
- 전달 함수는 임펄스 응답의 라플라스 변환으로 정의되며, 제어계의 입력 및 출력 함수의 라플라스 변환에 대한 비가 된다.
- 전달 함수를 구할 때 제어계의 초기 조건을 0으로 하므로 정상상태의 주파수 응답을 나타내며 과도응답 특성은 알 수 없다.
- 전달 함수는 제어계의 입력과는 관계없다.

52. 다음 그림과 같은 회로에서 입력전류에 대한 출력전압의 전달 함수는? (단, s는 라플라스 연산자이다.)

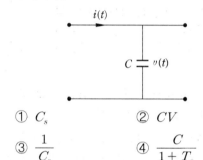

① C_s ② CV

③ $\dfrac{1}{C_s}$ ④ $\dfrac{C}{1 + T_s}$

해설 $v_{(t)} = \dfrac{1}{\omega C} \cdot i(t)$의 라플라스 변환은

$$V_{(s)} = \frac{1}{C_s} \cdot I_{(s)}$$

전달함수 : $\dfrac{출력\ 라플라스\ 변환}{입력\ 라플라스\ 변환} = \dfrac{V_{(s)}}{I_{(s)}} = \dfrac{1}{C_s}$

53. 유압 회로에서 유압 실린더나 액추에이터로 공급하는 유체 흐름의 양을 제어하는 밸브는?

① 체크 밸브   ② 압력 변환기
③ 방향제어 밸브   ④ 유량제어 밸브

해설
- 유량제어 밸브 : 유량장치의 제어부로서 작동유의 유량을 조절하는 밸브
- 교축 밸브 : 유량조절 밸브 중 구조가 가장 간단한 밸브
- 유량조절 밸브 : 압력 보상 기구를 내장하고

있으므로 압력 변동에 의한 유량의 변동 방지 회로 내장(유량 일정 유지)

54. 다음 중 서보모터에 사용되고 있는 회전 속도 검출기로 적합하지 않은 것은?

① 리졸버   ② 엔코더
③ 리미트 스위치 ④ 타코 제너레이터

해설 • 회전 속도 검출기 : 엔코더, 싱크로, 리졸버, 타코 제너레이터(T·G)가 있다.
• 리밋 스위치 : 제어계의 입력 검출 스위치로 사용된다.

55. 다음 프로그램은 C^{++} 언어를 사용하여 포트 B로 설정된 0×11번지에 0×A4값을 출력하는 프로그램이다. 이 프로그램에 대한 설명이 틀린 것은?

```
outputb(0×11, 0×A4)
```

① B포트 1번 핀(pin)인 PB1은 High(1) 값이 출력된다.
② B포트 2번 핀(pin)인 PB2는 High(1) 값이 출력된다.
③ B포트 5번 핀(pin)인 PB5는 High(1) 값이 출력된다.
④ B포트 7번 핀(pin)인 PB7은 High(1) 값이 출력된다.

해설

핀번호	7	6	5	4	3	2	1	0
16진수		A				4		
2진수 (High/Low)	1	0	1	0	0	1	0	0

56. 배관 내에서 유체의 흐름은 층류와 난류로 구분한다. 다음 중 난류가 일어나는 조건은?

① 레이놀즈수가 100이다.
② 배관 내의 유속이 비교적 작다.
③ 배관 내의 유체의 동점도가 크다.
④ 배관 내의 흘러가는 유체의 점도가 작다.

해설 • 층류 : 유체의 규칙적인 흐름이다.
• 난류 : 유체의 각 부분이 시간적이나 공간적으로 불규칙한 운동을 하면서 흘러가는 것을 말한다.
레이놀즈수가 약 2,100 이하이면 층류, 4,000 이상이면 난류이고, 그 사이 값에서는 천이 유동으로 간주한다. 수돗물처럼 유량이 적을 때는 똑바로 떨어지면 층류, 많이 틀면 갑자기 흐트러지면서 나온다. 이런 현상이 난류이다.

57. PLC에서 CPU의 자기진단 기능으로 발견될 수 없는 이상은?

① 메모리 이상
② 각종 링크 이상
③ 입·출력 버스 이상
④ 입·출력 접점 이상

해설 PLC에서 CPU의 자기진단 기능으로 발견되는 에러
• 연산에러(SFC 프로그램 포함)
• 확장명령 에러
• 퓨즈단선
• I/O 모듈 대조 에러
• 인텔리 모듈 프로그램 실행 에러
• 메모리 카드 액세스 에러
• 메모리 카드 조작 에러
• 외부전원 공급 OFF

58. 다음 중 불연속형 조절기는?

① 비례동작 조절기
② 2위치 동작 조절기
③ 비례미분동작 조절기
④ 비례적분동작 조절기

해설 조절부의 동작에 의한 자동제어계의 분류
• 불연속제어 : 온오프제어(2위치 제어)
• 연속제어 : 비례제어, 미분제어, 적분제어, 비례적분제어, 비례미분제어, 비례적분미분제어

59. PLC의 주변기기를 사용하여 프로그램을 메모리에 기억시키는 것을 무엇이라 하는가?

① 코딩(coding)

② 로딩(loading)

③ 샌딩(sending)

④ 디버깅(debugging)

해설 • 코딩 : PC의 소스 코드 작성과 동일한 개념으로 해당 PLC의 메모리에 로딩할 프로그램을 작성하는 것으로 래더도를 가장 많이 사용한다.
• 로딩 : 프로그램 입력장치를 이용하여 작성한 프로그램을 PLC 메모리에 기억시키는 작업을 말한다.

60. 압축 공기를 생성할 때 필요한 구성요소와 관계없는 것은?

① 공압 필터　　② 공압 탱크

③ 공압 실린더　④ 공기 압축기

해설 공기압 발생장치 구성요소
• 공기 압축기 : 공기를 압축
• 애프터 냉각기(cooler) : 압축된 공기를 강제적으로 냉각하여 공기 중의 수분을 제거
• 공기 탱크 : 압축 공기를 저장하는 곳
• 공기 건조기 : 압축 공기를 건조
• 공기 여과기(air fillter) : 공급된 공기 속에 수분, 먼지 등을 여과하는 장치

제4과목 : 메카트로닉스

61. 센터리스 연삭기의 특징에 대한 설명으로 옳은 것은?

① 중공(中空) 공작물 연삭은 불가능하다.

② 가늘고 긴 공작물 연삭은 불가능하다.

③ 긴 홈이 있는 공작물 연삭은 불가능하다.

④ 반드시 센터 구멍을 가공하여 사용하여야 한다.

해설 • 센터리스 연삭기(centerless grinding M/C)는 중공(中空) 공작물 연삭이 가능하다.
• 가늘고 긴 공작물 연삭이 가능하다.

• 센터가 필요하지 않아 센터구멍을 가공할 필요가 없다.

62. 마이크로컴퓨터 내부의 버스(bus)에 해당되지 않는 것은?

① 데이터 버스(data bus)

② 시프트 버스(shift bus)

③ 컨트롤 버스(control bus)

④ 어드레스 버스(address bus)

해설 마이크로미터 내부의 버스
• 데이터 버스
• 컨트롤 버스
• 어드레스 버스

63. 스텝 각이 3.6°인 2상 HB형 스테핑모터를 반 스텝 시퀀스(1-2상 여자)로 구동하면 1펄스당 회전각은?

① 0.9°　　　　② 1.8°

③ 3.6°　　　　④ 5.4°

해설 1펄스 회전각 : $\dfrac{3.6°}{2}=1.8°$

64. $X = \overline{A}B\overline{C}D + AB\overline{C}D + \overline{A}BCD + ABCD$ 를 간단화시킨 후, 논리회로를 그렸을 때 옳은 것은?

①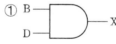

②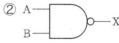

③

④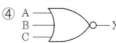

해설 $\overline{A}B\overline{C}D + AB\overline{C}D + \overline{A}BCD + ABCD$
$= (\overline{A}B + AB)\overline{C}D + (\overline{A}B + AB)CD$

$$= (\overline{AB} + AB)(\overline{CD} + CD)$$
$$= [(\overline{A} + A) \cdot B] \cdot [(\overline{C} + C) \cdot D]$$
$$= B \cdot D$$

65. 소성가공에 포함되지 않는 것은?

① 단조   ② 압연   ③ 인발   ④ 주조

해설 소성가공(plastic working)
• 재료의 소성(塑性)을 이용하여 가공하는 것을 말한다.
• 단조, 압연, 압출, 인발, 프레스 가공 등이 있다.

66. 전압계로 교류 전압을 측정할 때 나타나는 값은?

① 순싯값   ② 실횻값
③ 최댓값   ④ 평균값

해설 전압계의 교류전압 측정
$$\frac{최댓값}{\sqrt{2}} = 0.707 \times 최댓값 = 실횻값$$

67. 마이크로프로세서에서 인터럽트를 발생시킬 수 있는 이벤트(event) 요인이 아닌 것은?

① 정전 발생
② 입·출력 작업완료
③ 서브루틴 함수 호출
④ 오버플로(overflow) 발생

해설 인터럽트(interrupt) : 컴퓨터 작동 중 예기치 않은 문제가 발생한 경우라도 업무 처리가 계속 될 수 있도록 하는 운영체계의 기능
• 프로그램 실행 도중 갑자기 정전
• 컴퓨터 자체 내에서 기계적인 문제 발생
• 오퍼레이터나 타이머에 의해 의도적으로 프로그램이 중단되는 경우
• 입출력의 종료나 입출력의 오류에 의한 CPU의 기능이 요청되는 경우

68. AC 서보모터와 DC 서보모터의 구조상 가장 큰 차이점은?

① 브러시 유무
② 영구자석 유무
③ 고정자 코일 유무
④ 전기자 코일 유무

해설 서보전동기의 종류와 특징(유도형 서보전동기)

분류	종류	장점	단점
DC	DC 서보 전동기	• 기동 토크가 크다. • 크기에 비해 큰 토크 발생한다. • 효율이 높다. • 제어성이 높다. • 속도제어 범위가 넓다. • 비교적 가격이 싸다.	• 브러시 마찰로 기계적 손상이 크다. • 브러시의 보수가 필요하다. • 접촉부의 신뢰성이 떨어진다. • 브러시에 의해 노이즈가 발생한다. • 정류 한계가 있다. • 사용 환경에 제한이 있다. • 방열이 나쁘다.
AC	동기형 서보 전동기	• 브러시가 없어 보수가 용이하다. • 내 환경성이 높다. • 정류에 한계가 없다. • 신뢰성이 높다. • 고속, 고 토크 이용 가능하다. • 방열이 좋다.	• 시스템이 복잡하고 고가이다. • 전기적 시정수가 크다. • 회전 검출기가 필요하다.
	유도형 서보 전동기	• 브러시가 없어 보수가 용이하다. • 내환경성이 좋다. • 정류에 한계가 없다. • 자석을 사용하지 않는다. • 고속, 고 토크 이용 가능하다. • 방열이 좋다. • 회전 검출기가 불필요하다.	• 시스템이 복잡하고 고가이다. • 전기적 시정수가 크다.

69. 선반에서 척에 고정할 수 없는 불규칙하거나 대형의 가공물 또는 복잡한 가공물을 고정할 때 사용되는 것은?

① 면판   ② 센터
③ 돌림판   ④ 방진구

해설 • 면판(face plate) : 선반에서 척에 고정할 수 없는 불규칙하거나 대형의 가공물 또는 복잡한 가공물을 고정할 때 사용된다.
• 센터(center) : 선반에서 가공물을 고정할 때 주축 또는 심압축에 설치한다.
• 돌림판(driving plate) : 척을 선반에서 떼어내고 센터로 지지하기가 곤란할 때 주축의 회전력을 가공물에 전달하기 위하여 돌리개(dog)와 함께 사용된다.
• 방진구(work rest) : 선반에서 가늘고 긴 가공물을 절삭할 때 진동을 방지하기 위하여 베드(bed)나 왕복대 새들에 설치하여 사용한다.

70. 마이크로프로세서의 레지스터(register)를 기능적으로 분류한 것이 아닌 것은?

① 메모리
② 명령 포인터
③ 플래그 레지스터
④ 세그먼트 레지스터

71. 트랜지스터에서 각 단자에 흐르는 전류가 베이스 50 mA, 컬렉터 500 mA가 흐른다면 이미터 전류 I_E는?

① 100 mA   ② 450 mA
③ 550 mA   ④ 25,000 mA

해설 $I_E = I_B + I_C = 50\,\text{mA} + 500\,\text{mA} = 550\,\text{mA}$

72. 논리 등가 회로의 관계가 틀린 것은?

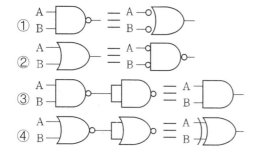

73. 서미스터에 대한 설명 중 옳은 것은?

① NTC 서미스터는 정(+)온도계수를 갖는다.
② 부피 변화에 의해서 소자의 전기 저항이 크게 변하는 반도체 소자이다.
③ CTR 서미스터는 온도가 상승함에 따라 저항값이 증가하는 반도체 소자이다.
④ PTC 서미스터는 온도가 상승함에 따라 저항이 현저히 증가하는 반도체 소자이다.

74. 전계 효과 트랜지스터(FET)의 특징 중 틀린 것은?

① 입·출력 임피던스가 높다.
② 다수 캐리어만으로 동작한다.
③ 동특성이 열적으로 불안정하다.
④ 트랜지스터보다 잡음면에서 유리하다.

해설 전계 효과 트랜지스터의 특징
• 입력 임피던스는 높다.
• 출력 임피던스는 낮다.
• 트랜지스터보다 훨씬 작은 내부 잡음을 발생한다.
• 고주파나 초고주파 영역의 소신호 증폭기로서 매우 우수하다.
• 다수 캐리어가 전류 통로이다.

75. 나사에서 수나사와 암나사가 접촉하고 있는 부분의 평균지름을 뜻하는 것은?

① 리드   ② 피치
③ 유효 지름   ④ 호칭 지름

해설 • 유효 지름 : 나사에서 수나사와 암나사가 접촉하고 있는 부분의 평균지름(mm)을 말한다.
• 리드(lead) : 나사(너트)를 한 바퀴 감았을 때 이동한 거리(mm, $l = n \times p$)를 말한다.
• 피치(pitch) : 나사산과 나사산 사이의 거리(mm)를 말한다.
• 호칭 지름 : 수나사의 바깥지름으로 나타낸다.

76. 쿨롱의 법칙에 관한 설명으로 틀린 것은?

① 힘의 크기는 두 전하량의 곱에 비례한다.

② 힘의 크기는 두 전하 사이의 거리에 반비
례한다.

③ 작용하는 힘의 방향은 두 전하를 연결하
는 직선과 일치한다.

④ 작용하는 힘의 크기는 두 전하가 존재하
는 매질에 따라 다르다.

해설 쿨롱의 법칙 : 두 전하 간의 물리적인 힘은
두 전하량의 곱에 비례하고, 거리의 제곱에 반
비례한다.

$$F = 9 \times 10^9 \frac{Q_1 \cdot Q_2}{r^2} [\mathrm{N}]$$

77. 다음 불(bool) 대수의 연산 중 틀린 것은?

① $A + 1 = A$　　　② $A + A = A$

③ $A \cdot 1 = A$　　　④ $A + A \cdot B = A$

해설 $A + 1 = 1$, $A + A \cdot B = A(1+B) = A$

78. $25\,\Omega$ 의 저항에 주파수 60 Hz인 전압 $100\sqrt{2}$
$\sin\omega t[\mathrm{V}]$를 가했을 때 전류의 실횻값(A)은?

① 3　　　　　② 4

③ $4\sqrt{2}$　　　④ 5

해설
- 순시전류 : $i = \frac{100\sqrt{2}}{25} \sin wt\,[\mathrm{A}]$
- 실횻값 : $I_s = \frac{100\sqrt{2}}{25} \times \frac{1}{\sqrt{2}} = 4\,\mathrm{A}$

79. 콘덴서의 기능을 응용한 회로가 아닌 것은?

① 스파크 소거 회로

② 저역 통과 필터 회로

③ 교류 전류에 대한 저항 회로

④ 교류 전원에 대한 정류 회로

해설 콘덴서의 기능을 응용한 회로
- 스파크 킬러
- 저역 통과 필터 회로
- 콘덴서의 교류 저항

80. 서보시스템에서 어떤 신호의 출력값이 처음으
로 목표값에 도달하는 데 걸리는 시간이 0.3초
라면 지연시간은?

① 0.1초　　　　② 0.15초

③ 0.2초　　　　④ 0.25초

해설 지연시간 : T_d는 응답이 최초로 희망값의
50% 진행되는 데 요하는 시간

자격종목 및 등급(선택분야)	종목코드	시험시간	문제지형별	수검번호	성 명
생산자동화산업기사	2034	2시간	A		

제1과목 : 기계가공법 및 안전관리

1. 비교 측정 방법에 해당되는 것은?

① 사인바에 의한 각도 측정
② 버니어 캘리퍼스에 의한 길이 측정
③ 롤러와 게이지 블록에 의한 테이퍼 측정
④ 공기 마이크로미터를 이용한 제품의 치수 측정

해설 • 비교 측정(relative measurement) : 기준이 되는 일정한 치수와 비교 측정기에 의해 그 차를 측정하여 피 측정물의 치수를 측정하는 것을 말한다.
• 비교 측정기 : 공기 마이크로미터, 전기 마이크로미터, 다이얼 게이지, 미니미터 등이 있다.

2. 표면거칠기의 측정법으로 틀린 것은?

① NPL식 측정　　② 촉침식 측정
③ 광 절단식 측정　④ 현미 간섭식 측정

해설 NPL식 측정
• NPL식 각도 게이지가 사용된다.
• NPL식 각도 게이지는 6초, 18초, ~27분, 1°, 3°, ~41°의 각도를 가진 12개의 게이지를 1초로 한다.
• 게이지를 조합하여 6초부터 81° 사이를 임의로 6초 간격으로 만들 수 있다.

3. 연삭가공에서 내면 연삭에 대한 설명으로 틀린 것은?

① 외경 연삭에 비하여 숫돌의 마모가 많다.
② 외경 연삭보다 숫돌 축의 회전수가 느려야 한다.
③ 연삭숫돌의 지름은 가공물의 지름보다 작아야 한다.
④ 숫돌 축은 지름이 작기 때문에 가공물의 정밀도가 다소 떨어진다.

해설 내면 연삭은 외경 연삭보다 숫돌 축의 회전수가 빨라야 한다.

4. 측정자의 미소한 움직임을 광학적으로 확대하여 측정하는 장치는?

① 옵티미터(optimeter)
② 미니미터(minimeter)
③ 공기 마이크로미터(air micrometer)
④ 전기 마이크로미터(electrical micrometer)

해설 옵티미터 : 측정자의 미소한 움직임을 광학적으로 확대하여 측정하는 장치이다.

5. 밀링머신 테이블의 이송속도 720 mm/min, 커터의 날수 6개, 커터 회전수가 600 rpm일 때, 1날당 이송량은 몇 mm인가?

① 0.1　　　　　　② 0.2
③ 3.6　　　　　　④ 7.2

해설 $f = f_z \times z \times n$ 의 관계식을 적용한다.
$$f_z = \frac{f}{z \times n} = \frac{720}{6 \times 600} = \frac{720}{3,600} = 0.2$$

6. 선반의 가로 이송대에 4 mm 리드로 100등분 눈금의 핸들이 달려 있을 때 지름 38 mm의 환봉을 지름 32 mm로 절삭하려면 핸들의 눈금은 몇 눈금을 올리면 되겠는가?

① 35
② 70
③ 75
④ 90

> **해설** • 1눈금 = $\frac{4}{100}$ = 0.04이므로 비례식으로 쉽게 풀이한다.
>
> • 1눈금 : 0.04 = 절삭 시 핸들의 눈금 : 3(회전체 이므로 $\frac{38-32}{2}$ = 3)
>
> • 절삭 시 핸들의 눈금 = $\frac{3}{0.04}$ = 75

7. 높은 정밀도를 요구하는 가공물, 각종 지그 등에 사용하며 온도 변화에 영향을 받지 않도록 항온 항습실에 설치하여 사용하는 보링 머신은?

① 지그 보링 머신(jig boring machine)
② 정밀 보링 머신(fine boring machine)
③ 코어 보링 머신(core boring machine)
④ 수직 보링 머신(vertical boring machine)

> **해설** 지그 보링 머신 : 높은 정밀도를 요구하는 가공물, 각종 지그 등에 사용하며 온도 변화에 영향을 받지 않도록 항온, 항습실에 설치하여야 한다.

8. 주축(spindle)의 정지를 수행하는 NC-code는?

① M02
② M03
③ M04
④ M05

> **해설** • M05 : 주축 정지
> • M03 : 주축 정회전(CW)
> • M04 : 주축 역회전(CCW)
> • M02 : 프로그램 종료(program end)

9. 기어 절삭법이 아닌 것은?

① 배럴에 의한 법(barrel system)

② 형판에 의한 법(templet system)
③ 창성에 의한 법(generated tool system)
④ 총형 공구에 의한 법(formed tool system)

> **해설** 배럴가공 : 회전하는 통속에 가공물, 숫돌입자, 가공액, 콤파운드 등을 함께 넣고 회전시켜 서로 부딪치며 가공되어 매끈한 가공면을 얻는 가공법을 말한다.

10. 밀링머신의 테이블 위에 설치하여 제품의 바깥부분을 원형이나 윤곽가공할 수 있도록 사용되는 부속장치는?

① 더브테일
② 회전 테이블
③ 슬로팅 장치
④ 랙 절삭 장치

> **해설** 회전 테이블 장치(rotary table) : 밀링머신의 테이블 위에 설치하여 제품의 바깥부분을 원형이나 윤곽가공 및 간단한 등분을 할 때 사용되는 부속장치이다.

11. 지름 75mm의 탄소강을 절삭속도 150 mm/min으로 가공하고자 한다. 가공 길이 300 mm, 이송은 0.2 mm/rev로 할 때 1회 가공 시 가공시간은 약 얼마인가?

① 2.4분
② 4.4분
③ 6.4분
④ 8.4분

> **해설** 절삭속도 $V = \frac{\pi DN}{1,000}$ 에서 N을 구하여 비례식으로 쉽게 풀이한다.
>
> $$N = \frac{1,000\,V}{\pi D} = \frac{1,000 \times 150}{3.14 \times 75} = 637(\text{rpm})$$
>
> 이므로 1분당 이송은 637 × 0.2 = 127.4
> 1분 : 127.4 = 가공시간 : 300이므로
> 가공시간 = $\frac{300}{127.4}$ = 2.35, 즉 약 2.4분 소요된다.

12. 동일 지름 3개의 핀을 이용하여 수나사의 유효지름을 측정하는 방법은?

① 광학법
② 삼침법

---

③ 지름법 ④ 반지름법

> **해설** 삼침법(三針法, three wire system) : 동일 지름 3개의 핀을 이용하여 수나사의 유효지름을 측정하는 방법을 말한다.

13. 호닝작업의 특징으로 틀린 것은?

① 정확한 치수가공을 할 수 있다.
② 표면 정밀도를 향상시킬 수 있다.
③ 호닝에 의하여 구멍의 위치를 자유롭게 변경하여 가공이 가능하다.
④ 전 가공에서 나타난 테이퍼, 진원도 등에 발생한 오차를 수정할 수 있다.

> **해설** 호닝(honing)의 특징
> • 직사각형의 숫돌을 스프링으로 축에 방사형으로 부착한 원통 형태의 혼(hone) 공구를 회전 및 왕복운동시켜 공작물을 가공한다.
> • 정확한 치수가공을 할 수 있으며, 표면정밀도를 향상시킬 수 있다.
> • 전 가공에서 나타난 테이퍼, 진원도 등에 발생한 오차를 수정할 수 있다.

14. 선반의 주축을 중공축으로 할 때의 특징으로 틀린 것은?

① 굽힘과 비틀림 응력에 강하다.
② 마찰열을 쉽게 발산시켜 준다.
③ 길이가 긴 가공물 고정이 편리하다.
④ 중량이 감소되어 베어링에 작용하는 하중을 줄여준다.

> **해설** 선반의 주축을 중공축(中空軸)으로 하는 이유
> • 굽힘과 비틀림 응력에 강하다.
> • 길이가 긴 가공물 고정이 편리하다.
> • 중량이 감소되어 베어링에 작용하는 하중을 줄여준다.
> • 센터를 쉽게 분리할 수 있다.

15. 드릴을 가공할 때 가공물과 접촉에 의한 마찰을 줄이기 위하여 절삭날면에 주는 각은?

① 선단각 ② 웨브각
③ 날 여유각 ④ 홈 나선각

> **해설** 날 여유각(lip clearance) : 드릴가공할 때, 가공물과 접촉에 의한 마찰을 줄이기 위하여 절삭날면에 주는 여유각을 말한다.

16. 가연성 액체(알코올, 석유, 등유류)의 화재 등급은?

① A급 ② B급
③ C급 ④ D급

> **해설** • B급 : 가연성 액체(알코올, 석유, 등유류)의 유류 화재
> • A급 : 보통화재
> • C급 : 전기화재
> • D급 : 금속화재

17. TiC 입자를 Ni 혹은 Ni과 Mo를 결합제로 소결한 것으로 구성인선이 거의 발생하지 않아 공구수명이 긴 절삭공구 재료는?

① 서멧 ② 고속도강
③ 초경합금 ④ 합금 공구강

> **해설** 서멧(cermet) 공구의 특징
> • 세라믹(ceramic)과 메탈(metal)의 복합어로 세라믹의 취성을 보완한 공구이다.
> • TiC 입자를 Ni 혹은 Ni과 Mo를 결합제로 소결한 공구이다.
> • 구성인선이 거의 발생하지 않아 공구수명이 긴 절삭공구이다.
> • 고속에서 저속절삭까지 사용범위가 넓고 크레이터, 플랭크 마모 등이 적다.

18. 수직 밀링머신의 주요 구조가 아닌 것은?

① 니 ② 칼럼
③ 방진구 ④ 테이블

> **해설** 방진구(work rest) : 선반에서 가늘고 긴 공작물을 절삭할 때 진동을 방지하는 데 사용하는 부속장치이다.

19. 합금공구강에 대한 설명으로 틀린 것은?

① 탄소공구강에 비해 절삭성이 우수하다.

② 저속 절삭용, 총형 절삭용으로 사용된다.

③ 탄소공구강에 Ni, Co 등의 원소를 첨가한 강이다.

④ 경화능을 개선하기 위해 탄소공구강에 소량의 합금원소를 첨가한 것이다.

해설 ①~④항 모두 합금공구강에 대하여 맞는 내용으로 설명되었다.

20. 연삭깊이를 깊게 하고 이송속도를 느리게 함으로써 재료 제거율을 대폭적으로 높인 연삭 방법은?

① 경면(mirror) 연삭

② 자기(magnetic) 연삭

③ 고속(high speed) 연삭

④ 크립 피드(creep feed) 연삭

해설 크립 피드 연삭 : 연삭깊이를 깊게 하고 이송속도를 느리게 함으로써 재료 제거율을 대폭적으로 높인 연삭 방법이다.

제2과목 : 기계제도 및 기초공학

21. 다음 용접 기본 기호 중 플러그 용접 기호는?

① ⌒　　② ✕

③ ◺　　④ ⊓

해설 ① 비드(bead) 용접

② 양면 V형 맞대기(butt) 용접

③ 필릿(fillet) 용접

④ 플러그(plug) 용접

22. 구멍과 축의 끼워맞춤에서 h6/G7은 무엇을 뜻하는가?

① 구멍 기준식 억지 끼워맞춤

② 구멍 기준식 헐거운 끼워맞춤

③ 축 기준식 억지 끼워맞춤

④ 축 기준식 헐거운 끼워맞춤

해설 자주 사용하는 축 기준식 끼워맞춤

기준축	구멍의 공차 클래스									
	헐거운 끼워맞춤				중간 끼워맞춤			억지 끼워맞춤		
h5					H6	JS6	K6	M6	N6	P6
h6			F6	G6	H6	JS8	K6	M6		P6
			F7	G7	H7	JS7	K7	M7		P7	R7
h7		E7	F7		H7					
			F8		H8					
h8	D8	E8	F8		H8					

23. 가공 형상의 줄무늬 방향기호가 잘못된 것은?

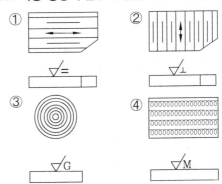

해설 줄무늬 방향의 기호 C : 면의 중심에 대하여 대략 동심원의 모양으로 나타낸다.

24. 그림과 같이 물체의 구멍이나 홈 등 일부분의 특정 부분만 그려서 나타낸 것은?

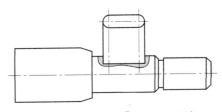

① 보조 투상도　　② 부분 투상도

③ 회전 투상도　　④ 국부 투상도

해설 국부 투상도 : 물체의 구멍이나 홈 등 일부분의 특정 부분만 그려서 나타낸다.

25. 위치수 허용차와 아래치수 허용차와의 차이를 무엇이라고 하는가?

① 실 치수　　　　② 기준 치수
③ 치수 공차　　　④ IT 공차

해설 치수 공차 : 최대허용치수와 최소허용치수와의 차를 말한다. 즉, 위치수 허용차와 아래치수 허용차와의 차이를 말한다.

26. 도면에서 두 종류 이상의 선이 같은 장소에서 겹치게 될 경우 표시되는 선의 우선순위가 높은 것부터 낮은 순서대로 나열되어 있는 것은?

① 외형선, 숨은선, 절단선, 중심선
② 외형선, 절단선, 숨은선, 중심선
③ 외형선, 중심선, 숨은선, 절단선
④ 절단선, 중심선, 숨은선, 외형선

해설 겹치게 될 경우 선의 우선순위 : 외형선 → 숨은선 → 절단선 → 중심선

27. 그림과 같은 분할 핀의 도시 중 분할 핀의 호칭 길이는?

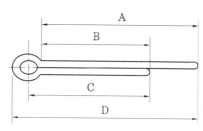

① A　　　　　　② B
③ C　　　　　　④ D

해설 분할핀의 호칭길이 : 머리 부분을 제외한 짧은 핀의 길이로 나타낸다.

28. 그림과 같은 물체를 제3각법으로 투상하여 정

면도, 평면도, 우측면도로 나타냈을 때 가장 적합한 것은?

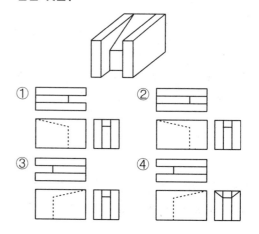

29. 그림과 같이 밀도가 7.7 g/cm³인 연강제 축의 질량은 약 몇 g인가?

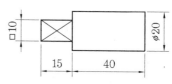

① 144　　　　　② 108
③ 72　　　　　　④ 36

해설 • 질량은 체적에 밀도를 곱하여 계산한다. (단위를 환산한다.)

$$• 부피 = \frac{(10 \times 10 \times 15 + \frac{\pi d^2}{4} \times 40)}{1,000}$$
$$= 14.060 \, cm^3$$

• 질량 $= 14.060 \times 7.7 = 108.262 \, g$

30. 호칭 번호가 6212 C2 P5인 구름 베어링에 조립되는 축의 지름은 몇 mm인가?

① 6　　　　　　② 12
③ 60　　　　　　④ 62

해설 호칭 번호가 6212 C2 P5인 구름 베어링
• 베어링 안지름 : 6212 숫자에서 12×5=60
• 베어링 계열기호 : 6212 숫자에서 62는 '단열 깊은 홈 구름베어링'

• 틈새기호 : C2(C2의 틈새)
• 등급기호 : P5(정밀도 5급)

31. 다음 삼각형의 면적은?

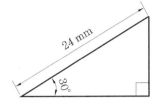

① $62\sqrt{3}$ mm^2 ② $72\sqrt{3}$ mm^2
③ $82\sqrt{3}$ mm^2 ④ $92\sqrt{3}$ mm^2

해설 • 삼각형의 면적 $S = \dfrac{밑변 \times 높이}{2}$

• 밑변 $= 24 \times \cos 30° = 24 \times \dfrac{\sqrt{3}}{2} = 12\sqrt{3}$

• 높이 $= 24 \times \sin 30° = 24 \times \dfrac{1}{2} = 12$이므로

• $S = \dfrac{12\sqrt{3} \times 12}{2} = 72\sqrt{3}$ mm^2

32. 응력에 대한 설명으로 틀린 것은?

① N/m^{2}은 응력의 단위이다.
② 전단응력은 수직응력의 일종이다.
③ 응력의 크기는 $\dfrac{힘}{면적}$ 으로 표시한다.
④ 응력의 크기뿐만 아니라 작용면과 작용방향을 갖는다.

해설 응력(stress) : 재료에 작용하는 외력에 대하여 재료의 단면에 발생하는 내부 저항력을 말한다.

$$응력(\sigma) = \frac{내력}{단면적} = \frac{외력(하중)}{단면적} = \frac{P}{A}$$

• 수직응력 : 인장응력, 압축응력이 있다.
• 전단응력 : 전단하중에 의해 재료의 횡단면과 평행하는 방향으로 발생하는 응력이다.
• 응력의 단위 : N/m^2, pa 등으로 표시한다.

33. 물체의 운동속도가 시간이 흘러도 변함이 없

는 운동은?

① 난류 운동   ② 등속운동
③ 각 변속 운동   ④ 각 가속도 운동

해설 등속운동 : 물체의 운동속도가 시간이 흘러도 변함이 없는 운동을 말한다.

34. 저항값이 $R[\Omega]$인 전구에 전압이 $V[V]$인 전지를 연결하였을 때, 이 직류회로에 흐르는 전류 $I[A]$는?

① VR ② RV^2
③ $\dfrac{V}{R}$ ④ $\dfrac{R^2}{V}$

해설 옴의 법칙 $I = \dfrac{V}{R}$ 을 적용한다.

35. 회전기의 전력이 일정할 때 토크(torque)에 대한 설명으로 틀린 것은?

① 회전기에서 토크는 회전력을 말한다.
② 회전기의 토크는 회전속도에 비례한다.
③ 회전관성이 큰 회전기의 기동 시 큰 토크가 필요하다.
④ 속도와 토크의 특성은 모터의 용도 선정에 매우 중요한 요소이다.

해설 토크(T, torque)와 동력(H), 회전속도(ω)의 관계를 적용한다.

$H = T\omega$ 에서 $T = \dfrac{H}{\omega}$ 이므로

회전기의 토크는 회전속도에 반비례한다.

36. 스패너의 길이를 3배로 하면 토크는 몇 배가 되는가?

① $\dfrac{1}{9}$ ② $\dfrac{1}{3}$
③ 3   ④ 9

해설 힘의 모멘트(토크)의 크기 $M = FL$이므로 L(길이)의 크기만큼 배가된다. 즉, 3배가 된다.

2017

37. 중공축이 비틀림 모멘트(T)를 받을 때 축의 지름(d)를 구하는 식으로 옳은 것은? (단, 허용 전단응력은 τ_a이다.)

① $d = \sqrt[2]{\dfrac{16\,T}{\pi\tau_a}}$ ② $d = \sqrt[2]{\dfrac{32\,T}{\pi\tau_a}}$

③ $d = \sqrt[3]{\dfrac{16\,T}{\pi\tau_a}}$ ④ $d = \sqrt[3]{\dfrac{32\,T}{\pi\tau_a}}$

해설 $T = \tau_a Z_p$를 적용한다.

(Z_p=극단면 계수, $Z_p = \dfrac{\pi d^3}{16}$)

$T = \tau_a Z_p = \tau_a \times \dfrac{\pi d^3}{16}$ 이므로 $d = \sqrt[3]{\dfrac{16\,T}{\pi\tau_a}}$

38. 같은 크기의 저항 n개에 직렬로 연결한 회로의 전압 V를 인가하였을 때, 한 저항에 나타나는 전압은?

① $n + V$ ② $n - V$

③ $\dfrac{V}{n}$ ④ $\dfrac{1}{n\,V}$

해설 직렬회로에서

$V_T = V_1 + V_2 + V_3 + \cdots V_n$

$V_X = I \times R_X, \quad V_1 = \dfrac{V_T}{n}$

39. 교류 전기의 설명으로 틀린 것은?

① 교류 전압의 주파수는 일정하다.
② 시간의 변화에 따라 전압의 변화가 있다.
③ 시간의 변화에 따라 전류의 방향이 일정하다.
④ 시간의 변화에 따라 전압은 정현파 곡선을 그린다.

해설 교류(AC, alternating current) : 시간의 변화에 따라 전류의 주기와 방향이 끊임없이 바뀌는 전류이다.

40. 속도가 2 m/s인 물이 입구의 지름이 30 mm인 구멍으로 흘러들어가 지름 10 mm인 구멍으로 흘러나올 때 물의 속도는 몇 m/s인가?

① 0 ② 10 ③ 18 ④ 30

해설 연속의 법칙 : 입구에서의 유량과 출구에서의 유량은 동일하다.

$Q = A_1 V_1 = A_2 V_2$이므로 $V_2 = \dfrac{A_1 \times V_1}{A_2}$

$V_2 = \dfrac{\dfrac{\pi(0.03)^2}{4} \times 2}{\dfrac{\pi(0.01)^2}{4}} = 9 \times 2 = 18\,\text{m/s}$

제3과목 : 자동제어

41. 목표값 400℃ 전기로에서 열전온도계의 지시에 따라 전압조정기로 전압을 조절하여 온도를 일정하게 유지시키고 있다. 이때 온도는 어느 것에 해당되는가?

① 검출부 ② 제어량
③ 조작량 ④ 조작부

해설 제어량의 종류에 의한 분류
• 프로세서(공정) 제어 : 온도, 유량, 압력, 레벨 등
• 서보기구 : 위치, 각도, 방향 등
• 자동 조정 : 회전수, 압력, 전압, 주파수, 온도, 속도 등

42. PC 기반제어에서 'imechatronics.h' 파일이 컴퓨터의 다음 폴더에 있을 경우 참조선언 방법으로 옳은 것은?

Program Files – Microsoft Visual Studio – VC98 – include

① #include"imechatronics.h"
② #include(imechatronics.h)
③ #include[imechatronics.h]
④ #include<imechatronics.h>

해설 외부파일 포함(#include) :
#include 제어문 두 가지 형식 :
#include <파일명>
#include "파일명"

43. 1차 지연요소 $G(s) = \dfrac{1}{1+Ts}$ 인 제어계의 절점 주파수에서의 이득[dB]으로 옳은 것은?

① −3   ② −4   ③ −5   ④ −6

해설 1차 지연요소 절점주파수 $j\omega T = sT = 1$ 일 때 이득 계산

$$|G(s)| = \frac{1}{\sqrt{1+(sT)^2}}$$

$$g = 20\log|G(s)| = 20\log\frac{1}{\sqrt{1+(sT)^2}}$$

$$g = -\frac{1}{2}\times 20\log 2 = -10\log 2 = -3\,dB$$

44. 다음 중 개루프(open loop) 제어계의 응용으로 볼 수 없는 것은?

① 교통 신호 장치
② 스테핑 모터 시스템
③ 물류 공장의 컨베이어
④ NC 선반의 위치제어

해설 NC 선반의 위치제어 : 자동제어계의 분류에서 제어량 종류가 위치제어이기 때문에 서보기구이다.

45. 기계적 변위를 제어량으로 하는 서보기구와 관계없는 것은?

① 자동 조타 장치
② 자동 위치 제어기
③ 자동 평형 기록계
④ 자동 전원 조정장치

해설 제어량의 종류에 의한 분류 예시
• 프로세서(공정) 제어 : 수조의 온도제어, 호학 플랜트, 동력 플랜트 등
• 서보기구 : NC 공작기계, 로켓, 선박의 방향 제어계, 추적용 레이더, 자동 평행 기록계

• 자동 조정 : 자동 전원 조정장치(AVR), 증기 기관의 조속기

46. 1,200 rpm으로 회전하는 모터에 분해능이 5,000 ppr(pulse per round)인 로터리 엔코더의 출력 주파수[kHz]는?

① 10   ② 100
③ 1,000   ④ 2,000

해설 엔코더의 최대 출력 주파수

$$f_{max} = \frac{최대\ 회전수}{60}\times 분해능$$
$$= \frac{1,200}{60}\times 5,000 = 100\,kHz$$

47. 다음 중 공기압 서비스 유닛(압축공기 조정 유닛)의 기능으로 적합하지 않은 것은?

① 진공을 발생시킨다.
② 압축공기 속에 포함된 이물질을 제거한다.
③ 압축공기 속에 윤활유를 섞어서 공급한다.
④ 공압 제어밸브와 실린더에 공급되는 압축 공기의 압력을 조절한다.

해설 압축공기 조정 유닛의 구성과 기능
• 압축 공기 필터
• 압축 공기 조절기
• 압축 공기 윤활기(루브리케이터)

48. 다음 제어계 요소 중 1차 지연 요소는?

① K ② Ks
③ $\dfrac{K}{s}$ ④ $\dfrac{K}{1+Ts}$

해설 • 비례 요소 : $G(s) = K$
• 미분 요소 : $G(s) = Ts$
• 적분 요소 : $G(s) = \dfrac{1}{Ts}$
• 비례미분 요소 : $G(s) = 1+Ts$
• 1차 지연 요소 : $G(s) = \dfrac{K}{1+Ts}$

49. 직류 서보기구에 대한 특징으로 틀린 것은?

2017

① 구조가 복잡하다.
② 기동 토크가 크다.
③ 보수가 용이하고 내환경성이 좋다.
④ 속도제어 범위가 넓고 제어성이 좋다.

해설 서보전동기의 종류와 특징(유도형 서보전동기)

분류	종류	장점	단점
DC	DC 서보 전동기	• 기동 토크가 크다. • 크기에 비해 큰 토크 발생한다. • 효율이 높다. • 제어성이 높다. • 속도제어 범위가 넓다. • 비교적 가격이 싸다.	• 브러시 마찰로 기계적 손상이 크다. • 브러시의 보수가 필요하다. • 접촉부의 신뢰성이 떨어진다. • 브러시에 의해 노이즈가 발생한다. • 정류 한계가 있다. • 사용 환경에 제한이 있다. • 방열이 나쁘다.
AC	동기형 서보 전동기	• 브러시가 없어 보수가 용이하다. • 내 환경성이 높다. • 정류에 한계가 없다. • 신뢰성이 높다. • 고속, 고 토크 이용 가능하다. • 방열이 좋다.	• 시스템이 복잡하고 고가이다. • 전기적 시정수가 크다. • 회전 검출기가 필요하다.
	유도형 서보 전동기	• 브러시가 없어 보수가 용이하다. • 내환경성이 좋다. • 정류에 한계가 없다. • 자석을 사용하지 않는다. • 고속, 고 토크 이용 가능하다. • 방열이 좋다. • 회전 검출기가 불필요하다.	• 시스템이 복잡하고 고가이다. • 전기적 시정수가 크다.

50. 제어량의 종류(성질)에 따른 분류가 아닌 것은?

① 공정제어 ② 서보기구
③ 자동조정 ④ 정치제어

해설 제어량의 종류에 의한 분류
• 프로세서(공정) 제어 : 온도, 유량, 압력, 레벨 등

• 서보기구 : 위치, 각도, 방향 등
• 자동 조정 : 회전수, 압력, 전압, 주파수, 온도, 속도 등

51. 다음 중 유압의 일반적인 특징이 아닌 것은?

① 소형장치로 큰 힘(출력)을 발생시킬 수 있다.
② 전기 · 전자의 조합으로 자동제어가 가능하다.
③ 과부하에 대한 안전장치가 간단하고 정확하다.
④ 유온의 영향을 받지 않아 정확한 속도와 제어가 가능하다.

해설 공기압 기술의 특징

장점	단점
1. 사용 에너지를 쉽게 얻을 수 있다. 2. 동력의 전달이 간단하며 먼 거리 이송이 쉽다. 3. 에너지로서 저장성이 있다. 4. 힘의 증폭이 용이하고 속도 조절이 간단하다. 5. 제어가 간단하고 취급이 용이하다. 6. 폭발과 인화의 위험이 없다. 7. 과부하에 대하여 안전하다. 8. 환경오염의 우려가 없다.	1. 압축성 에너지이므로 위치 제어성이 나쁘다. 2. 전기나 유압에 비하여 큰 힘을 낼 수 없다. 3. 응답성이 떨어진다. 4. 배기 소음이 발생한다. 5. 균일한 속도를 얻기 힘들다. 6. 윤활장치가 필요하다. 7. 초기 에너지 생산 비용이 많이 든다.

52. PLC(Programmable Logic Controller)의 주요 구성요소로만 짝 지워진 것은?

① CPU, 기억장치, 하드웨어, 통신, 네트워크
② CPU, 기억장치, 입 · 출력장치, Bus 커넥터
③ CPU, Power Supply, 기억장치, 입 · 출력장치
④ CPU, Power Supply, 하드웨어, 입 · 출력장치

해설 프로세서(메모리+중앙연산처리장치 ; CPU), 입출력장치, 전원 공급장치, 외부기기(주변장치) 또는 다른 PLC나 컴퓨터 등과 데이터를 전송할 수 있는 통신 장치 그리고 이 모든 동작을 제어하는 내부 실행 소프트웨어로 구성

53. 제어동작에 따른 분류 중 다음 설명에 해당되는 제어동작은?

> 제어편차가 검출될 때 편차가 변화하는 속도에 비례하여 조작량을 가감함으로써 오차가 커지는 것을 미연에 방지한다.

① 미분 제어동작
② 비례 제어동작
③ 적분 제어동작
④ 비례적분 제어동작

해설 • 비례 제어 : 잔류편차(offset)가 발생한다. (속응성)
• 적분 제어 : 응답속도는 느리지만, 정확성이 좋다.(offset 제거)
• 미분 제어 : 오차가 커지는 것을 미연에 방지한다.(안정성)
• 비례적분 제어 : 잔류편차(offset) 소멸, 진동으로 접근하기 쉽다.
• 비례미분 제어 : 응답속도 개선에 사용한다.

54. 공기압 발생장치에서 보내 온 공기 중에는 인지 및 이물질 등이 포함되어 있다. 이러한 것을 막아 공압기기를 보호하기 위해 설치하는 것은?

① 압축공기 필터
② 압축공기 조절기
③ 압축공기 증폭기
④ 압축공기 드라이어

해설 압축공기 필터 : 공기압 발생장치에서 보내져 오는 공기 중에는 수분, 먼지 등이 포함되어 공기압 회로 중에 이물질을 제거하기 위한 목

적에 사용되며, 입구부에 필터를 설치

55. 제어계의 시간영역동작에서 백분율(%) 최대 오버슈트의 의미로 옳은 것은?

① $\dfrac{\text{최종값}}{\text{최대 오버슈트}} \times 100\%$

② $\dfrac{\text{최대 오버슈트}}{\text{최종값}} \times 100\%$

③ $\dfrac{\text{최대 오버슈트}}{\text{제2 오버슈트}} \times 100\%$

④ $\dfrac{\text{제2 오버슈트}}{\text{최대 오버슈트}} \times 100\%$

해설 • 오버슈트(over shoot) : 응답 중에 생기는 입력과 출력 사이의 최대편차량
• 지연시간(time delay ; T_d) : 응답이 최초로 희망값의 50%에 도달하는 데 필요한 시간(응답의 속응성)
• 상승시간(rising time ; T_r) : 응답이 최종 희망값의 10%에서 90%까지 도달하는 데 필요한 시간
• 정정시간(setting time ; T_s) : 응답시간이라고도 하며 응답이 정해진 허용 범위(최종 희망값의 5%) 이내로 정착되는 시간
• 백분율 최대 오버슈트 : $\dfrac{\text{최대 오버슈트}}{\text{최대 희망값}} \times 100\%$
• 감쇄비 : $\dfrac{\text{제2 오버슈트}}{\text{최대 오버슈트}}$

56. 선형제어시스템에서 $r(t)=100\sin 500t$를 시스템에 입력으로 하였더니 $y(t)=500\sin(500t-60°)$의 출력이 발생하였다. 이 시스템의 압력대비 출력의 진폭비와 위상차는?

① 진폭비 : 0.5, 위상차 : 30°
② 진폭비 : 0.5, 위상차 : 60°
③ 진폭비 : 2.0, 위상차 : 30°
④ 진폭비 : 2.0, 위상차 : 60°

해설 • 진폭비 $= \dfrac{\text{출력진폭}}{\text{입력진폭}} = \dfrac{50}{100} = 0.5$
• 위상차 : $\angle(0-(-60°)) = \angle 60°$

57. PLC 프로그램에서 다음 설명에 해당하는 것은?

입·출력 상태를 유지하기 위하여 설치된 메모리 내의 표를 갱신하는 시간을 포함하고 애플리케이션 프로그램의 같은 부분을 재실행할 때까지의 시간

① 스캔 타임　　　② 실행시간
③ 응답시간　　　④ 워치독 타임

해설 스캔 타임(scan time) : 입력 리플레시된 상태에서 이들 조건으로 프로그램을 처음부터 마지막까지 순차적으로 연산을 실행하고 출력 리플레시를 한다. 이러한 방법으로 한 번 실행하는 데 걸리는 시간을 1스캔 타임이라 한다.

58. 다음 중 점근 안정한 시스템은?

① 특성방정식이 $s^2 + 2s - 3 = 0$인 시스템
② 특성방정식이 $s^2 - 4s + 3 = 0$인 시스템
③ 전달 함수가 $G(s) = \dfrac{1}{(s+1)(s+2)}$로 주어진 시스템
④ 전달 함수가 $G(s) = \dfrac{1}{(s-1)(s-2)}$로 주어진 시스템

해설 특성방정식 근이 (−)음수를 가져야 안정
• 특성방정식 근 : s=1, −3
• 특성방정식 근 : s=1, 3
• 특성방정식 근 : s=−1, −2
• 특성방정식 근 : s=1, 2

59. 다음 PLC 프로그램 방식 중 회로도 방식에 속하지 않는 것은?

① 래더도 방식　　　② 명령어 방식
③ 논리기호 방식　　④ 플로차트 방식

해설 래더도, 명령어, 논리기호 방식은 시퀀스 회로를 논리적으로 회로도 화하여 프로그래밍 하는 방식이며 플로차트 방식은 프로그램 전체 관점에서 알고리즘의 흐름을 플로그래밍 하는 방식이다.

• 래더도 방식

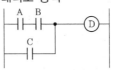

• 명령어 방식

LOAD　　　A
AND　　　 B
OR　　　　C
OUT　　　 D

• 논리기호 방식

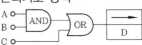

60. 8비트의 출력 포트 중 하위 비트에서 두 번째, 세 번째, 다섯 번째 비트만 ON시키고 나머지는 OFF시키려고 하는 프로그램을 작성하려고 할 때 출력해야 할 16진수 값은?

① 0×04　　　　② 0×08
③ 0×16　　　　④ 0×32

해설

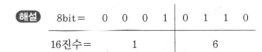

8bit =	0	0	0	1	0	1	1	0
16진수 =			1			6		

제4과목 : 메카트로닉스

61. 마이크로프로세서의 내부구조에 속하지 않는 것은?

① 연산부　　　　② 제어부
③ 클럭부　　　　④ 레지스터부

해설 마이크로프로세서의 내부구조 : 제어부, 레지스터부, 연산부

62. 다음 현상의 명칭으로 옳은 것은?

철심에 1차와 2차 코일을 감고 1차 코일에 교류 전류를 흘려주면 2차 코일에 기전력이 발생된다.

① 공진현상　　　② 옴의 법칙
③ 전자기 유도　　④ 키르히호프의 법칙

해설 전자기 유도 현상 : 변압기 원리

63. 서보 시스템에서 제어 기준값과 실제값의 차이를 무엇이라고 하는가?

① 외란　　　　　② 레퍼런스
③ 상태변수　　　④ 제어편차

해설 제어편차 : 제어계에서 어느 목표값 변화나 외란(外亂)이 주어졌을 때 제어량과 목표값과의 사이에 생긴 편차를 말하며, 시간의 함수이다.

64. 100W의 백열전등에 120V의 전압이 가해질 때 백열전등에 흐르는 전류는 약 몇 A인가?

① 0.83　　　　　② 1.2
③ 8.33　　　　　④ 12

해설 $I = \dfrac{P}{V} = \dfrac{100 \text{ W}}{120 \text{ V}} = 0.83 \text{ A}$

65. 서브루틴으로부터 원래의 프로그램으로 돌아가는 데 사용하는 명령은?

① RET　　　　　② RLD
③ RRA　　　　　④ LOOP

해설 RET(return address) : CALL 함수를 통해 호출된 함수에서 다시 복귀하기 위해 사용하는 명령어이다. ESP 레지스터가 가리키는 값을 EIP 레지스터에 저장한다. 복귀주소를 기억하고 그 주소로 점프하는 것이다.

66. 다음 회로에서 저항 $R_2[\Omega]$ 전압 강하 V_2 [V]는 몇 볼트(V)인가?

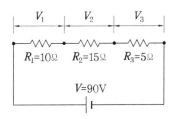

① 20　　　　　② 30
③ 45　　　　　④ 60

해설 직렬회로이므로 전체를 먼저 계산하여 각 단의 전압 강하를 계산한다.

전체 전류 $I_T = \dfrac{V}{R_T} = \dfrac{90}{30} = 3 \text{ A}$

$V_2 = I_T \times R_2 = 3 \times 15 = 45 \text{ V}$

67. 수나사를 만들 때 사용되는 공구는?

① 탭　　　　　② 드릴
③ 다이스　　　④ 엔드밀

해설 • 다이스(dies) : 수나사를 만들 때 사용되는 공구
• 탭(tap) : 암나사를 만들 때 사용되는 공구
• 드릴(drill) : 구멍을 뚫을 때 사용되는 공구

68. 트랜지스터에 대한 설명으로 틀린 것은?

① PNP형 타입이 있다.
② NPN형 타입이 있다.
③ NPN형은 베이스에 +5V DC 공급 시 컬렉터와 이미터가 도통된다.
④ PNP형은 이미터에 GND(-) 공급 시 컬렉터와 베이스가 도통된다.

해설 • 트랜지스터는 NPN과 PNP형이 있다.
• 3개의 전극 : 이미터, 베이스, 컬렉터
• NPN은 베이스가 양(+)의 전위로 이미터와 컬렉터를 도통시킨다.
• PNP는 베이스가 음(-)의 전위로 이미터와 컬렉터를 도통시킨다.

69. 절대형(absolute type) 로터리 인코더의 설명으로 틀린 것은?

① 잡음에 강하고 읽는 오차가 누적되지 않는다.
② 회전방향 변경에 대한 방향판별회로가 필요하다.
③ 임의의 점을 영점으로 하기 위해서는 연산이 필요하다.
④ 전원이 끊겨도 정보가 없어지지 않으며 재복귀가 가능하다.

해설 절대형 로터리 인코더의 특징
- 회전축(shift)의 회전위치(각도)에 따라 지정된 디지털 코드로 출력되도록 한 절대 회전각도 검출용 센서이다.
- 회전축의 회전각도에 대한 출력값은 어떠한 전기적인 요소에 의해서도 변화되지 않으므로 정전에 대한 원점보상이 필요가 없다.
- 전기적인 노이즈에도 강하다.

70. 광 센서를 사용할 때 고려사항이 아닌 것은?

① 신뢰성　　　　② 동작속도
③ 제조방식　　　④ 출력레벨

해설 광 센서 선정 시 고려사항은 신뢰성과 동작속도, 출력레벨을 고려해야 하며 제조방식은 고려하지 않는다.

71. 회전형 스테핑 모터의 종류가 아닌 것은?

① VR형　　　　② PM형
③ 인버터형　　　④ 하이브리드형

해설 스테핑 모터의 종류
- 가변 릴럭턴스(VR)형 : 회전자가 자력선의 통로가 되면서 자력(흡인력)을 발생시키는 원리
- 영구자석(PM)형 : 로터(회전자)에 영구자석을 사용한 것
- 하이브리드(hybird)형 : 영구자석형과 가변릴렉턴스형 모터 원리를 절충한 방식으로 고정자 측에 영구자석을 배치하여 공극부에 직류 바이어스 자계를 발생시켜 제어

72. 프로그램을 구성하는 명령어인 머신 사이클에

해당하지 않는 과정은?

① 인출(fetch)
② 실행(execution)
③ 디코딩(decoding)
④ 인코딩(encoding)

해설 명령어 머신 사이클 구성
1. 명령어 인출(fetch) → 2. 명령어 해독(Decoding) →3. 명령어 실행(Execution) →4. 저장(Memory)

73. 이상적인 연산증폭기의 특성으로 틀린 것은?

① 입력저항＝0
② 출력저항＝0
③ 대역폭＝무한대
④ 전압이득＝무한대

해설 이상적인 연산증폭기 특성
- 입력 임피던스 무한대
- 출력 임피던스 제로(0)
- 개방 전압이득 무한대
- 대역폭 무한대(광대역)

74. 2진 사다리형(binary ladder) D/A 변환기가 이용하고 있는 원리는?

① 가산기　　　　② 미분기
③ 승산기　　　　④ 적분기

해설 2진 사다리형 D/A 변환기 : 가산기

75. 스테핑 모터의 특성과 거리가 먼 것은?

① 분해능이 한정된다.
② 가감속 특성이 좋다.
③ 관성이 큰 부하에 적합하다.
④ 다른 디지털 기기와의 인터페이스가 용이하다.

해설 스테핑 모터의 특징
- 디지털 신호로 직접 오픈루프 제어할 수 있다.
- 펄스 신호의 주파수에 비례한 회전속도를 얻

을 수 있다.
- 기동, 정지, 정·역회전, 변속이 용이하며 응답특성도 좋다.
- 모터의 회전각이 입력 펄스수에 비례하고 모터의 속도가 1초간의 입력 펄스수에 비례한다.

76. (101101.11)₂를 10진수로 변환한 것은?

① 40.55   ② 40.75
③ 45.55   ④ 45.75

해설 $(101101.11)_2$ 10진수 변환
$$2^5 + 2^3 + 2^2 + 2^0 + 2^{-1} + 2^{-2}$$
$$= 32 + 8 + 4 + 1 + 0.5 + 0.25$$
$$= 45.75$$

77. 다음 그림은 밀링 작업에서 상향절삭 방식이다. 하향절삭과 비교한 설명으로 옳은 것은?

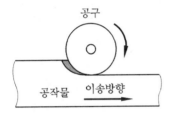

공구

공작물   이송방향

① 공구수명이 길다.
② 표면거칠기가 나쁘다.
③ 공작물 고정이 유리하다.
④ 백래시를 제거해야 한다.

해설 상향절삭(up cutting) 방식의 특징
- 상향에 의한 회전저항으로 전체적으로 하향절삭보다 표면거칠기가 나쁘다.
- 절입할 때 마찰열로 마모가 빠르고 공구수명이 짧다.
- 절삭력이 상향으로 작용하여 공작물 고정이 불리하다.
- 절삭에 별 지장이 없으므로 백래시를 제거하지 않아도 된다.

78. 다음 중 고유 저항이 가장 작은 재료는?

① 금   ② 은
③ 구리   ④ 알루미늄

해설 ① 금 : $2.3 \times 10^{-8}\,\Omega \cdot m$
② 은 : $1.6 \times 10^{-8}\,\Omega \cdot m$
③ 구리 : $1.724 \times 10^{-8}\,\Omega \cdot m$
④ 알루미늄 : $6.25 \times 10^{-8}\,\Omega \cdot m$

79. 다음 중 뚫은 구멍의 내면을 매끄럽게 하는 리머 작업 시 공구의 떨림을 방지하기 위한 작업으로 가장 적합한 방법은?

① 자루를 길게 한다.
② 이송속도를 빠르게 한다.
③ 날 간격을 같지 않게 한다.
④ 절삭속도를 되도록 빨리 한다.

해설 리머 작업 시 날 간격을 같게 하면 채터링(chattering : 떨림)이 발생함으로 날 간격을 같지 않게 한다.

80. 다음 논리회로의 출력 X는?

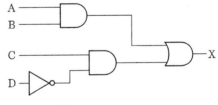

A
B
C
D
X

① $AB \cdot C\overline{D}$
② $AB + C\overline{D}$
③ $\overline{AB} + C\overline{D}$
④ $(A + B) \cdot (C + \overline{D})$

해설 $X = A \cdot B + C \cdot \overline{D}$

생산자동화산업기사 필기

2018년

출제문제

2018년 3월 4일 시행

자격종목 및 등급(선택분야)	종목코드	시험시간	문제지형별	수검번호	성 명
생산자동화산업기사	2034	2시간	A		

제1과목 : 기계가공법 및 안전관리

1. 밀링가공에서 일반적인 절삭 속도 선정에 관한 내용으로 틀린 것은?

① 거친 절삭에서는 절삭 속도를 빠르게 한다.

② 다듬질 절삭에서는 이송 속도를 느리게 한다.

③ 커터의 날이 빠르게 마모되면, 절삭 속도를 낮춘다.

④ 적정 절삭 속도보다 약간 낮게 설정하는 것이 커터의 수명 연장에 좋다.

해설 밀링가공에서 일반적인 절삭 속도 선정

• 거친 절삭 : 절삭 속도를 낮추고, 이송속도를 크게 한다.

• 다듬질 절삭 : 절삭 속도를 높이고, 이송속도는 작게 하며, 절입을 작게 한다.

• 커터의 날이 빠르게 마모 : 절삭 속도를 낮춘다.

• 커터의 수명을 연장 : 적정 절삭 속도보다 낮게 설정한다.

• 경도가 높은 가공물 절삭 : 저속으로 절삭한다.

2. W, Cr, V, Co 등의 원소를 함유하는 합금강으로 600℃까지 고온 경도를 유지하는 공구재료는?

① 고속도강　　　② 초경합금

③ 탄소공구강　　④ 합금공구강

해설 고속도강(HSS)

• 고속도강(high speed steel) : W, Cr, V, Co 등의 원소를 함유하는 합금강으로 600℃까지 고온 경도를 유지한다.

• 초경합금(sintered hard metal) : W, Ti, Ta, Mo 등의 탄화물 분말을 Co, Ni을 결합제로 하여 1400℃ 이상의 고온에서 소결한 공구이다.

• 탄소공구강(carbon tool steel) : 탄소량 0.6~1.5%를 함유한 탄소강이며 STC 1종~STC 7종으로 분류한다.

• 합금공구강(alloy tool steel) : 경화능(硬化能)을 개선하기 위하여, 0.8~1.5% 정도의 탄소강에 소량의 Cr, W, Ni, V 등을 첨가한 강이다.

3. 밀링머신에서 사용하는 바이스 중 회전과 상하로 경사시킬 수 있는 기능이 있는 것은?

① 만능 바이스　　② 수평 바이스

③ 유압 바이스　　④ 회전 바이스

해설 • 만능 바이스 : 회전과 상하(上下)로 경사시킬 수 있는 기능이 있다.

• 수평 바이스 : 조(Jaw)의 방향이 테이블과 평행 또는 직각으로만 고정이 가능하다.

• 유압 바이스 : 유압을 이용하여 가공물을 고정한다.

• 회전 바이스 : 테이블과 수평면에서 360° 회전시켜 필요한 각도로 고정이 가능하다.

4. 탭의 암나사 가공작업 시 탭의 파손원인으로 적절하지 않은 것은?

① 탭이 경사지게 들어간 경우

② 탭 재질의 경도가 높은 경우

③ 탭의 가공속도가 빠른 경우

④ 탭이 구멍 바닥에 부딪쳤을 경우

해설 탭 가공작업(Tapping) 시 탭의 파손원인
- 탭 재질의 경도가 너무 낮은 경우(가공물 재질보다 낮은 경우)
- 탭이 경사지게 들어간 경우
- 탭의 가공속도가 빠른 경우
- 탭이 구멍 바닥에 부딪쳤을 경우
- 탭 구멍이 너무 작거나 탭이 구부러진 경우

5. 기어 절삭 가공 방법에서 창성법에 해당하는 것은?

① 호브에 의한 기어가공
② 형판에 의한 기어가공
③ 브로칭에 의한 기어가공
④ 총형 바이트에 의한 기어가공

해설 창성에 의한 기어절삭법(generated system)
- 호브(hob)에 의한 기어가공
- 피니언 커터(pinion cutter), 랙 커터(rack cutter)에 의한 기어가공

6. 연삭기의 이송 방법이 아닌 것은?

① 테이블 왕복식
② 플런저 컷 방식
③ 연삭숫돌대 방식
④ 마그네틱 척 이동방식

해설 연삭기의 이송 방법
- 테이블 왕복식(travelling table type)
- 플런저 컷 방식(plunge cut type)
- 연삭숫돌대 방식(travelling wheel head type)

7. 다음 중 각도를 측정할 수 있는 측정기는?

① 사인바   ② 마이크로미터
③ 하이트 게이지   ④ 버니어 캘리퍼스

해설 · 사인바(sine bar) : 각도를 측정한다.
- 마이크로미터(micrometer) : 길이를 측정한다.
- 하이트 게이지(height gauge) : 복잡한 모양의 부품 등을 정반에 올려놓고 높이를 측정하

거나 스크라이버(scriber) 끝으로 금 긋기를 한다.
- 버니어 캘리퍼스(vernier calipers) : 길이를 측정한다.

8. 머시닝센터에서 드릴링 사이클에 사용되는 G-코드로만 짝지어진 것은?

① G24, G43   ② G44, G65
③ G54, G92   ④ G73, G83

해설 머시닝센터에서 주요 사이클에 사용되는 G-code
- G73, G83 : G73(고속 심공드릴 사이클), G83(심공드릴 사이클)
- G24, G43 : G43(공구 길이보정 +방향)
- G44, G65 : G44(공구 길이보정 −방향), G65(매크로 호출)
- G54, G92 : G54(공작물 좌표계 1번 선택), G92(공작물 좌표계 설정)

9. 선반에서 긴 가공물을 절삭할 경우 사용하는 방진구 중 이동식 방진구는 어느 부분에 설치하는가?

① 베드   ② 새들
③ 심압대   ④ 주축대

해설 · 이동식 방진구 : 왕복대의 새들에 설치한다.
- 고정식 방진구 : 베드에 고정·설치한다.

10. 터릿선반에 대한 설명으로 옳은 것은?

① 다수의 공구를 조합하여 동시에 순차적으로 작업이 가능한 선반이다.
② 지름이 큰 공작물을 정면가공하기 위하여 스윙을 크게 만든 선반이다.
③ 작업대 위에 설치하고 시계 부속 등 작고 정밀한 가공물을 가공하기 위한 선반이다.
④ 가공하고자 하는 공작물과 같은 실물이나 모형을 따라 공구대가 자동으로 모형과 같은 윤곽을 깎아 내는 선반이다.

2018

해설 • 터릿선반 : 다수의 공구를 조합하여 동시에 순차적으로 작업이 가능한 선반
- 정면선반 : 열차 차륜 등과 같이 지름이 큰 공작물을 정면가공하기 위하여 스윙을 크게 만든 선반
- 탁상선반 : 작업대 위에 설치하고 시계부속 등 작고 정밀한 가공물을 가공하는 선반
- 모방선반 : 공작물과 같은 실물이나 모형을 따라 공구대가 자동으로 모형과 같은 윤곽을 가공하는 선반

11. 절삭 공구 수명을 판정하는 방법으로 틀린 것은?

① 공구인선의 마모가 일정량에 달했을 경우
② 완성가공된 치수의 변화가 일정량에 달했을 경우
③ 절삭 저항의 주분력이 절삭을 시작했을 때와 비교하여 동일할 경우
④ 완성가공면 또는 절삭 가공한 직후에 가공면에 광택이 있는 색조 또는 반점이 생길 경우

해설 공구 수명을 판정하는 방법
- 절삭 저항의 주분력에는 변화가 적어도 이송분력, 배분력이 급격히 증가할 때
- 공구인선의 마모가 일정량에 달했을 때
- 완성 가공된 치수의 변화가 일정량에 달했을 때
- 가공면에 광택이 있는 색조 또는 반점이 생길 때

12. 테일러의 원리에 맞게 제작되지 않아도 되는 게이지는?

① 링 게이지　　　② 스냅 게이지
③ 테이퍼 게이지　④ 플러그 게이지

해설 테일러의 원리
- 통과측에는 모든 치수 또는 결정량이 동시에 검사되고, 정지측에는 각 치수가 개개로 검사되어야 한다는 원리
- 테이퍼 게이지는 테이퍼가 있으므로 통과측과 정지측이 존재하지 않는다.

- 테일러의 원리에 맞는 게이지 : 링 게이지, 스냅 게이지, 플러그 게이지, 봉 게이지 등이 있다.

13. 연삭작업에 관련된 안전사항 중 틀린 것은?

① 연삭숫돌을 정확하게 고정한다.
② 연삭숫돌 측면에 연삭을 하지 않는다.
③ 연삭가공 시 원주 정면에 서 있지 않는다.
④ 연삭숫돌 덮개 설치보다는 작업자의 보안경 착용을 권한다.

해설 연삭 안전 : 연삭숫돌은 반드시 덮개(cover)를 설치하여 사용한다.

14. 밀링절삭 방법 중 상향절삭과 하향절삭에 대한 설명이 틀린 것은?

① 하향절삭은 상향절삭에 비하여 공구 수명이 길다.
② 상향절삭은 가공면의 표면거칠기가 하향절삭보다 나쁘다.
③ 상향절삭은 절삭력이 상향으로 작용하여 가공물의 고정이 유리하다.
④ 커터의 회전 방향과 가공물의 이송이 같은 방향의 가공 방법을 하향절삭이라 한다.

해설 상향절삭(up cutting)의 특징
- 상향절삭은 절삭력이 상향으로 작용하여 가공물의 고정이 불리하다.
- 하향절삭은 상향절삭에 비해 공구수명이 길다.
- 상향절삭은 가공면의 거칠기가 하향절삭보다 나쁘다.
- 커터의 회전방향과 가공물의 이송이 같은 방향의 가공 방법을 하향절삭, 반대인 경우를 상향절삭이라 한다.
- 상향절삭은 하향절삭에 비하여 백래시(backlash)의 걱정은 적다.

15. 다음 연삭숫돌 기호에 대한 설명이 틀린 것은?

WA 60 K m V

① WA : 연삭숫돌 입자의 종류

② 60 : 입도

③ m : 결합도

④ V : 결합제

해설 연삭숫돌의 표시법
- 연삭숫돌의 구성요소 : 입자, 입도, 결합도, 조직, 결합제 순서로 표기
- 연삭숫돌의 3요소 : 입자(grain), 결합제(bond), 기공(pore)

16. 측정자의 직선 또는 원호 운동을 기계적으로 확대하여 그 움직임을 지침의 회전 변위로 변환시켜 눈금으로 읽을 수 있는 측정기는?

① 수준기 ② 스냅 게이지

③ 게이지 블록 ④ 다이얼 게이지

해설 다이얼 게이지(dial gauge)
측정자(測定子)의 직선 또는 원호 운동을 기계적으로 확대하여 그 움직임을 지침의 회전 변위로 변환시켜 눈금으로 읽을 수 있는 길이 측정기이다.
- 특징
① 소형, 경량으로 취급이 용이하다.
② 눈금과 지침에 의해서 읽기 때문에 오차가 적다.
③ 연속된 변위량의 측정이 가능하다.
④ 많은 개소의 측정을 동시에 할 수 있다.

17. 래핑에 대한 설명으로 틀린 것은?

① 습식래핑은 주로 거친 래핑에 사용한다.

② 습식래핑은 연마입자를 혼합한 랩액을 공작물에 주입하면서 가공한다.

③ 건식래핑의 사용 용도는 초경질 합금, 보석 및 유리 등 특수재료에 널리 쓰인다.

④ 건식래핑은 랩제를 랩에 고르게 누른 다음 이를 충분히 닦아 내고 주로 건조 상태에서 래핑을 한다.

해설 건식래핑(dry method)
- 래핑유를 사용하지 않고 랩제만을 이용하여

가공한다.
- 습식 래핑 후에 표면을 더욱 매끄럽게 가공하기 위하여 사용하는 방법이다.

18. 다음 중 금속의 구멍작업 시 칩의 배출이 용이하고 가공 정밀도가 가장 높은 드릴날은?

① 평 드릴 ② 센터 드릴

③ 직선 홈 드릴 ④ 트위스트 드릴

해설 드릴(drill)의 종류 및 특징
- 트위스트 드릴 : 드릴의 홈이 나선형으로 비틀어져 있어 칩의 배출이 용이하다.
- 평 드릴 : 중심점 가공용 날이 평평하다.
- 센터 드릴 : 드릴 작업 전 약간의 중심점 가공을 한다.
- 직선 홈 드릴 : 드릴 홈이 직선형으로 되어 있다.

19. 드릴속도가 V [m/min], d [mm]일 때, 드릴의 회전수 n [rpm]을 구하는 식은?

① $n = \dfrac{1,000}{\pi d V}$ ② $n = \dfrac{1,000\,V}{\pi d}$

③ $n = \dfrac{\pi d V}{1,000}$ ④ $n = \dfrac{\pi d}{1,000\,V}$

해설 회전공작기계의 일반적인 절삭속도 V [m/min]
- $V\,[\text{m/min}] = \dfrac{\pi d n}{1,000}\,[\text{m/min}]$에서 [$d$: 지름 (mm), n : 분당 회전수(rpm)]
- $n = \dfrac{1,000\,V}{\pi d}$

20. 절삭제의 사용목적과 거리가 먼 것은?

① 공구수명 연장

② 절삭 저항의 증가

③ 공구의 온도 상승 방지

④ 가공물의 정밀도 저하 방지

해설 절삭제(fluids)의 사용목적
- 절삭 저항의 감소 기능
- 공구수명 연장

정답 16. ④ 17. ③ 18. ④ 19. ② 20. ②

• 공구의 온도 상승 방지
• 가공물의 정밀도 저하 방지

제2과목 : 기계제도 및 기초공학

21. 구멍과 축의 억지 끼워맞춤에서 최대 죔새의 설명으로 옳은 것은?

① 구멍의 최대 허용치수 – 축의 최대 허용치수
② 구멍의 최소 허용치수 – 축의 최소 허용치수
③ 축의 최소 허용치수 – 구멍의 최대 허용치수
④ 축의 최대 허용치수 – 구멍의 최소 허용치수

(해설) 끼워맞춤에서 죔새
• 죔새 : 구멍의 치수가 축의 치수보다 작을 때 조립 전의 구멍과 축과의 치수의 차
• 최소 죔새 : 억지 끼워맞춤에서 조립 전의 구멍의 최대 허용치수와 축의 최소 허용치수와의 차
• 최대 죔새 : 억지 끼워맞춤 또는 중간 끼워맞춤에서 조립 전 구멍의 최소 허용치수와 축의 최대 허용치수와의 차, 즉 축의 최대 허용치수 – 구멍의 최소 허용치수

22. V– 벨트 풀리의 도시에 관한 설명으로 옳지 않은 것은?

① V – 벨트 풀리 홈 부분의 치수는 형별과 호칭지름에 따라 결정된다.
② V – 벨트 풀리는 축 직각 방향의 투상을 정면도(주투상도)로 할 수 있다.
③ 암(Arm)은 길이 방향으로 절단하여 도시한다.
④ V – 벨트 풀리에 적용하는 일반용 V 고무 벨트는 단면치수에 따라 6가지 종류가 있다.

(해설) • 암은 길이 방향으로 절단하지 않는다.

• 암은 암축의 직각 방향으로 단면하여 회전 도시한다.

23. 강재의 종류와 그 기호가 잘못 짝지어진 것은?

① SCr420 : 크롬 강
② SCM420 : 니켈 크롬 강
③ SMn420 : 망간 강
④ SMnC420 : 망간 크롬 강

(해설) • SCM420 : 크롬 몰리브덴 강(steel chromium molybdenum)을 말하며, 420은 최저 인장강도를 말한다.
• NC(nickel chromium) : 니켈 크롬 강을 나타낸다.

24. 기계제도에서 사용하는 선의 종류에 대한 용도 설명 중 잘못된 것은?

① 굵은 실선 : 대상물의 보이는 부분의 모양 표시
② 가는 1점 쇄선 : 도형의 중심 표시
③ 가는 2점 쇄선 : 대상물의 일부를 파단한 경계 표시
④ 가는 파선 : 대상물의 보이지 않는 부분 모양 표시

(해설) 가는 2점 쇄선(가상선)
• 인접부분을 참고로 표시한다.
• 공구, 지그 등의 위치를 참고로 표시한다.
• 가공 전 또는 가공 후의 모양을 표시하는 데 사용한다.
• 되풀이하는 것을 나타내는 데 사용한다.
※ 파형의 가는 실선 : 대상물의 일부를 파단한 경계표시

25. 그림과 같은 등각 투상도에서 화살표·방향에서 본 면을 정면이라 할 때 제3각법으로 3면도가 올바르게 그려진 것은?

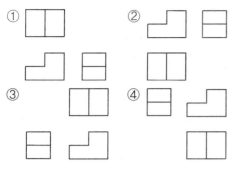

제3각법의 도면 배열위치
- 정면도 : 화살표 방향에서 본 면
- 평면도 : 정면도 위에 도시
- 좌측면도 : 정면도 좌측에 도시
- 우측면도 : 정면도 우측에 도시

26. 투상도를 그릴 때 선이 서로 겹칠 경우 나타내야 할 우선순위로 옳은 것은?

① 중심선 > 숨은선 > 외형선
② 숨은선 > 절단선 > 중심선
③ 외형선 > 중심선 > 절단선
④ 외형선 > 중심선 > 숨은선

해설 투상도를 그릴 때 선이 겹칠 경우 우선순위 :
외형선 > 숨은선 > 절단선 > 중심선 > 무게
중심선 > 치수 보조선

27. 가공 모양의 기호에 대한 설명으로 잘못된 것은?

① = : 가공에 의한 컷의 줄무늬 방향이 기호를 기입한 그림의 투영한 면에 평행
② X : 가공에 의한 컷의 줄무늬 방향이 기호를 기입한 그림의 투영면에 비스듬하게 2방향으로 교차
③ M : 가공에 의한 컷의 줄무늬가 여러 방향
④ R : 가공에 의한 컷의 줄무늬가 기호를 기입한 면의 중심에 대하여 거의 동심원 모양

해설 • R : 가공에 의한 컷의 줄무늬가 기호를 기입한 면의 중심에 대하여 대략 레이디얼 모양
• C : 가공에 의한 컷의 줄무늬 방향의 기호를 기입한 면의 중심에 대하여 대략 동심원 모양

28. 그림과 같은 원뿔을 전개하였을 때 전개도의 중심각이 120°가 되려면 L의 치수는 얼마인가? (단, 원뿔 밑면의 지름은 100 mm이다.)

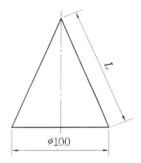

① 150 mm ② 200 mm
③ 120 mm ④ 180 mm

해설 원뿔을 전개하여 L에 해당하는 원호의 반지름을 구한다.
- 중심각(θ), 호의 길이(S), 반지름(r)의 관계식에서 반지름(r)에 해당하는 L을 구한다.
- 호의 길이 $S = r\theta$에서 $S = L\theta$ 또한 $S = \pi d$ 이므로 $S = 100\pi$ [$\theta = 120° = \dfrac{120}{180}\pi(\text{rad}) = \dfrac{2}{3}\pi(\text{rad})$]
- 그러므로 $L \times \dfrac{2}{3}\pi = 100\pi$이므로, $L = 150$

29. 그림과 같은 입체도를 제3각법으로 올바르게 나타낸 투상도는?

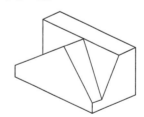

①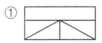

②

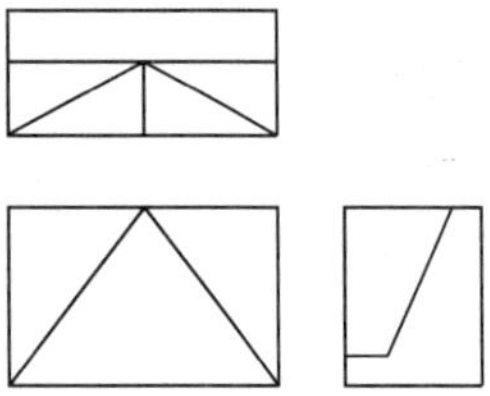

③

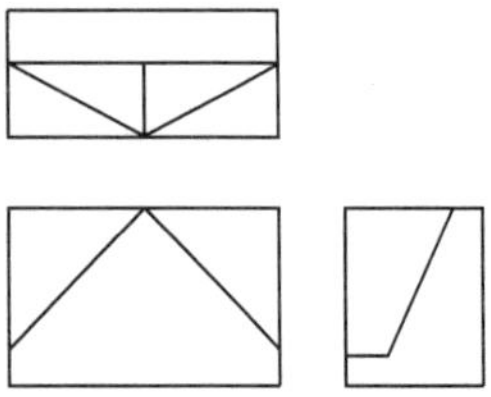

④

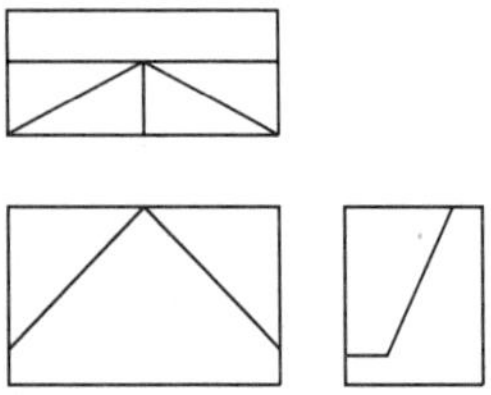

해설 • 제3각법 : 정면도를 기준으로 우측에 우측면도, 상측에 평면도를 도시한다.
• 제1각법 : 정면도를 기준으로 우측에 좌측면도, 상측에 저면도를 도시한다.

30. 나사 표기가 'G 1/2'이라 되어 있을 때, 이는 무슨 나사인가?

① 관용 평행나사 ② 29° 사다리꼴 나사
③ 관용 테이퍼 나사 ④ 30° 사다리꼴 나사

해설 각종 나사의 표기 방법의 예시
• 관용 평행나사 : G1/2
• 관용 테이퍼 나사 : R3/4
• 29° 사다리꼴 나사 : TW18
• 30° 사다리꼴 나사 : TM18

31. 다음 그림에서 F_1, F_2의 합성(F)의 크기에 대한 표현식으로 옳은 것은?

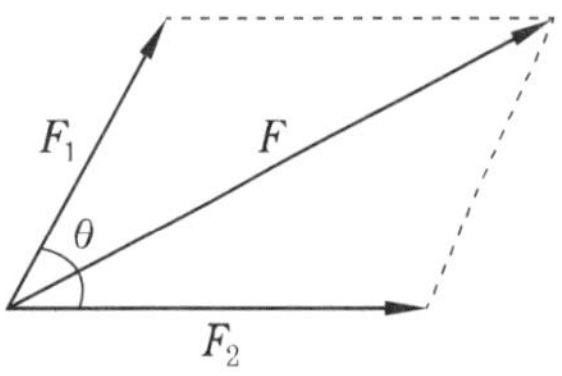

① $F = F_1^2 + F_2^2 + 2F_1F_2\sin\theta$

② $F = F_1^2 + F_2^2 + 2F_1F_2\cos\theta$

③ $F = \sqrt{F_1^2 + F_2^2 + 2F_1F_2\sin\theta}$

④ $F = \sqrt{F_1^2 + F_2^2 + 2F_1F_2\cos\theta}$

해설 피타고라스 정리에 의거 힘의 합성 빗변 F를 구한다.
• $F_x = F_1\cos\theta + F_2$, $F_y = F_1\sin\theta$로 놓고 식 $F^2 = F_x^2 + F_y^2$에 적용한다. 그러므로
• $F = \sqrt{F_1^2 + F_2^2 + 2F_1F_2\cos\theta}$

32. 응력과 압력에 관한 설명으로 틀린 것은?

① 단위는 N/m^2이다.
② $1\,kgf/cm^2 = 9.8 \times 10^4\,N/m^2$로 나타낸다.
③ 응력과 압력은 물리력으로 뉴턴의 제3법칙에 근거한다.
④ 내부 힘에 대한 외부 저항력을 단위 면적당 크기로 표시한다.

해설 • 응력(stress)은 외부로부터 힘을 받았을 때 견딜 수 있는 저항력을 말하며, 단위면적당의 작용하는 하중으로 나타낸다.
• $\sigma = \frac{P}{A}[N/m^2]$ (σ : 응력, P : 하중, A : 단면적)

33. 저항의 직·병렬회로에 대한 설명으로 틀린 것은?

① 저항 직렬회로에서 전류는 어느 지점에서나 항상 일정하다.
② 저항 직렬회로에서 저항 단자전압의 크기는 저항의 크기에 비례한다.
③ 저항 병렬회로에서 저항 단자전압의 크기는 저항의 크기에 반비례한다.
④ 저항 병렬회로에서 각 저항에 흐르는 전류의 크기는 저항의 크기에 반비례한다.

해설 저항 병렬회로에서 저항 단자전압의 크기는 저항의 크기와 상관없이 일정하게 강하한다.

정답 30. ① 31. ④ 32. ④ 33. ③

34. 다음 그림에서 A점 중심으로 한 모멘트 대수합은 얼마인가? (단, 시계 방향 회전은 +부호, 반시계 방향 회전은 −부호를 사용한다.)

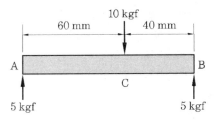

① 10 kgf·mm
② −10 kgf·mm
③ 100 kgf·mm
④ −100 kgf·mm

해설 • $M = F \times L$ (M=모멘트, F=막대 끝에 작용하는 힘, L=기준점에서의 거리)이므로
• A를 기준점으로 계산한다.
• $\sum M = 60 \times 10 - 100 \times 5 = 100\ kgf·mm$

35. 다음 설명에 해당하는 법칙은?

> 회로 내의 임의의 접속점에 들어가는 전류와 나오는 전류의 대수합은 0이다.

① 플레밍의 왼손법칙
② 플레밍의 오른손법칙
③ 키르히호프의 전류법칙
④ 키르히호프의 전압법칙

해설 키르히호프의 전류법칙(KCL)
• 키르히호프의 제1법칙이라고도 한다.
• 회로 내의 어떤 지점에서든지 들어온 전류의 합과 나가는 전류의 합은 같다.
• 즉 전류의 대수합은 0이다.

36. 속력의 정의로 옳은 식은?

① 속력=시간÷이동거리
② 속력=이동거리×시간
③ 속력=이동거리÷시간
④ 속력=이동거리+(시간)^2

해설 • 속력(速力, speed)은 물체의 빠르기를 나타내는 척도이다.

• 속력은 단위시간당 이동한 거리로 정의한다.
• 속력=이동거리/시간

37. 면적이 2.5 m^{2}인 가공물이 작업대 위에 놓여 있을 때 이 가공물의 무게가 50 kgf라면 작업대가 받는 압력(kgf/m^2)은 얼마인가?

① 5
② 10
③ 20
④ 25

해설 응력(stress)의 개념
• 단위 면적당에 미치는 하중으로 계산한다.
• 응력 σ, 하중 P[kgf], 단면적 A[m^2]이라 하면 $\sigma = \dfrac{P}{A}$ [kgf/m^2]
• $\sigma = \dfrac{P}{A} = \dfrac{50}{2.5} = 20\ kgf/m^2$

38. 유압 실린더가 기반으로 하고 있는 원리 또는 법칙은?

① 뉴턴의 법칙
② 아베의 원리
③ 파스칼의 원리
④ 베르누이의 법칙

해설 파스칼의 원리(pascal's principle)
• 유체압력 전달원리라고도 한다.
• 유압 실린더가 기반으로 하고 있는 원리 또는 법칙이다.
• 유체역학에서 폐관 속의 비압축성 유체의 한 부분에 가해진 압력의 변화가 유체의 다른 부분에 그대로 전달되는 원리이다.

39. 바하(bach)의 축 공식에서 연강축의 길이 1m당 비틀림 각은 몇 도(°) 이내로 제한하는가?

① $\dfrac{1}{4}$
② $\dfrac{1}{6}$
③ $\dfrac{1}{8}$
④ $\dfrac{1}{10}$

해설 바하의 축 공식
• 축에 작용하는 최대 비틀림 모멘트 T에 의한 비틀림 각을 축 길이 1m에 대하여 $\dfrac{1}{4}°(=0.25°)$ 이하가 되도록 설계한다.
• 중실 축의 지름을 d, 회전수 n, 전달 동력 H(kW)이 있을 때

2018

- $d = 130 \sqrt[4]{\dfrac{H}{n}} \, [\text{mm}]$

40. 도선에 1A의 전류가 흐를 때 1초간에 통과하는 전하량은?

① 1Ω   ② 1C
③ 1V   ④ 1W

해설 • 전하량 1C은 도선에 1A의 전류가 흐를 때 1초간에 통과하는 전기의 양을 말한다.
• 전하량(C, 쿨롱)은 전류의 세기와 시간에 비례한다.

제3과목 : 자동제어

41. 릴리프 밸브의 크랭킹 압력이 60 kgf/cm² 이고, 전량압력이 100 kgf/cm² 이면, 이 밸브의 압력 오버라이드는 몇 kgf/cm² 인가?

① 40   ② 60
③ 100   ④ 160

해설 1. 설정압력(setting pressure) : 전량 압력 (full flow pressure)
• 압력 릴리프 밸브가 완전히 열림 → 최대 유량이 압력 릴리프 밸브를 통과한다.
• 설정압 이전에 서서히 열리기 시작해서 설정압이 되면 완전히 열리는 것을 말한다.
2. 크랭킹 압력(cracking pressure)
• 입구 압력에 의해서 발생되는 힘이 스프링 힘을 초과하여 밸브 열리고 유압유의 일부가 탱크로 귀환한다.
• 최초로 개방되는 시점을 크랭킹 프레셔 포인트라고 하고 풀로 개방이 되는 상태는 설정압이라고 한다.
3. 압력 오버라이드(pressure override)
• 설정압력−크랭킹 압력＝압력 오버라이드
$100 \, \text{kgf/m}^2 - 60 \, \text{kgf/m}^2 = 40 \, \text{kgf/m}^2$
• 크랭킹 프레셔 포인트에서 설정압 포인트까지는 시간상 얼마 걸리지 않으며 압력차이가

얼마 없다.

42. PLC 제어의 장점으로 틀린 것은?

① 신뢰성 및 보수성 향상
② 프로그램 호환성이 높음
③ 긴 수명 및 고속제어 가능
④ 설계 및 테스트 변경 등이 용이

해설 PLC 제어 장점
• 제어 능력의 향상
• 제어 장치의 소형화
• 다양한 제어에의 대응
• 양산체제에 적합
• 개발의 효율화
PLC 제어 단점
• 호환성 결여 : 표준화가 되어 있지 않고 제작 회사마다 다른 프로그램 언어 사용
• 소규모 제어회로에서는 고가

43. 응답이 최초로 희망값의 50%에 도달하는 데 필요한 시간을 무엇이라 하는가?

① 상승시간
② 응답시간
③ 지연시간
④ 정정시간

해설 • 상승 시간(rise time) t_r : 신속성 척도
 − 일정한 정상상태 최종값의 10%에서 90%로 상승하여 도달할 때까지 소요 시간
• 정착 시간(settling time) t_s : 빠른 안정화 척도
 − 최종값의 2% 또는 5% 이내에 들어가 머무르는 시간, 제어 시스템이 허용오차 이내에 들어오는 데 걸리는 시간 척도
• 지연 시간(delay time) t_d
 − 최종값의 50%에 도달하는 시간
• 첨두값 시간(peak time) t_p
 − 처음으로 첨두값에 도달하기까지 걸리는 시간
• 최대 오버슈트(maximum overshoot) : 안정성 척도
 − 최종 정상 상태값과의 오차(제어 시스템의 상대 안정도의 척도)

- 정상상태 오차 e_{ss} : 정확도 척도
  - 과도응답이 소멸한 후에도 남게 되는 정상
    상태응답과의 오차

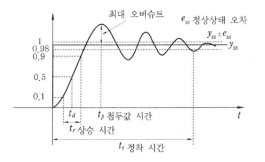

44. 1차 시스템의 시정수에 관한 다음 설명 중 옳은 것은?

① 시정수가 클수록 오버슈트가 크다.
② 시정수가 클수록 정상 상태 오차가 작다.
③ 시정수가 작을수록 응답 속도가 빠르다.
④ 시정수는 지연시간에 영향을 받지 않는다.

해설 시정수(time constant) : 1차 지연요소의 내용이며 정상 상태의 63.2%까지 걸리는 시간으로 시정수가 작을수록 응답 속도가 빠르다.

45. 다음 개루프 전달 함수에 대한 제어 시스템의 근궤적 개수는?

$$G(s)H(s) = \frac{K(s+1)}{s(s+2)(s+3)}$$

① 1 　　　　 ② 2
③ 3 　　　　 ④ 4

해설 근궤적의 수 : 모든 영점과 극점은 각각 근궤적이 발생되어야 하므로
- 영점 : 전달 함수의 분자를 0으로 만드는 s값, 영점의 수가 극점보다 많으면 개수는 영점의 수만큼 존재
- 극점 : 전달 함수의 분모를 0으로 만드는 s값, 극점의 수가 영점보다 많으면 근궤적의 개수는 극점의 수만큼 존재

- 영점 : 1개, 극점 : 3개이므로 근궤적의 개수 : 3개

46. 다음 중 DC 모터의 속도를 제어하는 방법으로 가장 적합한 것은?

① ATM
② PAM
③ PWM
④ SSP

해설 PWM(Pulse Width Modulation) 제어 방식 : 모터 구동전원을 일정 주기로 On/Off하는 펄스 형상으로 하고, 그 펄스의 duty비(On 시간과 Off 시간의 비)를 바꾼다. DC 모터가 빠른 주파수의 변화에는 기계 반응을 하지 않는 원리를 이용한다.

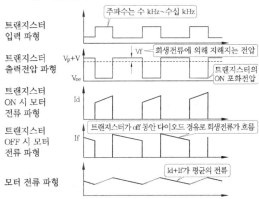

47. 신호 흐름선도의 요소에 대한 설명 중 틀린 것은?

① 경로는 동일한 진행 방향을 갖는 연결 가지의 집합이다.
② 경로 이득은 경로를 형성하는 가지들의 이득의 합이다.
③ 출력마디는 들어오는 가지만 있고 밖으로 나가는 가지는 없다.
④ 입력마디는 밖으로 나가는 가지만 있고 돌아오는 가지는 없다.

해설 경로 이득은 경로를 형성하는 가지들의 이득의 곱이다.

48. 4의 라플라스 변환식은?

① 4   ② 4S   ③ $\dfrac{s}{4}$ ④ $\dfrac{4}{s}$

해설 $L\{4\}=\dfrac{4}{s}$

$f(t)$	$L\{f(t)\}=F(s)$
단위 임펄스 함수 $\delta(t)$	1
단위 계단 함수 $U_s(t)$	$\dfrac{1}{s}$
t	$\dfrac{1}{s^2}$
$1+at$	$\dfrac{s+a}{s^2}$
t^n	$\dfrac{n!}{s^{n+1}}$
e^{-at}	$\dfrac{1}{s+a}$
$1-e^{-at}$	$\dfrac{a}{s(s+a)}$
$at-(1-e^{-at})$	$\dfrac{a^2}{s^2(s+a)}$
$\dfrac{b}{a}\left\{1-\left(1-\dfrac{a}{b}\right)e^{-at}\right\}$	$\dfrac{s+b}{s(s+a)}$
te^{-at}	$\dfrac{1}{(s+a)^2}$
t^ne^{-at}	$\dfrac{n!}{(s+a)^{n+1}}$
$\sin\omega t$	$\dfrac{\omega}{s^2+\omega^2}$
$\cos\omega t$	$\dfrac{s}{s^2+\omega^2}$
$1-\cos\omega t$	$\dfrac{a^2}{s(s^2+\omega^2)}$

정답 48. ④

$f(t)$	$L\{f(t)\}= F(s)$
$\dfrac{1}{b-a}(e^{-at}-e^{-bt})$	$\dfrac{1}{(s+a)(s+b)}$
$\dfrac{1}{b-a}(be^{-bt}-ae^{-at})$	$\dfrac{s}{(s+a)(s+b)}$
$\dfrac{1}{ab}\left\{1+\dfrac{1}{a-b}(be^{-at}-ae^{-bt})\right\}$	$\dfrac{1}{s(s+a)(s+b)}$
$\dfrac{1}{a^2}(at-1+e^{-at})$	$\dfrac{1}{s^2(s+a)}$
$e^{-at}\sin\omega t$	$\dfrac{\omega}{(s+a)^2+\omega^2}$
$e^{-at}\cos\omega t$	$\dfrac{s+a}{(s+a)^2+\omega^2}$
$\dfrac{1}{\omega_n\sqrt{1-\zeta^2}}e^{-\zeta\omega_n t}\sin\omega_n\sqrt{1-\zeta^2}t$	$\dfrac{1}{s^2+2\zeta\omega_n s+\omega_n^2}$
$\dfrac{\omega_n}{\sqrt{1-\zeta^2}}e^{-\zeta\omega_n t}\sin\omega_n\sqrt{1-\zeta^2}t$	$\dfrac{\omega_n^2}{s^2+2\zeta\omega_n s+\omega_n^2}$
$\dfrac{-1}{\sqrt{1-\zeta^2}}e^{-\zeta\omega_n t}\sin(\omega_n\sqrt{1-\zeta^2}t-\phi)$	$\dfrac{s}{s^2+2\zeta\omega_n s+\omega_n^2}$
$\dfrac{-1}{\sqrt{1-\zeta^2}}e^{-\zeta\omega_n t}\sin(\omega_n\sqrt{1-\zeta^2}t+\phi)$	$\dfrac{s+2\zeta\omega_n}{s^2+2\zeta\omega_n s+\omega_n^2}$
$1-\dfrac{-1}{\sqrt{1-\zeta^2}}e^{-\zeta\omega_n t}\sin(\omega_n\sqrt{1-\zeta^2}t+\phi)$	$\dfrac{\omega_n^2}{s(s^2+2\zeta\omega_n s+\omega_n^2)}$
$e^{-\zeta\omega_n t}\sin(\omega_n\sqrt{1-\zeta^2}t+\phi)$	$\dfrac{s+\zeta\omega_n}{s^2+2\zeta\omega_n s+\omega_n^2}$

주) $\phi=\tan^{-1}\dfrac{\sqrt{1-\zeta^2}}{\zeta}$

49. 래더 다이어그램에 대한 설명으로 옳은 것은?

① 릴레이 제어회로의 표현에 사용한다.

② 위치제어 문제의 정확한 해결에 사용된다.

③ 프로그램 메모리에 저장되는 프로그램이다.

④ 제어 시스템에서 부품의 연결을 나타내는 계획도이다.

해설 시퀀스에서 사용하는 a접점, b접점, 릴레이 등의 래더 기호를 사용하여 CRT나 액정표시기의 디스플레이 위에 회로도를 그려 작성하는 방식으로 작성된 회로도 자체가 명령어가 된다. 이는 시퀀스의 전개접속도와 비슷한 구조를 가지고 있고, 니모닉 방식보다 PLC 간 프로그램 언어의 차이가 적어 널리 사용되고 있는 프로그램 언어이다.

50. 제어용 각종 기기 중 주회로의 단락 사고 등에 의한 과전류부터 회로를 보호하는 장치로 사용되는 것은?

① 릴레이   ② 차단기

③ 카운터   ④ 타이머

해설 • 릴레이 : 어떤 신호 하나에 여러 접점이 반응하도록 설계된 기기

• 카운터 : 숫자를 세도록 고안된 전기전자기기

• 타이머 : 시간을 재도록 고안된 전기전자기기

51. 다음 중 1 atm과 같은 압력은?

① 100 mAq   ② 1.013 bar

③ 1,000 mmHg   ④ 10.336 kgf/m^2

해설 1기압 = 1 atm = 76 cmHg = 760 mmHg = 1013.25 hPa

52. 트리거 입력 펄스가 들어올 때마다 Q의 출력이 반전을 하는 플립플롭은?

① D   ② T

③ JK   ④ RS

해설

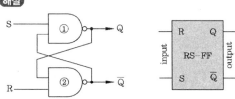

입력 신호		출력 신호		상태
R	S	Q	$\overline{Q}$	
0	0	1	1	사용금지
0	1	0	1	리셋
1	0	1	0	세트
1	1	Q	$\overline{Q}$	무변화

[RS 플립플롭]

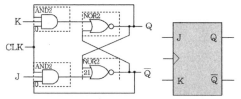

입력			출력
Q(t)	J	K	Q(t+1)
0	0	0	0
0	0	1	0
0	1	0	1
0	1	1	1
1	0	0	1
1	0	1	0
1	1	0	1
1	1	1	0

[JK 플립플롭]

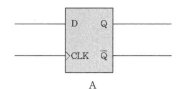

A

CLK	D	Q	
0	1	0	START
↑	1	1	STORE 1
0	0	Q	NO CHARGE
↑	0	0	STORE 0

B

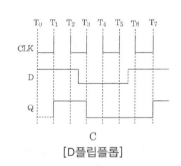

C
[D플립플롭]

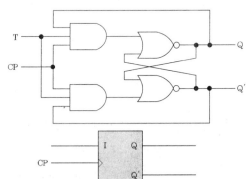

Q T	Q(t+1)
0 0	0
0 1	1
1 0	1
1 1	0

[T 플립플롭]

53. 다음 중 되먹임 제어계의 안정도와 가장 관련이 깊은 것은?

① 역률   ② 효율
③ 시정수   ④ 이득 여유

해설 이득 여유 : 개루프 전달 함수의 위상은 그대로이나 이득만 변할 때, 폐루프 전달 함수의 안정성을 유지할 수 있는 최대 이득 변화(보통 6 dB 이상)

54. PLC의 입출력 장치의 요구사항에 해당하지 않는 것은?

① 외부기기와 전기적 규격이 일치해야 한다.
② 디지털 방식의 외부기기만 사용할 수 있다.
③ 입출력의 각 접점 상태를 감시할 수 있어야 한다.
④ 외부기기로부터 노이즈 CPU쪽에 전달되지 않도록 해야 한다.

해설 A/D 컨버터를 사용할 경우 아날로그 방식의 외부기기의 사용이 가능하다.

55. 하나의 전송매체에 여러 채널의 데이터를 실어서 동시에 전송하는 방식의 통신방식은?

① 토큰 링(token ring)
② 베이스 밴드(base band)
③ 브로드 밴드(broad band)
④ 캐리어 밴드(carrier band)

해설 • 토큰링 방식 : 링을 따라 순환하는 토큰을 이용하는 방식이다. 모든 컴퓨터가 휴지 상태에 있을 때의 토큰을 '프리 토큰'이라고 하는데, 데이터를 전송하려는 컴퓨터는 이 프리 토큰이 자신에게 올 때까지 대기
• 베이스 밴드 : 디지털 형태인 0과 1의 직류신호를 변조 없이 그대로 수신측에 전송하는 방식
• 브로드 밴드 : 디지털 정보(0과 1)를 아날로그 신호로 변환하여 수신측에 전송, 아날로그 통신망을 사용하기에 모뎀(MODEM)이 필수
• 캐리어 밴드 : 신호를 담아서 옮기는 전파

56. NC 기계의 동력 전달 방법으로 서보모터와 볼스크루 축을 직접 연결하여 연결 부위의 백래시 발생을 방지하는 기계요소로 적합한 것은?

① 기어   ② 체인
③ 커플링   ④ 타이밍 벨트

해설 • 커플링은 두 가지 다른 회전체(모터축, 볼나사 등)를 연결하고 토크를 전달하는 것을 목적으로 한 부품이다.
• 회전체 간에 발생하는 미스얼라이먼트(편심·편각·엔드 플레이)를 흡수하여 조립, 조정 부하를 줄인다.
• 예기치 못한 과부하가 발생했을 때는 커플링을 파괴하고 회전체 간의 연결을 해제하여 고가의 동력부나 장치 전체를 보호한다.

정답 53. ④   54. ②   55. ③   56. ③

2018

57. 다음은 C언어로 스위치와 DC 모터를 제어하는 프로그램 일부이다. 프로그램에 대한 설명으로 틀린 것은?

```
#define PPIA 0×310
#define CW 0×313
#define ON 0×01
void main() {
    outportb(CW, 0×89);
    outportb(PPIA, ON);
… 이하 생략
```

① #define ON 0×01 : ON을 0×01로 정의한다.

② outportb(CW, 0×89) : 0×01번지에 0×89값을 출력한다.

③ outportb(PPIA, ON) : 0×310번지를 통해서 1을 출력한다.

④ #define PPIA 0×310 : PPI 8255의 A 포트를 0x310번지로 지정한다.

해설 • #define은 전처리기로 ON을 0×01로 정의, PPIA는 0×310로 정의, CW는 0×313으로 정의
• outportb(CW, 0×89) : 0×313포트에 0×89를 출력

58. 전달 함수 $G(s) = 1 + sT$인 제어계에서 $\omega T = 1,000$일 때 이득은 약 몇 dB인가?

① 40   ② 50   ③ 60   ④ 70

해설 $Gain = 20 \log_{10}(\sqrt{T^2\omega^2 + 1})$
$= 10 \log_{10}(T^2\omega^2 + 1) = 10 \log_{10}(1,000^2 + 1)$
$\fallingdotseq 10 \log_{10} 10^6 = 60 \, dB$

59. 제어계를 동작시키는 기준으로서 제어계에 입력되는 신호는?

① 조작량   ② 궤환신호
③ 동작신호   ④ 기준 입력신호

해설 자동 제어계의 제어 루프에서 피제어 변수에 대한 비교 기준으로 사용하기 위해 루프 외부로부터 가해지는 신호

60. DC 서보모터의 설계 시 응답을 개선하기 위하여 고려 할 사항으로 틀린 것은?

① 토크의 맥동을 작게 한다.
② 기계적 시정수를 작게 한다.
③ 순시 최대 토크까지의 선형성을 높인다.
④ 전기적 시정수(인덕턴트/저항)를 크게 한다.

해설 토크의 맥동을 작게 하고 기계적 · 전기적 시정수를 작게, 순시 최대 토크까지의 선형성을 높게

제4과목 : 메카트로닉스

61. 프로그램 카운터의 설명으로 옳은 것은?

① 입출력 신호를 제어한다.
② 프로그램 타이머, 카운터의 기능을 수행한다.
③ CPU 안에 정보가 저장되고, 처리될 장소를 제공한다.
④ 프로그램에서 다음에 수행될 명령어의 주소를 기억한다.

해설 프로그램 카운터(PC ; Program Counter)
• 마이크로프로세서(중앙 처리 장치) 내부에 있는 레지스터 중의 하나
• 다음에 실행될 명령어의 주소를 가지고 있어 실행할 기계어 코드의 위치를 지정
• =명령어 포인터

62. 부품가공 시 중심을 잡거나 정반 위에서 공작물을 이동시켜 평행선을 그을 때 사용되는 공구는?

① 펀치   ② 컴퍼스
③ 서피스 게이지   ④ 버니어 캘리퍼스

해설 • 서피스 게이지 : 부품가공 시 중심을 잡거나 정반 위에서 공작물을 이동시켜 금긋기 할 때 사용
• 펀치 : 용이한 드릴링 작업을 위한 사전 작업
• 컴퍼스 : 일정한 길이나 각도를 옮기는 데 사용
• 버니어 캘리퍼스 : 길이 측정에 사용

---

63. 다음 진리표의 논리 심벌로 옳은 것은?

입력		출력
0	0	0
0	1	1
1	0	1
1	1	1

① 　　② 　　③ 　　④

해설 A, B 입력 중 하나라도 1이면 출력이 1이 되므로 OR(논리합)이다.

게이트	기호	의미	진리표			논리식
AND	A ─┐D─ Y B ─┘	입력신호가 모두 1일 때 1출력	A 0 0 1 1	B 0 1 0 1	Y 0 0 0 1	$Y = A \cdot B$ $Y = AB$
OR	A ─┐D─ Y B ─┘	입력신호 중 1개만 1이어도 1출력	A 0 0 1 1	B 0 1 0 1	Y 0 1 1 1	$Y = A + B$
NOT	A ─▷○─ Y	입력된 정보를 반대로 변환하여 출력	A 1 1		Y 1 1	$Y = A'$ $Y = \overline{A}$
BUFFER	A ─▷─ Y	입력된 정보를 그대로 출력	A 1 1		Y 1 1	$Y = A$
NAND	A ─┐D○─ Y B ─┘	NOT + AND, 즉 AND의 부정	A 0 0 1 1	B 0 1 0 1	Y 0 0 0 1	$Y = \overline{A \cdot B}$ $Y = \overline{AB}$
NOR	A ─┐D○─ Y B ─┘	NOT + OR, 즉 OR의 부정	A 0 0 1 1	B 0 1 0 1	Y 0 0 0 1	$Y = \overline{A \cdot B}$
XOR	A ─┐⫽D─ Y B ─┘	입력신호가 모두 같으면 0, 한 개라도 틀리면 1출력	A 0 0 1 1	B 0 1 0 1	Y 0 0 0 1	$Y = A \oplus B$ $Y = \overline{A}B + A\overline{B}$
XNOR	A ─┐⫽D○─ Y B ─┘	NOT + XOR, 즉 XOR의 부정	A 0 0 1 1	B 0 1 0 1	Y 0 0 0 1	$Y = A \odot B$ $Y = \overline{A \oplus B}$ $Y = AB + \overline{A}\,\overline{B}$

64. 광전 센서의 일반적인 특징으로 틀린 것은?

① 검출거리가 길다.

② 응답속도가 느리다.

③ 검출물체의 대상이 넓다.

④ 비접촉식으로 물체를 검출한다.

> **해설** • 광전 센서는 빛을 내는 투광부와 빛을 받는 수광부로 구성
>
> • 투광된 빛이 검출 물체에 의해 가려지거나 반사하거나 하면 수광부에 도달하는 빛의 양이 변화하므로 수광부는 그러한 변화를 검출한 후 전기 신호로 변환해서 출력
>
> • 사용되는 빛은 가시광(주로 빨강, 색 판별용으로 초록, 파랑)과 적외광

65. 쾌속조형기술이라고도 하며 컴퓨터에서 생성된 3차원 형상을 조형하여 모델을 만드는 것은?

① Boring

② Honing

③ Burnishing

④ Rapid prototyping

> **해설** ① Rapid prototyping : 쾌속조형기술이라고도 하며 컴퓨터에서 생성된 3차원 형상을 조형하여 모델을 만드는 것을 말한다.
>
> ② Boring : 드릴가공 등으로 이미 뚫어져 있는 구멍을 크게 하거나 정밀도가 높게 가공한다.
>
> ③ Honing : 혼(hone)이라는 공구를 회전시켜 원통의 내면을 보링, 리밍 등의 가공을 한 후에 진원도, 진직도, 표면거칠기 등을 향상시키기 위한 가공 방법이다.
>
> ④ Burnishing : 1차로 가공된 가공물의 안지름보다 다소 큰 강구(steel ball)를 압입하여 통과시켜서 치수 정밀도를 높인다.

66. 스택(stack)에 대한 설명으로 옳은 것은?

① 먼저 입력된 자료가 먼저 출력된다.

② 자료의 입출력 포인트가 두 곳이 있다.

③ 마지막에 입력된 자료가 먼저 출력된다.

④ 자료가 입력될 때의 포인터와 출력될 때의 포인터가 다르다.

> **해설** 스택은 한쪽 끝에서만 자료를 넣고 뺄 수 있는 LIFO(Last In First Out) 형식의 자료 구조이다. 자료를 넣는 것을 PUSH라고 하고 넣어둔 자료를 꺼내는 것을 POP이라고 한다.

67. 마이크로프로세서의 ALU(Arithmetic and Logical Unit)에 기본 연산 방법은?

① 가산   ② 감산

③ 곱셈   ④ 나눗셈

> **해설** 연산장치(ALU, Arithmetic and Logicl Unit)
>
> 1. 내부장치
>   • 가산기(adder) : 산술연산을 수행하는 회로, 두 개 이상의 수의 합을 계산하는 논리회로
>   • 보수기(complementer) : 뺄셈을 사용할 때 사용하는 보수를 만들어주는 논리회로
>   • 시프터(shifter) : 2진수의 각 자리를 왼쪽 또는 오른쪽으로 이동해주는 회로
>   • 오버플로(overflow) 검출기 : 산술기의 결과가 해당 레지스터의 용량을 초과했을 때를 검출해주는 회로
>
> 2. 레지스터(Register)
>   • 누산기(accumulator) : 산술과 논리연산의 중간값을 임시적으로 보관하기 위한 레지스터
>   • 저장 레지스터(storage register) : 주기억장치로 보내는 데이터를 임시적으로 저장하는 레지스터
>   • 데이터 레지스터(data register) : 연산을 위한 데이터를 임시적으로 기억하는 레지스터
>   • 상태 레지스터(status register) : 산술과 논리 연산의 결과로 나오는 캐리, 부호, 오버플로 등의 상태를 기억하는 레지스터
>   • 인덱스 레지스터(index register) : 명령 주소를 수정하거나 색인 주소를 지정할 때 사용하는 레지스터
>   • 부동소수점 레지스터(floating point register) : 부동소수점 연산에 사용되는 레지스터

68. 윤활작용이 주목적인 절삭제는?

① 극압유

② 수용성 절삭유

③ 지방유

④ 혼합유

> **해설** • 절삭제의 기능 : 냉각작용, 청정작용, 윤활작용, 방청작용 등이 있다.
> • 극압유 : 많은 하중이 작용하고 마찰온도다 높은 극압 상태에 절삭제로 사용한다.

69. 밀링머신에 대한 설명 중 틀린 것은?

① 상향절삭은 마찰저항은 작으나 백래시가 크다.

② 슬로팅 장치는 커터를 상하로 움직여 키홈을 절삭한다.

③ 분할대는 공작물을 일정한 간격으로 등분하는 데 사용된다.

④ 하향절삭은 절삭력이 하향으로 작용하여 가공물의 고정이 유리하다.

> **해설** 상향절삭(up cutting)
> • 마찰저항이 커서 공구를 위로 들어 올리는 힘이 작용한다.
> • 백래시(back lash)가 거의 없어 절삭에 별 지장이 없다.

70. 스테핑 모터의 종류가 아닌 것은?

① 브러시형 스테핑 모터

② 영구자석형 스테핑 모터

③ 하이브리드형 스테핑 모터

④ 가변 릴럭턴스형 스테핑 모터

> **해설** 스테핑 모터 종류 : 가변릴럭턴스형(variable reluctance), 영구자석형(permanant margnet), 하이브리드형

71. 서미스터(thermistor)의 특징으로 틀린 것은?

① 서미스터는 전압이 발생되는 소자이다.

② 서미스터는 온도 변화에 반응하는 소자이다.

③ 정의 온도계수를 갖는 서미스터는 PTC이다.

④ 부의 온도계수를 갖는 서미스터는 NTC이다.

> **해설** 서미스터(thermistor) : 저항기의 일종으로, 온도에 따라 물질의 저항이 변화하는 성질을 이용한 전기적 장치이다. 열가변 저항기라고도 하며, 주로 회로의 전류가 일정 이상으로 오르는 것을 방지하거나, 회로의 온도를 감지하는 센서를 말한다.

72. 스테핑 모터의 특징으로 틀린 것은?

① 정지 시 홀딩토크가 없다.

② 정·역 전환 및 변속이 용이하다.

③ 저속 시 전동 및 공진의 문제가 있다.

④ 개루프(open loop)에서 제어성능이 좋다.

> **해설** 홀딩토크(holding torqe) : 스테핑 모터를 여자 상태로 하여 출력축을 외부에서 돌리려고 했을 때 이 힘에 대항하여 발생하는 토크의 최댓값

73. 데이터 처리(연산) 명령이 아닌 것은?

① 산술 명령

② 저장 명령

③ 시프트 명령

④ 논리연산 명령

> **해설** 저장명령은 데이터 처리명령이나 연산명령은 아니다.

74. 120 V의 전압을 가할 때 500 mA의 전류가 흐르는 백열전등의 저항(R)과 전력(P)은 각각 얼마인가?

① $R = 0.24\,\Omega$, $P = 1.2\text{ W}$

② $R = 0.24\,\Omega$, $P = 6\text{ W}$

③ $R = 240\,\Omega$, $P = 60\text{ W}$

④ $R = 240\,\Omega$, $P = 120\text{ W}$

2018

해설 $R = \dfrac{V}{I} = \dfrac{120}{0.5} = 240\ \Omega$

$P = EI = I^2R = 120 \times 0.5 = 60\ \text{W}$

75. 금속에서만 동작하는 센서는?

① 광센서
② 유도형 센서
③ 온도형 센서
④ 용량형 센서

해설 유도형 센서
- 유도형 센서는 금속 물체를 비접촉 상태에서 감지하여 마모가 없다.
- 대상에 반응하는 고주파 전자기 AC 자기장이 사용된다.
- 탁월한 내구성과 신뢰성, 높은 스위칭 주파수 및 긴 수명 등이 장점이다.

76. 십진법의 57을 BCD(Binary Coded Decimal) 진법으로 변환한 값은?

① 01010111_{BCD}
② 01110101_{BCD}
③ 01110111_{BCD}
④ 11010111_{BCD}

해설

십진수	5	7
BCD	0101	0111

77. 이상적인 연산증폭기의 입력 임피던스(Ω)의 값으로 옳은 것은?

① 0 　　　　② ∞
③ 10 　　　　④ 100

해설 이상적인 연산증폭기의 입력 임피던스는 무한대이며 출력 임피던스는 0이다. 입력전류는 0이며 출력 전류는 $\pm\infty$이다.

78. 다음 중 입력장치로만 짝지어진 것은?

① 릴레이, 타이머, 카운터
② 타이머, 카운터, 엔코더
③ 습도 센서, 토글스위치, 릴레이
④ 푸시 버튼, 캠 스위치, 토글스위치

해설 버튼, 스위치는 입력장치에 속하며 릴레이, 타이머, 카운터, 엔코더 등은 제어장치이다.

79. 저항값이 $5\,\Omega$과 $10\,\Omega$인 저항이 직렬로 접속되었을 때 100V의 전압을 인가했을 경우 전체 회로에 흐르는 전류(A)는?

① 6.7 　　　　② 10
③ 20 　　　　④ 30

해설 직렬로 연결된 저항의 합성저항값은 모든 저항을 합한 것과 같다.

$\Sigma R = 5\ \Omega + 10\ \Omega = 15\ \Omega$

$I = \dfrac{V}{R} = \dfrac{100\ \text{V}}{15\ \Omega} \fallingdotseq 6.67$

80. 패러데이 법칙에 대한 설명으로 옳은 것은?

① 전자유도에 의해 회로에 발생하는 기전력은 자속 쇄교수에 시간을 더한 값이다.
② 전자유도에 의해 회로에 발생하는 기전력은 자속의 변화 방향으로 유도된다.
③ 전자유도에 의해 회로에 발생하는 기전력은 단위시간당의 자속 쇄교수에 반비례한다.
④ 전자유도에 의해 회로에 발생하는 기전력은 단위시간당의 자속 쇄교수에 비례한다.

해설 패러데이 전자기 유도 법칙(Faraday 電磁氣 誘導 法則; Faraday's law of electromagnetic induction) : 자기 선속의 변화가 기전력을 발생시킨다는 법칙이다.

2018년 4월 28일 시행

자격종목 및 등급(선택분야)	종목코드	시험시간	문제지형별	수검번호	성 명
생산자동화산업기사	2034	2시간	A		

제1과목 : 기계가공법 및 안전관리

1. 화재를 A급, B급, C급, D급으로 구분했을 때 전기화재에 해당하는 것은?

① A급 ② B급 ③ C급 ④ D급

해설 화재의 종류
① A급 : 일반화재(목재, 종이, 섬유 등 우리 주변에서 발생하는 일반적인 화재)
② B급 : 유류화재(휘발유, 경유, 알코올 등의 화재, 가스화재도 포함)
③ C급 : 전기화재(전기가 공급되는 상태에서 합선, 누전 등 전기로 인한 화재)
④ D급 : 금속화재(가연성 금속으로 인한 화재, 즉 칼륨, 나트륨, 마그네슘 등의 원인으로 인한 화재)

2. 절삭유의 사용목적으로 틀린 것은?

① 절삭열의 냉각
② 기계의 부식방지
③ 공구의 마모 감소
④ 공구의 경도 저하 방지

해설 절삭제(fluids)의 사용목적
• 냉각작용, 윤활작용, 세척작용, 방청작용이 목적이다.
• 기계의 부식방지는 방청 작용으로 볼 수 있으나 절삭유의 중요기능에 가까운 것을 먼저 고려한다.

3. 윤활제의 구비조건으로 틀린 것은?

① 사용 상태에 따라 점도가 변할 것
② 산화나 열에 대하여 안정성이 높을 것
③ 화학적으로 불활성이며 깨끗하고 균질할 것
④ 한계 윤활 상태에서 견딜 수 있는 유성이 있을 것

해설 윤활제(lubricant)는 사용 상태에서 충분한 점도를 유지하여야 한다.

4. 도금을 응용한 방법으로 모델을 음극에 전착시킨 금속을 양극에 설치하고, 전해액 속에서 전기를 통전하여 적당한 두께로 금속을 입히는 가공방법은?

① 전주가공
② 전해연삭
③ 레이저가공
④ 초음파 가공

해설 전주가공(電鑄加工, Electro Forming)
• 1~15mm의 두께로 전착 층을 형성시킨다.
• 가공정밀도가 높다.($\pm 2.5 \mu m$)
• 복잡한 형상, 중공축 등을 가공할 수 있다.
• 제품의 크기에 제한을 받지 않는다.
• 생산시간이 길다.(플라스틱 성형용 2~3주일)

5. 드릴작업 후 구멍의 내면을 다듬질하는 목적으로 사용하는 공구는?

① 탭 ② 리머
③ 센터드릴 ④ 카운터 보어

해설 리머 작업(리밍 ; reaming)

- 리머 공구를 이용 구멍의 진원도와 내면의 다듬질 정도를 양호하게 한다.
- 일반적으로 리머의 여유는 0.2~0.3 mm 정도로 한다.
- 손으로 하는 핸드 리머, 공작 기계를 사용하는 기계 리머가 있다.
- 보통 날부분과 자루부분이 있고, 자루는 평행과 테이퍼 두 종류가 있다.
- 리머는 천천히 회전시키고 이송은 크게 한다.

6. 밀링가공에서 분할대를 사용하여 원주를 $6°30'$ 씩 분할하고자 할 때 옳은 방법은?

① 분할 크랭크를 18공열에서 13구멍씩 회전시킨다.

② 분할 크랭크를 26공열에서 18구멍씩 회전시킨다.

③ 분할 크랭크를 36공열에서 13구멍씩 회전시킨다.

④ 분할 크랭크를 13공열에서 1회전하고 5구멍씩 회전시킨다.

해설 각도 분할

- 도면에 도로 표시되어 있을 때($6°30' = 6.5°$)

$\dfrac{h}{H} = \dfrac{D°}{9}$ 이므로 $\dfrac{6.5}{9} = \dfrac{13}{18}$ 이 된다. 따라서 분할 크랭크를 18공열에서 13구멍씩 회전시킨다.

- 도면에 도 및 분으로 표시되어 있을 때($6°30' = 390'$)

$\dfrac{h}{H} = \dfrac{D'}{540}$ 이므로 $\dfrac{390}{540}$ 을 약분하면 $\dfrac{13}{18}$ 이 된다. 윗부분의 항과 똑같이 분할 크랭크를 18공열에서 13구멍씩 회전시킨다. 즉, 동일한 결과가 됨으로 계산하기 편리한 것을 선택하여 분할한다.

7. CNC 프로그램에서 보조기능에 해당하는 어드레스는?

① F   ② M
③ S   ④ T

해설 CNC 프로그램 주요기능(F, G, M, S, T)

주소 (code)	기능	내용
F	이송 기능	• 선반은 회전당 이송 예) F0.2 : 회전당 0.2 mm 이송, 즉 0.2(mm/rev) • MCT는 분당 이송 예) F100 : 분당 100 mm 이송, 즉 F100(mm/min)
G(G −code)	준비 기능	• 제어장치의 기능을 동작하기 위한 준비를 하는 기능 • 1회 유효 G코드(one shot G−code) : 지정된 블록에서만 유효, 연속 유효 G코드(Modal G−code) : 동일 그룹의 다른 G코드가 지령될 때까지 유효 예) G00 : 급송이송, G01 : 직선보간, G02 : 원호보간(CW)
M(M −code)	보조 기능	• 기계의 각종 기능을 수행하는데 필요한 보조 장치 기능 예) M02 : P/G종료, M03 : 주축 정회전, M05 : 주축 정지
S	주축 기능	• 주축의 회전속도를 지령하는 기능으로 G96, G97과 함께 지령 예) G96 S150 M03 : 주축속도 150 m/min로 일정하게 정회전 G97 S1000 M03 : 주축 1,000 rpm으로 정회전
T	공구 기능	• 공구를 선택하는 기능 예) T0100 : 1번 공구선택(CNC 선반) T0101 : 1번 공구선택 및 1번 공구에 설정한 보정값 적용 예) T01M06 : MCT에서 1번 공구로 교환

8. 밀링머신에 포함되는 기계장치가 아닌 것은?

① 니   ② 주축
③ 칼럼   ④ 심압대

해설 심압대(tail stock)

- 심압대는 선반의 구성 부분이며 작업자를 기준으로 심압 축을 포함하여 오른쪽 베드 위에 위치한다.
- 테이퍼 구멍 안에 부속품을 설치, 가공물지지, 드릴가공, 센터드릴 가공, 리머가공 등을

할 수 있다.

9. 드릴링 머신작업 시 주의해야 할 사항 중 틀린 것은?

① 가공 시 면장갑을 착용하고 작업한다.
② 가공물이 회전하지 않도록 단단하게 고정한다.
③ 가공물을 손으로 지지하여 드릴링하지 않는다.
④ 얇은 가공물을 드릴링 할 때는 목편을 받친다.

해설 드릴링 머신 등 회전 공작기계를 사용할 때는 절대로 장갑을 착용해서는 안 된다.

10. 원형 부분을 두 개의 동심의 기하학적 원으로 취했을 경우, 두 원의 간격이 최소가 되는 두 원의 반지름의 차로 나타내는 형상 정밀도는?

① 원통도   ② 직각
③ 진원도   ④ 평행도

해설 • 원통도 : 기준축선과 동축의 원통에서의 차를 표시한 값으로 나타낸다.
• 직각도 : 데이텀을 기준으로 규제형체의 평면이나 축 직선이 90°를 기준으로 한 완전한 직각으로부터 벗어난 크기로 나타낸다.
• 평행도 : 면, 선, 축심에 대하여 데이텀을 기준으로 이상적인 직선 또는 평면으로부터 벗어난 크기로 나타낸다.

11. 다음 나사의 유효지름 측정 방법 중 정밀도가 가장 높은 방법은?

① 삼침법을 이용한 방법
② 피치 게이지를 이용한 방법
③ 버니어 캘리퍼스를 이용한 방법
④ 나사 마이크로미터를 이용한 방법

해설 삼침법(三針法)
• 정밀도가 높은 나사의 유효지름 측정에 사용된다.

• 지름이 같은 철심을 나사산에 삽입하여 바깥지름을 마이크로미터로 측정 공식에 의하여 유효지름을 구한다.

12. 일반적인 보통 선반가공에 관한 설명으로 틀린 것은?

① 바이트 절입량의 2배로 공작물의 지름이 작아진다.
② 이송 속도가 빠를수록 표면거칠기는 좋아진다.
③ 절삭 속도가 증가하면 바이트의 수명은 짧아진다.
④ 이송 속도는 공작물의 1회전당 공구의 이동거리이다.

해설 • 이송속도가 빠를수록 가공물의 표면거칠기는 나빠진다.
• 절삭 깊이(depth of cut)가 클수록 표면거칠기는 나빠진다.

13. 연삭작업에서 숫돌결합제의 구비조건으로 틀린 것은?

① 성형성이 우수해야 한다.
② 열이나 연삭액에 대하여 안전성이 있어야 한다.
③ 필요에 따라 결합능력을 조절할 수 있어야 한다.
④ 충격에 견뎌야 하므로 기공 없이 치밀해야 한다.

해설 연삭숫돌 결합제(bond) : 입자 간의 기공(pore)이 생겨야 하며, 고속회전에서도 파손되지 않아야 한다.

14. 다음 3차원 측정기에서 사용되는 프로브 중 광학계를 이용하여 얇거나 연한 재질의 피측정물을 측정하기 위한 것으로 심출 현미경, CMM 계측용 TV 시스템 등에 사용되는 것은?

① 전자식 프로브　　② 접촉식 프로브
③ 터치식 프로브　　④ 비접촉식 프로브

해설 3차원 측정기에서 비접촉식 프로브(측정침, probe)
- 3차원 측정기에 사용되는 프로브 중 광학계를 이용하여 측정압에 의해 변형이 발생될 수 있는 얇거나 연한 재질의 피측정물을 측정하기 위해 사용된다.
- 촉침이 접근할 수 없는 작은 구멍이나 선의 측정 및 높이 변화가 없는 2차원의 가공물 측정에도 많이 사용된다.

15. 선반작업에서 구성인선(built-up edge)의 발생 원인에 해당하는 것은?

① 절삭 깊이를 작게 할 때
② 절삭 속도를 느리게 할 때
③ 바이트의 윗면 경사각이 클 때
④ 윤활성이 좋은 절삭유제를 사용할 때

해설 구성인선(構成刃先, built-up edge)
연성의 가공물을 절삭할 때 절삭력과 절삭열에 의하여 고온, 고압이 작용하여 공구의 인선에 대단히 경(硬)하고, 미소(微小)한 입자가 압착 또는 융착되어 나타나는 현상을 밀한다.
- 구성인선의 방지대책 : 방지대책의 반대내용은 발생 원인으로 볼 수 있다.
  ① 절삭 깊이를 적게 할 것
  ② 절삭 속도를 크게 할 것
  ③ 바이트의 윗면 경사각을 크게 할 것
  ④ 윤활성이 좋은 절삭유제를 사용할 것
  ⑤ 절삭 공구의 인선을 예리(銳利, 날카롭게)하게 할 것

16. 밀링 작업에서 분할대를 사용하여 직접 분할할 수 없는 것은?

① 3등분　　　　② 4등분
③ 6등분　　　　④ 9등분

해설 밀링 작업에서 직접 분할법(direct dividing method)
- 직접 분할판의 구멍의 수가 24개이므로 24의 약수로 분할 가능하다.
- 24, 12, 8, 6, 4, 3, 2등분이 가능하다.

17. 4개의 조가 90° 간격으로 구성 배치되어 있으며, 보통선반에서 편심가공을 할 때 사용되는 척은?

① 단동척　　　　② 연동척
③ 유압척　　　　④ 콜릿척

해설 단동척(independent chuck)
- 4개의 조(Jaw)가 90° 간격으로 구성 배치되어 있다.
- 4개의 조가 단독으로 움직여 고정력이 크다.
- 불규칙한 가공물, 편심, 중량의 가공물을 고정하여 가공할 수 있다.

18. 가늘고 긴 일정한 단면 모양을 가진 공구를 사용하여 가공물의 내면에 키홈, 스플라인 홈, 원형이나 다각형의 구멍 형상과 외면에 세그먼트 기어, 홈, 특수한 외면의 형상을 가공하는 공작기계는?

① 기어 셰이퍼(gear shaper)
② 호닝 머신(honing machine)
③ 호빙 머신(hobbing machine)
④ 브로칭 머신(broaching machine)

해설 브로칭 머신
- 가늘고 긴 일정한 단면 모양을 가진 브로치(broach)라는 공구를 사용하여 가공물의 내면에 키홈, 스플라인 홈, 원형이나 다각형의 구멍 형상과 외면에 세그먼트 기어, 홈, 특수한 외면 형상을 가공한다.
- 가공물의 재질과 치수가 동일한 경우에만 사용 가능하며, 제품의 형상 재질에 따라 브로치가 필요하여 시간과 비용이 많이 발생하여 대량생산에 적합하다.

19. 공작물을 센터에 지지하지 않고 연삭하며, 가늘고 긴 가공물의 연삭에 적합한 특징을 가진 연삭기는?

① 나사 연삭기
② 내경 연삭기
③ 외경 연삭기
④ 센터리스 연삭기

> **해설** 센터리스 연삭기(centerless grinding ma-chine)
> • 공작물을 센터에 지지하지 않고 연삭한다. (센터구멍을 가공할 필요가 없다.)
> • 가늘고 긴 가공물의 연삭에 적합하다.
> • 중공(中空)의 가공물 연삭이 편리하다.
> • 숙련을 요하지 않으며, 연삭여유가 작아도 된다.
> • 긴 홈이 있는 가공물, 대형이나 중량물의 연삭은 어렵다.

20. 표면 프로파일 파라미터 정의의 연결이 틀린 것은?

① Rt : 프로파일의 전체 높이
② RSm : 평가 프로파일의 첨도
③ Rsk : 평가 프로파일의 비대칭도
④ Ra : 평가 프로파일의 산술 평균 높이

> **해설** 평가 프로파일 요철 평균 간격(RSm) : 기준 길이 내의 단면 요철간격의 평균값을 말한다.

제2과목 : 기계제도 및 기초공학

21. 다음 중 표면의 결을 도시할 때 제거가공을 허용하지 않는다는 것을 지시한 것은?

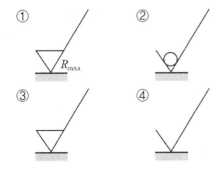

> **해설** •
>
>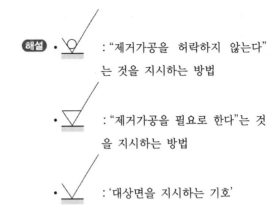
>
> : "제거가공을 허락하지 않는다"는 것을 지시하는 방법
>
> : "제거가공을 필요로 한다"는 것을 지시하는 방법
>
> : '대상면을 지시하는 기호'

22. 그림에서 치수 500과 같이 치수 밑에 굵은 실선을 적용하였을 때 이 치수에 대한 해석으로 옳은 것은?

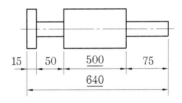

① 500의 치수 부분은 비례척이 아님
② 치수 500만큼 표면처리를 함
③ 치수 500 부분을 정밀가공을 함
④ 치수 500은 참고치수임

> **해설** 투상도와 비례하지 않는 치수 수정 : 500, 640과 같이 치수 밑에 굵은 실선을 적용하였을 때 비례척이 아님을 표시

23. 다음 중 복열 자동조심 볼 베어링에 해당하는 베어링 간략기호는?

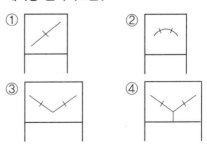

---

① : 단열 앵귤러 콘택트 테이퍼 롤러 베어링, 단열 앵귤러 콘택트 분리형 볼 베어링

② : 복열 자동조심 볼 베어링

③ : 복열 앵귤러 콘택트 고정형 볼 베어링

④ : 두 조각 내륜 복열 앵귤러 콘택트 분리형 볼 베어링

24. 그림과 같이 경사지게 잘린 사각뿔의 전개도로 가장 적합한 형상은?

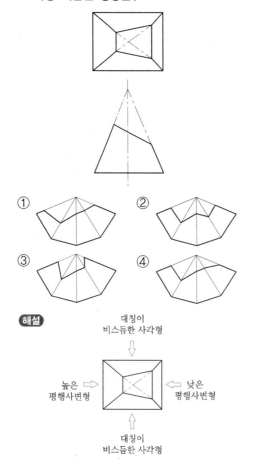

해설

대칭이 비스듬한 사각형

↓

높은 ⇒ 평행사변형　⇐ 낮은 평행사변형

↑

대칭이 비스듬한 사각형

설명하는 도형이 연결되어 그려진 답을 찾는다.

25. [보기]와 같은 내용의 기하공차를 표시한 것 중 옳은 것은?

───── [보기] ─────

길이 25 mm의 원기둥의 표면은 0.1 mm 만큼 차이가 있는 2개의 동심 원기둥 사이에 들어 있어야 한다.

①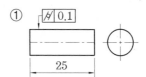

②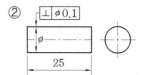

③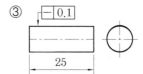

④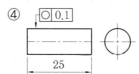

해설

① 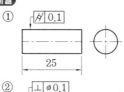 : 원통도를 표시, 길이 25 mm의 원기둥의 표면은 0.1 mm만큼 차이가 있는 2개의 동심 원기둥 사이에 들어 있어야 한다.

② 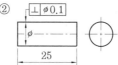 : 직각도를 표시한다.

③ 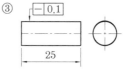 : 진직도를 표시한다.

④  : 진원도를 표시한다.

26. 그림과 같은 도면의 양식에서 각 항목이 지시하는 부위의 명칭이 틀린 것은?

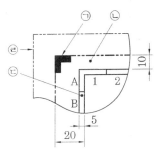

① ㉠ : 재단마크
② ㉡ : 재단용지
③ ㉢ : 비교 눈금
④ ㉣ : 재단하지 않은 용지 가장자리

해설 ③ ㉢ : 구역표시를 나타낸다.

27. 스퍼기어를 제도할 경우 스퍼기어 요목표에 일반적으로 기입하는 항목으로 거리가 먼 것은?

① 기준 피치원 지름
② 모듈
③ 압력각
④ 기어의 잇폭

해설 일반적인 스퍼기어(spur gear)
• 요목표 기입항목 : 기준 피치원 지름, 모듈, 압력각, 치형, 이수, 전위량, 전체 이 높이 등

28. 그림과 같이 개개의 치수공차에 대해 다른 치수의 공차에 영향을 주지 않기 위해 사용하는 치수기입법은 무엇인가?

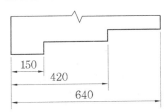

① 직렬 치수기입법
② 병렬 치수기입법

③ 누진 치수기입법
④ 좌표 치수기입법

해설 치수의 배치 방법
• 직렬 치수기입법 : 직렬로 연결된 치수에 주어진 일반 공차가 차례로 누적되어도 좋은 경우에 사용
• 병렬 치수기입법 : 개개의 치수공차에 대해 영향을 주지 않기 위해 사용
• 누진 치수기입법 : 치수공차에 관하여 병렬 치수기입법과 완전히 동등한 의미를 가지면서 하나의 연속된 치수선으로 간편하게 표시
• 좌표 치수기입법 : 구멍의 위치나 크기 등의 치수를 좌표를 사용하여 기입한다.

29. 조립 전의 구멍치수가 $100^{+0.04}_{0}$, 축의 치수가 $100^{+0.02}_{-0.06}$일 때 최대 틈새는?

① 0.02　② 0.06　③ 0.10　④ 0.04

해설 최대 틈새(maximum clearance)
• 헐거운 끼워맞춤, 중간 끼워맞춤에서 구멍의 최대허용치수와 축의 최소허용치수와의 차
• 최대 틈새＝구멍의 최대허용치수－축의 최소허용치수
• $100.04 - 99.94 = 0.1$

30. 그림과 같은 입체도를 제3각법으로 투상한 투상도로 옳은 것은?

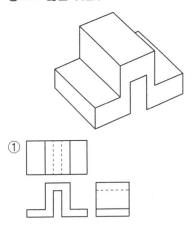

①

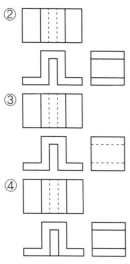

② ③ ④

해설 제3각법에 의한 투상도 : 정면도를 기준으로 우측 면도를 우측에 평면도를 상면에 도시한다.

31. 그림과 같이 지름이 90 cm인 풀리가 180 rpm으로 회전할 때 발생하는 전달마력(PS)은?

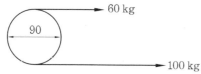

① 4.52　　　　② 5.52
③ 6.52　　　　④ 7.52

해설 전달마력 : $H[\text{ps}]$
- $H = F \times V$
- $F = 100 - 60 = 40\text{kg}$
- $V = \dfrac{\pi dn}{1000}[\text{m/min}] = \dfrac{\pi dn}{60 \times 1000}[\text{m/s}]$
  $= \dfrac{3.14 \times 900 \times 180}{60 \times 1000} = 8.478\,\text{m/s}$
- $H = 40 \times 8.478 = 339.12\,\text{kg·m/s}$
  여기서, 1마력, 즉 1 ps = 75 kg·m/s
- $H = 339.12/75 = 4.52\,\text{ps}$

32. 다음 그림(응력-변형률 곡선)에서 A점을 비례한도라고 할 때 B점(응력)의 명칭은?

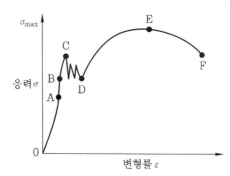

① 하한값　　　　② 극한강도
③ 탄성한도　　　④ 파괴강도

해설 ① B : 탄성한도
② C : 상항복점
③ D : 하항복점
④ E : 극한강도(최대 인장강도)
⑤ F : 파괴강도

33. 축전지의 용량을 표시하는 단위로 옳은 것은?

① V　　　　　　② Ah
③ kVA　　　　　④ kWh

해설 • 축전지의 용량(C) = 방전 진류(A) × 방전시간(h)이므로 C = Ah

34. 지름이 D인 원의 면적을 구하는 식으로 옳은 것은?

① $\dfrac{\pi D}{2}$　　　　② $\dfrac{\pi D^2}{2}$
③ $\dfrac{\pi D}{4}$　　　　④ $\dfrac{\pi D^2}{4}$

해설 • 원의 면적(S) = 반지름 × 반지름 × π이므로
• $S = \dfrac{D}{2} \times \dfrac{D}{2} \times \pi = \dfrac{\pi D^2}{4}$

35. 철판에 1.5 cm/s로 자동 용접할 수 있는 잠호용접기가 있다. 같은 철판을 2분 동안 용접한 거리는?

① 30 cm　　　　② 160 cm

③ 180 cm   ④ 540 cm

해설 • 1초당 1.5이므로 2분(120초) 동안의 거리(용접 길이)는 용접 길이=1.5×120=180 cm/s

36. 회전 모멘트에 대한 설명이 틀린 것은?

① 물체에 가하는 힘이 크면 회전 모멘트는 크다.

② 회전 모멘트의 단위는 힘과 거리 단위의 곱이다.

③ 회전 중심에서 힘이 가해지는 곳까지의 선분 길이가 길면 회전 모멘트는 크다.

④ 힘이 가해지는 곳까지의 선분과 힘이 이루는 각이 180°일 때 회전 모멘트는 크다.

해설 회전 모멘트(moment)
• 회전 중심에서 힘의 작용선까지의 수직 거리에 힘의 크기를 산술적으로 곱하여 구한다.
• 힘이 가해지는 곳까지의 선분과 힘이 이루는 각이 180°일 때 회전모멘트는 0이다.

37. 바닷속 10 m에 있는 물체에 가해지는 바닷물의 압력(게이지 수압)은 약 얼마인가? (단, 바닷물의 밀도는 1.03 g/cm³이다.

① 101 kPa   ② 110 kPa
③ 111 kPa   ④ 121 kPa

해설 • $P=\rho gh$
(P=압력, ρ=바닷물의 밀도, g=중력가속도, h=높이)
• P=1.03 g/cm³ ×981 cm/s² ×10,000 cm
 =10,104,300 g/cm·s²
• P=10,104.3 kg/cm·s² =101.043 kg/m·s²
 =101 kg/m·s²
• P=101 kPa

38. 여러 개의 저항을 하나의 패키지(package) 형태로 만든 저항은?

① 가변저항
② 고정저항

③ 반고정지항
④ 어레이 저항

해설 어레이 저항(array resistor) : 여러 개의 저항을 하나의 패키지(package) 형태로 만든 저항을 말한다.

39. 가정용 형광등에 사용하는 교류전압은 실횻값이 220 V이다. 이 교류전압의 최댓값은 약 얼마인가?

① 110.15 V
② 220.13 V
③ 244.15 V
④ 311.13 V

해설 전압의 실횻값(V), 전압의 최댓값(V_{max})의 상관관계
• $V=\dfrac{1}{\sqrt{2}} V_{max}$
• $V_{max} = \sqrt{2} V=1.4142×220=311.13$ V

40. 그림과 같이 두 힘을 합성할 때 합력의 크기는?

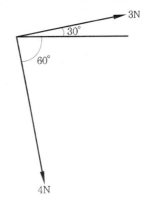

① 3.5N   ② 5N
③ 7N   ④ 12N

해설 • 두 힘의 사이 각이 직각(90°)임을 착안한다. 따라서 평행사변형법에 의한 피타고라스 정리를 적용한다.
• $F^2 = F_1^2+F_2^2 = 3^2+4^2 = 25$
• $F=5$ N

제3과목 : 자동제어

41. 정보처리회로에서 서보기구로 보내는 신호의 형태는?

① 변위　　　　　② 전류
③ 전압　　　　　④ 펄스

해설 서보기구
- 사람의 손과 발에 해당하는 것으로, 정보처리회로에서 전달된 신호에 의하여 공작기계의 테이블 등을 움직이게 하는 기구
- 신호는 펄스(Pulse : 일정값 이상의 전압을 가진 순간적인 전류)의 형태로 전달

42. 어큐뮬레이터(acumulator)의 용도로 틀린 것은?

① 에너지 축적용
② 펌프 맥동 흡수용
③ 충격 압력의 완충용
④ 오일 중 공기나 이물질 분리용

해설 어큐뮬레이터 : 축압기는 유체의 압력을 축적하여 유체의 흐름을 일정하게 조절해 주는 장치로서 맥동을 방지하는 데 사용

43. 1차 지연요소의 전달 함수는? (단, K : 이득 상수, T : 시정수, s : 라플라스 연산자이다.)

① $1 + Ls$

② $1 + Ls + Ks^2$

③ $\dfrac{K}{1 + sT}$

④ $\dfrac{K}{1 + sT_1 + s^2 T_2}$

해설 입력대비 시간이 지연되어 출력이 나오는 RLC 직렬회로로서 다음과 같은 형태를 가지는 전달 함수이다.

$$G(s) = \frac{Y(S)}{X(S)} = \frac{b}{s+a}$$

44. 다음 중 로터리 엔코더에서 출력되는 펄스신호를 PLC에 입력하기 위해서 사용하는 특수 유닛의 명칭은?

① PID 유닛
② D/A 변환 유닛
③ 고속 카운터 유닛
④ 컴퓨터 링크 유닛

해설 • 로터리 엔코더는 회전체(모터)에서 출력되는 반복적인 신호를 펄스화해서 출력하는 센서로서 PLC에서는 이를 적산하는 기능이 필요하다.
- PLC 입출력 유닛 중에서 고속 카운터 유닛은 펄스신호를 적산(카운팅)하는 모듈이다.

45. NC 공작기계의 주요 구성부가 아닌 것은?

① 스크루　　　　② 입력부
③ 서보 제어부　　④ 연산 제어부

해설 NC 공작기계는 입력부, 출력부, 서보 제어부, 연산제어부로 구성되며 연산제어부의 프로그래밍이 필수적이다.

46. 다음 중 인칭(Inching)회로를 사용하는 목적으로 옳은 것은?

① 전압을 높이기 위하여
② 사용자의 안전을 위하여
③ 토크를 크게 하기 위하여
④ 기동전류를 제한하기 위하여

해설 촌동(Inching)회로 : 버튼을 누르고 있는 동안만 동작하는 회로이다. 사용자가 의도하는 동안만 작동하기 때문에 사용자가 인지하지 못하는 동작에 의한 사고를 방지할 수 있다.

47. PLC의 출력에 해당하지 않는 것은?

① Lamp
② Motor
③ Sensor

④ Solenoid valve

해설 램프, 모터, 솔레노이드 밸브는 PLC의 출력신호에의 동작하는 출력장치에 해당하며 센서는 외부 신호를 감지하여 PLC에 입력으로 전달하는 입력장치에 해당

48. 4,096 bps를 사용하기 위한 1 bit 전송시간은 약 몇 ms인가?

① 0.48　　　　② 0.69

③ 0.244　　　　④ 0.288

해설 $\dfrac{1}{4,096} = 0.00024414\,\text{s} = 0.24414\,\text{ms}$

49. 서보기구용 검출기 중 변위를 자기장의 변화로 감지하는 것은?

① 압력계
② 속도검출기
③ 전압검출기
④ 차동변압기

해설 차동변압기(LVDT ; Linear Variable Differential Transformer) : 철심이 직선 운동을 하면 2차 코일이 상호유도현상에 따라 변압되는 원리

50. 그림과 같은 되먹임 제어계의 전달 함수는?

① $\dfrac{G(s)}{1+R(s)}$　　　② $\dfrac{C(s)}{1+R(s)}$

③ $\dfrac{R(s)C(s)}{1+G(s)}$　　　④ $\dfrac{G(s)}{1+G(s)}$

해설 $C(s) = \{R(s)-C(s)\}G(s)$
$= R(s)G(s)-C(s)G(s)$
$C(s)+C(s)G(s) = R(s)G(s)$
$C(s)1+G(s) = R(s)G(s)$
$\dfrac{C(s)}{R(s)} = \dfrac{G(s)}{1+G(s)}$

51. 다음 전기회로의 입력과 출력 간 전달 함수 $\dfrac{V_o(s)}{V_i(s)}$는?

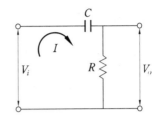

① $RCs+1$　　　② $\dfrac{RCs+1}{RCs}$

③ $\dfrac{1}{RCs+1}$　　　④ $\dfrac{RCs}{RCs+1}$

해설 $V_o(s) = R$, $V_i(s) = \dfrac{1}{Cs}+R = \dfrac{RC_s+1}{Cs}$

$\dfrac{V_o(s)}{V_i(s)} = Cs \cdot \dfrac{R}{RCs+1}$

52. PLC의 RS232C 커넥터를 이용하여 PC와 직접 연결하려고 한다면, RXD 단자는 상대편의 어느 단자와 연결해야 하는가?

① DCD　　　　② DTR
③ RXD　　　　④ TXD

해설

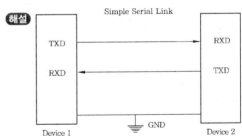

Simple Serial Link

RXD : Receive Data, TXD : Transmit Data, GND : Ground

53. 시퀀스 제어회로에서 스위치를 ON으로 조작하는 것과 동시에 작동하고 타이머의 설정시간 후에 정지하는 회로는?

① 반복동작회로

2018

② 지연동작회로

③ 일정시간동작회로

④ 지연복귀동작회로

해설 • 반복동작회로 : 2개의 타이머를 사용하여 각각 타이머의 설정시간에 따라서 On과 Off의 반복동작을 행하는 회로
• 지연동작회로 : 전압을 인가하면 타이머의 설정시간 후에 동작하는 회로
• 일정시간동작회로 : 전압을 인가하면 동시에 동작하여 타이머의 설정시간 후에 정지하는 회로
• 지연복귀동작회로 : 스위치를 Off 조작한 후 타이머의 설정시간 정도만 지연되고 원래의 상태로 복귀하는 회로

54. 10진법의 수 0에서 7까지를 2진법으로 표현하기 위한 최소 자릿수는?

① 1　　② 2　　③ 3　　④ 4

해설

2진수 자릿수	2^2	2^1	2^0
$7_{(10)}$	1×2^2	1×2^1	1×2^0

$7 = 1 \times 2^2 + 1 \times 2^1 + 1 \times 2^0$

55. $\dfrac{A(s)}{B(s)} = \dfrac{2}{s+1}$ 의 전달 함수를 미분방정식으로 나타내는 것은?

① $\dfrac{da(t)}{dt} + a(t) = 2b(t)$

② $\dfrac{da(t)}{dt} + 2a(t) = b(t)$

③ $\dfrac{da(t)}{dt} + 2a(t) = 2b(t)$

④ $\dfrac{2da(t)}{dt} + a(t) = b(t)$

해설 $\dfrac{A(s)}{B(s)} = \dfrac{2}{s+1}$

$(s+1)A(s) = 2B(s)$

$sA(s) + A(s) = 2B(s)$

$\dfrac{d}{dt}a(t) + a(t) = 2b(t)$

56. 유압제어의 일반적인 특징으로 틀린 것은?

① 무단 변속이 가능하다.

② 입력에 대한 출력 응답이 빠르다.

③ 작은 장치로 큰 출력을 얻을 수 있다.

④ 전기, 전자의 조합으로 자동제어가 가능하다.

해설 파스칼의 원리는 유체역학에서 막혀 있는 비압축성 유체 공간 속에서 임의의 한 부분에 가해진 압력은 유체의 다른 모든 부분에도 똑같이 전달된다는 원리이다.

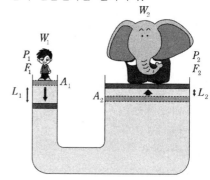

57. 스테핑 모터에 대한 설명으로 틀린 것은?

① 고속운전 시에 탈조하기 쉽다.

② 회전각 검출을 위한 피드백이 필요 없다.

③ 스테핑 모터의 총회전각은 입력 펄스의 총수에 비례한다.

④ 1스텝당 각도오차가 작고 회전각 오차는 스텝마다 누적된다.

해설 스테핑 모터는 스텝별로 동작 오차가 발생하지만 입력신호에 따라 정해진 스텝의 위치제어를 따르므로 회전 시 오차가 누적되지는 않는다.

58. 근궤적의 대칭에 대한 설명으로 옳은 것은?

① 대칭성이 없다.

② 원점과 대칭이다.

③ 실수축과 대칭이다.

④ 허수축과 대칭이다.

해설 근궤적은 K가 $0 \sim +\infty$로 변할 때, $G(s)$ $H(s) = -1/K$를 만족하며 근이 그리는 궤적이다.

- 근궤적의 출발점($K=0 \to$ 극점), 종착점($K= \infty \to$ 영점 또는 무한대)
  - 출발점 : $K=0$에서 개루프 전달 함수 $G(s)$ $H(s)$가 극점에 접근한다.
  - 종착점 : $K=\infty$에서 개루프 전달 함수 $G(s)$ $H(s)$가 영점 또는 무한대에 접근한다. 여기서, 무한대는 극점 개수가 영점 개수 보다 많은 경우에 한한다.
- 근궤적의 가지수=특성방정식의 차수
  - 근궤적 수는 폐루프 전달 함수의 극점 수 (특성방정식의 근 수)와 같다. 즉, 특성방 정식의 차수만큼의 근궤적이 존재한다.

* K가 $0 \sim +\infty$ 변할 때의 각 근이 취하는 궤적 으로써, 결국 근의 수와 같다.

- 근궤적이 실수축에 대해 대칭적
  - 물리적 구현 가능 시스템이려면, 특성방정 식 근이 실근 또는 복소 공액근이어야 한다.

59. 피드백 제어계 중 물체의 위치·각도 등의 기계적 변위를 제어량으로 하여 목표값의 임의의 변화를 추종하도록 구성된 제어계는?

① 서보제어
② 자동제어
③ 프로그램 제어
④ 프로세스 제어

해설 서보제어는 물체의 위치·각도·방위·자 세 등의 기계적 변위를 제어량으로 읽어서 제 어하는 시스템이다.

60. 어떤 제어계에 대하여 단위 1인 크기의 계단 입력에 대한 응답을 무엇이라 하는가?

① 과도 응답
② 선형 응답
③ 정상 응답
④ 인디셜 응답

해설 스텝 응답, 단위스텝 응답, 인디셜 응답은 모두 동일한 응답으로서 단위 1인 크기의 계단

입력에 대한 응답을 지칭한다.

제4과목 : 메카트로닉스

61. 다음 논리회로의 논리식은?

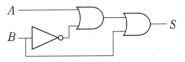

① $S = AB$ 　　② $S = \overline{A} B$
③ $S = A + B$ 　④ $S = \overline{A} + B$

해설 그림의 논리회로를 논리식으로 표현하면 다음과 같다.
$$S = (A \cdot \overline{B}) + B = B + (A \cdot \overline{B})$$
$$= (B + A) \cdot (B + \overline{B}) = B + A$$
그림은 $S = A + \overline{B} + B = A$로 되어 있다. 정답 과 그림이 다르다.

62. 반도체의 도전성에 대한 설명으로 틀린 것은?

① P형 반도체의 반송자는 대부분 정공이다.
② N형 반도체의 반송자는 대부분 자유전자 이다.
③ 불순물 반도체는 자유전자만을 포함하고 있다.
④ 진성 반도체의 반송자는 같은 수의 자유 전자와 정공이 있다.

해설 불순물반도체는 반도체의 한 종류이다. 비고 유 반도체 또는 외인성 반도체(extrinsic semi-conductor)라고도 한다. 순수한 진성반도체에 불순물(도펀트)을 소량첨가(도핑)한 것이다. 도 핑하는 원소에 의하여 캐리어가 홀인 P형 반 도체, 캐리어가 전자인 N형 반도체를 얻을 수 있다.

63. 센서의 신호 변환에서 8개의 2진 신호를 가지 고 0~10 V의 아날로그 신호를 디지털 신호로 변

2018

환할 때 아날로그 신호의 분해능은 약 얼마인가?

① 0.027 V   ② 0.039 V
③ 0.052 V   ④ 0.068 V

해설 분해능 = $\dfrac{(10-0)}{2^8} = \dfrac{10}{256} ≒ 0.039$

64. 구멍가공 공정을 줄이기 위해 1개의 구동력으로 여러 개의 구멍을 동시에 뚫을 수 있는 드릴링 머신은?

① 다두 드릴링 머신
② 다축 드릴링 머신
③ 탁상 드릴링 머신
④ 레이디얼 드릴링 머신

해설 • 다축 드릴링 머신 : 1대의 드릴링 머신에 다수의 스핀들을 설치, 여러 개의 구멍을 동시에 뚫게 되므로 대량생산에 적합
• 다두 드릴링 머신 : 각각의 스핀들에 여러 가지 공구(드릴, 탭, 리머 등)를 설치하여 사용
• 탁상 드릴링 머신 : 작업대 위에 설치하여 사용하는 소형 드릴링 머신
• 레이디얼 드릴링 머신 : 대형 중량물을 가공할 때 가공물은 고정시키고 드릴이 가공 위치로 이동하여 사용하는 드릴링 머신

65. AC 서보모터의 특징으로 틀린 것은?

① 속도제어가 간단하다.
② 고속 특성이 우수하다.
③ 토크 특성이 우수하다.
④ 단상(single phase)과 다상(poly phase)의 형태이다.

해설 AC 서보모터의 장점
• 브러시 및 정류자가 없어 유지보수가 필요 없다.
• 소음이 적으며 구조가 견고하다.
• 내환경성이 우수하다.
• 대출력이 용이하고 고속회전이 용이하다.
AC 서보모터의 단점
• 제어회로가 복잡하고, 가격이 비싸다.

• 회전자 위치검출 장치가 필요하다.
AC서보모터의 용도
• 각종 산업용기계 및 자동화 시스템이 알맞다.

66. 연산증폭기의 응용회로가 아닌 것은?

① 미분기
② 적분기
③ 디지털 반가산증폭기
④ 아날로그 가산증폭기

해설 연산증폭기의 응용회로에는 미분기, 적분기, 아날로그 가산증폭기가 있으며 디지털 반가산증폭기는 입력을 받아 신호로 변조하여 출력을 생성한다.

67. 입출력장치와 CPU의 실행 속도차를 줄이기 위해 사용되는 소형의 장치는?

① DMA   ② RAM
③ Channel   ④ Program counter

해설 DMA(Direct Memory Access) : 두 개의 hardware device 간 데이터 블록을 transfer하는 트릭으로 사용되는 직접 메모리 억세스라고 해석되는 방법이다. DMA는 source와 destination, 그리고 전송할 바이트수를 전달 받아 data를 전송한다. 이때 Processor는 다른 작업을 할 수 있다.

68. 십진수 458을 이진화 십진법인 BCD 부호로 변환한 값은?

① 0100 0101 1000$_{BCD}$
② 0101 0100 1011$_{BCD}$
③ 0101 0101 1001$_{BCD}$
④ 1000 0100 0101$_{BCD}$

해설
십진수	4	5	8
BCD	0100	0101	1000

69. 이상적인 연산증폭기(OP AMP)의 특성 중 틀린 것은?

① 대역폭은 항상 0이다.

② 두 입력단자 사이의 전압은 0이다.

③ 온도에 따라 특성이 변화되지 않는다.

④ $V_1 = V_2$일 때 V_1의 크기에 관계없이 $V_o = 0$이다.

> **해설** 이상적인 연산증폭기의 특성
> - 매우 큰 전압 이득(개방루프 이득, 보통 배)
> - 매우 큰 입력 임피던스
> - 매우 작은 출력 임피던스
> - 무한대의 대역폭
> - 두 입력 전압이 같을 때 출력 전압은 0

70. 선반에서 4개의 조(jaw)가 각각 별도로 움직여 불규칙한 공작물을 고정할 때 쓰이는 척은?

① 단동척 　② 연동척

③ 콜릿척 　④ 마그네틱척

> **해설** ・단동척 : 4개의 조가 각각 움직인다. 고정력이 크고, 불규칙한 가공물, 편심, 중량의 가공물 고정에 유리하다.
> ・연동척 : 3개의 조가 같이 움직인다. 가공물을 쉽고, 편하게, 빠르게, 미숙련자도 고정이 용이하며, 단동척에 비해 고정력이 약하다.

71. 정류자와 브러시가 있는 전동기는?

① 동기 전동기

② 유도 전동기

③ 직류 전동기

④ 스테핑 전동기

> **해설** 직류모터는 정류역할을 위해 브러시를 사용한다.

72. 10진수 423을 16진수로 변환하면?

① $1A6_{16}$ 　② $1A7_{16}$

③ $1F6_{16}$ 　④ $1F7_{16}$

> **해설**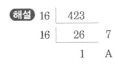

73. 마이크로프로세서의 중앙처리장치가 기억장치에서 명령을 인출해 오는 사이클은?

① Fetch

② Direct

③ Interrupt

④ Execution

> **해설**
>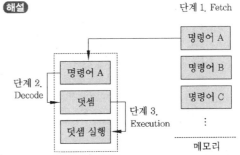
> - Fetch : 메모리에 저장된 명령어를 레지스터로 복사
> - Decode : 레지스터의 명령어를 기계어로 번역
> - Execution : 기계어로 번역된 명령어 실행

74. $Y = 142 \sin\left(120\pi t - \dfrac{\pi}{3}\right)$인 파형의 주파수 [Hz]는 얼마인가?

① 15 　② 30

③ 60 　④ 120

> **해설** $V(t) = A\sin(\omega t + \theta)$
> A : 증폭비
> θ : 위상차
> $\omega = 2\pi f$
> $120\pi = 2f\pi$
> $f = 60\,\text{Hz}$

75. 자기력선의 설명으로 옳은 것은?

① 자력이 미치는 공간을 말한다.

② 자석 내부를 통과하는 자력선이다.

③ 자력이 소유하고 있는 힘의 크기이다.

④ 자력이 미치고 있는 가상적인 선을 말한다.

> **해설** 자기력선 : 자기장 안에서 자기력의 방향을

가상의 선으로 표현한 것

76. 지름 100 mm의 공작물을 절삭 길이 25 mm, 회전속도 300 rpm, 이송 속도 0.25 mm/rev으로 1회 가공할 때 소요되는 시간은?

① 10　　　　　② 20

③ 30　　　　　④ 40

해설 가공시간 계산 : 비례식으로 쉽게 계산한다.
- 1회 이송거리=0.25 mm
- 1분당 이송거리=1회 이송거리×분당 회전수
  =0.25×300=75이므로 60초 : 75 mm=가공시간 : 절삭 길이 25 mm의 비례식이 성립, 그러므로 가공시간=(60×25)/75=20(초)

77. 직류모터에서 접촉하는 브러시를 통하여 직류 전류를 공급하는 요소는?

① 고정자　　　② 전기자

③ 정류자　　　④ 회전자

해설 브러시는 정류자 역할을 한다.

78. 마이크로프로세서 장치로 들어가는 다음 입력 중에서 입력과 출력이 양방향(쌍방향)인 것은?

① 클럭 입력

② 인터럽트 입력

③ 데이터 버스 입력

④ 어드레스 버스 입력

해설 데이터 버스는 각 장치 사이에 정보를 주고 받기 때문에 입출력이 쌍방향으로 이루어진다.

79. 다음 중 검출 방법이 접촉식인 것은?

① 근접 스위치

② 리밋 스위치

③ 광전 스위치

④ 초음파 스위치

해설 리밋 스위치는 그림과 같이 레버에 물체가 접촉하면 접점이 동작하는 접촉식 스위치이다.

80. 접시머리나사의 머리 부분을 묻히게 하기 위해 자리를 파는 작업은?

① 스텝 보링(step boring)

② 스폿 페이싱(spot facing)

③ 카운터 보링(counter boring)

④ 카운터 싱킹(counter sinking)

해설 • 카운터 싱킹 : 나사 머리의 모양이 접시모양일 때 머리 부분이 묻히도록 하기 위하여 절삭한다.
- 스텝 보링 : 이미 뚫어져 있는 구멍을 넓히거나 정밀도를 높이기 위하여 절삭한다.
- 스폿 페이싱 : 볼트나 너트가 닿는 구멍 주위를 평탄하게 절삭하여 체결이 잘되도록 절삭한다.
- 카운터 보링 : 볼트 또는 너트의 머리 부분이 가공물 안으로 묻히도록 드릴과 동심원의 2단 구멍을 절삭한다.

자격종목 및 등급(선택분야)	종목코드	시험시간	문제지형별	수검번호	성 명
생산자동화산업기사	**2034**	**2시간**	**A**		

제1과목 : 기계가공법 및 안전관리

1. 밀링가공에서 커터의 날수는 6개, 1날당의 이송은 0.2 mm, 커터의 바깥지름은 40 mm, 절삭 속도 30 m/min일 때 테이블의 이송 속도는 약 몇 mm/min인가?

① 274
② 286
③ 298
④ 312

해설 f=이송속도, f_z=날당 이송량, z=날수, n=회전수(rpm)일 때 밀링가공에서 이송속도를 구하는 관계식 $f = f_z \times z \times n$을 적용한다. 먼저 절삭 속도 관계식에서 회전수(n)를 구한다. (f_z=0.2, z=6)

- $V = \dfrac{\pi d n}{1,000}$ 에서 $n = \dfrac{1,000\,V}{\pi d}$ 이므로,

  $n = \dfrac{1,000 \times 30}{3.14 \times 40} = 238.85\,\text{rpm}$

- $f = f_z \times z \times n = 0.2 \times 6 \times 238.85$

  $= 286.62\,\text{mm/min}$

2. 1대의 드릴링 머신에 다수의 스핀들이 설치되어 1회에 여러 개의 구멍을 동시에 가공할 수 있는 드릴링 머신은?

① 다두 드릴링 머신
② 다축 드릴링 머신
③ 탁상 드릴링 머신
④ 레이디얼 드릴링 머신

해설 • 다축 드릴링 머신 : 1대의 드릴링 머신에 다수의 스핀들을 설치, 여러 개의 구멍을 동시에 뚫게 되므로 대량생산에 적합
- 다두 드릴링 머신 : 각각의 스핀들에 여러 가지 공구(드릴, 탭, 리머 등)를 설치하여 사용
- 탁상 드릴링 머신 : 작업대 위에 설치하여 사용하는 소형 드릴링 머신
- 레이디얼 드릴링 머신 : 대형 중량물을 가공할 때 가공물은 고정시키고 드릴이 가공 위치로 이동하여 사용하는 드릴링 머신

3. 나사의 유효지름을 측정하는 방법이 아닌 것은?

① 삼침법에 의한 측정
② 투영기에 의한 측정
③ 플러그 게이지에 의한 측정
④ 나사 마이크로미터에 의한 측정

해설 나사의 유효지름 측정 방법
- 삼침법에 의한 측정 : 정밀도가 높은 나사의 유효지름 측정에 사용
- 투영기에 의한 측정 : 나사산의 확대상을 스크린을 통해 읽는 방법으로 측정
- 나사 마이크로미터에 의한 측정 : V형 앤빌과 원추형 조 사이에 가공된 나사를 넣고 측정

4. 측정오차에 관한 설명으로 틀린 것은?

① 기기오차는 측정기의 구조상에서 일어나는 오차이다.
② 계통오차는 측정값에 일정한 영향을 주는 원인에 의해 생기는 오차이다.
③ 우연오차는 측정자와 관계없이 발생하고, 반복적이고 정확한 측정으로 오차보정이 가능하다.

④ 개인오차는 측정자의 부주의로 생기는 오차이며, 주의해서 측정하고 결과를 보정하면 줄일 수 있다.

[해설] 우연 오차 : 기계에서 발생하는 소음이나 진동 등과 같은 주위환경에서 오는 오차 또는 자연 현상의 급변 등으로 생기는 오차로 오차보정이 불가능하다.

5. 나사를 1회전시킬 때 나사산이 축 방향으로 움직인 거리를 무엇이라 하는가?

① 각도(angle)　② 리드(lead)
③ 피치(pitch)　④ 플랭크(flank)

[해설] • 리드 : 나사를 1회전시킬 때 나사산이 축 방향으로 움직인 거리
• 피치 : 나사산과 나사산 사이의 거리

6. 절삭유를 사용함으로써 얻을 수 있는 효과가 아닌 것은?

① 공구 수명 연장효과
② 구성인선 억제효과
③ 가공물 및 공구의 냉각효과
④ 가공물의 표면거칠기 값 상승효과

[해설] 절삭유제(fluids)를 사용함으로써 가공물의 표면거칠기를 어느 정도 개선할 수 있다. 그러나 '표면거칠기 값'이 상승한다는 것은 표면거칠기가 나빠진다는 뜻이다.

7. 바깥지름 원통연삭에서 연삭숫돌이 숫돌의 반지름 방향으로 이송하면서 공작물을 연삭하는 방식은?

① 유성형
② 플런저 컷형
③ 테이블 왕복형
④ 연삭숫돌 왕복형

[해설] 바깥지름 원통 연삭기의 이송법
• 플런저 컷형 : 연삭숫돌을 숫돌의 반지름 방향(테이블과 직각)으로 이동시키며 연삭 전

체 길이를 동시에 가공한다.
• 테이블 왕복형 : 연삭숫돌은 회전만 공작물이 회전 및 왕복 운동하며 연삭한다.
• 연삭숫돌 왕복형 : 공작물은 회전만 숫돌이 회전 및 왕복 운동하며 연삭한다.

8. 선반에서 지름 100 mm의 저탄소 강재를 이송 0.25 mm/rev, 길이 80 mm를 2회 가공했을 때 소요된 시간이 80초라면 회전수는 약 몇 rpm인가?

① 450　　　　② 480
③ 510　　　　④ 540

[해설] • 길이 80 mm 1회 가공 시 40초가 소요되며, 이때 회전수를 구한다.
• 회전당 0.25 mm, 80 mm에 해당되는 회전수는 $1 : 0.25 = $ 회전수$: 80$의 비례식이 성립한다.
• 회전수 $= \dfrac{(1 \times 80)}{0.25} = 320$, 즉 40초에 320회전이므로 1분(60초) 동안의 회전수는 $40 : 320 = 60 :$ 회전수, 따라서 회전수 $= \dfrac{(320 \times 60)}{40} = 480$ rpm

9. 밀링가공할 때 하향절삭과 비교한 상향절삭의 특징으로 틀린 것은?

① 절삭 자취의 피치가 짧고, 가공면이 깨끗하다.
② 절삭력이 상향으로 작용하여 가공물 고정이 불리하다.
③ 절삭 가공을 할 때 마찰열로 접촉면의 마모가 커서 공구의 수명이 짧다.
④ 커터의 회전 방향과 가공물의 이송이 반대이므로 이송기구의 백래시(back lash)가 자연히 제거된다.

[해설] 상향절삭은 커터의 회전방향과 가공물의 이송이 반대여서 절삭 자취가 길고, 상향에 의한 회전저항으로 가공면이 하향보다 거칠게 나타난다.

10. 리머에 관한 설명으로 틀린 것은?

① 드릴가공에 비하여 절삭 속도를 빠르게 하고 이송은 적게 한다.

② 드릴로 뚫은 구멍을 정확한 치수로 다듬
질하는 데 사용한다.

③ 절삭 속도가 느리면 리머의 수명은 길게
되나 작업능률이 떨어진다.

④ 절삭 속도가 너무 빠르면 랜드(land)부가
쉽게 마모되어 수명이 단축된다.

해설 리밍(reaming)
• 리머(reamer) 공구를 사용하여 구멍의 내면
을 매끈하고 정밀하게 가공하는 것을 말한다.
• 드릴가공에 비하여 절삭 속도를 현저히 줄이
고 이송을 크게 한다.

11. 선반작업 시 절삭 속도의 결정 조건으로 가장
거리가 먼 것은?

① 베드의 형상

② 가공물의 경도

③ 바이트의 경도

④ 절삭유의 사용 유무

해설 선반작업 시 절삭 속도의 결정조건
• 가공물의 경도(재질), 바이트의 경도(공구의
재질), 절삭유제의 사용 유무 등은 직접적으
로 관련이 있는 절삭 조건이다.
• 베드의 형상은 절삭 속도의 결정조건으로 크
게 상관이 없다.

12. 절삭 공구의 측면과 피삭재의 가공면과의 마
찰에 의하여 절삭 공구의 절삭면에 평행하게 마
모되는 공구인선의 파손현상은?

① 치핑   ② 크랙

③ 플랭크 마모   ④ 크레이터 마모

해설 절삭 공구의 인선(刃先) 파손형상
• 플랭크 마모(flank wear) : 절삭 공구의 측면
과 가공면과의 마찰에 의하여 절삭 공구의 절
삭면에 평행하게 마모되는 현상
• 치핑(chipping) : 절삭 공구 인선의 일부가
미세하게 탈락하는 현상
• 크레이터(crater wear) : 절삭 공구의 상면
경사면이 오목하게 패는 현상

• 온도파손(temperature failure) : 절삭 온도
의 상승으로 파손되는 현상

13. 다음 중 전해가공의 특징으로 틀린 것은?

① 전극을 양극(+)에, 가공물을 음극(-)으
로 연결한다.

② 경도가 크고 인성이 큰 재료도 가공능률
이 높다.

③ 열이나 힘의 작용이 없으므로 금속학적인
결합이 생기지 않는다.

④ 복잡한 3차원 가공도 공구 자국이나 버
(burr)가 없이 가공할 수 있다.

해설 전해가공(電解加工 ; electro-chemical
machine)
전극을 음극(-)에, 가공물을 양극(+)으로 연결
하여 전극과 가공물과의 간극을 0.02~0.7 mm
정도 유지하면서 전해액을 분출하여 전기를 통
전하면 가공물이 전극의 형상으로 용해되어 제
거되며 필요한 형상으로 가공하는 방법이다.
• 방전가공과 전해연마를 응용한 가공 방법이다.
• 방전가공의 10배 정도, 전해연마의 100배 정
도로 가공할 수 있어 금형이나 부품가공에 적
합하다.
• 전극의 소모가 작아 1개의 전극으로 여러 개
의 제품을 가공할 수 있다.

14. 공작기계의 메인 전원 스위치 사용 시 유의사
항으로 적합하지 않은 것은?

① 반드시 물기 없는 손으로 사용한다.

② 기계 운전 중 정전이 되면 즉시 스위치를
끈다.

③ 기계 시동 시에는 작업자에게 알리고 시
동한다.

④ 스위치를 끌 때는 반드시 부하를 크게
한다.

해설 스위치를 끌 때는 가능한 부하를 작게 한다.

15. 센터 펀치 작업에 관한 설명으로 틀린 것은?

(단, 공작물의 재질은 SM45C이다.)

① 선단은 45° 이하로 한다.
② 드릴로 구멍을 뚫을 자리 표시에 사용된다.
③ 펀치의 선단을 목표물에 수직으로 펀칭한다.
④ 펀치의 재질은 공작물보다 경도가 높은 것을 사용한다.

해설 센터 펀치(center punch)의 선단(先端)은 60~90°의 원뿔로 되어 있다.

16. 정밀입자가공 중 래핑(lapping)에 대한 설명으로 틀린 것은?

① 가공면의 내마모성이 좋다.
② 정밀도가 높은 제품을 가공할 수 있다.
③ 작업 중 분진이 발생하지 않아 깨끗한 작업환경을 유지할 수 있다.
④ 가공면에 랩제가 잔류하기 쉽고, 제품을 사용할 때 잔류한 랩제가 마모를 촉진시킨다.

해설 래핑
- 미세한 분말 상태의 랩제(lapping powder)를 이용 가공물에 압력을 가하면서 상대 운동을 시켜 표면거칠기가 매우 우수한 가공면을 얻는 가공 방법이다.
- 작업 중 분진이 발생하여 깨끗한 작업환경 유지가 어려운 것이 단점이다.

17. 절삭 공구 재료가 갖추어야 할 조건으로 틀린 것은?

① 조형성이 좋아야 한다.
② 내마모성이 커야 한다.
③ 고온 경도가 높아야 한다.
④ 가공재료와 친화력이 커야 한다.

해설 절삭 공구가 가공재료와 친화력이 커지면 마모저항이 커져 마모의 원인이 된다.

18. CNC 선반에 나사절삭 사이클의 준비기능 코드는?

① G02
② G28
③ G70
④ G92

해설
- G92, G32, G76 : 나사절삭 사이클(cycle)
- G02 : 원호가공(시계방향, CW)
- G28 : 자동 원점복귀
- G70 : 다듬 절삭(정삭) 사이클

19. 수직 밀링머신에서 좌우 이송을 하는 부분의 명칭은?

① 니(knee)
② 새들(saddle)
③ 테이블(table)
④ 칼럼(column)

해설
- 테이블 : 좌우 이송
- 니 : 상하 이송
- 새들 : 전후 이송

20. 센터리스 연삭기에 필요하지 않은 부품은?

① 받침판
② 양 센터
③ 연삭숫돌
④ 조정숫돌

해설 센터리스 연삭기(centerless grinding machine)
- 양 센터가 없다.
- 센터구멍을 가공할 필요가 없고 중공의 가공물 연삭에 적합하다.
- 가늘고 긴 가공물의 연삭에 적합하다.
- 그다지 숙련을 요하지 않는다.
- 긴 홈이 있고 대형이나 중량물의 연삭은 불가능하다.

제2과목 : 기계제도 및 기초공학

21. 다음 중 가는 2점 쇄선의 용도가 아닌 것은?

① 가공 전의 모양 표시
② 인접 부분의 모양 표시
③ 단면 뒷부분의 모양 표시
④ 가공에 사용하는 공구의 모양 표시

해설 가는 2점 쇄선(가상선) : 단면 앞쪽에 있는 부분의 모양 표시

22. 그림과 같은 등각투상도와 이에 대한 정면도와 좌측면도가 주어질 때의 평면도로 가장 적합한 것은?

(등각 투상도)

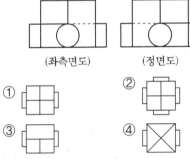

(좌측면도)　　(정면도)

① ②
③ ④

해설 평면도 : 정면도를 기준으로 위에서 내려다 본 도면을 말한다.

23. 그림과 같은 도면에서 X로 표시된 부분의 의미는?

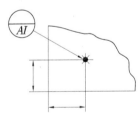

① 데이텀 표적기호로 점을 의미한다.
② 데이텀 표적기호로 면을 의미한다.
③ 데이텀 표적기호로 축을 의미한다.
④ 데이텀 표적기호로 선을 의미한다.

해설 • X로 표시 : 데이텀 표적기호로 점을 의미한다.

• X–X 표시 : 데이텀 표적기호로 선을 의미한다. (2개의 X표시를 가는 실선으로 연결한다.)

24. 구멍의 지름치수가 $\phi 50^{+0.025}_{-0.012}$로 표시되어 있을 때 치수공차는 몇 mm인가?

① 0.013　　② 0.025
③ 0.037　　④ 0.012

해설 • 치수공차 : 최대허용치수와 최소허용치수와의 차
• 치수공차 = 50.025 − 49.988 = 0.025 − (−0.012) = 0.037

25. 구름베어링 호칭번호 '7310 C DB'에 대한 설명으로 틀린 것은?

① 73 : 베어링 계열기호로서 단열 앵귤러 볼 베어링을 나타낸다.
② 10 : 안지름 번호로 베어링 안지름 치수는 50 mm이다.
③ C : 접촉각 기호로 호칭 접촉각이 10° 초과 22° 이하이다.
④ DB : 보조기호로 양쪽 내부 틈새를 나타낸다.

해설 DB : 보조기호로서 '베어링의 조합'을 뜻한다.

26. 스프링 제도 시 원칙적으로 하중이 가해진 상태(하중상태)에서 도시하여야 하는 스프링은 어느 것인가?

① 코일 스프링
② 벌류트 스프링
③ 접시 스프링
④ 겹판 스프링

해설 • 하중 상태에서 도시 : 겹판 스프링(하중 상태에서 도시하고 치수를 기입하는 경우 하중을 명기한다.)
• 무하중 상태에서 도시 : 코일 스프링, 볼류트 스프링, 접시 스프링

정답 22. ② 23. ① 24. ③ 25. ④ 26. ④

27. 핸들이나 바퀴 암 및 리브, 훅, 축 등의 절단 면을 나타내는 도시법으로 가장 적합한 것은?

① 계단 단면도
② 부분 단면도
③ 한쪽 단면도
④ 회전도시 단면도

> **해설** 회전 도시 단면도(revolved sectional view)
> • 핸들이나 바퀴 암 및 리브, 훅, 축 등의 절단 면을 나타내는 도시법으로 가장 적합하다.
> • 절단한 단면의 모양을 90°로 회전시켜서 표시한다.

28. 도면에서 표면의 줄무늬 방향 지시 그림기호 M은 무엇을 뜻하는가?

① 가공에 의한 커터의 줄무늬가 기호를 기입한 그림의 투영면에 비스듬하게 두 방향으로 교차
② 가공에 의한 커터의 줄무늬가 기호를 기입한 면의 중심에 대하여 거의 동심원 모양
③ 가공에 의한 커터의 줄무늬가 기호를 기입한 면의 중심에 대하여 거의 방사 모양
④ 가공에 의한 커터의 줄무늬가 여러 방향

> **해설** • M : 가공에 의한 커터의 줄무늬가 여러 방향
> • X : 가공에 의한 커터의 줄무늬가 기호를 기입한 그림의 투영면에 비스듬하게 두 방향으로 교차
> • C : 가공에 의한 커터의 줄무늬가 기호를 기입한 그림의 면의 중심에 대하여 거의 동심원 모양
> • R : 가공에 의한 커터의 줄무늬가 기호를 기입한 그림의 면의 중심에 대하여 거의 방사 모양

29. 도면에 나타난 용접기호의 지시사항을 가장 올바르게 설명한 것은?

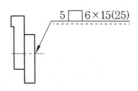

① 슬롯 너비 5 mm, 용접부 길이 15 mm인 플러그 용접 6개소
② 스폿의 지름이 6 mm이고, 피치는 15 mm인 스폿 용접
③ 덧붙임 폭 5 mm, 용접부 길이 15 mm인 덧붙임 용접
④ 용접부 지름이 6 mm, 피치는 15 mm인 심 용접

> **해설** • 5 : 슬롯 너비 5 mm
> • 6 : 용접 6개소
> • 15 : 용접부의 길이 15 mm
> • 25 : 피치 25 mm(인접한 용접부 간의 거리)

30. 경사부가 있는 대상물에서 경사면의 실형을 표시할 필요가 있는 경우 사용하는 투상도는?

① 관용투상도
② 보조투상도
③ 부분투상도
④ 회전투상도

> **해설** • 보조 투상도 : 경사부가 있는 대상물에서 경사면의 실형을 표시할 필요가 있을 때
> • 부분 투상도 : 일부를 도시하는 것으로도 충분한 경우 필요한 부분만을 도시
> • 회전 투상도 : 대상물의 일부가 어느 각도를 가지고 있을 때 그 부분을 회전해서 실제 모양을 도시

31. 힘의 모멘트 단위는 1 N·m인데 이것을 일의 단위인 J로 표시하면 얼마인가?

① 0.1 J   ② 0.7 J
③ 1 J   ④ 1.5 J

> **해설** • 일의 단위 : J(Joule)로 표시한다.

- 1 J : 1 N의 힘으로 물체에 1 m의 변위를 주었을 때 한 일을 말한다.
- 1 J = 1 N × 1 m = 1 N · m

32. 지름 10 cm의 원형 단면봉에 1,000 kgf의 인장하중이 작용할 때 이 봉에 발생되는 인장응력은 약 몇 kgf/cm^{2}인가?

① 10
② 12.73
③ 31.83
④ 100

해설 인장응력(σ), 인장하중(P), 단면적(A)일 때

- $\sigma = \dfrac{P}{A}$ 이므로(P : 1,000 kgf, d : 10 cm)
- $\sigma = \dfrac{1,000}{\dfrac{\pi d^2}{4}} = \dfrac{4,000}{\pi d^2} = \dfrac{4,000}{3.14 \times 100}$
  $= 12.73\,\text{kgf/cm}^2$

33. 40W/120V라고 표기된 전구가 있다. 이 전구 안 필라멘트의 저항(Ω)은 얼마인가?

① 280
② 360
③ 480
④ 560

해설 • $P = VI$, 전력은 전압과 전류의 곱으로 나타내며, 여기서 I(전류)값을 구한다.

- $I = \dfrac{P}{V} = \dfrac{40}{120} = \dfrac{1}{3}\,\text{A}$
- $V = IR$에서 저항 R을 구한다.
- $R = \dfrac{V}{I} = \dfrac{120}{\dfrac{1}{3}} = 360\,\Omega$

34. 밑 면적이 A이고 높이가 h인 원뿔의 부피를 구하는 식으로 옳은 것은?

① $A \cdot h$
② $\dfrac{A \cdot h}{2}$
③ $\dfrac{A \cdot h}{3}$
④ $\dfrac{A \cdot h}{4}$

해설 부피를 구하는 공식(V) : $V = \dfrac{1}{3}Ah$,

$A = \pi r^2$이므로 $V = \dfrac{1}{3}Ah = \dfrac{1}{3}\pi r^2 h$

35. 바닷물의 압력(수압)은 10 m마다 1 atm씩 증가한다. 30 m 깊이에 있는 물체가 받는 절대압력은 얼마인가? (단, 대기압은 1 atm이다.)

① 2 atm
② 3 atm
③ 4 atm
④ 5 atm

해설 대기압력 1 atm
- 바닷물의 압력, 즉 계기압력은 10 m마다 1 atm씩 증가하므로 3 atm이다.
- 절대압력 = 계기압력대기압력 = 3 + 1 = 4 atm

36. 줄(Joule)의 법칙에 의하여 줄열에 의해 발생하는 열량과 관계없는 요소는?

① 시간
② 온도
③ 저항
④ 전류

해설 줄의 법칙(Joule's law)
- $H = 0.24 I^2 Rt$
- H : 열량(kcal), I : 전류(A), R : 저항(Ω), t : 시간(s)이므로 온도는 관계가 없다.

37. 길이가 40 cm인 스패너에 20 kgf의 힘을 가할 때 발생하는 토크(kgf · m)는 얼마인가?

① 4
② 8
③ 10
④ 12

해설 토크(Torque, T)
- $T = \text{kgf} \cdot \text{m}$이므로
- $T = 20\,\text{kgf} \times 40\,\text{cm} = 20\,\text{kgf} \times 0.40\,\text{m}$
  $= 8\,\text{kgf} \cdot \text{m}$

38. 자동차가 직선 도로상의 임의의 지점 S에서 출발하여 1 km 떨어진 지점 E까지 갔다가 M지점까지 250 m만큼 되돌아오는 데 50초가 걸렸다면, 50초 동안의 평균속도(m/s)는?

2018

① 5   ② 10
③ 15   ④ 25

해설 • 속도(v), 거리의 변위(s), 시간(t)이라고 할 때 전체 이동한 거리는 $1,250$ m이지만, 도착지점까지 직선거리의 변위는 750 m이다.

• $v = \dfrac{s}{t} = 750/50 = 15$ m/s

39. "물체에 힘을 가하면 물체는 힘과 동일한 방향으로, 힘의 크기와 비례하는 가속도를 지닌다"라고 정의되는 법칙은?

① 관성의 법칙
② 질량의 법칙
③ 가속도의 법칙
④ 작용 – 반작용의 법칙

해설 힘과 가속도의 법칙
• 뉴턴의 운동 법칙에서 제2법칙이라 한다.
• 물체에 힘을 가하면 물체는 힘과 동일한 방향으로, 힘의 크기와 비례하는 가속도를 지닌다.
• $F = ma$ (F : 힘, m : 질량, a : 가속도)

40. 다음 설명에 해당하는 법칙은?

> 회로에 흐르는 전류(I)는 저항(R)이 일정할 때 전압(V)에 비례하고 전압이 일정할 때 저항에 반비례한다.

① 옴의 법칙
② 관성의 법칙
③ 플레밍의 왼손법칙
④ 플레밍의 오른손법칙

해설 옴의 법칙(ohm's law)
• 회로에 흐르는 전류는 저항이 일정할 때 전압에 비례하고 전압이 일정할 때 저항에 반비례한다.
• $I = \dfrac{V}{R}$ (I : 전류, V : 전압, R : 저항)

---

41. 서보기구에 대한 설명으로 틀린 것은?

① 출력이 낮을 때는 전기식보다 유압식이 유리하다.
② 원격 조작 장치로서의 기능과 중력기구로서의 기능이 있다.
③ 제어량의 위치, 자세 등의 기계적인 변위의 자동제어계를 서보기구라 한다.
④ 출력부를 입력신호에 추종시키기 위해서 일반적으로 힘, 토크를 증폭하는 증폭부를 가지고 있다.

해설 유압식 서보기구는 고출력·고성능에 적합하다.

42. 제어 시스템을 해석하기 위해서는 시스템에 여러 종류의 시험신호(test signal)를 사용하게 된다. 만일 시스템에 갑작스런 외란이 들어왔을 때 유지되게 하려면 어떤 시험신호를 사용해야 하는가?

① 계단 함수   ② 램프 함수
③ 사인 함수   ④ 포물선 함수

해설 계단 함수(step function)는 입력에 대해 다음 입력까지 출력이 유지되는 형태이다.

43. $G(s) = \dfrac{1}{s(s+1)}$ 인 선형 제어계에서 $\omega = 10$일 때 주파수 전달 함수의 이득[dB]은?

① -10 ② -20
③ -30 ④ -40

해설 $G(s) = \dfrac{1}{s(s+1)} = \dfrac{1}{s} - \dfrac{1}{s+1}$

$G(j\omega) = \dfrac{1}{j\omega} - \dfrac{1}{j\omega + 1}$

Gain $= -20\log_{10}\omega - 10\log_{10}(\omega^2 + 1)$ dB

Gain $= -20\log_{10}10 - 10\log_{10}101$ dB

$$≒ - 20 \log_{10} 10 - 10 \log_{10} 10^2 \text{ dB}$$
$$= - 40 \text{ dB}$$

44. 다음 공기압 회로도의 기기 순서를 옳게 나열한 것은?

진행 방향

① 루브리케이터 → 공기탱크 → 에어드라이어
② 에어드라이어 → 공기탱크 → 루브리케이터
③ 냉각기 → 공기탱크 → 드레인 배출구 붙이 필터
④ 드레인 배출구 붙이 필터 → 공기탱크 → 냉각기

> **해설** 공압 유닛기호

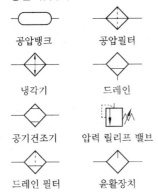

공압탱크   공압필터

냉각기   드레인

공기건조기   압력 릴리프 밸브

드레인 필터   윤활장치

45. 다음 중 정상 상태 오차를 최소화할 수 있는 제어 방식은?

① 미분   ② 비례
③ 적분   ④ 비례미분

> **해설** 적분 제어동작은 오프셋 혹은 정상상태오차를 제거하는 반면, 진폭이 느리게 감소하거나 심지어 커지게 하는 경향이 있다.

46. 다음 그림에서 동그라미 기호의 의미는?

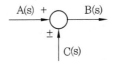

① 가합점   ② 인출점
③ 출력점   ④ 전달요소

> **해설** 가합점 : 제어 블록 선도에서 신호의 부호에 따라서 가산을 행한다. 따라서 신호의 차원은 일치해야만 한다.

47. 예열을 하여 발열반응을 하는 프로세스 제어 시스템의 온도를 제어하는 데 있어 단순한 피드백 제어의 경우 예열단계에서 오버슈트(over shoot)의 주된 원인이 되는 제어동작은?

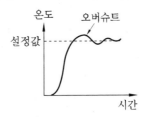

① 미분동작(D동작)
② 적분동작(I동작)
③ 비례미분동작(PD 동작)
④ 비례적분미분동작(PID 동작)

> **해설** 적분제어 요소가 크면 오버슈트가 커지고 상승시간이 미세하게 감소한다. 반대로 작으면 오버슈트는 줄어들고 상승시간은 증가한다. 적분제어를 하게 되면 P제어를 거친 정상상태오차를 제거할 수 있지만 그만큼 정착시간이 늘어나는데 적분제어 요소가 클수록 오버슈트와 언더슈트가 크기 때문에 정착시간이 더 증가된다.

48. 전자계전기 자신의 a접점을 이용하여 회로를 구성하여 스스로 동작을 유지하는 회로는?

① 순차회로   ② 우선회로
③ 유극회로   ④ 자기유지회로

> **해설** 자기유지회로 : 전력이 공급되는 한 계속하여 현 상태를 유지해주고 또 전력이 차단된 후

2018

다시 공급되어도 회로에 전력이 공급되지 않는 상태를 계속 유지하려는 회로

49. 9,600 bps를 사용하기 위한 1비트 전송시간은 약 몇 μs인가?

① 52   ② 70
③ 104   ④ 208

해설 bps(bit per second) : 초당 전송 비트수

$$1\,bit당\ 전송시간 = \frac{1\,s}{9,600}\,bit$$
$$= 0.000104 = 104\,\mu s$$

50. 다음 전달 함수에 대한 설명이 틀린 것은?

$$G(s) = K_P\left(1 + \frac{1}{s\,T_i} + s\,T_D\right)$$

① T_i는 적분시간이다.
② T_D는 리셋률(reset rate)이라고 한다.
③ K_p를 조절기의 비례 이득이라고 한다.
④ 이 조절기는 비례적분미분 동작조절기이다.

해설 • 위의 전달 함수는 비례적분미분(proportional – integral – differential) 제어기이다.
• K_P : 비례 게인, K_i : 적분 게인, K_d : 미분제어 게인
• T_i : 적분 시간, $1/T_i$: 리셋률, T_D : 미분시간

51. 게이지 압력을 구하는 식으로 옳은 것은?

① 게이지 압력＝절대압력＋대기압
② 게이지 압력＝절대압력－대기압
③ 게이지 압력＝절대압력×대기압
④ 게이지 압력＝절대압력÷대기압

해설 게이지 압력은 압력측정기에 나타나는 압력으로 측정을 할 때 측정기 내외부에 대기압이 포함된다. 따라서 게이지 압력＝절대 압력－대기압이다.

52. 다음 그림과 같이 유량제어밸브를 실린더의

입구 측에 설치하여 실린더의 전진 속도를 제어하는 회로는?

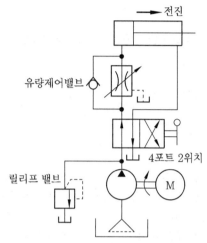

① 감압회로   ② 미터 인 회로
③ 미터 아웃 회로   ④ 블리드 오프 회로

해설 • 미터인 방식 : 복동 실린더의 전·후진 속도를 공급공기 조절 방식에 의해 조절
• 미터아웃 방식 : 복동 실린더의 전·후진 속도를 배기 조절 방식에 의해 조절

53. 다음 C언어 프로그램 중 □ 칸의 변수가 지정된 10진수일 때 사용하는 출력 명령어는?

printf("Sum=□ ", ×)

① %c   ② %d
③ %e   ④ %f

해설 %d : 정수형(10진수)

54. 전기식 서보기구에 관한 설명 중 틀린 것은?

① 신호의 전송이 용이하다.
② 피드백 장치가 필요 없다.
③ 순차제어에 적합하지 않다.
④ 유압식에 비해 취급이 간단하고 깨끗하다.

해설 서보기구는 입력 신호에 대한 동작량을 센싱하는 피드백 장치가 필수적이다.

정답   49. ③   50. ②   51. ②   52. ②   53. ②   54. ②

55. 유접점 논리회로와 비교한 무접점 논리회로의 특징이 아닌 것은?

① 유접점에 비하여 응답 속도가 빠르다.
② 기계적인 가동부가 없기 때문에 수명이 길다.
③ 논리회로가 소형화되어 복잡한 회로의 대치가 가능하다.
④ 전자석의 동작으로 부하회로를 빈번하게 개폐할 수 있다.

해설 • 유접점 시퀀스 : 제어회로에 사용되는 소자로서 유접점 릴레이, 즉 전자 계전기에 의하여 구성되는 시퀀스를 접점을 가진 기기를 사용한다 해서 유접점 시퀀스라 하며, 보통 릴레이 시퀀스라 부른다.
• 무접점 시퀀스 : 제어회로에 사용되는 소자로서 반도체 스위칭 소자를 이용한 무접점 릴레이에 의하여 구성되는 시퀀스를 무접점 시퀀스 또는 로직 시퀀스라 한다.

56. 다음 중 PLC 입출력장치의 역할과 가장 거리가 먼 것은?

① 기억 선택   ② 잡음 제어
③ 절연결합   ④ 신호 레벨 변환

해설 PLC 입출력 장치 : 외부 디바이스와 절연 결합 기능을 제공하고 신호레벨을 변환하며 잡음을 필터링한다.

57. 전기식 서보기구용 검출기와 관계없는 것은?

① 싱크로   ② 부르동관
③ 전위차계   ④ 차동변압기

해설 부르동관은 타원형의 단면을 가진 방사상으로 형성된 관이다. 측정 유체의 압력은 관 내부에서 반응하고 고정되지 않은 관 끝에서 움직인다. 이 움직임은 압력을 측정하고 무브먼트에 의해 표시되었다.

58. 다음 불 대수 식의 결과로 옳은 것은?

$$(A+B) \cdot (A+\overline{B})$$

① A   ② B
③ A + B   ④ A · B

해설 $(A+B) \cdot (A+\overline{B})$
$= A \cdot A + A \cdot \overline{B} + B \cdot A + B \cdot \overline{B}$
$= A + A \cdot (B+\overline{B}) + 0$
$= A + A \cdot (1) = A$

59. 출력신호를 입력 쪽으로 되돌아오게 하여 목표값에 따라 자동적으로 제어하는 것을 무슨 제어라고 하는가?

① 자동제어   ② 되먹임 제어
③ 시퀀스 제어   ④ 프로그램 제어

해설 되먹임 제어(feed-back control) : 출력값이 목표값에 이르도록 압력값을 조정하는 제어 기법

60. 정성적 제어장치에 해당되는 것은?

① 서보모터   ② 전자 계전기
③ 추적용 레이더   ④ 자동 전원조정장치

해설 정성적 제어장치 성격을 갖는 제어기는 open loop control로서 전자계 전기가 대표적 예이다.

제4과목 : 메카트로닉스

61. 금속의 길이와 단면적은 저항값에 어떠한 관계를 가지고 있는가?

① 길이와 단면적에 비례
② 길이에 비례하고 단면적에 반비례
③ 길이에 반비례하고 단면적에 비례
④ 길이에 비례하고 단면적의 제곱에 반비례

해설 도선의 저항은 길이에 비례하고 단면적에 반비례한다.

2018

$R \propto \dfrac{A}{l}$ (R : 저항, A : 도선의 단면적, l : 도선의 길이)

62. 10진수 77을 2진수 값으로 변환한 값은?

① 1001101
② 1010101
③ 1100101
④ 1110101

해설

2	77	
2	38	1
2	19	0
2	9	1
2	4	1
2	2	0
	1	0

63. 공작물을 양극으로 하고, 전기저항이 적은 Cu, Zn을 음극으로 하여 전해액 속에 넣어 매끈한 공작물 표면을 얻을 수 있는 가공 방법은?

① 숏 피닝
② 보링작업
③ 연삭작업
④ 전해연마

해설 • 전해연마 : 공작물을 양극으로 하고, 전기저항이 적은 Cu, Zn을 음극으로 하여 전해액 속에 넣어 매끈한 공작물 표면을 얻을 수 있는 가공 방법이다.
• 숏 피닝 : 숏(shot, 작은 알맹이의 금속 볼)을 압축공기나 원심력을 이용하여 가공물의 표면에 분사하여 표면을 다듬질하고 기계적인 성질을 개선한다.
• 보링작업 : 드릴가공 등으로 뚫어져 있는 구멍을 크게 확대하거나 정밀가공한다.
• 연삭작업 : 연삭숫돌을 고속으로 회전시켜 가공물의 원통이나 평면을 정밀가공한다.

64. 선삭작업 중 초경합금으로 만든 바이트가 치핑 마모가 되었을 때 재연삭에 적합한 숫돌은?

① A 46 K m V
② C 150 L m B
③ GC 30 M m B

④ WA 46 K m V

해설 • GC : 녹색 탄화규소로 초경합금, 주철, 황동, 경합금의 연삭에 적합
• C : 탄화규소로 인장강도가 낮은 재료 연삭에 적합
• A : 갈색알루미나로 보통 탄소강, 합금강, 스테인리스강 등 연삭에 적합
• WA : 백색 알루미나로 인장강도가 큰 강계통의 연삭에 적합

65. 마이크로컨트롤러의 어셈블리 언어 프로그램 중 의사 명령어에 속하는 것은?

① ADD
② DEC
③ MOV
④ ORG

해설 • 의사 명령어(pseude-instruction) : 지시어(directive)라고 불린다.
• ORG(origin) : 옵셋번지의 시작 위치(읽기 쉽게 쓸려고)이다.

66. 비반전 증폭기의 설명 중 옳은 것은?

① 전압 이득 1에 가까운 증폭기이다.
② 수학적인 미분연산을 행하는 증폭기이다.
③ 입력신호 위상과 출력신호 위상이 같은 증폭기이다.
④ 출력신호 위상이 입력신호 위상에 비하여 90° 앞서는 증폭기이다.

해설 비반전 증폭기는 안정적인 출력을 가지며 입력과 출력위상이 같은 동위상 증폭이다. 또한 입력 측 저항값이 출력에 영향을 주지 않는다.

67. 8비트 마이크로프로세서의 어드레스 핀수가 16일 때 외부에 연결할 수 있는 최대 메모리 크기(kilo byte)는?

① 8
② 64
③ 256
④ 1,024

해설 $2^{16} = 65,536 \text{ byte} = 64 \text{ kbyte}$

정답 62. ① 63. ④ 64. ③ 65. ④ 66. ③ 67. ②

68. 스테핑 모터의 속도 제어를 위한 입력신호의 형태는?

① 압력
② 저항
③ 전압
④ 펄스

해설 스테핑 모터의 속도는 Pulse의 Duty비를 제어하는 PWM(Pulse Width Modulation) 방식으로 제어한다.

69. 위치검출기를 사용하지 않아도 모터 자체가 입력된 펄스만큼 회전할 수 있는 모터는?

① 스테핑 모터
② BLDC 모터
③ 교류 유도모터
④ 직류 서보모터

해설 스테핑 모터는 입력 펄스에 해당하는 회전 위치로 회전하기에 별도의 위치 검출기가 필요 없다.

70. 중량물 및 대형 공작물의 중절삭에 사용하기 위한 밀링머신은?

① 만능형
② 수직형
③ 수평형
④ 플레이너형

해설 플레이너형 밀링머신은 중량물 및 대형 공작물의 중절삭에 적절하다.

71. 광센서의 일종인 포토 트랜지스터는 어떤 효과의 원리를 이용한 것인가?

① 광전효과
② 도전효과
③ 압전효과
④ 제백효과

해설 광전효과는 금속표면에 빛 입자가 입사되면 전자가 튀어나가는 효과로서 포토 트랜지스터에 적용된 효과이다.

72. Thermistor의 종류에 해당되지 않는 것은?

① CTR
② NTC
③ OTR
④ PTC

해설 • 서미스터는 온도에 따라 저항체의 저항값

이 변화한다.
– PTC(Positive Temperature Coefficient of Resistance) : 온도가 상승하면 저항값이 증가
– NTC(Negative Temperature Coefficient of Resistance) : 온도가 상승하면 저항값이 감소
– CTR(Critical temperature resistor) : 특정 온도에서 저항값이 급변

73. NAND 회로의 출력에 NOT 회로를 접속하면 어떠한 회로가 되는가?

① OR 회로
② AND 회로
③ NOR 회로
④ Flip-Flop 회로

해설 $Y = \overline{\overline{A \cdot B}} = A \cdot B$

74. JK-플립플롭에서 J, K 입력이 J=K=1일 때와 동일기능의 플립플롭은?

① F-플립플롭
② T-플립플롭
③ RS-플립플롭
④ RST-플립플롭

해설 T-플립플롭은 펄스 때마다 반전이 이루어지므로 J=K=1일 때와 동일한 기능이다.

75. 200 V, 10 W 정격인 전열기를 100 V에 연결할 때 소비되는 전력(W)은 얼마인가?

① 1
② 2.5
③ 10
④ 25

해설 $P = EI = I^2 R = \dfrac{E^2}{R}$

$P = \dfrac{E^2}{R}$, $10 = \dfrac{200^2}{R}$, $R = 4,000 \ \Omega$

$P = \dfrac{100^2}{4,000} = \dfrac{10}{4} = 2.5 \ W$

76. 역방향 항복에서 동작하도록 설계되어진 다이오드로서 전압 안정화 회로로 사용되는 것은?

① 제너 다이오드
② 터널 다이오드

③ 쇼트키 다이오드 ④ 가변용량 다이오드

해설 정전압(zener) 다이오드 : 반도체 다이오드의 일종이다. 정전압 다이오드라고도 한다. 일반적인 다이오드와 유사한 PN 접합 구조이나 다른 점은 매우 낮고 일정한 항복 전압 특성을 갖고 있어, 역방향으로 어느 일정값 이상의 항복 전압이 가해졌을 때 전류가 흐른다.

77. 선반가공 작업에서 직업자의 작업 방법으로 틀린 것은?

① 척 핸들은 사용 후 척에서 제거한다.

② 바이트는 가능한 짧고 단단히 고정한다.

③ 바이트 교환 시에는 기계를 정지시키고 한다.

④ 표면거칠기 상태검사는 저속에서 손끝으로 만져 감촉을 느낀다.

해설 표면거칠기 상태검사 등 모든 검사는 기계를 정지시키고 한다.

78. 산업용 로봇에서 Servo ready의 의미로 옳은 것은?

① 컨트롤러에서 이상 유무를 확인·점검하는 신호

② 정의된 위치 데이터를 키보드로 직접 입력하는 신호

③ 아날로그 타입에서 모터 드라이버로 출력하는 속도 명령어 신호

④ 전원 공급 후 컨트롤러가 이상 유무를 확인하기 전에 모터 드라이버 측에서 컨트롤러로 보내는 준비 신호

해설 전원 공급 후 컨트롤러가 이상 유무를 확인하기 전에 모터 드라이버 측에서 컨트롤러로 보내는 준비신호

79. 다음 회로에서 푸시 버튼 스위치 SW6은 OFF, SW7은 ON 상태일 때의 이진수 8비트 표현 시 v 값으로 옳은 것은? (단, 회로의 ×표시는 리던던시, JP3의 1번 단자가 LSB이고 8번 단자가 MSB이다.

| 은 OR 기호이다.)

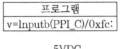

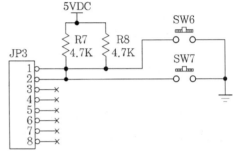

PORT C

① 0000 0010

② 0000 0001

③ 1111 1101

④ 1111 1110

해설 1번 단자 LSB, 8번 단자 MSB 1번 핀 On과 2번 핀 Off이고 3~8핀은 리던던시로 1

Pin	8	7	6	5	4	3	2	1
전압	high	high	high	high	high	high	0V	5V
2진수	1	1	1	1	1	1	0	1

80. 리액턴스의 설명으로 틀린 것은?

① 자체 인덕턴스가 클수록 유도 리액턴스 값은 커진다.

② 정전용량이 작아질수록 용량 리액턴스의 값은 커진다.

③ 교류전압의 주파수가 커질수록 유도 리액턴스의 값은 작아진다.

④ 교류전압의 주파수가 커질수록 용량 리액턴스의 값은 작아진다.

해설 반응저항[反應抵抗, 리액턴스(reactance)] : 교류회로에서 코일과 축전기에 의해 발생하는 전기저항과 유사한 역할을 하는 물리량이며, 온저항의 허수 성분이다. 반응저항은 전기저항과 유사한 역할을 하지만 전력을 소모하지 않는다.

생산자동화산업기사 필기

2019년

출제문제

	2019년 3월 3일 시행					
자격종목 및 등급(선택분야)	종목코드	시험시간	문제지형별	수검번호	성 명	
생산자동화산업기사	2034	2시간	A			

제1과목 : 기계가공법 및 안전관리

1. 방전가공용 전극 재료의 구비 조건으로 틀린 것은?

① 가공정밀도가 높을 것
② 가공전극의 소모가 적을 것
③ 방전이 안전하고 가공속도가 빠를 것
④ 전극을 제작할 때 가계가공이 어려울 것

해설 방전가공용 전극 재료의 구비조건
• 전극을 제작할 때 기계가공이 쉬울 것
• 전극재료를 구하기 쉽고 저렴할 것

2. 드릴가공에서 깊은 구멍을 가공하고자 할 때 다음 중 가장 좋은 드릴가공 조건은?

① 회전수와 이송을 느리게 한다.
② 회전수는 빠르게 이송을 느리게 한다.
③ 회전수는 느리게 이송은 빠르게 한다.
④ 회전수는 이송은 정밀도와는 관계없다.

해설 깊은 구멍을 가공할 때는 칩의 배출과 절삭유의 공급이 곤란함으로 회전수(절삭 속도)와 이송을 느리게 한다.

3. φ13 이하의 작은 구멍 뚫기에 사용하며 작업대 위에 설치하여 사용하고, 드릴이송은 수동으로 하는 소형의 드릴링 머신은?

① 다두 드릴링 머신
② 직립 드릴링 머신
③ 탁상 드릴링 머신
④ 레이디얼 드릴링 머신

해설 • 탁상 드릴링 머신 : φ13 이하의 작은 구멍에 적합하다.
• 직립 드릴링 머신 : 탁상 드릴링 머신과 유사하나 비교적 대형 가공물 뚫기에 적합하다.
• 레이디얼 드릴링 머신 : 가공물이 대형, 중량일 때 가공물은 고정시키고 드릴이 가공 위치로 이동하여 드릴링 한다.
• 다두 드릴링 머신 : 각각의 스핀들에 여러 종류의 공구를 설치 순서에 따라 여러 종류의 가공을 연속적으로 할 수 있다.

4. 드릴링 머신의 안전사항으로 틀린 것은?

① 장갑을 끼고 작업을 하지 않는다.
② 가공물을 손으로 잡고 드릴링한다.
③ 구멍 뚫기가 끝날 무렵은 이송을 천천히 한다.
④ 얇은 판의 구멍가공에는 보조 판 나무를 사용하는 것이 좋다.

해설 가공물을 손으로 잡고 드릴링하지 않는다.

5. 연삭숫돌의 입도(grain size) 선택의 일반적인 기준으로 가장 적합한 것은?

① 절삭 깊이와 이송량이 많고, 거친 연삭은 거친 입도를 선택
② 다듬질 연삭 또는 공구를 연삭할 때는 거친 입도를 선택
③ 숫돌과 일감의 접촉 면적이 작을 때는 거친 입도를 선택

④ 연성이 있는 재료는 고운 입도를 선택

해설 연삭숫돌의 입도 선택의 일반적인 기준
- 절삭 깊이와 이송량이 많고 거친 연삭 : 거친 입도
- 다듬질 연삭 또는 공구를 연삭할 때 : 고운 입도
- 숫돌과 일감의 접촉 면적이 작을 때 : 고운 입도
- 연성이 있는 재료 : 거친 입도

6. 구성인선의 방지 대책으로 틀린 것은?

① 경사각을 작게 할 것
② 절삭 깊이를 적게 할 것
③ 절삭 속도를 빠르게 할 것
④ 절삭 공구의 인선을 날카롭게 할 것

해설 구성인선(built-up edge)의 방지대책 : 경사각(rake angle)을 크게 한다.

7. 서보기구의 종류 중 구동 전동기로 펄스 전동기를 이용하며 제어장치로 입력된 펄스수만큼 움직이고 검출기나 피드백 회로가 없으므로 구조기 간단하며, 펄스 전동기의 회전 정밀도와 볼나사의 정밀도에 직접적인 영향을 받는 방식은?

① 개방회로 방식
② 폐쇄회로 방식
③ 반 폐쇄회로 방식
④ 하이브리드 회로 방식

해설 서보기구의 회로방식
- 개방회로 방식 : 피드백 장치가 없다.
- 폐쇄회로 방식 : 서보모터에 피드백 장치가 있다.
- 반폐쇄 회로 방식 : 서보모터와 기계테이블에 피드백 장치가 있다.
- 하이브리드 회로 방식 : 피드백 장치가 있으며, 폐쇄회로와 반 폐쇄회로 방식을 결합한 고정밀도 제어방식이다.

8. 윤활유의 사용 목적이 아닌 것은?

① 냉각   ② 마찰   ③ 방청   ④ 윤활

해설 윤활유의 사용목적
① 윤활작용, ② 냉각작용, ③ 방청작용, ④ 밀폐작용, ⑤ 청정작용

9. 게이지 블록 구조형상의 종류에 해당되지 않은 것은?

① 호크형   ② 캐리형
③ 레버형   ④ 요한슨형

해설 게이지 블록 구조형상의 종류
① 호크형, ② 캐리형, ③ 요한슨형

10. 밀링 분할판의 브라운 샤프형 구멍열을 나열한 것으로 틀린 것은?

① No.1 - 15, 16, 17, 18, 19, 20
② No.2 - 21, 23, 27. 29, 31, 33
③ No.3 - 37, 39, 41, 43, 47, 49
④ No.4 - 12, 13, 15, 16, 17, 18

해설 밀링 분할판의 브라운 샤프형 구멍열

종류	분할판	구멍수의 종류
브라운 샤프형	NO.1	15 16 17 18 19 20
	NO.2	21 23 27 29 31 33
	NO.3	37 39 41 43 47 49

11. 주성분이 점토와 장석이고 균일한 기공을 나타내며 많이 사용하는 숫돌의 결합제는?

① 고무 결합제(R)
② 셀락 결합제(E)
③ 실리케이트 결합제(S)
④ 비트리파이드 결합제(V)

해설 연삭숫돌의 결합제의 주성분
- 고무 결합제 : 생고무
- 셀락 결합제 : 천연수지인 셀락
- 실리케이트 결합제 : 규산나트륨(물유리)
- 비트리파이드 결합제 : 점토와 장석이며 가장 많이 사용된다.

2019

12. 일반적인 밀링작업에서 절삭 속도와 이송에 관한 설명으로 틀린 것은?

① 밀링커터의 수명을 연장하기 위해서는 절삭 속도는 느리게 이송을 작게 한다.

② 날 끝이 비교적 약한 밀링커터에 대해서는 절삭 속도는 느리게 이송을 작게 한다.

③ 거친 절삭에서는 절삭 깊이를 얕게, 이송은 작게, 절삭 속도를 빠르게 한다.

④ 일반적으로 나비와 지름이 작은 밀링커터에 대해서는 절삭 속도를 빠르게 한다.

해설 일반적인 밀링작업에서의 절삭 조건 : 거친 절삭에서는 절삭 깊이를 크게, 이송은 빠르게, 절삭 속도를 느리게 한다.

13. 측정에서 다음 설명에 해당하는 원리는?

> 표준자와 피측정물은 동일축 선상에 있어야 한다.

① 아베의 원리
② 버니어의 원리
③ 에어리의 원리
④ 헤르츠의 원리

해설 아베(abbe)의 원리 : 표준자와 피측정물은 동일축 선상에 있어야 한다.

14. 절삭 공구에서 칩 브레이커(chip breaker)의 설명으로 옳은 것은?

① 전단형이다.
② 칩의 한 종류이다.
③ 바이트 생크의 종류이다.
④ 칩이 인위적으로 끊어지도록 바이트에 만든 것이다.

해설 칩 브레이커 : 가장 바람직한 칩의 형태는 유동형이지만 이는 가공물에 휘말려 가공물 표면과 바이트를 상하게 하거나 안전을 위협하며 절삭유의 공급 등 절삭 가공을 방해한다. 따라서 인위적으로 칩이 끊어지도록 바이트에 만든다.

15. 가공능률에 따라 공작기계를 분류할 때 가공할 수 있는 기능이 다양하고, 절삭 및 이송속도의 범위도 크기 때문에 제품에 맞추어 절삭 조건을 선정하여 가공할 수 있는 공작기계는?

① 단능 공작기계
② 만능 공작기계
③ 범용 공작기계
④ 전용 공작기계

해설 가공능률에 따른 공작기계의 분류
- 범용 공작기계 : 가공할 수 있는 기능이 다양하고, 절삭 및 이송속도의 범위가 크기 때문에 제품에 맞추어 절삭 조건을 선정할 수 있다.
- 단능 공작기계 : 단순한 기능의 공작기계, 한 가지 공정만 가능하다.
- 만능 공작기계 : 여러 기능을 한 대의 공작기계로 가능하도록 했다.
- 전용 공작기계 : 특정한 제품을 대량생산할 때 적합한 공작기계

16. 호칭치수가 200 mm인 사인 바로 $21°30'$의 각도를 측정할 때 낮은 쪽 게이지 블록의 높이가 5 mm라면 높은 쪽은 얼마인가?

① 73.3 mm
② 78.3 mm
③ 83.3 mm
④ 88.3 mm

해설 사인바(sine bar) 측정
- $\sin\phi = \dfrac{H-h}{L}$
- $H = L \times \sin\phi + h = 200 \times 0.3665 + 5 = 78.3$

17. 마이크로미터의 나사 피치가 0.2 mm일 때 심블의 원주를 100등분하였다면 심블 1눈금의 회전에 의한 스핀들의 이동량은 몇 mm인가?

① 0.005
② 0.002
③ 0.01
④ 0.02

해설 스핀들의 이동량 $= \dfrac{0.2}{100} = 0.002$

18. 밀링머신에서 커터 지름이 120 mm, 한 날당 이송이 0.1 mm, 커터 날수가 4날, 회전수가 900 rpm일 때, 절삭 속도는 약 몇 m/min인가?

① 33.9   ② 113   ③ 214   ④ 339

해설 절삭 속도 $V = \dfrac{\pi DN}{1,000} = \dfrac{3.14 \times 120 \times 900}{1,000}$
$= 339.2 \text{ m/min}$

19. 절삭 공구에서 크레이터 마모(crater wear)의 크기가 증가할 때 나타나는 현상이 아닌 것은?

① 구성인선(build up edge)이 증가한다.
② 공구의 윗면 경사각이 증가한다.
③ 칩의 곡률반지름이 감소한다.
④ 날 끝이 파괴되기 쉽다.

해설 크레이터 마모(crater wear)
• 절삭 공구의 상면 경사면이 오목하게 파여지는 현상이다.
• 크레이터 마모가 증가할 때 공구의 윗면 경사각이 작아짐으로 크레이터 마모를 줄이기 위해서 경사각을 크게 한다.

20. 슬로터(slotter)에 관한 설명으로 틀린 것은?

① 규격은 램의 최대 행정과 테이블의 지름으로 표시된다.
② 주로 보스(boss)에 키 홈을 가공하기 위해 발달된 기계이다.
③ 구조가 셰이퍼(shaper)를 수직으로 세워놓은 것과 비슷하여 수직 셰이퍼라고도 한다.
④ 테이블의 수평길이 방향 왕복 운동과 공구의 테이블 가로방향 이송에 의해 비교적 넓은 평면을 가공하므로 평삭기라고도 한다.

해설 플레이너(planer) : 테이블의 수평길이 방향 왕복 운동과 공구의 테이블 가로방향 이송에 의해 비교적 넓은 평면을 가공하는 평삭기를 말한다.

제2과목 : **기계제도 및 기초공학**

21. 다음 중 V 벨트 전동장치에서 사용하는 벨트의 단면각은?

① 34°   ② 36°   ③ 38°   ④ 40°

해설 V 벨트의 단면각은 40°로 규정하고 있다.

22. 다음 나사를 나타낸 도면 중 미터 가는 나사를 나타낸 것은?

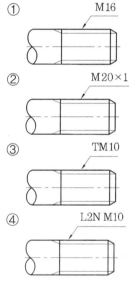

① M16

② M20×1

③ TM10

④ L2N M10

해설 미터 가는 나사
• 미터 보통나사에 비해 피치의 비율이 낮은 나사이다.
• M8 이상인 미터나사는 피치가 1.25 이상이므로 M8×1.25로 표시된다.

23. 도면을 작성할 때 다음 선들이 모두 겹쳤을 경우 가장 우선적으로 나타내야 하는 선은?

① 절단선   ② 무게 중심선

2019

③ 치수 보조선 ④ 숨은선

해설 선의 우선 순위

외형선 → 숨은선(은선) → 절단선 → 중심선 → 무게중심선 → 치수보조선

24. 다음 중 각도치수의 허용한계값 지시 방법이 틀린 것은?

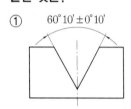

① 60° 10′ ± 0° 10′

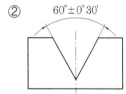

② 60° ± 0° 30′

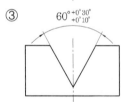

③ $60°^{+0°30'}_{+0°10'}$

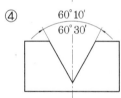

④ 60° 10′ / 60° 30′

해설 각도치수의 허용한계 기입 방법
- 치수허용차에도 반드시 단위기호를 붙인다.
- 큰 치수를 위에 작은 치수를 아래에 표시한다.

25. 그림과 같이 절단된 편심 원뿔의 전개법으로 가장 적합한 것은?

① 삼각형법 ② 동심원법
③ 평행선법 ④ 사각형법

해설 전개도
- 평행선법, 방사선법, 삼각형법이 있다.
- 삼각형법 : 방사선법으로 하는 것이 원칙이나 꼭짓점이 지면밖으로 나가거나 할 때 삼각형법으로 한다.
- 평행선법 : 각기둥과 원기둥을 연직 평면 위에 펼쳐 놓은 것이다.
- 방사선법 : 각뿔이나 원뿔의 끝 지점을 중심으로 방사상으로 전개한다.

26. 다음 기하공차에 대한 설명으로 옳지 않은 것은?

○	0.1	
//	0.02/100	A

① 기하공차 값 0.1 mm는 동심도 기하공차가 적용된다.
② 평행도 기하공차의 데이텀을 지시하는 문자는 A이다.
③ 평행도 기하공차값은 지정길이 100 mm에 대해 0.02 mm이다.
④ 공차가 지시된 부분은 2개의 기하공차가 모두 적용된다.

해설 기하공차값 0.1 mm는 진원도 기하공차가 적용된다.

27. 단면의 표시와 단면도의 해칭에 관한 설명으로 옳은 것은?

① 단면 면적이 넓은 경우에는 그 외형선을 따라 적절한 범위에 해칭 또는 스머징을 한다.
② 해칭선의 각도는 주된 중심선에 대하여 60°로 하여 굵은 실선을 사용하여 등간격으로 그린다.
③ 인접한 다른 부품의 단면은 해칭선의 방향이나 간격을 변경하지 않고 동일하게 사

용한다.

④ 해칭 부분에 문자, 기호 등을 기입할 때는 해칭을 중단하지 않고 겹쳐서 나타내야 한다.

해설 단면의 표시와 단면도의 해칭
• 해칭선의 각도는 주된 중심선에 대하여 45°로 한다.
• 인접한 다른 부품의 단면은 해칭선의 방향이나 간격을 변경하여 구별한다.
• 해칭 부분에 문자, 기호 등을 기입할 때는 해칭을 중단한다.

28. 선의 종류와 용도에 대한 내용으로 틀린 것은?

① 굵은 실선 : 대상물이 보이는 부분의 모양을 표시하는 데 사용된다.

② 가는 1점 쇄선 : 중심이 이동한 중심궤적을 표시하는 데 사용된다.

③ 가는 2점 쇄선 : 얇은 두께를 가진 부분을 나타내는 데 사용된다.

④ 굵은 1점 쇄선 : 특수한 가공을 하는 부분 등 특별한 요구사항을 적용할 수 있는 범위를 표시하는 데 사용된다.

해설 아주 굵은 실선 : 얇은 두께를 가진 부분을 나타내는 데 사용

29. 그림과 같이 표면의 결 도시기호가 있을 때 이에 대한 설명으로 옳지 않은 것은?

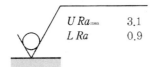

| $U\,Ra_{max}$ | 3.1 |
| $L\,Ra$ | 0.9 |

① 양측 상한 및 하한값을 적용한다.

② 재료 제거를 허용하지 않는 공정이다.

③ 10개의 샘플링 길이를 평가 길이로 적용한다.

④ 상한값은 산술평균편차에 max – 규칙을 적용한다.

해설 RZ(십점평균 산출법) : 10개의 샘플링 길이를 평가 길이로 적용

30. 제3각 정투상법으로 다음 입체도의 정면도, 평면도, 좌측면도를 가장 적합하게 나타낸 것은?

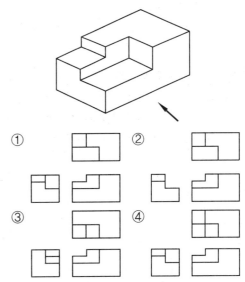

해설 제3각 정투상도법 : 화살표 방향의 정면도를 중심으로 좌측에 좌측면도, 상측에 평면도가 위치

31. 풀리(pulley)나 기어(gear) 등이 장착되어 회전하는 축에서 발생되는 모멘트의 설명으로 옳은 것은?

① 굽힘 모멘트만 발생한다.

② 비틀림 모멘트만 발생한다.

③ 굽힘 모멘트와 비틀림 모멘트가 동시에 발생한다.

④ 굽힘 모멘트와 비틀림 모멘트가 전혀 발생하지 않는다.

해설 • 전동축 : 풀리나 기어 등이 장착되어 회전하는 축은 굽힘 모멘트와 비틀림 모멘트가 동시에 작용한다.
• 스핀들(spindle) : 비틀림 모멘트가 작용한다.
• 차축(axle) : 굽힘 모멘트가 작용한다.

2019

정답 28. ③ 29. ③ 30. ① 31. ③

32. 전압을 나타내는 단위는?

① 옴(Ω) ② 볼트(V)
③ 와트(W) ④ 암페어(A)

해설 • 볼트 : 전압(V)
• 옴 : 저항(Ω)
• 와트 : 전력(W)
• 암페어 : 전류(A)

33. 다음 그림과 같이 높이가 115 m에서 수평으로 물체를 던졌더니, 던진 곳에서부터 92.5 m인 지점에 물체가 떨어졌다. 물체의 초기속도는 얼마인가? (단, 중력가속도 g=9.8 m/s²이다.)

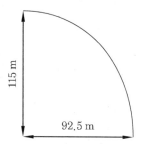

① 16.1 m/s ② 19.1 m/s
③ 21.1 m/s ④ 23.1 m/s

해설 초기속도(V_0) $= \sqrt{\dfrac{g \times x}{2}} = \sqrt{\dfrac{9.8 \times 92.5}{2}}$
$= 21.289$ m/s

34. 다음 그림에서 스패너를 이용하여 볼트를 조이려고 한다. 이때 발생하는 토크(T)를 구하는 식으로 옳은 것은?

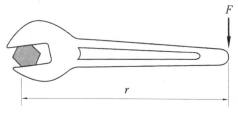

① $T = F \times r$ ② $T = F \times 2r$
③ $T = \sqrt{F \times r}$ ④ $T = \dfrac{F \times r}{2}$

해설 토크(T) : 모멘트의 크기는 회전 중심에서 힘의 작용선까지의 수직 거리에 힘의 크기를 산술적으로 곱하여 구한다. 그러므로 $T = F \times r$

35. 1 kWh의 일량을 바르게 표현한 것은?

① 1 kW의 동력을 30분 사용했을 때의 일량
② 1 kW의 동력을 1시간 사용했을 때의 일량
③ 1 kW의 동력을 2시간 사용했을 때의 일량
④ 1 kW의 동력을 4시간 사용했을 때의 일량

해설 kWh의 일량 : 1 kW의 동력을 1시간 사용했을 때의 일량

36. 전류에 대한 설명으로 틀린 것은?

① 전류는 기전력이라고도 한다.
② 암페어(A)를 단위로 사용한다.
③ 전류는 도체 내의 자유전자들의 움직임으로 발생된다.
④ 회로 내 임의의 점에서의 전류의 크기는 매초 그 지점을 통과하는 전하량으로 정한다.

해설 기전력이란 전위차를 말하며 전압, 즉 볼트(V)의 단위를 사용한다.

37. 지름이 52 cm인 관 속에 흐르는 물의 평균속도가 5 m/s일 때 유량은 몇 m³/s인가?

① 0.16 ② 1.06
③ 10.6 ④ 15.6

해설 유량을 구하는 식
• $Q = A \times V$
(Q : 유량, A : 관의 단면적, V : 유속)
• $Q = \dfrac{\pi \times D^2}{4} \times V$
$= \dfrac{3.14 \times 0.52 \times 0.52}{4} \times 5 = 1.06$

38. 응력에 대한 설명으로 틀린 것은?

① 하중에 비례한다.
② 단면적에 비례한다.

③ 단위는 Pa도 사용한다.

④ 응력에는 전단응력, 인장응력, 압축응력 등이 있다.

해설 • 응력은 단위 면적당에 작용하는 하중(저항력)을 계산하여 나타낸다.

• $\sigma = \dfrac{P}{A}$ [P : 하중(N), A : 단면적(m^2)]이므로 응력은 단면적에 반비례한다.

39. 단면적이 2 cm^2이고 길이가 10 m인 동선의 전기저항(Ω)은? (단, 구리의 비저항은 1.7×10^{-8} $\Omega \cdot m$ 이다.)

① 8.5×10^{-4}　　② 8.5×10^{-8}

③ 11.6×10^{-4}　　④ 11.6×10^{-8}

해설 전기저항의 계산

• $R = \rho \dfrac{L}{A}$ (R=저항, ρ=비저항, L=도선의 길이, A=단면적)이므로 $R = 1.7 \times 10^{-8} \times \dfrac{10}{2 \times 10^{-4}} = 8.5 \times 10^{-4}$

40. 다음 ( ) 안에 들어갈 알맞은 단위를 순서대로 쓴 것은?

$1\,N = 1(\ \ )\times 1(\ \ )$

① m, s　　　　② kg, m

③ m/s, g　　　④ kg, m/s^2

해설 • $1\,N = 1\,kg \times 1\,m/s^2$

• $1\,N$: 질량 $1\,kg$의 물체에 $1\,m/s^2$의 가속도를 갖게 하는 힘을 나타낸다.

제3과목 : 자동제어

41. 시리얼 통신의 전송 속도를 나타내는 것은?

① bit　　　　② bus

③ baud　　　④ byte

해설 • bit : 정보표시의 최소단위 1또는 0으로 표기한다.

• bus : 데이터를 전송하는 통신 시스템으로 하드웨어 부품들(선, 광 파이버 등) 및 통신 프로토콜을 포함한 소프트웨어를 아우른다.

• baud : 초당 펄스수 또는 초당 심벌수를 뜻한다. 디지털로 변조된 신호가 통신 매체에 초당 몇 번의 심벌 변화가 발생하는지를 의미한다.

• byte : 컴퓨터 기억장치의 크기를 나타내는 단위이다. ASCII 문자 하나를 나타낼 수 있다.

42. 서보기구에 대한 설명으로 틀린 것은?

① 제어량이 기계적 변위인 자동제어계를 의미한다.

② 일반적으로 신호변환와 파워증폭부로 구성된다.

③ 신호변환 시 전기식보다는 공압식이 많이 사용된다.

④ 서보기구의 파워증폭부는 증력 및 조작을 행하는 부분이다.

해설 물체의 위치, 방향 등을 제어량으로 하여 목표치의 임의의 변화에 따르도록 구성된 제어계

• 일반적으로 제어량이 기계적 위치인 것

• 입력으로 작은 에너지를 가지고 파워증폭이 이루어지는 것

• 신호변환 시 공압식보다는 전기식을 많이 사용

43. 제어계의 성능에서 중요한 3가지 특성값이 아닌 것은?

① 속응성　　　　② 안정도

③ 결합계수　　　④ 정상편차

해설 • 속응성 : 자동 조정 시스템이 설정값의 변동에 신속히 응답하는 성질을 말한다.

• 안정도 : 어떠한 신호 또는 초기조건에 대한 항상 적당한 응답으로 반응하는 시스템을 안정하다고 한다.

• 결합계수 : 두 코일이 자기적으로 결합된 상태

를 나타내는 계수로서 두 코일 간의 누설 자속
이 없는 경우에는 K=1이 된다. 두 코일의 모
양, 크기, 상대적인 위치에 따라 결정된다.
- 정상편차 : 과도응답이 소멸한 후, 정상상태 하
  에서도 남게 되는 제어 시스템의 출력과 기준
  입력과의 차이(오차)를 말한다.

44. 계전기 방식과 비교한 전자 제어 방식의 특징
으로 틀린 것은?

① 수명이 길다.
② 동작속도가 빠르다.
③ 전기적 노이즈에 강하다.
④ 입력과 출력의 확장성이 우수하다.

해설 계전기 제어방식 장점
- 과부하 내량과 개폐부하 용량이 크다.
- 온도 특성이 좋다.
- 전기적 잡음이 적다.
- 입출력이 분리된다.
계전기 제어방식 단점
- 소비전력이 크다.
- 제어반의 외형과 설치 면적이 크다.
- 접점의 동작이 느리다.
- 진동이나 충격에 취약하다.
- 수명이 짧다.

45. 시퀀스제어의 구성에서 검출부에 해당되지 않
은 것은?

① 타이머　　　　② 리밋 스위치
③ 압력 스위치　　④ 온도 스위치

해설 • 검출부 : 제어량이 소정의 상태인지 아닌
지를 표시하는 2진수값 신호(on/off)를 발생하
는 부분
- 검출 스위치 : 제어대상의 상태 또는 변화를 검
  출하기 위한 것으로 위치, 액면, 압력, 온도,
  전압 등 제어량을 검출하는 스위치

46. 엔코더를 이용해서 검출하기 어려운 것은?

① 모터의 토크 검출

② 모터의 회전방향 검출
③ 모터의 회전속도 검출
④ 기계장치의 이송거리 검출

해설 엔코더를 이용해서 알 수 있는 정보
- 모터의 회전수와 속도를 감지
- 모터의 정역 회전방향을 감지
- 모터의 회전 각도
- 모터의 초기 원점(home sensing)을 감지
- 모터에 장착된 기계장치의 이송거리 검출 가능

47. C++언어의 특징이 아닌 것은?

① 기존 C언어와 호환성을 가진다.
② 래더 기반의 PLC 전용 언어이다.
③ 기존 C언어에서 객체지향 개념이 추가되었다.
④ 클래스(class) 단위로 작성하는 모듈화
　언어이다.

해설 • C++는 C언어에 객체지향 프로그래밍을
지원하기 위한 내용이 덧붙여진 언어이며 기존
C언어와 호환성을 가지며 클래스 단위로 작성
하는 모듈화 언어이다.
- 래더 다이어그램은 PLC 프로그래밍 방식 중
  한 가지이다.

48. 계자 코일에 전류를 흘려줌으로써 전자식을
만들어 밸브를 여닫는 밸브는?

① 수동밸브　　　　② 전동밸브
③ 전자밸브　　　　④ 체크밸브

해설 전자밸브 : 솔레노이드밸브라고 불리기도 하
며 계자코일에 전류를 흘려줌으로써 전자석을
만들어 밸브를 여닫는 원리

49. 다음 함수를 라플라스 변환한 결과로 옳은 것은?

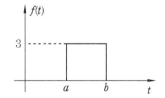

① $\dfrac{3}{s}(e^{as}+e^{bs})$

② $\dfrac{3}{s}(e^{as}-e^{bs})$

③ $\dfrac{3}{s}(e^{-as}+e^{-bs})$

④ $\dfrac{3}{s}(e^{-as}-e^{-bs})$

해설 $f(t)=3u(t-a)-3u(t-b)$

$\mathcal{L}[f(t)]=\dfrac{3}{s}e^{-as}-\dfrac{3}{s}e^{-bs}$

50. 어떤 계의 단위 임펄스 입력이 가해질 경우 출력이 e^{-3t}로 나타났다. 이 계의 전달 함수는?

① $\dfrac{1}{s+1}$ ② $\dfrac{1}{s-1}$

③ $\dfrac{1}{s+3}$ ④ $\dfrac{1}{s-3}$

해설 라플라스 변환 표를 참조하여 출력 e^{-3t}을 라플라스 변환하면 다음과 같다.

$$L\{e^{-3t}\}=\dfrac{1}{s+3}$$

51. 입력기기로부터 침입하는 노이즈를 방지할 수 있는 대책으로 적절한 것은?

① 배리스터 사용
② 서미스터 사용
③ 전원필터 사용
④ 정전압회로 사용

해설 • 배리스터(varistor, variable resistor) : 임계전압 이하에서는 매우 높은 저항을 나타내며 그 이상의 전압에서는 낮은 저항특성을 나타내는 회로 보호용 소자이다. 형광등, 스위칭 파워 서플라이에서 서지 전압을 흡수하는 용도로 사용한다.
• 서미스터(thermistor) : 온도에 따라 물질의 저항이 변화하는 성질을 이용한 열가변저항기이다. 회로의 전류가 일정 이상으로 오르는 것을 방지하거나 회로의 온도를 감지하는 센서로 이용한다.

• 전원필터 : 노이즈의 주된 입력부분인 전원에서 노이즈를 필터링하기 위한 필터이다.
• 정전압회로 : 일반적인 전원 내부에는 내부저항이 있어서 부하를 걸어 전류를 흐르게 하면 전압이 낮아지게 된다. 이와 같이 부하에 의한 전압 변동을 방지하기 위한 회로를 정전압회로라 한다.

52. 일반적으로 PLC 본체의 구성에 포함되지 않는 것은?

① CPU ② 전원부
③ 입 · 출력부 ④ 프로그램 로더

해설 PLC는 두뇌역할을 하는 CPU, 입출력부, 각 부에 전원을 공급하는 전원부로 구성되며 본체 외부에 프로그램 로더가 포함된다.

53. 다음 설명에 해당되는 원리는?

> 정지된 유체 내에서 압력을 가하면 이 압력은 유체를 통하여 모든 방향으로 일정하게 전달된다.

① 연속의 법칙 ② 파스칼의 원리
③ 베르누이의 정리 ④ 벤투리관의 원리

해설 • 연속의 법칙 : 유체가 관을 통해 흐른다면 입구에서 단위 시간당 들어가는 유체의 질량과 출구를 통해 나가는 유체의 질량은 같다.
• 파스칼의 원리 : 유체압력 전달 원리라 불리기도 하며 밀폐된 용기 속의 비압축성 유체의 어느 한 부분에 가해진 압력의 변화가 유체의 다른 부분에 그대로 전달된다는 원리이다.
• 베르누이의 정리 : 유체 흐름에 대한 기본 관계식으로 "유체의 속도가 높은 곳에서는 압력이 낮고, 유체의 속도가 낮은 곳에서는 압력이 높다"이다.
• 벤투리관의 원리 : 벤투리관이란 배관의 굵기가 서서히 축소되었다가 확대되는 관을 말하며 유체가 규칙적으로 벤투리관을 통해 흐르는 경우 배관의 통로가 넓은 곳에서는 압력이 높고 유체의 흐름속도는 느리다.

2019

54. PLC의 DIO(Digital Input Output) 장치에 인터페이스하기 적절치 못한 소자는?

① 근접 센서 　　② 포텐셔미터
③ 광전 스위치 　　④ 토글 스위치

해설 PLC의 DIO(Digital Input Output)는 디지털 신호를 입력받거나 출력받는 외부 인터페이스이므로 근접 센서, 광전 스위치, 토글 스위치와 같이 On/Off 출력을 하는 센서와 연결 가능하다.
- 근접 센서 : 근접 센서(proximity sensor)는 사물이 다른 사물에 접촉되기 이전에 근접하였는지 결정하는 데 사용
- 포텐셔미터 : 포텐셔미터(potentiometer)를 일반적으로 가변저항이라고 칭한다. 고정된 저항이 아닌 임의의 저항값으로 조절이 가능한 저항기
- 광전 스위치 : 광전 스위치는 광선을 사용하여 물체의 존재나 부재를 감지 거리가 멀거나 비메탈 물체를 감지하려는 경우, 유도형 근접 센서를 대체하는 데 적합
- 토글 스위치 : 손가락으로 직선적인 상하동작 또는 좌우의 왕복동작을 함으로써 ON, OFF 동작을 하는 레버를 가진 스위치

55. 상수 K를 라플라스 변환한 값은?

① K^2 　　② $\dfrac{1}{K}$
③ $\dfrac{K}{s}$ 　　④ $\dfrac{K}{s^2}$

해설 $\mathcal{L}\{K\} = \displaystyle\int_0^\infty e^{-st} \cdot K dt$

$= \displaystyle\lim_{A\to\infty}\left[-\dfrac{e^{-st}}{s}\cdot tK\right]_0^A$

$= \displaystyle\lim_{A\to\infty}\left[-\dfrac{e^{-sA}}{s}\cdot K + \dfrac{e^{-s0}}{s}\cdot K\right]_0^A = \dfrac{K}{s}$

56. 다음 그림의 전달 함수 $\left[\dfrac{C}{R}\right]$로 옳은 것은?

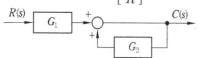

① $\dfrac{G_1}{1+G_2}$ 　　② $\dfrac{G_1}{1-G_2}$
③ $\dfrac{G_1 G_2}{1-G_2}$ 　　④ $\dfrac{1}{1+G_1 G_2}$

해설 $C(s) = G_1 R(s) + G_2 C(s)$

$(1-G_2)C(s) = G_1 R(s)$

$\dfrac{C(s)}{R(s)} = \dfrac{G_1}{1-G_2}$

57. 물체의 위치, 방위, 자세 등의 기계적 변위를 제어량으로 하여 목표값의 임의의 변화에 추종하도록 구성된 제어계는?

① 서보기구
② 자동 조정
③ 프로그램 제어
④ 프로세서 제어

해설 • 서보기구 : 물체의 위치, 방위, 자세를 제어량으로 하여, 목표값의 임의의 변화에 추종하도록 구성된 제어계
- 자동조정 : 전기적 또는 기계적인 양을 제어(전압, 전류, 주파수, 회전속도 등) 예 자동전압조정기(AVR), 조속기
- 프로그램 제어 : 사전에 정해진 프로그램에 따라 제어량을 변화시키는 제어 예 열차 운전, 산업로보트 운전, E/L 자동조정
- 프로세스 제어 : 플랜트(석유, 화학공업) 및 생산공정 등의 상태량 제어(유량, 액면, 온도, 압력 등)

58. $10t^5$을 라플라스 변환한 결과로 옳은 것은?

① $\dfrac{6}{s^6}$ 　　② $\dfrac{24}{s^6}$
③ $\dfrac{120}{s^6}$ 　　④ $\dfrac{1,200}{s^6}$

해설 $\mathcal{L}\{10t^5\} = 10\dfrac{5!}{s^{5+1}} = \dfrac{1,200}{s^6}$

59. 생산 공정을 사람 대신 자동제어로 대체하였

을 때 장점이 아닌 것은?

① 인건비를 감축시킬 수 있다.

② 생산량을 증대시킬 수 있다.

③ 초기 시설투자비가 감소한다.

④ 제품의 품질이 균일화되고 향상되어 불량 품이 감소된다.

해설 자동제어의 장점

- 제품의 품질이 균일화되어 불량품 감소
- 적정한 작업을 유지할 수 있어서 원자재, 원료 등이 절약
- 연속작업 가능
- 고속작업 가능, 정밀작업 가능
- 사고 방지
- 투자 자본 절약 가능
- 노력의 절감 가능

60. 제어계에 대한 설명 중 틀린 것은?

① 컴퓨터 제어계에서 샘플링 주기가 길어질 수록 정밀한 제어가 가능하다.

② 제어 대상을 디지털 제어기에 연결하려면, A/D 변환기와 D/A 변환기가 필요하다.

③ 아날로그 제어계는 아날로그 형태의 입력과 피드백 신호가 연속적으로 주어진다.

④ 아날로그 제어계는 증폭, 미분, 적분 특성이 일정값으로 고정되어 있으므로 제어 기구의 특성을 바꾸기 어렵다.

해설 • 샘플링 주파수 $= \dfrac{1}{\text{샘플링 주기}}$

- 샘플링 주파수가 커져야 정밀한 제어가 가능하므로 샘플링 주기가 짧아져야 한다.

제4과목 : 메카트로닉스

61. 정현파의 최댓값이 10 V일 때, 평균값은 약 얼마인가?

① 0 V ② 5 V ③ 6.37 V ④ 7.07 V

해설
$$V_{AVG} = \frac{2}{T} \int_0^{T/2} V(t)\, dt$$
$$= \frac{2}{T} \int_0^{T/2} V_m \sin(\omega t)\, dt$$
$$= \frac{2}{\pi} V_m = \frac{2}{\pi} 10 \fallingdotseq 6.37$$

62. 다음 중 온도 측정에 가장 적합한 것은?

① CdS ② 다이오드

③ 타코미터 ④ 서미스터

해설 • CdS : 조도 센서는 황화카드뮴을(CdS)를 소자로 사용했기 때문에 CdS 센서라고 부른다. 광(빛)에너지를 받으면 내부에 움직이는 전자가 발생하여 전도율이 변한다.

- 다이오드 : 다이오드는 전류를 한 방향[P(+)에서 N(−)방향]으로만 흐르게 하고, 그 역방향으로 흐르지 못하게 하는 성질을 가진 반도체 소자를 말한다.
- 타코미터 : 타코미터는 기관의 회전 속도를 나타내는 것으로 자석식, 발전기식, 펄스식으로 분류한다.
- 서미스터(thermistor) : 온도에 따라 물질의 저항이 변화하는 성질을 이용한 열가변저항기이다. 회로의 전류가 일정 이상으로 오르는 것을 방지하거나 회로의 온도를 감지하는 센서로 이용된다.

63. 마이크로프로세서 내에서 산술연산의 기본연산은?

① 곱셈 ② 덧셈

③ 뺄셈 ④ 나눗셈

해설 마이크로프로세서의 산술연산의 기본은 덧셈이다.

64. 다음 논리식을 간소화한 결과로 옳은 것은?

$$\overline{A}\,\overline{B}\,\overline{C} + \overline{A}\,B\,\overline{C} + A\,\overline{B}\,\overline{C} + A\,B\,\overline{C}$$

① C ② $\overline{C}$

---

③ $AB+C$ 　　④ $A+B+C$

해설 $\overline{A}\,\overline{B}\,\overline{C}+\overline{A}BC+A\overline{B}\,\overline{C}+AB\overline{C}$
$=\overline{A}\,\overline{C}(\overline{B}+B)+A\overline{C}(\overline{B}+B)$
$=(\overline{A}\,\overline{C}+A\overline{C})(\overline{B}+B)$
$=(\overline{A}+A)\overline{C}(\overline{B}+B)=\overline{C}$

65. 어떤 도선에 5 A의 전류를 1분간 흘렸다면 이 도선을 통하여 이동한 전하량은 몇 C인가?

① 3　　② 20　　③ 180　　④ 300

해설 $Q=A\times T=5A\times 60\,\mathrm{s}=300\,\mathrm{C}$

66. 인간의 시감각과 비슷한 분광 감도를 가진 센서는?

① 가스 센서
② 습도 센서
③ 컬러 센서
④ 유도현 센서

해설 ㆍ가스 센서 : 기체 중에 포함된 특정 성분 가스를 검지하여 그 농도에 따라 적당한 전기 신호로 변환하는 소자를 말한다.
ㆍ습도 센서 : 대기 중의 습도변화를 적당한 전기 신호로 변환하는 소자(임피넌스 변화형, 정전 용량 변화형 구분)이다.
ㆍ컬러 센서 : 검출물체 표면의 색도에 의해 빛의 3원색(R, G, B) 각각의 반사율이 다른점을 이용하여 색을 검출한다.
ㆍ유도형 센서 : 코일에 고주파 AC 전압을 인가하면 코일 인덕턴스에 반비례하는 AC 전류가 흐른다. 이때 투자율이 높은 철과 같은 금속이 코일에 접근하면 코일의 전체 인덕턴스가 증가하고 그에 따라 전류가 감소한다. 이러한 전류 감소로 물체의 근접을 검출한다.

67. 다음 카르노도가 나타내는 논리식은?

C \ AB	00	01	11	10
0	1	0	0	1
1	1	0	0	1

① $\overline{A}$　　② $\overline{B}$
③ $A+\overline{B}$　　④ $\overline{A}+B$

해설

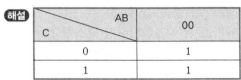

C \ AB	00
0	1
1	1

$A'B'C'+A'B'C=A'B'(C'+C)=A'B'$

C \ AB	10
0	1
1	1

$AB'C'+AB'C=AB'(C'+C)=AB'$

C \ AB	00	10
0	1	1
1	1	1

$A'B'C'+A'B'C+AB'C'+AB'C$
$=A'B'(C'+C)+AB'(C'+C)$
$=A'B'+AB'=B'$

C \ AB	00	10
0	1	1

$A'B'C'+AB'C'=(A'+A)B'C'=B'C'$

C \ AB	00	10
1	1	1

$A'B'C+AB'C=(A'+A)B'C=B'C$
$A'B'+AB'+B'+B'C'+B'C$
$=(A'+A)B'+B'+(C'+C)B'=B'$

68. 디지털 시스템에서 음수의 표현 방법이 아닌 것은?

① 1의 보수에 의한 표현
② 2의 보수에 의한 표현
③ 3초과 코드에 의한 표현

④ 부호와 절댓값에 의한 표현

> **해설** • 1의 보수 표현 범위 : $-2^{n-1} \sim 2^{n-1}$
> • 2의 보수 표현 범위 : $-2^{n-1} \sim 2^{n-1}-1$
> • 부호와 절댓값에 의한 표현 범위 : -2^{n-1} $\sim 2^{n-1}$

69. 이상적인 연산 증폭기의 특징으로 옳은 것은?

① 출력 임피던스가 1이다.
② 무한대의 대역폭을 갖는다.
③ 전압 이득이 한정되어 있다.
④ 입력 임피던스가 한정되어 있다.

> **해설** 이상적인 연산증폭기의 특성
> • 입력 임피던스는 무한대
> • 출력임피던스는 0
> • 전압이득은 무한대

70. 위치 결정의 불확정성과 고속동작에서 감속기의 강성이 약한 것을 개선하기 위해 감속기 등의 동력전달부품을 사용하지 않고, 로봇 암에 직접 모터를 부착하여 움직이는 모터는?

① AC 서보모터
② DC 서보모터
③ 리니어 서보모터
④ 다이렉트 드라이브 서보모터

> **해설** 다이렉트 드라이브 서보모터 : 감속기를 사용하지 않고 부하를 모터에 직접 연결하여 구동할 수 있기 때문에 백래시, 로스트 모션 및 소음 없이 고정도 위치결정이 가능한 모터

71. 십진수 5.75를 2진수로 변환한 결과로 옳은 것은?

① 101.11
② 101.111
③ 101.01
④ 101.001

> **해설** 5.75 중 5를 2진수로 변환

$$2 \underline{}\quad 5$$
$$2 \underline{}\quad 2 \quad \cdots\cdots 1$$
$$\qquad\qquad 1 \quad \cdots\cdots 0$$

$5_{10} \rightarrow 101_2$
5.75 중 0.75를 2진수로 변환
$0.75 \times 2 = 1.5 \rightarrow 1$
$0.5 \times 2 = 1.0 \rightarrow 1$
$0.75_{10} \rightarrow 0.11_2$
따라서
$5.75_{10} \rightarrow 101.11_2$

72. 다음 기호의 명칭은?

① 다이오드
② 트랜지스터
③ 발광 다이오드
④ 제너 다이오드

> **해설** 제너 다이오드 : 다이오드의 일종으로 정전압 다이오드이다. 다이오드와 유사한 PN 접합구조이나 다른 점은 매우 낮고 일정한 항복 전압 특성을 갖고 있어, 역방향으로 어느 일정값 이상의 항복 전압이 가해졌을 때 전류가 흐른다.

73. 핸드 탭의 파손 원인으로 옳은 것은?

① 너무 빠르게 절삭 작업을 했다.
② 구멍을 충분히 크게 가공했다.
③ 가공 중 태핑 오일을 주입했다.
④ 탭이 구멍 방향과 동일선상에 있었다.

> **해설** 핸드 탭의 파손원인
> • 너무 무리하게 힘을 가하거나 너무 빠르게 절삭할 경우
> • 구멍이 너무 작거나 구부러진 경우
> • 탭이 경사지게 들어간 경우
> • 막힌 구멍의 밑바닥에 탭 선단이 닿았을 경우

2019

74. 시간의 변화에 관계없이 그 크기와 방향이 일정한 전류를 무엇이라고 하는가?

① 교류　　　　　② 저항
③ 직류　　　　　④ 주파수

해설 • 직류 : 높은 전위에서 낮은 전위로 전류가 연속적으로 흐르며 전압을 유지하는 전류
• 교류 : 시간에 따라 주기와 방향이 끊임없이 바뀌는 전류
• 저항 : 도체에서 전류의 흐름을 방해하는 정도를 나타내는 물리량
• 주파수 : 주기적인 현상이 단위시간 동안 몇 번 일어났는지를 뜻하는 말

75. 스트레인 게이지의 특징으로 옳은 것은?

① 정밀도가 낮다.
② 온도의 영향이 크다.
③ 직류에서만 사용이 가능하다.
④ 정압뿐만 아니라 동압에서도 사용 가능하다.

해설 스트레인 게이지 : 구조체의 변형되는 상태와 그 양(量)을 측정하기 위하여 구조체 표면에 부착하는 게이지를 말한다.
두 개의 스트레인 게이지를 동시에 사용하면 온도 영향을 최소화할 수 있다.

76. 자장에 비례하여 기전력이 발생하는 물리적 현상을 응용한 것으로 자계의 방향이나 강도를 측정할 수 있는 자기 센서는?

① 리졸버(resolver)
② 서모파일(thermopile)
③ 홀 센서(hall sensor)
④ 타코 제너레이터(tacho generator)

해설 • 리졸버 : 모터 회전자의 위치를 측정하기 위한 센서로서 엔코더에 비해 기계적 강도가 높고 내구성이 우수하여 전기자동차, 로봇, 항공, 군사기기 등 고성능·고정밀 구동이 필요한 분야에서 구동모터의 위치 센서로 사용
• 열전대 : 재질이 다른 2개의 금속선을 한쪽을 접촉시키고 다른 한쪽을 일정한 온도로 유지하면 온도에 의존하는 열전력이 얻어지는 것(see-back 효과)을 이용한 것
• 서모파일 : 열전대를 여러 개 직렬로 접속해서 열전대의 열접점에 온도를 측정할 대상물에서 열방사를 모으는 것을 이용한 센서
• 홀 센서 : 전류와 자기장에 의해 모든 전도체 물질에 나타나는 효과. 전류가 흐르는 전기 전도체에 수직하게 자기장이 걸릴 때, 전류와 자기장의 방향에 수직하게 걸리는 전압을 홀 전압이라 하며 홀 센서는 자기장에 반응할 경우, 소량의 전압을 발생시키는 센서
• 타코 제너레이터 : 모터의 하단부분에 위치하여 1회전 속도 검출 소자로써 모터의 축에 직결하여 속도제어의 피드백 센서로 활용

77. 전류를 한 방향으로만 흐르게 하고, 역방향으로 흐르지 못하게 하는 성질을 가진 반도체 소자는?

① 저항
② 인덕터
③ 콘덴서
④ 다이오드

해설 • 저항 : 도체에서 전류의 흐름을 방해하는 정도를 나타내는 물리량
• 인덕터 : 코어를 감는 도체의 코일로 구성된, 이 도체에 전류가 흐를 때 발생하는 자기장의 형태로 에너지를 저장하는 수동소자
• 콘덴서 : 콘덴서는 '축전기'로도 불리며, 직류 전압을 가하면 각 전극에 전기(전하)를 축적(저장)하는 역할(콘덴서의 용량만큼 저장된 후에는 전류가 흐르지 않음), 교류에서는 직류를 차단하고 교류 성분을 통과시키는 성질
• 다이오드 : 저마늄(영어 ; germanium) 또는 게르마늄(독일어 ; germanium, Ge)이나 규소(Si)로 만들어지고, 주로 한쪽 방향으로 전류가 흐르도록 제어하는 반도체 소자를 말한다. 정류, 발광 등의 특성을 지니는 반도체 소자

78. 전동기의 자장 내에 있는 도체의 전류가 그림과 같이 흘러나올 경우 도체가 받는 힘의 방향으로 옳은 것은?

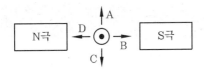

① A ② B ③ C ④ D

해설 플레밍의 오른손 법칙 : 오른손의 집게손가
락과 엄지손가락을 각각 자기장의 방향과 도선
의 운동 방향으로 향하게 하면, 유도전류는 이
들 방향에 수직으로 향하게 한가운데 손가락의
방향을 흐른다.

79. $v = 100 \sin 377t\,[\mathrm{V}]$의 교류에서 실횻값의
대략적인 전압 v와 주파수 f가 옳은 것은?

① $v = 70.7\,\mathrm{V}$, $f = 60\,\mathrm{Hz}$
② $v = 100\,\mathrm{V}$, $f = 50\,\mathrm{Hz}$
③ $v = 140.7\,\mathrm{V}$, $f = 60\,\mathrm{Hz}$
④ $v = 141\,\mathrm{V}$, $f = 50\,\mathrm{Hz}$

해설 실횻값 $v = $ 최댓값
* $0.707 = 70.7\mathrm{V}$ $2\pi ft = 377t$
$$f = \frac{377}{2\pi} = 60\,\mathrm{Hz}$$

80. 반도체에서 공핍층 양단에는 전위차가 존재
하며 이러한 전위차는 전자가 움직이기 위한 에
너지의 양이다. 이러한 전위차를 무엇이라고 하
는가?

① 순간전압
② 전압강하
③ 전위장벽
④ 항복전압

해설 • 전압강하 : 전압강하는 전압이 저항을 만
나면 전압이 작아지는데 이를 전압강하라고
한다. 전압강하는 전압의 강하기를 말하는 것
이다.
• 전위장벽 : pn 접합을 사이에 두고 공핍 영역
양쪽 전계의 전위차(potential difference)는
전자가 전계를 가로질러 움직이는 데 필요한
에너지양과 같다. 이 전위차를 장벽 전위(ba-
rrier potential)라고 하며 voltage 단위로 나
타낸다.
• 항복전압 : 다이오드 또는 트랜지스터가 파
괴되기 전 견딜 수 있는 역방향 전압의 한계
이다.

2019

2019년 4월 27일 시행

자격종목 및 등급(선택분야)	종목코드	시험시간	문제지형별	수검번호	성 명
생산자동화산업기사	2034	2시간	A		

제1과목 : 기계가공법 및 안전관리

1. 드릴로 구멍가공을 한 다음에 사용하는 공구가 아닌 것은?

① 리머
② 센터 펀치
③ 카운터 보어
④ 카운터 싱크

해설 센터 펀치(center punch) : 드릴가공을 용이하게 하기 위하여 드릴가공 위치에 선행 공정으로 하는 작업을 말한다.

2. 다음 중 산화알루미늄(Al_2O_3) 분말을 주성분으로 소결한 절삭 공구 재료는?

① 세라믹
② 고속도강
③ 다이아몬드
④ 주조경질합금

해설 세라믹(ceramic) : 산화알루미늄 분말을 주성분으로 마그네슘(Mg), 규소(Si) 등의 산화물을 첨가하여 소결한 절삭 공구이다.

3. CNC 선반에 대한 설명으로 틀린 것은?

① 축은 공구대가 전후좌우의 2방향으로 이동하므로 2축을 사용한다.
② 휴지(dwell)기능은 지정한 시간 동안 이송이 정지되는 기능을 의미한다.
③ 좌표값의 지령방식에는 절대지령과 증분지령이 있고, 한 블록에 2가지를 혼합하여 지령할 수 없다.
④ 테이퍼나 원호를 절삭 시, 임의의 인선

반지름을 가지는 공구의 인선 반지름에 의한 가공 경로의 오차를 CNC 장치에서 자동으로 보정하는 인선 반지름 보정기능이 있다.

해설 CNC 선반 좌표 지령방식
• CNC 선반에서는 절대지령과 증분지령을 한 블록에 혼합하여 사용할 수 있다.
• 절대지령(absolute) : P/G 원점을 기준으로 좌표를 지령한다.
• 증분지령(상대지령, relative) : 선행단계의 좌표점을 기준으로 증분량을 지령한다.

4. 선반가공에 영향을 주는 절삭 조건에 대한 설명으로 틀린 것은?

① 이송이 증가하면 가공변질층은 깊어진다.
② 절삭각이 커지면 가공변질층은 깊어진다.
③ 절삭 속도가 증가하면 가공변질층은 얕아진다.
④ 절삭 온도가 상승하면 가공변질층은 깊어진다.

해설 가공변질층(deformed layer) : 절삭 온도가 상승하면 가공변질층의 깊이는 얕아진다.

5. 다음 중 대형이며 중량의 공작물을 가공하기 위한 밀링머신으로 중절삭이 가능한 것은?

① 나사 밀링머신(thread milling machine)
② 만능 밀링머신(universal milling machine)
③ 생산형 밀링머신(production milling machine)
④ 플레이너형 밀링머신(planer type milling

정답 1. ② 2. ① 3. ③ 4. ④ 5. ④

machine)

해설 플레이너형 밀링머신
- 대형이며 중량의 공작물을 가공한다.
- 주축헤드를 지지하는 칼럼이 1개인 단주식과 2개인 쌍주식이 있다.

6. 게이지 블록 중 표준용(calibration grade)으로서 측정기류의 정도검사 등에 사용되는 게이지의 등급은?

① 00(AA)급   ② 0(A)급
③ 1(B)급   ④ 2(C)급

해설 게이지 블록(gauge block)의 등급
- 00(AA)급 : 참조용, 게이지의 점검, 학술 연구용으로 사용
- 0(A)급 : 표준용, 측정기의 정도 검사용으로 사용
- 1(B)급 : 검사용으로 사용
- 2(C)급 : 공작용으로 사용

7. 연삭균열에 관한 설명으로 틀린 것은?

① 열팽창에 의해 발생된다.
② 공석강에 가까운 탄소강에서 자주 발생된다.
③ 연삭균열을 방지하기 위해서는 결합도가 연한 숫돌을 사용한다.
④ 이송을 느리게 하고 연삭액을 충분히 사용하여 방지할 수 있다.

해설 연삭균열을 방지하기 위하여 이송을 빠르게 하고 연삭액을 충분히 사용한다.

8. 고속도강 절삭 공구를 사용하여 저탄소강재를 절삭할 때 가장 일반적인 구성인선(build-up edge)의 임계 속도(m/min)는?

① 50   ② 120
③ 150   ④ 170

해설
- 고속도강 절삭 공구의 구성인선 임계속도 : 120 m/min
- 구성인선이 발생하기 쉬운 속도 : 10~25 m/min

9. 일반적으로 니형 밀링머신의 크기 또는 호칭을 표시하는 방법으로 틀린 것은?

① 콜릿 척의 크기
② 테이블 작업면의 크기(길이×폭)
③ 테이블 이동거리(좌우×전후×상하)
④ 테이블의 전·후 이송을 기준으로 한 호칭번호

해설 콜릿 척의 크기는 밀링머신의 규격(크기) 표시와는 무관하다.

10. 다음 중 기어가공의 절삭법이 아닌 것은?

① 형판을 이용하는 절삭법
② 다인 공구를 이용하는 절삭법
③ 총형 공구를 이용하는 절삭법
④ 창성을 이용하는 절삭법

해설 기어 절삭법(gear machining)
- 형판에 의한법(templet system)
- 총형 공구에 의한 절삭법(formed tool system)
- 창성에 의한 절삭법(generated tool system)

11. 밀링머신에 관한 안전사항으로 틀린 것은?

① 장갑을 끼지 않도록 한다.
② 가공 중에 손으로 가공면을 점검하지 않는다.
③ 칩 받이가 있기 때문에 보호안경은 필요 없다.
④ 강력 절삭을 할 때는 공작물을 바이스에 깊게 물린다.

해설 회전공작기계 작업 중에는 반드시 보안경을 착용 칩으로부터 눈을 보호한다.

12. 구성인선이 생기는 것을 방지하기 위한 대책으로 틀린 것은?

① 절삭 속도를 높인다.
② 절삭 깊이를 깊게 한다.

③ 절삭유를 충분히 공급한다.
④ 공구의 윗면 경사각을 크게 한다.

[해설] 구성인선 방지대책
• 절삭 깊이(depth of cut)를 적게 한다.
• 절삭 공구의 인선을 예리(銳利 ; 날카롭게)하게 한다.

13. 원주를 단식 분할법으로 32등분하고자 할 때, 다음 준비된 〈분할판〉을 사용하여 작업하는 방법으로 옳은 것은?

〈분할판〉
No. 1 : 20, 19, 18, 17, 16, 15
No. 2 : 33, 31, 29, 27, 23, 21
No. 3 : 49, 47, 43, 41, 39, 37

① 16구멍 열에서 1회전과 4구멍씩
② 20구멍 열에서 1회전과 10구멍씩
③ 27구멍 열에서 1회전과 18구멍씩
④ 33구멍 열에서 1회전과 18구멍씩

[해설] • 원주의 단식 분할법(simple indexing)에 의하여 분할한다.
• $\dfrac{h}{H} = \dfrac{40}{N}$ 에서 32등분이므로 $\dfrac{40}{32}$ 을 적용한다.
• $\dfrac{40}{32} = 1\dfrac{8}{32} = 1\dfrac{4}{16}$ 으로 식을 변경할 수 있다.
• 그러므로 16구멍 열에서 1회전과 4구멍씩 전진하면서 가공한다.

14. 다음 중 수용성 절삭유에 속하는 것은?

① 유화유   ② 혼성유
③ 광유   ④ 동식물유

[해설] 수용성 절삭유(soluble oil) : 광물성유를 화학적으로 처리하여 원액과 물을 혼합하여 사용하는 혼성유를 말한다.

15. 가늘고 긴 일정한 단면 모양을 가진 공구에 많은 날을 가진 절삭 공구가 사용되며, 공작물의 홈을 빠르게 가공할 수 있어 대량생산에 적합한 가공 방법은?

① 보링(boring)
② 태핑(tapping)
③ 셰이핑(shaping)
④ 브로칭(broaching)

[해설] • 보링 : 이미 뚫어진 구멍을 넓히거나 정밀도를 높이기 위하여 다듬질 가공한다.
• 태핑 : 드릴링한 구멍에 암나사를 가공한다.
• 셰이핑 : 일정한 모양을 갖춘 형상가공을 형삭(形削)이라 한다.

16. 탭(tap)이 부러지는 원인이 아닌 것은?

① 소재보다 경도가 높은 경우
② 구멍이 바르지 못하고 구부러진 경우
③ 탭 선단이 구멍 바닥에 부딪혔을 경우
④ 탭의 지름에 적합한 핸들을 사용하지 않는 경우

[해설] 탭(tap) 공구는 소재보다 경도나 강도값이 높아야 한다.

17. 도면에 편심량이 3 mm로 주어졌다. 이때 다이얼 게이지 눈금의 변위량이 얼마로 나타나도록 편심시켜야 하는가?

① 3 mm   ② 4.5 mm
③ 6 mm   ④ 7.5 mm

[해설] • 회전체이므로 게이지상에 편심량의 2배 나타나도록 한다.
• 게이지 눈금의 변위량 = 편심량 × 2 = 3 × 2 = 6

18. 허용할 수 있는 부품의 오차 정도를 결정한 후 각각 최대 및 최소 치수를 설정하여 부품의 치수가 그 범위 내에 드는지를 검사하는 게이지는?

① 다이얼 게이지
② 게이지 블록
③ 간극 게이지

④ 한계 게이지

> **해설** • 한계 게이지(limit gauge) : 허용할 수 있는 부품의 오차 정도를 결정한 후 각각 최대 및 최소 치수를 설정하여 부품의 치수가 그 범위 내에 드는지를 검사한다.
> • 축용(軸用) : 링 게이지(ring gauge), 스냅 게이지(snap gauge)가 있다.
> • 구멍용 : 플러그 게이지, 봉 게이지가 있다.

19. 연삭가공 중 가공표면의 표면거칠기가 나빠지고 정밀도가 저하되는 떨림 현상이 나타나는 원인이 아닌 것은?

① 숫돌의 평형 상태가 불량할 경우
② 숫돌축이 편심되어 있을 경우
③ 숫돌의 결합도가 너무 작을 경우
④ 연삭기 자체에 진동이 있을 경우

> **해설** 숫돌의 결합도가 너무 클 때 떨림이 발생한다.

20. 선반에서 테이퍼의 각이 크고 길이가 짧은 테이퍼를 가공하기에 가장 적합한 방법은?

① 백기어 사용 방법
② 심압대의 편위 방법
③ 복식 공구대를 경사시키는 방법
④ 테이퍼 절삭 장치를 이용하는 방법

> **해설** • 복식 공구대 경사시키는 방법 : 테이퍼 각이 크고 길이가 짧은 경우에 적합
> • 심압대 편위 방법 : 테이퍼가 작고 길이가 길 경우에 적합
> • 테이퍼 절삭 장치 : 테이퍼 길이에 상관없이 동일한 테이퍼로 가공

제2과목 : 기계제도 및 기초공학

21. 파이프 상단 중앙에 드릴 구멍을 뚫은 그림과 같은 정면도를 보고 우측면도를 작성했을 때 다음 중 가장 적합한 것은?

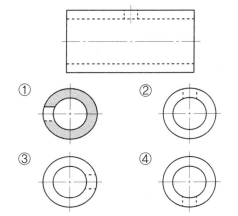

① ② ③ ④

> **해설** 드릴구멍의 위치가 상단에 표시되어야 한다.

22. 줄 다듬질 가공을 나타내는 가공기호는?

① FF ② FS
③ PS ④ SH

> **해설** • FF : 줄 다듬질 가공
> • FS : 스크레이퍼 다듬질
> • SH : 형삭(셰이핑) 가공

23. 2개의 입체가 서로 만날 때 두 입체 표면에 만나는 선이 생기는데 이 선을 무엇이라고 하는가?

① 분할선 ② 입체선
③ 직립선 ④ 상관선

> **해설** 상관선(intersecting line) : 2개의 입체가 서로 만날 때 입체표면에 생기는 경계선을 말한다.

24. 공구, 지그 등의 위치를 참고로 나타내는 데 사용하는 선의 명칭은?

① 가상선 ② 지시선
③ 피치선 ④ 해칭선

> **해설** 가상선(가는 2점 쇄선)
> • 공구, 지그 등의 위치를 참고로 나타낸다.
> • 인접부분을 참고로 표시한다.
> • 가공 전 가공 후의 모양을 표시한다.

25. [보기]에서 치수 기입의 원칙에 대한 설명 중 옳은 것을 모두 고른 것은?

[보기]

a : 숫자로 기입된 치수는 'mm' 단위이다.
b : 도면의 치수는 특별히 명시하지 않는 한 다듬질 치수를 기입한다.
c : 치수 중 참고 치수는 치수 수치를 □ 안에 기입한다.

---

① a, b   ② b, c
③ a, c   ④ a, b, c

해설 치수 중 참고 치수는 치수 수치를 ( ) 안에 기입한다.

26. 조립되는 구멍의 치수가 $\phi 100^{+0.015}_{\ \ \ 0}$이고, 축의 치수가 $\phi 100^{-0.015}_{-0.030}$인 끼워맞춤에서 최소 틈새는?

① 0.005   ② 0.015
③ 0.030   ④ 0.045

해설 • 최소틈새 : 구멍의 최소허용치수와 축의 최대허용치수와의 차를 말한다.
• 최소틈새=구멍의 아래 치수 허용차−축의 위 치수 허용차이므로 최소틈새=0.0−(−0.015)=0.015

27. 호칭번호가 6900인 베어링에 대한 설명으로 옳은 것은?

① 안지름이 10 mm인 니들 롤러 베어링
② 안지름이 12 mm인 원통 롤러 베어링
③ 안지름이 12 mm인 자동조심 볼 베어링
④ 안지름이 10 mm인 단열 깊은 홈 볼 베어링

해설 베어링 호칭번호 6900
• 안지름 번호가 00이면 안지름은 10 mm, 01이면 12 mm, 02면 15 mm, 03이면 17 mm이다.
• 안지름 번호(끝 번호)가 00이면 10 mm이다.
• 안지름 번호(끝 번호)가 04부터는 5를 곱하여 나타낸다.

• 앞 번호 69는 베어링 계열기호로서 단열 깊은 홈 볼 베어링을 뜻한다.

28. 평행 핀의 호칭 방법을 옳게 나타낸 것은? (단, 비경화강 평행 핀으로 호칭 지름은 60 m, 호칭 길이는 300 mm이며, 공차는 m6이다.)

① 평행 핀 − 6 × 30 m6 − St
② 평행 핀 − 6 m6 × 30 − St
③ 평행 핀 St − 6 × 30 − m6
④ 평행 핀 St − 6 m6 × 30

해설 평행 핀의 호칭 방법 : 명칭−호칭지름 공차×호칭 길이−재질

29. 치수선 및 치수 기입 방법에 대한 설명으로 틀린 것은?

① 치수선은 가는 실선으로 긋는다.
② 치수선은 원칙적으로 지시하는 길이에 평행하게 긋는다.
③ 치수 수치는 다른 치수선과 교차하여 겹치도록 기입한다.
④ 치수선이 인접해서 연속되는 경우에 치수선은 되도록 동일 직선상에 가지런히 기입하는 것이 좋다.

해설 치수 수치는 다른 치수선과 교차하여 겹치지 않도록 기입한다.

30. 기하공차 표시와 관련하여 상호 요구사항이 부가적으로 필요할 경우 Ⓜ 또는 Ⓛ 기호 다음에 명시하는 특정 기호는?

① Ⓒ   ② Ⓩ
③ Ⓟ   ④ Ⓡ

해설 기하공차 표시
• Ⓜ : 최대실체 공차방식이다.
• Ⓛ : 최소실체 공차방식이다.
• Ⓟ : 돌출 공차역을 표시하는 기호이다.
• Ⓒ, Ⓩ, Ⓡ의 표시기호는 없다.

정답 **25.** ① **26.** ② **27.** ④ **28.** ② **29.** ③ **30.** ③

31. 다음 그림과 같이 막대 위에 두 물체가 있다. $W_1 = 84$ kgf일 때, 막대가 수평을 유지하기 위한 W_2의 중량은?

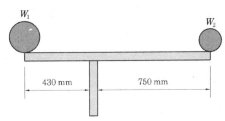

① 42 kgf
② 48.16 kgf
③ 84 kgf
④ 146.51 kgf

> **해설** • 회전지점에 대한 모멘트 값이 같아야 한다. 그러므로 $W_1 \times 430 = W_2 \times 750$
> • $84 \times 430 = W_2 \times 750$, $W_2 = \dfrac{36,120}{750} = 48.16$

32. 지구에서의 중력에 대한 설명으로 틀린 것은?

① 동일 장소에서는 질량이 같으면 같은 중력을 받는다.
② 동일 장소에서 중력의 크기는 물체의 질량에 비례한다.
③ 중력은 물체의 무게에 따라 각각 다른 방향으로 작용한다.
④ 질량이 1 kg인 물체에 작용하는 중력의 크기를 1 kgf라고 한다.

> **해설** • 중력은 물체의 무게와 상관없이 항상 일정한 방향으로 작용한다.
> • 중력은 지구 중심방향, 즉 연직방향으로 작용한다.

33. 3,800 rpm으로 12.5 kgf·m의 토크를 갖는 자동차 엔진의 마력은 약 얼마인가?

① 0.66 ps
② 6.63 ps
③ 66.3 ps
④ 663 ps

> **해설** • 동력(H, power)과 토크(T)와의 관계식을 적용한다.
> • $H = \dfrac{2\pi n T}{60} = \dfrac{2 \times 3.14 \times 3,800 \times 12.5}{60}$
> $\quad = 4971.7$ W
> • 1 ps 735W이므로 $\dfrac{4971.7}{735} = 6.76$ ps

34. 전기회로에서 다음 설명에 해당하는 법칙은?

> 임의의 한 폐회로의 각부를 흐르는 전류와 저항의 곱(전압강하)의 대수합은 그 폐회로 중에 있는 모든 기전력의 대수합과 같다.

① 옴의 법칙
② 플레밍의 법칙
③ 키르히호프 전류법칙
④ 키르히호프 전압법칙

> **해설** • 키르히호프 전압법칙 : 키르히호프 제2법칙이라고 하며 닫힌 하나의 루프안 전압(전위차)의 합은 동일하다는 원칙
> • 키르히호프 전류법칙 : 키르히호프 제1법칙

35. 다음 그림과 같은 용접의 맞대기 이음에서 하중을 P, 용접부의 길이를 l, 판두께를 t라 하면 용접부의 인장응력을 구하는 식은?

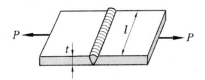

① $\sigma = \dfrac{P}{tl}$ ② $\sigma = \dfrac{Pl}{t}$

③ $\sigma = \dfrac{tl}{P}$ ④ $\sigma = P \cdot l \cdot t$

> **해설** 용접이음에서 응력 계산
> 응력$(\sigma) = \dfrac{하중(P)}{용접면적(tl)}$

2019

36. 도선의 전기저항에 대한 설명으로 틀린 것은?

① 도선의 길이에 비례한다.

② 도선의 단면적에 비례한다.

③ 도선의 고유저항의 값에 비례한다.

④ 도선에 전류를 흐르기 어렵게 하는 물질의 작용이다.

해설 도선의 전기저항은 도선의 단면적이 작을수록 커진다.

37. $30 \mu F$ 콘덴서 3개를 직렬연결하면 합성정전용량(μF)은?

① 0.1　　　　② 0.3

③ 10　　　　④ 30

해설 • 합성정전용량 $\frac{1}{C} = \frac{1}{C_1} + \frac{1}{C_2} + \frac{1}{C_3}$ 이므로

• $\frac{1}{C} = \frac{1}{30} + \frac{1}{30} + \frac{1}{30} = \frac{3}{30}$ 이므로

• $C = 10$

38. 1 bar는 약 몇 Pa(파스칼)인가?

① 0.1　　　　② 10

③ 10^3　　　　④ 10^5

해설 • $1 \text{Pa} = 1 \text{ n/m}^2$

• $1 \text{ bar} = 10^5 \text{ N/m}^2 = 10^5 \text{ Pa}$

39. 운동과 속도에 관련된 설명으로 틀린 것은?

① 가속도 운동 : 물체의 속력과 방향이 시간에 따라 변하는 운동

② 등속도 운동 : 물체가 일직선상에서 일정한 속력으로 움직이는 운동

③ 상대속도 : 물체가 이동한 거리를 이동하는 데 걸리는 시간으로 나눈 값

④ 등가속직선 운동 : 직선상에서 물체의 속도가 일정하게 증가하거나 감소하는 운동

해설 상대속도 : 관찰자의 속도를 0으로 놓고 보는 물체의 속도를 말한다.

40. SI 단위가 아닌 것은?

① g　　　　② A

③ K　　　　④ mol

해설 질량의 단위 : kg(kilogram)을 사용한다.

제3과목 : 기계가공법 및 안전관리

41. 프로그래밍 언어 중에서 기계어를 문자와 1:1로 매칭하여 만든 언어는?

① C언어

② 기계어

③ 고급언어

④ 어셈블리 언어

해설 • C언어 : 1972년에 벨 연구소의 데니스 리치가 PDP-11 컴퓨터를 제어하기 위해 B언어의 특징을 물려받은 'C'라는 이름으로 언어가 만들었다.

• 기계어 : 기계어(機械語)는 CPU가 직접 해독하고 실행할 수 있는 비트 단위로 쓰인 컴퓨터 언어를 통칭한다.

• 고급언어 : 고급 프로그래밍 언어 또는 하이 레벨 프로그래밍 언어(high-level programming language)로 사람이 이해하기 쉽게 작성된 프로그래밍 언어이다.

• 어셈블리 언어 : 어셈블리어(영어 ; assembly language) 또는 어셈블러 언어(assembler language)는 기계어와 일대일 대응이 되는 컴퓨터 프로그래밍의 저급 언어이다.

42. PLC의 IEC 표준 언어인 문자식 언어에 포함되지 않는 것은?

① IL(Instruction List)

② ST(Structured Text)

③ FBD(Function Block Diagram)

④ SFC(Sequential Function Chart)

해설 • IEC에서 표준화한 PLC 언어는 두 개의

도형기반 언어, 두 개의 문자기반언어, SFC로 이루어진다.
• 도형식 언어
 – LD(Ladder Diagram) : 릴레이 로직 표현 방식
 – FBD(Function Block Diagram) : 블록화한 기능을 서로 연결하는 프로그램
• 문자식 언어
 – IL(Instruction List) : 어셈블리 언어 형태
 – ST(Structured Text) : 파스칼 형식의 고수준 언어
• SFC(Sequential Function Chart) : 플로우차트 방식의 그래픽한 언어이며 스텝 및 트랜지션에 프로그램 작성

43. 제어계에서 제어량을 조절하기 위해 제어 대상에 가하는 양은?

① 제어량　　　　　② 조작량
③ 기준 입력　　　　④ 동작신호

해설 • 제어량 : 제어대상의 현상을 나타내는 양이며 측정되고 제어되는 양
• 조작량 : 제어량을 조절하기 위해 조작되는 양
• 기준 입력 : 목표값에 비례하는 신호 입력
• 동작신호 : 기준 입력과 제어량의 차이로 제어 동작을 일으키는 신호로, 다른 말로 편차

44. 다음 데이터의 비트값을 연산한 결과로 옳은 것은?

| 10110100 |
| (&) 00110011 |

① 00110000　　　　② 01111000
③ 10000111　　　　④ 10110111

해설 &연산(AND연산)은 양쪽 입력이 모두 참(1)일 때 참의 결과를 출력한다.

```
       1  0  1  1  0  1  0  0
  (&)  0  0  1  1  0  0  1  1
  ─────────────────────────────
       0  0  1  1  0  0  0  0
```

45. PLC의 접지 방법으로 적절한 것은?

① 접지 거리는 최대한 길게 접지한다.
② 접지선은 $1\,mm^2$ 이하의 전선을 사용한다.
③ 접지는 제3종 접지의 전용 접지를 사용한다.
④ PLC 내부 접지가 되어 있어 접지를 하지 않아도 된다.

해설 • 접지선은 안전사고 발생 시 최대전류를 대지로 흘려보내기 위한 목적으로 신호라인보다 같거나 굵어야 한다.
• PLC는 단독접지를 하고 접지선 길이는 최대한 짧게 해야 Surge 발생 시 장비에 필해를 적게 준다.
• 제3종접지 : 0V~400V까지의 전압을 말한다.

46. 다음 래더 다이어그램을 니모닉으로 프로그램할 때 스텝수는 몇 개인가? (단, END는 스텝수에 포함하지 않는다.)

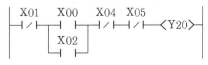

① 4　　② 5　　③ 6　　④ 7

해설 LDI X01
AND X00
OR X02
ANI X04
ANI X05
OUT Y20

47. PI 제어기 설계 시 비례상수가 3이고, 적분시간이 5인 조절계의 전달 함수를 복소수 평면 S로 표현한 것으로 옳은 것은?

① $\dfrac{5}{3S}$　　　　② $\dfrac{3}{5S}$
③ $\dfrac{15S+5}{3S}$　　④ $\dfrac{15S+3}{5S}$

해설 PI 제어기 전달 함수
$$K(s) = K_p\left(1 + \frac{1}{T_i s}\right)$$
적분시간 $T_i = 5$, 비례상수 $K_p = 3$
$$K(s) = 3\left(1 + \frac{1}{5s}\right) = \frac{15s+3}{5s}$$

48. 다음 PLC 래더 다이어그램의 설명으로 틀린 것은?

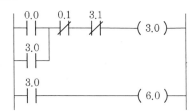

① 0.0은 입력이다.
② 0.1은 기동이다.
③ 3.1은 인터록이다.
④ 3.0은 자기유지이다.

> **해설** • 0.0은 평상시 열려 있는 상태로 A접점이라 하고 NO(Normal Open, 평상시 열림)라 한다.
> • 0.1은 평상시 닫혀 있는 상태로 B접점이라 하고 NC(Normal Close, 평상시 닫힘)라 한다.
> • 3.0은 자기유지 입력이다.
> • 인터록은 정·역회전 구동을 위한 전기회로로서 정회전 구동 시 역회전 구동이 되지 않도록 역회전 정지조건을 넣어주는 회로이다.

49. 직류서보 전동기 운전 시 일정 토크 조건하에서 자속이 증가하면 회전수는 어떻게 변하는가?

① 불변이다.
② 감소한다.
③ 증가한다.
④ 0(zero)이 된다.

> **해설** 모터의 회전 속도는 입력 Power에 따라 회전을 하게 되면서 발생하는 역기전력의 크기로 구할 수 있다. 발생 역기전력이 클수록 회전속도가 높아진다. $(e = k\phi N)$ 역기전력이 작아지게 하는 전류 I_a가 작을수록, 회전을 방해하는 자속이 작을수록 회전속도는 커진다.

50. $\dfrac{X(s)}{R(s)} = \dfrac{1}{s+4}$ 의 전달 함수를 미분방정식으로 표현한 것으로 옳은 것은?

① $\dfrac{dr(t)}{dt} + 4r(t) = x(t)$

② $\dfrac{dx(t)}{dt} + 4x(t) = r(t)$

③ $\int r(t)dt + 4r(t) = x(t)$

④ $\int x(t)dt + 4x(t) = r(t)$

> **해설** $\dfrac{X(s)}{R(s)} = \dfrac{1}{s+4}$
> $X(s)(s+4) = R(s)$
> $sX(s) + 4X(s) = R(s)$
> $\dfrac{d}{dt}x(t) + 4x(t) = r(t)$

51. 전동기의 출력이 300 kW이고 회전수가 1,500 rpm인 경우에 전동기의 토크(kgf·m)는 약 얼마인가?

① 195 ② 300 ③ 390 ④ 500

> **해설** 전동기 토크
> $T = 0.975 \dfrac{P}{N} = 0.975 \dfrac{300,000}{1,500} = 195 \text{ kg·m}$

52. 그림과 같은 블록선도의 결합 방법으로 옳은 것은?

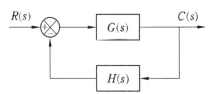

① 병렬결합
② 직렬결합
③ 직병렬결합
④ 피드백 결합

> **해설** 예시 블록다이어그램은 출력 $C(s)$를 입력 $R(s)$에 $-C(s) \cdot H(s)$로 궤환 결합하는 피드백 결합이다.

53. 실제의 시간과 관계된 신호로 제어가 행해지는 제어계는?

① 2진 제어계
② 논리 제어계
③ 동기 제어계
④ 디지털 제어계

> **해설** • 2진 제어계 : 하나의 제어 변수에 2가지의 가능한 값, 신호의 유/무, 1/0, ON/OFF, YES/NO 등과 같은 2진 신호를 이용하여 제어

하는 시스템
- 논리 제어계 : 제어 시스템이 제어하려는 입력 조건에 만족하면, 동일한 제어 신호를 출력하는 제어 시스템
- 동기 제어계 : 실시간 제어(real time control)를 의미, 실제 시간과 제어시간을 동시에 제어하는 기법
- 디지털 제어계 : 정보의 범위를 여러 단계로 등분하여 이 각각의 단계에 하나의 값을 부여한 디지털 제어 신호에 의하여 제어되는 시스템

54. PD(비례미분) 제어기는 제어계의 과도특성을 개선하기 위하여 쓴다. 이것에 대응하는 보상기는?

① 과도보상기   ② 동상보상기
③ 지상보상기   ④ 진상보상기

 • 지상보상기 : 이득을 재조정하여 정상편차를 개선 과도 특성을 해치지 않는다.
- 진상보상기 : 제어계의 안정도 속응성 및 과도특성을 개선한다.

55. 단위 계단 함수 $u(t)$의 라플라스 변환으로 옳은 것은?

① 1   ② s ③ $u(s)$ ④ $\dfrac{1}{s}$

$f(t)$	$F(s)$
$\delta(t)$ (unit impulse)	1
$u(t)$ (unit impulse)	$\dfrac{1}{s}$
$tu(t)$	$\dfrac{1}{s^2}$

56. 다음 방향 제어 밸브 기호의 포트와 위치가 옳은 것은?

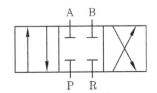

① 3포트 3위치   ② 4포트 3위치
③ 3포트 4위치   ④ 4포트 2위치

포트 수	제어 위치	밸브의 기본표시와 기능
2	2	P(공급구) / A(출구)
3	2	A / PR(배기구)
4	2	AB(출구) / PR
5	2	AB / R_1PR_2
3	3	A / PR 중립위치 클로우즈센터형
4	3	AB / PR 중립위치 클로우즈센터형
4	3	AB / PR 중립위치 엑조스트센터형
4	3	AB / PR 중립위치 프레셔센터형

57. 서보기구에서 제어량에 속하는 것은?

① 수위, PH   ② 온도, 압력
③ 위치, 각도   ④ 속도, 전기량

해설 서보기구 : 물체의 위치·방위·자세 등을 제어량(출력)으로 하고 목표값(입력)의 임의의 변화에 추종하도록 구성된 제어계

58. 위치제어 서보유압 시스템의 구성요소 중 명

2019

령신호와 피드백신호의 오차에 비례하여 서보밸브의 스풀을 절환하여 유압을 실린더로 보내는 역할을 하는 요소로 옳은 것은?

① 플래퍼
② 서보앰프
③ 토크모터
④ 피드백 신호발생기

> **해설** • 플래퍼 : 유압서보밸브의 플래퍼가 어느 한 방향으로 움직이면 플래퍼 양단의 노즐부에 압력차가 발생하고, 이 압력 차이에 의하여 메인 스풀이 움직여 유량을 토출하게 된다. 이때 스풀의 움직임에 따라 피드백 스프링이 같은 방향으로 움직이고, 이 결과로 플래퍼 양단의 노즐 차압이 일정하게 되며, 메인스풀은 이동을 멈춘다.
> • 서보앰프 : 서보 앰프는 전달받은 지령에 의해 모터가 동작되도록 여자 전류를 흐르게 하는 기능을 담당한다. 즉, 지령과 같은 출력이 나오도록 조정하는 역할을 하고 있다.
> • 토크모터 : 큰 기동 토크와 수하의 특성을 가지는 모터 0의 속도에서 최대 토크가 발생하며 속도가 증가할수록 토크가 감소한다.
> • 피드백 신호발생기 : 동작신호를 얻기 위하여 기준 입력과 비교되는 신호로서 제어량의 함수 관계에 해당하는 신호 발생기를 말한다.

59. 열처리로의 온도 제어는 어느 것에 속하는가?

① 비율제어
② 정치제어
③ 추종제어
④ 프로그램 제어

> **해설** • 비율제어 : 목표값이 다른 양과 일정한 관계에서 변화되는 추치제어
> • 정치제어 : 목표값의 시간 변화에 의한 분류로써 목표값이 시간적으로 변화하지 않는 일정한 제어
> • 추종제어 : 목표값이 임의적으로 변화하는 제어(자기조성제어)
> • 프로그램 제어 : 목표값이 다른 양과 일정한 비율관계에서 변화되는 추치제어

60. 제어량을 어떤 일정한 목표값으로 유지하는 것을 목적으로 하는 정치제어에 속하지 않는 것은?

① 주파수 제어
② 발전기의 조속기
③ 자동전압
④ 잉크젯 프린터 헤드 위치제어

> **해설** 정치제어 : 목표값의 시간 변화에 의한 분류로써 목표값이 시간적으로 변화하지 않는 일정한 제어

제4과목 : 메카트로닉스

61. 중앙처리장치 또는 기억장치의 동작속도와 외부 버스로 연결된 입·출력 장치의 동작속도를 맞추는 데 사용하는 레지스터는?

① 버퍼 레지스터
② 시퀀스 레지스터
③ 쉬프트 레지스터
④ 어드레스 레지스터

> **해설** • 버퍼 레지스터(buffer register) : 동작의 속도나 동작의 작동 시간이 서로 다른 두 개의 장치로, 입출력 장치와 내부 기억 장치 중간에 있으면서 속도나 시간 등을 조정하거나 독자적으로 작동시키는 데 필요한 레지스터
> • 시퀀스 레지스터(sequence register) : 명령의 진행 순서를 저장하는 레지스터
> • 쉬프트 레지스터(shift register) : 한 문자에 대한 왼쪽이나 오른쪽으로 자리 이동이 가능한 레지스터
> • 어드레스 레지스터(address register) : 기억 주소나 장치의 주소를 기억하는 레지스터. 명령 주소를 나타내는 레지스터를 명령 계수기(instruction counter)라고 하는데, 이 명령 계수기의 기능은 실행 중인 명령 또는 다음에 실행할 명령의 위치를 보관

62. 마이크로프로세서에 대한 설명으로 틀린 것은?

① 연산회로와 각종 레지스터 및 제어회로 등으로 구성된다.

② 주기억장치와 보조기억장치의 기억용량을 증대시키기 위해 사용된다.

③ 기억 장치로부터 명령어를 불러와서 복호화하고 실행하는 기능을 수행한다.

④ 외부와의 연결을 위해 어드레스 버스와 데이터 버스 및 제어 버스 등을 가져야 한다.

해설 • 마이크로 프로세서는 컴퓨터 중앙 처리 장치(CPU)의 핵심 기능을 통합한 집적 회로 (IC)이다.
- 프로세서는 기본적으로 ALU(Arithmetic Logic Unit), 제어 장치(control unit) 및 어레이 등록 (register array)으로 구성된 컴퓨터의 두뇌이다.
- 보조기억장치는 주기억장치의 기억용량을 증대시키기 위해 사용된다.

63. P형 반도체에 도핑하는 불순물이 아닌 것은?

① 인듐　　　　② 비소
③ 붕소　　　　④ 알루미늄

해설 P형 도핑을 하는 것은 양공을 많이 만들기 위해서이다. 실리콘의 경우에, 결정 구조에 3가 원자[붕소(B), 알루미늄(Al), 인듐(In), 갈륨(Ga) 등]를 넣는다.

64. 스테핑 모터의 구동 방법과 가장 거리가 먼 것은?

① 런핑 구동
② 초퍼 구동
③ 과전압 구동
④ 병렬저항 구동

해설 초퍼 구동 : 초퍼 제어(Chopper 制御)란 전류의 ON-OFF를 반복하는 것을 통해 직류 또는 교류의 전원으로부터 실효가로서 임의의 전압이나 전류를 인위적으로 만들어 내는 전원회로의 제어 방식

65. RLC 공진회로에 대한 설명으로 틀린 것은?

① 병렬공진 시 임피던스는 최대가 된다.
② 직렬공진 시 전류의 크기는 최대가 된다.
③ 공진 시 전압과 전류의 위상은 이상(異相)이 된다.
④ 병렬공진 시 전압과 전류의 위상은 동상(同相)이 된다.

해설 • RLC 병렬 공진회로가 공진 주파수에서 공진할 때 임피던스는 최대가 된다.
- RLC 직렬 공진회로가 공진 주파수일 때 임피던스가 최소가 되기 때문에 전류는 최대가 된다.
- RLC 공진회로에서 공진 시 전압과 전류의 위상은 동상이다.

66. TTL IC와 비교한 CMOS IC의 일반적인 특징이 아닌 것은?

① 정전기에 약하다.
② 소비전력이 작다.
③ 잡음여유가 작다.
④ 동작속도가 느리다.

해설 • 장점
－구조가 간단, 칩상의 공간을 적게 차지하여 소자의 집적도를 높일 수 있다.
－소비전력이 매우 작고 잡음여유도가 크다.
• 단점
－TTL 소자에 비하여 동작속도가 느리다.
－정전기에 파괴되기 쉽다.

67. 다이캐스팅 주조의 특징이 아닌 것은?

① 정밀도가 우수하다.
② 대량생산이 가능하다.
③ 기공이 적고 치밀하다.
④ 용융점이 높은 금속의 주조에 적합하다.

해설 금형의 내열강도로 인하여 저용용 금속에 적합하다.

68. 브로칭 가공의 특징에 속하지 않는 것은?

① 다듬질 가공면은 래핑으로 가공한 면보다

정답 63. ②　64. ①　65. ③　66. ③　67. ④　68. ①

정밀하다.

② 브로치의 제작이 매우 어렵고 고가이므로 대량생산에만 이용된다.

③ 브로치의 형상에 따라 다양한 단면형상의 공작물을 가공할 수 있다.

④ 1회의 통과(절삭) 운동으로 가공을 완료하므로 작업시간이 짧다.

[해설] 래핑(lapping) 가공은 초정밀 가공으로 유리면(mirror finish)을 얻을 수 있다.

69. DC 서보모터에 요구되는 특징이 아닌 것은?

① 최대 토크가 클 것

② 회전 토크가 클 것

③ 전기자 관성이 클 것

④ 토크의 직선성이 양호할 것

[해설] • DC 서보모터는 높은 모터 비용, 복잡한 구조, 큰 시동 토크, 넓은 속도 범위, 쉬운 제어, 유지 보수를 필요로 한다. 그러나 불편한 유지 보수(카본 브러쉬의 교체)와 같은 DC 브러시 서보모터를 말한다.

• 전자기 간섭이 발생한다. 환경이 필요하기 때문에 비용에 민감한 일반 산업용 및 가정용 애플리케이션에 사용할 수 있다.

70. CNC 공작기계의 서보기구에 관한 설명으로 틀린 것은?

① 동작의 안전성과 응답성이 중요하다.

② 개방회로방식은 정확한 위치제어가 가능하다.

③ 정밀도가 높은 위치제어를 위해서 반폐쇄회로 방식과 폐쇄회로 방식을 많이 사용한다.

④ 구동모터의 회전에 따라 기계 본체의 테이블이나 주축헤드가 동작하는 기구를 서보기구라고 한다.

[해설] 개방회로방식은 피드백장치가 없이 스테핑 모터를 사용하는 방식으로 가공정밀도에 문제가 있어 현재는 거의 사용되지 않는다.

• 서보기구 : 범용기계와 비교해 보면 핸들을 돌리는 손에 해당하는 정보처리회로(CPU)의

명령에 따라 공작기계테이블(table) 등을 움직이게 하는 모터이다.

• 개방회로 : 검출기나 피드백회로를 가지지 않기 때문에 구성은 간단하지만 정밀도가 낮아 오늘날 CNC 공작기계에서는 거의 사용 않는다. 즉, 피드백이 전혀 없는 것이다.

• 반폐쇄회로 : 모터 축으로부터 위치검출과 속도를 검출하는 방법으로 정밀도·신뢰도가 높아 대부분의 NC 공작기계에서 사용한다.

• 폐쇄회로 : 기계의 테이블에 직접 검출기를 설치하여 위치를 검출 피드백시키는 방식으로 반폐쇄회로방식과는 위치 검출기의 장소만 다르다.

• 복합회로 : 반폐쇄 및 폐쇄회로방식을 절충한 것으로 정밀도를 향상시킬 수 있어 대형의 공작기계와 같이 강성을 충분히 높일 수 없는 기계에 적합하다.

71. 정현파 자속의 주파수를 2배로 했을 때 유기 기전력은 어떻게 되는가?

① 2배 증가　　② 3배 증가

③ 4배 증가　　④ 5배 증가

[해설] 전기자에 유기되는 기전력은 정현파로서 다음과 같다.

$E = 4.44 \, kw f N \Phi$

E : 1상의 유기기전력

f : 주파수

kw : 권선계수(분포계수×단절계수)

N : 1상의 직렬권수

Φ : 자속수

72. DC 서보모터와 비교한 AC 서보모터에 대한 특징으로 틀린 것은?

① 3상으로 제어한다.

② 제어회로가 복잡하다.

③ 브러시의 유지보수가 필요하다.

④ 고정자가 권선으로 방열이 쉽다.

[해설] AC 서보모터의 특징

• 높은 최대속도와 용량의 증대

• 악조건 하에서의 신뢰성 확보

- 낮은 유지비와 저소음
- 구조적 간결성
- 설치의 용이성
- DC 서보모터는 브러시의 마모에 따른 많은 유지보수를 필요로 하기 때문에 최근에는 브러시가 없어 유지보수가 쉬운 AC 서보모터가 많이 사용

73. 순수 반도체에 불순물을 첨가하여 전자 혹은 전공의 수를 증가시키는 과정은?

① 도핑(doping)
② 공유결합(covalent)
③ 이온화(ionization)
④ 재결합(recombination)

해설 · 도핑 : 반도체의 제조과정에서 의도적으로 진성 반도체에 불순물을 첨가함으로써 전기적 특성을 조절하는 것을 말한다.
· 공유결합(共有結合, covalent bond) : 화학결합 중 전자를 원자들이 공유하였을 때 생성되는 결합을 이르는 말이다.
· 이온화 : 원자가 이온이 되는 것을 전리(電離) 또는 이온화라 한다. 이온(ion)은 원자 또는 분자의 특정한 상태를 나타내는 용어로, 전자를 잃거나 얻어 전하를 띠는 원자 또는 분자를 이룬다.

74. 다음 중 경질 결합도가 아닌 것은?

① P ② H ③ S ④ R

해설 결합도 : 연삭입자를 결합하고 있는 결합제의 세기를 표시한 것

호칭	극 연질	연질	중간	경질	극경질
결합도	E, F, G	H, I, J, K	L, M, N, O	P, Q, R, S	T, U, V, W

75. 시리얼 통신 방식이 아닌 것은?

① USB
② GPIB
③ RS-422
④ RS-232C

해설 · USB : 범용 직렬버스(Universal Serial Bus)

의 약자이고, 입출력단자 중 하나
· GPIB : GPIB(범용 인터페이스 버스, General Purpose Interface Bus)는 컴퓨터와 계측기 간의 인터페이스
· RS-422 : 최대 보드속도와 케이블 길이를 늘리기 위해 각 신호를 2개의 전선을 사용하여 전송
· RS-232C : 일반적인 시리얼 인터페이스이며 각 라인에 하나의 송신기와 하나의 수신기만 허용하며 또한 전이중 전송방식을 사용

76. 그레이코드에서 연속되는 2개의 숫자 간에는 몇 개의 bit가 다른가?

① 1bit
② 2bit
③ 3bit
④ 4bit

해설 · 그레이코드 : 연속되는 코드들 간에 하나의 비트만 변화하는 코드
· 4비트 그레이코드

10진 코드	2진 코드	그레이코드
0	0000	0000
1	0001	0001
2	0010	0011
3	0011	0010
4	0100	0110
5	0101	0111
6	0110	0101
7	0111	0100
8	1000	1100
9	1001	1101
10	1010	1111
11	1011	1110
12	1100	1010
13	1101	1011
14	1110	1001

77. N형 반도체와 관계없는 것은?

① 비소
② 붕소
③ 도너
④ 5가의 가전자

정답 73. ① 74. ② 75. ② 76. ① 77. ④

해설 N형 반도체 : 전하를 옮기는 셔틀로 자유전자가 사용되는 반도체이다. 음의 전하를 가지는 자유전자가 캐리어로서 이동해서 전류가 생긴다. 즉, 다수 캐리어가 전자가 되는 반도체이다. **예** 실리콘과 동일한 4가 원소의 진성 반도체에, 미량의 5가 원소(인, 비소 등)를 불순물(도너)로 첨가해서 만들어진다. 반도체의 한 종류인 규소를 예로 들면, 비소, 인의 경우에는 N형 반도체, 붕소의 경우에는 P형 반도체가 된다.

78. 변압기의 원리와 관계있는 작용은?

① 표피 작용　　② 편자 작용
③ 전기자 반작용　④ 전자유도 작용

해설 • 표피 작용 : 직류전류가 전선을 통과할 때는 같은 전류밀도(電流密度)가 흐르지만 주파수(周波數)가 있는 교류에 있어서는 교번자속(交番磁束)으로 인한 기전력 때문에 도체 내부의 전류밀도 균형이 깨지고 전선의 외측부근에 전류밀도가 커지는 경향이 있다. 이와 같이 전선에 흐르는 전류가 전선의 바깥쪽으로 집중되는 현상을 표피효과라고 한다.
• 편자 작용 : 회전체에서 자속이 기울어지며 전기적 중성축이 이동하는 현상으로 발전기에서는 회전방향으로 이동하고, 전동기에서는 회전 반대방향으로 이동된다.

• 전기자 반작용 : 회전자(전기자)에 도체에서 흐르는 전류가 자기장을 발생해 자기장의 모양을 변형시킨다. 발전기의 경우 회전방향으로, 모터의 경우 회전의 반대방향으로 중성축을 이동시키는 형태로 왜곡시키는 현상을 말한다.
• 전자유도 작용 : 코일에서 시간에 따른 쇄교자속이 변화하면서 자속의 변화를 방해하는 방향으로 기전력이 유도되는 현상이다.

79. 2진수 0.0111_2를 10진수로 바꾼 값으로 옳은 것은?

① 0.04375　　② 0.4375
③ 4.375　　　④ 43.75

해설 0.0111

$$\frac{1}{4} + \frac{1}{8} + \frac{1}{16} = 0.25 + 0.125 + 0.0625$$
$$= 0.4375$$

80. 100 V, 1,000 W의 전열기를 사용할 때 이 전열기에 흐르는 전류(A)는 얼마인가?

① 6　　　　　② 8
③ 10　　　　④ 12

해설 $I = \dfrac{P}{V} = \dfrac{1,000}{100} = 10 \text{ A}$

2019년 8월 4일 시행					
자격종목 및 등급(선택분야)	종목코드	시험시간	문제지형별	수검번호	성 명
생산자동화산업기사	2034	2시간	A		

제1과목 : 기계가공법 및 안전관리

1. 드릴 머신에서 공작물을 고정하는 방법으로 적합하지 않은 것은?

① 바이스 사용
② 드릴 척 사용
③ 박스 지그 사용
④ 플레이트 지그 사용

해설 드릴 척(drill chuck) : 드릴공구를 고정하기 위하여 사용한다.

2. 드릴링 작업 시 안전사항으로 틀린 것은?

① 칩의 비산이 우려되므로 장갑을 착용하고 작업한다.
② 드릴이 회전하는 상태에서 테이블을 조정하지 않는다.
③ 드릴링의 시작부분에 드릴이 정확히 자리 잡힐 수 있도록 이송을 느리게 한다.
④ 드릴링이 끝나는 부분에서는 공작물과 드릴이 함께 돌지 않도록 이송을 느리게 한다.

해설 드릴을 포함하여 회전공작기계에서는 작업 중 장갑을 착용하지 않는다.

3. 연삭숫돌의 성능을 표시하는 5가지 요소에 포함되지 않는 것은?

① 기공
② 입도
③ 조직
④ 숫돌입자

해설 연삭숫돌의 성능표시 5가지
입자(grain), 입도(grain size), 결합도(grade), 결합제(bond), 조직(structure)

4. 투영기에 의해 측정할 수 있는 것은?

① 각도
② 진원도
③ 진직도
④ 원주 흔들림

해설 투영기에서는 각도나 치수를 쉽게 측정할 수 있다.

5. 절삭 가공에서 절삭 조건과 거리가 가장 먼 것은?

① 이송속도
② 절삭 깊이
③ 절삭 속도
④ 공작기계의 모양

해설 절삭 가공에서 중요한 절삭 조건
절삭 속도(cutting speed), 이송속도(feed), 절삭 깊이(depth of cut)

6. 선반의 심압대가 갖추어야 할 구비 조건으로 틀린 것은?

① 센터는 편위시킬 수 있어야 한다.
② 베드의 안내면을 따라 이동할 수 있어야 한다.
③ 베드의 임의위치에서 고정할 수 있어야 한다.
④ 심압축은 중공으로 되어 있으며 끝부분은 내셔널 테이퍼로 되어 있어야 한다.

해설 심압축의 끝부분은 모스 테이퍼(morse taper)로 되어 있다.

정답 1. ② 2. ① 3. ① 4. ① 5. ④ 6. ④

7. 지름이 150 mm인 밀링커터를 사용하여 30 m/min의 절삭 속도로 절삭할 때 회전수는 약 몇 rpm인가?

① 14   ② 38
③ 64   ④ 72

해설 · 절삭 속도 $V = \dfrac{\pi DN}{1,000}$ 을 적용한다. [D: 공작물 지름, N: 회전수(rpm)]
· $N = \dfrac{1,000 \times V}{\pi \times D} = \dfrac{1,000 \times 30}{3.14 \times 150} = 63.69$

8. 일반적인 손 다듬질 가공에 해당되지 않는 것은?

① 줄가공
② 호닝가공
③ 해머 작업
④ 스크레이퍼 작업

해설 호닝가공은 호닝머신(homing machine)에 의해 가공되는 정밀가공이다.

9. 공작물의 단면절삭에 쓰이는 것으로 길이가 짧고 지름이 큰 공작물의 절삭에 사용되는 선반은?

① 모방 선반   ② 수직 선반
③ 정면 선반   ④ 터릿 선반

해설 정면 선반(face lathe) : 기차바퀴처럼 지름이 크고 길이가 짧은 공작물 가공에 편리하다.

10. 삼점법에 의한 진원도 측정에 쓰이는 측정기기가 아닌 것은?

① V 블록   ② 측미기
③ 3각 게이지   ④ 실린더 게이지

해설 3각 게이지는 용접 후의 측정기로서 많이 사용된다.

11. 접시머리나사를 사용할 구멍에 나사머리가 들어갈 부분을 원추형으로 가공하기 위한 드릴가공 방법은?

① 리밍   ② 보링
③ 카운터 싱킹   ④ 스폿 페이싱

해설 · 카운터 싱킹(counter sinking) : 접시머리나사를 사용할 구멍에 머리 부분이 들어갈 부분을 원추형으로 가공한다.
· 리밍(reaming) : 뚫어져 있는 구멍을 정밀하게 다듬는다.
· 보링(boring) : 뚫어져 있는 구멍을 넓히거나 정밀하게 다듬는다.
· 스폿 페이싱(spot facing) : 볼트나 너트가 닿는 부분을 평탄하게 가공한다.

12. 브로칭 머신의 특징으로 틀린 것은?

① 복잡한 면의 형상도 쉽게 가공할 수 있다.
② 내면 또는 외면의 브로칭 가공도 가능하다.
③ 스플라인 기어, 내연기관 크랭크실의 크랭크 베어링부는 가공이 용이하지 않다.
④ 공구의 일회 통과로 거친 절삭과 다듬질 절삭을 완료할 수 있다.

해설 스플라인 기어, 내연기관 크랭크실의 베어링부, 키 홈, 원형이나 다각형의 구멍 등의 가공이 용이하다.

13. 연마제를 가공액과 혼합하여 짧은 시간에 매끈해지거나 광택이 적은 다듬질면을 얻게 되며, 피닝(peening)효과가 있는 가공법은?

① 래핑   ② 숏 피닝
③ 배럴 가공   ④ 액체호닝

해설 액체호닝(liquid honing)의 장점
· 가공시간이 짧다.
· 가공물의 피로강도를 10% 정도 향상시킨다.
· 형상이 복잡한 것도 쉽게 가공한다.
· 가공물 표면에 산화막이나 거스러미(burr)를 제거하기 쉽다.

14. CNC 선반에서 홈가공 시 1.5초 동안 공구의 이송을 잠시 정지시키는 지령 방식은?

① G04 Q1500

② G04 P1500

③ G04 X1500

④ G04 U1500

> **해설** CNC 선반에서 휴지(休止, dwell) 지령방식
> - G04 P1500
> - G04 X1.5
> - G04 U1.5

15. 다음 공작기계 중 공작물이 직선 왕복 운동을 하는 것은?

① 선반　　　　　　② 드릴머신

③ 플레이너　　　　④ 호빙머신

> **해설** · 플레이너(planer) : 공작물이 직선 왕복 운동을 하며 절삭한다.
> · 선반 : 공작물이 회전한다.
> · 드릴머신 : 공구가 회전한다.
> · 호빙머신(hobbing machine) : 공구와 공작물이 같이 회전하며 절삭한다. 주로 기어절삭에 사용된다.

16. 절삭 조건에 대한 설명으로 틀린 것은?

① 칩의 두께가 두꺼워질수록 전단각이 작아진다.

② 구성인선을 방지하기 위해서는 절삭 깊이를 적게 한다.

③ 절삭 속도가 빠르고 경사각이 클 때 유동형 칩이 발생하기 쉽다.

④ 절삭비는 공작물을 절삭할 때 가공이 용이한 정도로 절삭비가 1에 가까울수록 절삭성이 나쁘다.

> **해설** 절삭비가 1에 가까울수록 절삭성이 양호하다고 볼 수 있다.

17. 옵티컬 패럴렐을 이용하여 외측 마이크로머신의 평행도를 검사하였더니 백색광에 의한 적색 간섭무늬의 수가 앤빌에서 2개, 스핀들에서 4개였다. 평행도는 약 얼마인가?

① $1\ \mu m$　　　　　② $2\ \mu m$

③ $4\ \mu m$　　　　　④ $6\ \mu m$

> **해설** · 옵티컬 패럴렐 평행도 $= n \times \dfrac{\lambda}{2}$ (n : 간섭무늬 수, λ : 파장)
> · 평행도 $= 6 \times \dfrac{0.32}{2} = 0.96\ \mu m$

18. 커터의 지름이 100 mm이고, 커터의 날수가 10개인 정면 밀링 커터로 200 mm인 공작물을 1회 절삭할 때 가공시간은 약 몇 초인가? (단, 절삭 속도는 100 m/min, 1날당 이송량은 0.1 mm이다.)

① 48.4　　　　　② 56.4

③ 64.4　　　　　④ 75.4

> **해설** 절삭 속도의 계산식
> · 절삭 속도 $V = \dfrac{\pi DN}{1000}$ 에서 분당회전수
> $N = \dfrac{1{,}000\,V}{\pi D} = \dfrac{1{,}000 \times 100}{3.14 \times 100} = 318.5$ rpm
> · 이송속도 $f = f_z \times z \times n = 0.1 \times 10 \times 318.5$
> $= 318.5\ mm/min$ 이므로 비례식으로 쉽게 계산
> · 318.5 mm : 60초 = 200 mm : 가공시간(초)
> · 가공시간 = 37.6초(여기서 2회 절삭이면 75.2초)

19. 척을 선반에서 떼어내고 회전센터와 정지센터로 공작물을 양센터에 고정하면 고정력이 약해서 가공이 어렵다. 이때 주축의 회전력을 공작물에 전달하기 위해 사용하는 부속품은?

① 면판　　　　　　② 돌리개

③ 베어링 센터　　④ 앵글 플레이트

> **해설** · 돌리개(tail dog) : 돌림판(driving plate)과 돌리개는 척을 선반에서 떼어내고 회전 센터와 정지센터로 가공물을 고정하면 고정력이 약해서 주축의 회전력을 전달하기 위해서 사용된다.
> · 면판(face plate) : 척에 고정할 수 없는 불규칙하거나 대형의 가공물 또는 복잡한 가공물을 고정할 때 사용된다.

2019

20. 연삭가공 중 발생하는 떨림의 원인으로 가장 관계가 먼 것은?

① 연삭기 자체의 진동이 없을 때
② 숫돌축이 편심되어 있을 때
③ 숫돌의 결합도가 너무 클 때
④ 숫돌의 평행상태가 불량할 때

해설 연삭기 자체의 진동이 있을 때 떨림 현상이 발생한다.

제2과목 : 기계제도 및 기초공학

21. 자동조심 볼 베어링의 베어링계열 기호로만 짝지어진 것은?

① 60, 62, 63 ② 70, 72, 73
③ 12, 22, 23 ④ 511, 522

해설 베어링의 계열번호
• 60, 62, 63 : 깊은 홈 볼 베어링
• 70, 72, 73 : 앵귤러 볼 베어링
• 12, 22, 23 : 자동조심 볼 베어링
• 511, 522 : 평면자리 드러스트 볼 베어링

22. 끼워맞춤 공차 ϕ50 H7/g6에 대한 설명으로 틀린 것은?

① 중간 끼워맞춤의 형태이다.
② 구멍 기준식 끼워맞춤이다.
③ 축과 구멍의 호칭 치수는 모두 ϕ50이다.
④ ϕ50 H7의 구멍과 ϕ50 g6 축의 끼워맞춤이다.

해설 H7/g6는 헐거운 끼워맞춤이다.

23. 구멍에 끼워 맞추기 위한 구멍, 볼트, 리벳의 기호 표시에서 구멍 가까운 면에 카운터 싱크가 있고, 공장에서 드릴 가공, 현장에서 끼워맞춤에 해당하는 것은?

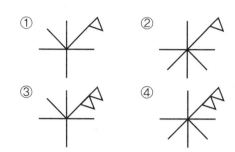

24. KS 기하공차 도시 방법 중 ⑫로 표시되는 기호가 의미하는 것은?

① 돌출 공차역을 표시하는 기호
② 비례하지 않는 치수를 표시하는 기호
③ 데이텀을 직접 도시하는 경우 사용하는 기호
④ 공차붙이 형체를 직접 도시하는 경우 사용하는 기호

해설 • ⑫ : 돌출 공차역을 표시하는 기호이다.
• Ⓜ : 최대 실체 공차방식이다.
• Ⓛ : 최소 실체 공차방식이다.

25. 다음 그림과 같은 입체도에서 화살표 방향의 투상도가 정면도일 경우 평면도로 가장 적합한 것은?

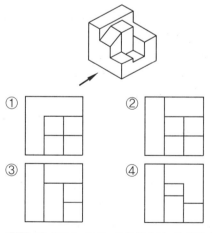

해설 경계선을 모두 외형선으로 표시한다.

26. 다음 중 치수를 기입할 공간이 부족하여 인출선을 이용하는 방법으로 가장 올바르게 나타낸 것은?

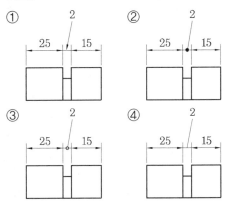

①
②
③
④

> **해설** 인출선을 이용하는 방법 : 인출선의 표시부분은 아무것도(원, 점, 화살표 등) 표기하지 않는다.

27. 볼트 부품을 제도할 때 수나사의 완전 나사부와 불완전 나사부의 경계선을 나타내는 선은?

① 가는 실선
② 굵은 실선
③ 가는 1점 쇄선
④ 굵은 1점 쇄선

> **해설** 나사부와 불완전 나사부의 경계선은 굵은 실선으로 표시한다.

28. 일반 구조용 압연 강재의 재료기호가 SS 235일 경우 '235'의 의미로 옳은 것은?

① 연신율이 23.5% 이상이다.
② 평균 탄소함유량은 2.35%이다.
③ 최저항복강도가 235 N/mm² 이다.
④ 최저탄성한도가 235 N/mm² 이다.

> **해설** 최저인장강도가 235 N/mm² 를 말하며, 최저항복강도라고 할 수 있다.

29. 다음 중 기하공차 표기가 틀린 것은?

① | ∠ | 0.01 | A |
② | ○ | 0.01 | A |
③ | ◎ | ⌀0.01 | A |
④ | ↗ | 0.01 | A |

> **해설** 진원도 공차 표기에서는 단독형체이기 때문에 데이텀 기호가 표기되면 안 된다.

30. 파단선에 대한 설명으로 옳은 것은?

① 기술, 기호 등을 나타내기 위하여 끌어낸 선이다.
② 반복하여 도형의 피치를 잡는 기준이 되는 선이다.
③ 대상물이 보이지 않는 부분의 형태를 나타낸 선이다.
④ 대상물의 일부분을 가상으로 제외했을 경우의 경계를 나타내는 선이다.

> **해설** • 파단선 : 대상물의 일부분을 제외했을 경우의 경계를 나타내는 선이다.
> • 은선(숨은선) : 대상물이 보이지 않는 부분의 형태를 나타낸 선이다.

31. 물체의 형태나 크기가 달라지지 않는 한 그 물체의 무게가 달라진다고 볼 수 없는데 이와 같이 변치 않는 물체 고유의 무게는?

① 속도   ② 중력   ③ 질량   ④ 가속도

> **해설** 질량(mass) : 물질이 가지고 있는 역학적인 고유의 기본량, 무게를 말한다.

32. 스프링의 기능이 아닌 것은?

① 에너지의 축적
② 응력집중 완화
③ 하중의 측정 및 조정
④ 진동완화와 충격 에너지 흡수

> **해설** • 에너지의 축적 : 하중이 가해지면 변형을 일으켜서 탄성 에너지를 저장한다.
> • 하중의 측정 및 조정 : 하중과 변형과의 관계를 이용하여 저울이나 안전밸브 등에 사용된다.
> • 진동완화와 충격 에너지 흡수 : 진동이나 충격

을 흡수하여 완화한다.

33. 어떤 물체가 v_1인 속도로 A점을 지나 v_2인 속도로 B점을 지날 때 시간 t가 소요되었다면 가속도는?

① $v_1 t$
② $v_2 t$
③ $\dfrac{v_2 - v_1}{t}$
④ $\dfrac{t}{v_2 - v_1}$

[해설] 가속도(acceleration) : 단위시간에 일어나는 속도의 변화량을 말한다.

34. 10C의 전하 Q가 임의의 A지점에서 B지점으로 이동하면서 40 J의 일을 하였다면 두 지점 사이의 전위차(V)는 얼마인가?

① 0.25 ② 4 ③ 40 ④ 400

[해설] • 전위차 $V = \dfrac{W}{q}$

• $V = \dfrac{40}{10} = 4$

35. 회전축의 회전수 N [rpm], 전동마력 H [PS], 비틀림 모멘트 T [kgf·cm]의 관계식이 옳은 것은?

① $T = 26,220 \dfrac{H}{N}$

② $T = 36,220 \dfrac{H}{N}$

③ $T = 71,620 \dfrac{H}{N}$

④ $T = 97,400 \dfrac{H}{N}$

[해설] 회전축의 비틀림 모멘트 계산

• $T = 71,620 \dfrac{H}{N}$(동력 H가 PS인 경우)

• $T = 97,400 \dfrac{H}{N}$(동력 H가 kW인 경우)

36. 그림에서 B점에 발생하는 힘(반력) R은 얼마인가?

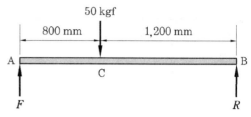

① 10 kgf ② 20 kgf
③ 30 kgf ④ 50 kgf

[해설] 회전지점의 모멘트의 크기가 같도록 계산한다.

• $M = F \times L$이므로 $50 \times 800 = F \times 2000$

• $F = \dfrac{50 \times 800}{2000} = 20$

37. 어떤 전기회로에 직류 110 V의 전압을 가했더니 11 A의 전류가 흘렸다면, 이때의 저항값(Ω)은 얼마인가?

① 1
② 10
③ 100
④ 1,000

[해설] $V = I \times R$에서

$R = \dfrac{V}{I}$이므로 $R = \dfrac{110}{11} = 10$

38. 다음 설명에 해당하는 법칙은?

> 대전된 물체 가까이에 다른 대전체를 가져가면 다른 종류의 전하는 서로 흡인력이 작용하고, 같은 종류의 전하는 서로 반발력이 작용한다.

① 줄의 법칙
② 쿨롱의 법칙
③ 플레밍의 왼손 법칙
④ 플레밍의 오른손 법칙

[해설] • 쿨롱의 법칙 : 다른 종류의 전하는 서로 흡인력이 작용하고, 같은 종류의 전하는 서로 반발력이 작용한다.

• 줄의 법칙 : 도체에 전류가 흘렀을 때 발생하는 열량은 전류의 제곱과 도체의 저항을 곱한 것에 비례한다.

정답 33. ③ 34. ② 35. ③ 36. ② 37. ② 38. ②

39. 하중의 크기와 방향이 주기적으로 변화하는 하중은?

① 교번하중 ② 반복하중
③ 이동하중 ④ 충격하중

해설 하중의 작용 속도에 의한 분류
• 교번하중 : 하중의 크기와 방향이 주기적으로 변화하는 하중
• 반복하중 : 하중의 크기와 방향이 변화하지 않으면서 주기적으로 반복되는 하중

40. 지름이 2 cm이고 무게가 30 kgf 둥근 봉을 테이블 위에 올려놓았다. 테이블이 받는 압력(kgf/cm²)은 약 얼마인가?

① 5.5 ② 7.5
③ 9.5 ④ 19.5

해설 압력의 계산식을 적용한다. 단위 면적당에 미치는 하중으로 계산한다.
$$P = \frac{F}{A} = \frac{30}{\frac{\pi d^2}{4}} = \frac{120}{3.14 \times 4} = 9.55$$

제3과목 : 자동제어

41. PLC에서 스캔타임(scan time)의 의미로 옳은 것은?

① PLC 입력 모듈에서 1개 신호가 입력되는 시간
② PLC 출력 모듈에서 1개 신호가 입력되는 시간
③ PLC에 의해 제어되는 시스템의 1회 실행 시간
④ PLC에 입력된 프로그램을 1회 연산하는 시간

해설 스캔타임 : 전원 투입과 동시에 입력된 프로그램을 처음부터 끝까지 입력을 스캔하고 연

사여 출력을 내보내는 과정을 반복하는데, 처음부터 끝까지의 주기를 스캔타임이라 한다.

42. 냉동식 오일 쿨러의 특징으로 틀린 것은?

① 환기설비가 필요하다.
② 냉각수가 필요하지 않다.
③ 자동 유온 조정에 적합하다.
④ 운반이 용이하며 대기 온도나 물의 온도 이하의 냉각이 용이하다.

해설 냉동식 오일 쿨러는 냉각수와 환기설비가 별도로 필요하지 않다.

43. 다음 그림은 계의 입·출력 관계를 나타내는 블록선도이다. 여기서 전달 함수 G1 = 2, G2 = 3 일 때 계 전체의 전달함수는?

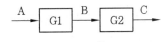

① 3 ② 6
③ 9 ④ 12

해설 B = G1·A = 2A
C = G2·B = 3·2A = 6A

A ──→ [6] ──→ C

44. PLC의 통신 중 RS-422 방식에 대한 설명으로 틀린 것은?

① 1 byte 단위로 data가 전송된다.
② 전송속도가 느리나 소프트웨어가 간단하다.
③ 데이터를 1개의 케이블을 통해 1 bit씩 전송된다.
④ RS-232C에 비해 전송길이가 길고 1 : N 접속이 가능하다.

해설 직렬통신 방식이란 데이터 비트를 1개의 비트단위로 외부로 송수신하는 방식으로써 구현하기가 쉽고, 멀리 갈 수 있으며, 기존의 통신선로(전화선 등)를 쉽게 활용할 수가 있어 비용의 절감이 크다는 장점이 있다. 직렬통신의 대표적인 것으로 RS-232, RS-422이 있다.

정답 39. ① 40. ③ 41. ④ 42. ① 43. ② 44. ①

45. 실린더 양측의 수압 면적이 같아 전·후진할 때 출력속도가 동일한 실린더는?

① 단동 실린더   ② 탠덤 실린더
③ 다위치 실린더   ④ 양로드 실린더

해설 • 단동 실린더(single acting cylinder) : 피스톤측 면적으로만 유압이 작용하므로 부하에 대하여 한 방향으로만 일을 할 수 있다.
• 탠덤 실린더(tandem cylinder) : 하나의 실린더를 연이어 접속시킨 형식으로 전 후진 시 배력의 추력을 얻을 수 있는 구조로 되어 있다.
• 다위치 실린더 : 서로 행정거리가 다른 두 개의 실린더로 3개 또는 4개의 위치를 제어할 수 있다.
• 양로드 실린더(double acting cylinder) : 피스톤 양측에 압력이 걸릴 수 있다. 그러므로 양쪽 방향으로 일을 할 수 있다.

46. 속도를 전압으로 변환하는 센서는?

① 포텐셔미터   ② 초음파 센서
③ 광 트랜지스터   ④ 타코 제네레이터

해설 • 포텐셔미터 : 가변저항이라고 불리며 전자회로에서 저항을 임의로 바꿀 수 있는 저항기
• 초음파 센서 : 센서 자신이 갖고 있는 고유 진동 주파수와 똑같은 주파수의 교류 전압을 가하면 좀 더 효율이 좋은 음파를 발생할 수 있다. 그래서 물체에서 반사된 음파를 그대로 센서로 입력(진동)시켜서 발생된 전압을 회로에서 처리함으로써 측정 거리를 계산
• 광 트랜지스터 : 포토 다이오드와 트랜지스터를 조합한 제품으로, 트랜지스터의 베이스 입력전류를 빛으로 입력한 것
• 타코 제네레이터 : 전기식 타코미터는 회전속도에 비례하는 전압 출력을 내는 센서

47. 시퀀스제어와 비교한 PLC 제어의 특징으로 틀린 것은?

① 제어방식은 소프트 로직방식이다.
② 시스템 특징이 독립된 제어장치이다.
③ 소형화가 가능하며 시스템 확장이 용이

하다.
④ 프로그램 변경만으로 제어내용의 변경이 가능하다.

해설

	시퀀스 제어	PLC 제어
제어 방식	하드 로직	소프트 로직
제어 기능	릴레이(접점), 타이머, 카운터	• 릴레이(AND, OR, NOT) • 업/다운 카운터 • 쉬프트 레지스터 • 간단한 가감산 (고기능, 대규모의 제어를 소형으로 실현) (기능은 한정적이고, 규모에 따라 대형화)
제어 요소	유접점	무접점
제어 변경	배선 변경	프로그램 변경
시스템의 특징	독립된 제어 장치	• 시스템의 확장이 용이 • 컴퓨터와의 연결 가능

48. 다음 서보기구 중 구조가 복잡하나 출력이 클 때 유리한 서보기구는?

① 교류 서보기구
② 직류 서보기구
③ 클러치 서보기구
④ 포지셔너 서보기구

해설 직류 서보기구 : 서보기구 중 구조가 복잡하나 출력이 클 때 유리한 서보기구이다.

49. 제어대상의 현재 출력값과 미래 출력의 예상값을 이용하여 제어하며, 응답 속응성의 개선에 사용되는 동작으로 옳은 것은?

① 미분동작
② 적분동작
③ 비례미분동작
④ 비례적분동작

해설 • 비례동작(P동작) : 오프셋(잔류편차)을 일으킨다.
• 적분동작(I동작) : 오프셋(잔류편차)을 소멸시키며, 응답시간이 커진다.
• 미분동작(D동작) : 진동을 방지한다.
• 비례적분동작(PI 동작) : 진동하기 쉽고 간헐 현상이며, 지상보상요소이다.
• 비례미분동작(PD 동작) : 속응성 개선 및 진상보상요소이다.
• 비례적분미분동작(PID 동작) : 정상특성과 응답속응성이 동시에 개선된다.

50. 개루프 제어 시스템과 비교한 폐루프 제어 시스템의 특징으로 틀린 것은?

① 제어오차가 감소한다.
② 필요한 센서의 개수가 증가한다.
③ 제어 시스템의 가격이 저렴해진다.
④ 제어 시스템의 구성이 복잡해진다.

해설 폐루프 제어 시스템
• 장점
 – 외부조건의 변화에 대처 가능
 – 제어계의 특성을 향상 가능
 – 목표값에 정확히 도달 가능
• 단점
 – 복잡해지고 값이 고가
 – 제어계 전체가 불안정

51. C언어의 반복제어문에 해당되지 않는 것은?

① for문
② while문
③ do-while문
④ switch-case문

해설 C언어
• 반복제어문 : for, while, do-while
• 조건문 : if, if-else, switch-case

52. 제어요소의 입·출력 변수의 관계를 수식적으로 표현한 전달 함수의 특성으로 틀린 것은?

① 제어계의 입력과는 관계없다.
② 비선형 제어계에서만 정의된다.
③ 임펄스 응답의 라플라스 변환으로 정의된다.
④ 제어계 입·출력 함수의 라플라스 변환에 대한 비가 된다.

해설 • 전달 함수는 입력의 크기와 종류에는 무관
• 선형 시불변 시스템에서 주파수 특히 복소 주파수에 따른 입출력 관계

53. 공작물 수치제어 좌표계에서 절대위치 결정 방법에 대한 설명으로 옳은 것은?

① 공구의 위치를 항상 원점(영점)을 기준으로 표시
② 공구의 위치를 항상 앞의 공구위치를 기준으로 표시
③ 공구의 위치를 원점(영점)과 앞의 공구위치를 기준으로 표시
④ 공구의 위치를 X, Y축선상에서 어느 한 점을 기준으로 표시

해설 절대위치결정 : 공구를 임의의 어느 위치로 이동시킬 때 현재의 위치는 무관하게 프로그램의 원점(영점)을 기준으로 표시

54. 데이터를 1개의 케이블을 통해 1 bit씩 전송하는 방식으로 전송속도는 느리나 설치비용이 저렴한 데이터 전송 방식은?

① 병렬전송방식
② 직렬전송방식
③ 반이중전송방식
④ 전이중전송방식

해설 • 병렬전송방식 : 여러 개의 병렬 채널 위로 동시에 여러 개의 데이터 신호를 보내는 방식이다.
• 직렬전송방식 : 데이터를 1개의 케이블을 통해 1 bit씩 전송하는 방식으로 전송속도는 느리나 설치비용이 저렴하다.
• 반이중전송방식 : 한쪽이 송신하는 동안 다른

쪽에서 수신하는 통신 방식이다.
- 전이중전송방식 : 쌍방이 동시에 송신할 수 있는 통신 방식을 말한다.

55. 라플라스 변환에서 t함수와 s함수 관계가 옳은 것은? (단, t함수의 초기조건은 모두 0으로 가정한다.)

① $v(t) = Ri(t) \rightarrow V(s) = \dfrac{1}{R}I(s)$

② $v(t) = L\dfrac{d}{dt}i(t) \rightarrow V(s) = sLI(s)$

③ $v(t) = \dfrac{1}{C}\displaystyle\int i(t)dt \rightarrow V(s) = sCI(s)$

④ $v(t) = Ri(t) + \dfrac{1}{C}\displaystyle\int i(t)dt \rightarrow V(s)$
$= \dfrac{1}{R}I(s) + sCI(s)$

해설 • $v(t) = Ri(t) \rightarrow V(s) = RI(s)$

• $v(t) = L\dfrac{d}{dt}i(t) \rightarrow V(s) = sLI(s)$

• $v(t) = \dfrac{1}{C}\displaystyle\int i(t)dt \rightarrow V(s) = \dfrac{1}{C}\dfrac{1}{s}I(s)$

• $v(t) = Ri(t) + \dfrac{1}{C}\displaystyle\int i(t)dt \rightarrow V(s)$
$= RI(s) + \dfrac{1}{CS}I(s)$

56. 보드선도에서 −3 dB 점이란 기준 크기의 얼마인가?

① $\dfrac{1}{2}$ ② $\dfrac{1}{\sqrt{2}}$

③ $\dfrac{1}{3}$ ④ $\dfrac{1}{\sqrt{3}}$

해설 • $3\,\mathrm{dB} = 20\log_{10}\sqrt{2}$

• $-3\,\mathrm{dB} = 20\log_{10}\dfrac{1}{\sqrt{2}}$

• $10\,\mathrm{dB} = 20\log_{10}\sqrt{10}$

• $20\,\mathrm{dB} = 20\log_{10}10$

57. 다음 전달 함수의 값으로 옳은 것은?

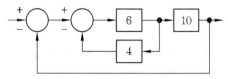

① 0.6 ② 0.7 ③ 0.8 ④ 0.9

해설 피드백 시스템 전달 함수

$$T(s) = \frac{C(s)}{R(s)} = \frac{G(s)}{1 \pm G(s)H(s)}$$

안쪽 루프

$$T(s) = \frac{C(s)}{R(s)} = \frac{6}{1+6\cdot4} = \frac{6}{25}$$

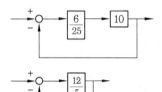

$$T(s) = \frac{\dfrac{12}{5}}{1+\dfrac{12}{5}} = \frac{12}{17} \fallingdotseq 0.7$$

58. 제어계의 출력이 목표값과 일치하는가를 비교하여 일치하지 않은 경우 그 차이에 따라 정정 신호를 제어계에 보내는 제어방식은?

① 개루프 제어 ② 되먹임 제어
③ 시퀀스 제어 ④ 프로그램 제어

해설 • 개루프 제어 : 시스템의 출력을 입력에 피드백하지 않고 기준 입력만으로 제어신호를 만들어서 출력을 제어
- 되먹임 제어 : 피드벡 제어(feedback control)라고도 하며, 시스템의 출력과 기준 입력을 비교하고 그 차이(오차)를 감소시키는 제어
- 시퀀스 제어 : 미리 정해진 순서에 따라 제어의 각 단계를 점차로 진행해 나가는 제어
- 프로그램 제어 : 미리 정해 놓은 프로그램에 따라 제어량 변화(엘리베이터, 무인차량)

59. 그림과 같은 파형의 라플라스 변환으로 옳은 것은?

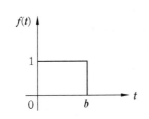

① $\dfrac{1}{s \cdot e^{bs}}$ ② $\dfrac{1}{s \cdot e^{-bs}}$

③ $\dfrac{1}{s(1-e^{bs})}$ ④ $\dfrac{1}{s(1-e^{-bs})}$

해설 그림과 같은 사각형 모양이 나오는 함수를 펄스 함수라 한다.

$$\frac{1}{s}(1-e^{-sb})$$

60. 유압 시스템에서 유압유를 선택할 때 요구조건으로 틀린 것은?

① 화재의 위험이 없을 것
② 녹이나 부식 발생이 없을 것
③ 수분을 쉽게 분리시킬 수 있을 것
④ 동력을 전달하기 위해 압축성일 것

해설 유압유 선택 시 요구조건
- 펌프와 기타 유압기기에 대해 적당한 점도를 유지하며, 온도에 대한 점도변화가 적고 전단 안정성이 양호한 것
- 각종 금속에 대해 부식성이 없고 방청성을 갖는 것
- 물과 불순물이 재빨리 분리되는 것
- 운전조건의 범위에서 휘발성이 적은 것. 난연성이면 더욱 바람직

제4과목 : 메카트로닉스

61. 비트 마스크(bit mask)와 비트 리셋(bit reset) 용도로 사용되는 연산자는?

① 부정(NOT)
② 논리합(OR)
③ 논리곱(AND)
④ 배타적 논리합(XOR)

해설 XOR 연산은 두 값의 각 자릿수를 비교해, 값이 0으로 같으면 0, 값이 1로 같으면 0, 다르면 1을 계산한다.

62. 우리나라 전원의 상용 주파수인 60 Hz에 대한 각속도(rad/s)는?

① 77   ② 177   ③ 277   ④ 377

해설 각속도
$$\omega = 2\pi f = 2\pi 60 \fallingdotseq 120 \times 3.14 \fallingdotseq 376.8$$

63. 마이크로프로세서는 전형적으로 4비트, 8비트, 16비트로 구분하는데 이 비트가 의미하는 것은?

① 기억소자   ② 정보의 단위
③ CPU의 종류   ④ 레지스터의 크기

해설 컴퓨터가 내·외부 각 장치와의 정보나 신호를 주고받는데 사용하는 전기적 통로를 버스라고 한다. 16비트 마이크로프로세서라 하면 16비트 데이터 버스를 의미하는 것이며, 데이터 전송을 위해 핀을 16개 사용한다는 뜻이다. 보통 마이크로프로세서가 8비트이면 8비트의 어드레스 버스를 가지고 있고, 16비트이면 16비트의 어드레스 버스를 가지고 있다.

64. 머시닝 센터(machining center)에 대한 설명으로 틀린 것은?

① 드릴작업을 할 수 있다.
② 방전을 이용한 가공작업이다.
③ 자동공구교환장치(ATC)가 있다.
④ 테이블은 가공물을 절삭에 필요한 위치까지 이동시킨다.

해설
- 방전을 이용한 가공작업은 방전가공(EDM, electric discharge machining)이라한다.
- 전극에 의한 가공과 와이어(wire)에 의해 가공되는 2가지 방법이 있다.

2019

65. 마이크로컴퓨터의 메모리 중 RAM에 대한 설명으로 틀린 것은?

① 데이터의 내용 변경이 가능하다.
② 전원이 차단되어도 그 내용에는 전혀 변화가 없다.
③ 전원이 차단되는 순간 저장되어 있는 데이터는 모두 없어진다.
④ 임의의 데이터를 저장하기도 하고, 외부에서 데이터를 로딩할 수도 있다.

해설 RAM : 기억 장치의 기억 내용을 임의로 읽거나 변경할 수 있는 기억 소자이다. 주로 사용자가 작성한 프로그램이나 데이터를 기억시키며, 주기억 장치 등에 널리 이용되고 있다. 일반적으로 전원(電源)이 꺼지면 기억된 내용이 지워진다. 등속 호출 기억 장치라고도 한다.

66. 전력을 구하는 식으로 틀린 것은? (단, P : 전력, I : 전류, V : 전압, R : 저항이다.)

① $P = I \times V$
② $P = V \times R$
③ $P = I^2 \times R$
④ $P = \dfrac{V^2}{R}$

해설 전력 계산식

$$P = I \times V = I^2 \times R = \frac{V^2}{R}$$

67. 10진수 19를 BCD 코드로 변환한 결과로 옳은 것은?

① 0001 0011   ② 0110 1100
③ 0001 1001   ④ 0010 1100

해설 BCD(Binary-Coded Decimal) : 2진코드화 된 10진수, 말 그대로 10진수를 2코드로 표기한 것이다.

십진수	1	9
BCD	0001	1001

68. 일반적으로 브러시 교환이 필요한 서보모터는?

① 스테핑 모터
② DC 서보모터
③ 동기형 AC 서보모터
④ 유도기형 AC 서보모터

해설 브러시 : DC 모터에서 회전자의 전압을 인가해주기 위한 장치로 코일의 입장에서 반주기마다 역전압을 걸어준다.

69. AC 서보모터의 특징으로 옳은 것은?

① 정류에 한계가 있다.
② 회전 검출기가 필요하다.
③ 브러시의 유지·보수가 필요하다.
④ 고정자가 권선으로 방열이 쉽다.

해설 AC 서보모터의 특징
• 브러시가 없어 보수가 용이하다.
• 내환경성이 좋다.
• 신뢰성이 높다.
• 고속, 고토크 이용이 가능하다.
• 방열이 좋다.
• 시스템이 복잡하고 고가이다.
• 전기적 시정수가 크다.
• 회전 검출기가 필요하다.
• 정류에 한계가 없다.

70. 전기적으로 절연되어 있지만 광을 매개체로 하여 신호전달이 가능하고 광학적으로 결합되어 있는 발광부와 수광부를 갖추고 있는 센서는?

① 리드 스위치
② 포토 커플러
③ 유도형 근접 센서
④ 용량형 근접 센서

해설 • 리드 스위치 : 리드 스위치 내부에는 진공관 안에 서로 벌려져 있는 리드가 있고 이 리드에 스위치로 자성을 띠게 하면 리드가 서로 붙어 연결된다. 만약 스위치가 off될 경우, 리드에서 자성은 사라지고 리드는 다시 벌어지게 된다.

정답 65. ②   66. ②   67. ③   68. ②   69. ②   70. ②

- 포토 커플러 : 빛을 전달해주는 발광 다이오드와 스위치 역할을 하는 다이오드로 구성되어 전원이 다른 두 회로를 완전 분리시키거나 잡음에 강한 회로를 구성할 때 사용한다.
- 유도형 근접 센서 : 코일에 고주파 AC 전압을 인가하면 코일 인덕턴스에 반비례하는 AC 전류가 흐른다. 이때 투자율이 높은 철과 같은 금속이 코일에 접근하면 코일의 전체 인덕턴스가 증가하고 그에 따라 전류가 감소한다. 이러한 전류 감소로 물체의 근접을 검출한다.
- 용량형 근접 센서 : 정전용량형은 유도형 근접 센서가 인덕턴스 변화를 했던 것과 유사하게 발진회로의 커패시턴스(정전용량)값을 변화시켜 근접 물질을 검출한다.

71. 기계를 제작할 때 고려해야 할 사항으로 틀린 것은?

① 효율이 좋고, 유지비가 적을 것
② 디자인이 좋고, 상품 가치가 높을 것
③ 각 부품은 자유운동을 할 수 있을 것
④ 기계 각 부의 강도는 신뢰성이 있을 것

해설 • 기계부분의 운동은 그 목적에 따라 명확하게 각부의 받는 힘에 대하여 충분한 안전율을 고려하여 충분한 강도를 가져야 한다.
- 경제성을 고려하여 재료의 취급 방법, 가공법의 적절성에 따라 경비 절감을 이룰 수 있다.
- 부품은 가능한 공통성을 유지하여 부품 준비 및 생산면에서 효율성을 가져가야 한다.

72. 열전대의 특징이 아닌 것은?

① 고온 측정에 사용된다.
② 온도 측정 범위가 넓다.
③ 부착 방법에 따라 오차가 발생한다.
④ 형상이나 치수에 의해 영향을 받는다.

해설 열전대 : 재질이 다른 2개의 금속선을 한쪽을 접촉시키고 다른 한쪽을 일정한 온도로 유지하면 온도에 의존하는 열전력이 얻어지는 것(see back 효과)을 이용한 것이다. 발생하는 열기전력은 두 종류의 금속과 양 접점 간의 온도 차이에 의해 정해지며, 금속의 형상이나 치수, 도중의 온도 변화에는 영향을 받지 않는다.

73. 센서의 검출면에 전자유도작용으로 금속체의 유·무를 판별하는 비접촉식 검출 센서는?

① 포토 센서
② 리밋 스위치
③ 용량형 근접 센서
④ 유도형 근접 센서

해설 • 포토 센서 : 빛을 전달해주는 발광 다이오드와 스위치 역할을 하는 다이오드로 구성되어 전원이 다른 두 회로를 완전 분리시키거나 잡음에 강한 회로를 구성할 때 사용한다.
- 리밋 스위치 : 일반적인 전기 스위치와 동작 원리가 같다. 리밋 혹은 마이크로 스위치는 기계의 움직임에 의하여 일정한 장소(위치)에 이르면 작동하는 것으로 우리가 늘 사용하는 엘리베이터에도 이 리밋 스위치를 사용하고 있다.
- 유도형 근접 센서 : 코일에 고주파 AC 전압을 인가하면 코일 인덕턴스에 반비례하는 AC 전류가 흐른다. 이때 투자율이 높은 철과 같은 금속이 코일에 접근하면 코일의 전체 인덕턴스가 증가하고 그에 따라 전류가 감소한다. 이러한 전류 감소로 물체의 근접을 검출한다.
- 용량형 근접 센서 : 정전용량형은 유도형 근접 센서가 인덕턴스 변화를 했던 것과 유사하게 발진회로의 커패시턴스(정전용량)값을 변화시켜 근접 물질을 검출한다.

74. 아날로그 출력 전압 범위가 0~7 V인 3비트의 D/A 변환기의 입력으로 2진값 100이 입력된다면 아날로그 출력 전압은 몇 V인가?

① 2   ② 3   ③ 4   ④ 7

해설 $\dfrac{7 \text{ V} - 0 \text{ V}}{2^3 - 1} \times 100_2 = \dfrac{7 \text{ V}}{7} \times 4_{10} = 4 \text{ V}$

75. 기계제작에 이용되는 성질 중 절삭 가공에 이용되는 성질은?

① 가용성(fusibility)
② 전연성(malleability)
③ 접합성(weldability)
④ 연삭성(grindability)

해설 기계제작에 이용되는 금속의 성질
- 가용성 : 주조, 용접에 이용되는 성질이다.
- 전연성 : 소성가공으로 단조, 압연, 압출, 프레스가공 등에 이용되는 성질이다.
- 접합성 : 용접성이라고 한다.
- 연삭성 : 절삭성과 같이 절삭 가공에 이용되는 성질이다.

76. 저항을 연결하는 방법에 대한 설명으로 틀린 것은?

① 저항을 직렬 연결하면 총 저항값은 가장 큰 저항보다 더 커진다.
② 저항을 병렬 연결하면 총 저항값은 가장 작은 저항보다 더 작아진다.
③ 동일한 저항을 직렬로 연결할 때 저항의 수량과 한 개의 저항값을 곱하면 총 저항값이 된다.
④ 동일한 저항을 병렬로 연결할 때 저항의 수량과 한 개의 저항값을 더하면 총 저항값이 된다.

해설 • 병렬 저항 계산

공식 : $RT = \dfrac{1}{(1/R1 + 1/R2 + 1/R3 + \cdots)}$

• 직렬 저항 계산

공식 : $RT = R1 + R2 + R3 + \cdots$

77. 다음 불 논리식을 간략화한 결과로 옳은 것은?

$$Z = (A + B)(\overline{A} + B)$$

① $Z = B$
② $Z = A + \overline{B}$
③ $Z = \overline{A} + B$
④ $Z = AB + \overline{B}$

해설 $Z = (A + B)(\overline{A} + B)$
$= A \cdot \overline{A} + A \cdot B + B \cdot \overline{A} + B \cdot B$
$= 0 + A \cdot B + B \cdot \overline{A} + B$
$= 0 + (A + \overline{A}) \cdot B + B$
$= 1 \cdot B + B$
$= B$

78. 자속밀도와 자기력 사이의 관계를 나타낸 곡선은?

① 전력 곡선
② B-H 곡선
③ 항자력 곡선
④ 부하특성 곡선

해설 B-H 곡선 : 자기력(H)과 자속밀도(B)의 관계를 나타내는 그래프로 자계가 세지면 그만큼 자속밀도도 커진다.

79. TTL IC의 출력으로 사용되지 않는 방식은?

① 3상(3-stares) 출력
② 토템폴(totem pole) 출력
③ 사이리스터(thyristor) 출력
④ 오픈 콜렉터(open collector) 출력

해설 • 토템폴 출력 : 두 개의 트랜지스터가 서로 보완하며 밀고 당기는 push-pull 형태로 동작하는 출력으로 가장 일반적인 출력 형식이며 입력이 LOW일 때 출력은 LOW 입력이 HIGH일 때 출력이 HIGH가 된다.
- 오픈 콜렉터 : 입력이 LOW일 때 출력이 LOW이고, 입력이 HIGH일 때 출력이 float인 출력이다.
- 3상 출력 : 출력이 HIGH, LOW, float 3가지 상태를 가진다. c(control input)가 HIGH일 때는 토템폴과 같이 작동하다가 c가 LOW일 때는 float 상태가 된다.

80. 불 대수의 기본 법칙으로 옳은 것은?

① $A+0=0$ ② $A+1=1$ ③ $A\times1=0$ ④ $A\cdot1=1$

해설

교환 법칙	$A+B=B+A$	$A\cdot B=B\cdot A$
결합 법칙	$(A+B)+C=A+(B+C)$	$(A\cdot B)\cdot C=A\cdot(B\cdot C)$
분배 법칙	$A\cdot(B+C)=AB+AC$	$A+BC=(A+B)\cdot(A+C)$
동일 법칙	$A+A=1$	$A\cdot A=1$
흡수 법칙	$A+(A\cdot B)=A$ $(A+\overline{B})\cdot B=AB$	$A\cdot(A+B)=A$ $A\overline{B}+B=A+B$
항등 법칙	$1+A=A$ $0+A=0$	$1\cdot A=A$ $0\cdot A=0$
보원 법칙	$A+\overline{A}=1$	$A\cdot\overline{B}=0$
다중 법칙	$\overline{\overline{A}}=A$	
드 모르간의 법칙	$\overline{A+B}=\overline{A}\cdot\overline{B}$	$\overline{A\cdot B}=\overline{A}+\overline{B}$

생산자동화산업기사 필기

부록

모의고사

모의고사

자격종목 및 등급(선택분야)	종목코드	시험시간	문제지형별	수검번호	성 명
생산자동화산업기사	2034	2시간	A		

제1과목 : 기계가공법 및 안전관리

1. 다음은 정밀 입자가공을 나타낸 것이다. 이에 속하지 않는 것은?

① 슈퍼피니싱   ② 배럴가공

③ 호닝   ④ 래핑

2. 어미나사의 피치가 8 mm인 선반에서 다음 그림과 같은 변환 기어를 사용할 때 깎아지는 나사의 피치(mm)는?(단, 기어의 잇수는 각각 A=20, B=80, C=45, D=90개이다.)

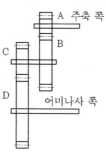

① 0.5 mm   ② 1 mm

③ 1.5 mm   ④ 2 mm

3. 선반에서 원형 단면을 가진 일감의 지름 100 mm인 탄소강을 매분 회전수 314 r/min(＝rpm)으로 가공할 때, 절삭 저항력이 736 N이었다. 이때 선반의 절삭 효율을 80%라 하면 필요한 절삭 동력은 약 몇 PS인가?

① 1.1   ② 2.1

③ 4.4   ④ 6.2

4. 밀링 커터의 날수가 10, 지름이 100 mm, 절삭속도 100 m/min, 1날당 이송을 0.1 mm로 하면 테이블 1분간 이송량은 약 얼마인가?

① 420 mm/min   ② 318 mm/min

③ 218 mm/min   ④ 120 mm/min

5. 서멧(cermet) 공구를 제작하는 가장 적합한 방법은?

① WC(텅스텐 탄화물)을 Co로 소결

② Fe에 Co를 가한 소결 초경 합금

③ 주성분이 W, Cr, Co, Fe로 된 주조 합금

④ Al_2O_3 분말에 TiC 분말을 혼합 소결

6. 바이트 중 날과 자루(shank)를 같은 재질로 만든 것은?

① 스로어웨이 바이트

② 클램프 바이트

③ 팁 바이트

④ 단체 바이트

7. 결합제의 주성분은 열경화성 합성수지 베이클라이트로 결합력이 강하고 탄성이 커서 고속도강이나 광학유리 등을 절단하기에 적합한 숫돌은?

① Vitrified계 숫돌

② Resinoid계 숫돌

③ Silicate계 숫돌

④ Rubber계 숫돌

8. 수준기에서 1눈금의 길이를 2 mm로 하고, 1눈금이 각도 5″(초)를 나타내는 기포관의 곡률반지름은?

① 7.26 m

② 72.6 m

③ 8.23 m

④ 82.5 m

9. 절삭공구 재료 중 소결 초경합금에 대한 설명으로 옳은 것은?

① 진동과 충격에 강하며 내마모성이 크다.

② Co, W, Cr 등을 주조하여 만든 합금이다.

③ 충분한 경도를 얻기 위해 질화법을 사용한다.

④ W, Ti, Ta 등의 탄화물 분말을 Co를 결합제로 소결한 것이다.

10. 1차로 가공된 가공물을 안지름보다 다소 큰 강구(steel ball)를 압입 통과시켜서 가공물의 표면을 소성 변형으로 가공하는 방법은?

① 래핑(lapping)

② 호닝(honing)

③ 버니싱(burnishing)

④ 그라인딩(grinding)

11. 그림과 같이 더브테일 홈가공을 하려고 할 때 X의 값은 약 얼마인가? (단, tan60°=1.7321, tan30°=0.5774이다.)

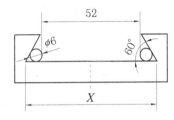

① 60.26

② 68.39

③ 82.04

④ 84.86

12. 그림과 같은 공작물을 양 센터 작업에서 심압대를 편위시켜 가공할 때 편위량은? (단, 그림의 치수 단위는 mm이다.)

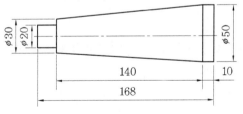

① 6 mm

② 8 mm

③ 10 mm

④ 12 mm

13. 다음 그림과 같이 피 측정물의 구면을 측정할 때 다이얼 게이지의 눈금이 0.5 mm 움직이면 구면의 반지름(mm)은 얼마인가? (단, 다이얼 게이지의 측정자로부터 구면계의 다리까지의 거리는 20 mm이다.)

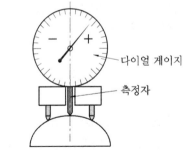

① 100.25

② 200.25

③ 300.25

④ 400.25

14. 절삭공구의 절삭면에 평행하게 마모되는 현상은?

① 치핑(chiping)

② 플랭크 마모(flank wear)

③ 크레이터 마모(crater wear)

④ 온도 파손(temperature failure)

15. 지름 75mm의 탄소강을 절삭속도 150 mm/min으로 가공하고자 한다. 가공 길이 300 mm, 이송

은 0.2 mm/rev로 할 때 1회 가공 시 가공시간은 약 얼마인가?

① 2.4분　　　② 4.4분
③ 6.4분　　　④ 8.4분

16. 밀링절삭 방법 중 상향절삭과 하향절삭에 대한 설명이 틀린 것은?

① 하향절삭은 상향절삭에 비하여 공구 수명이 길다.
② 상향절삭은 가공면의 표면거칠기가 하향절삭보다 나쁘다.
③ 상향절삭은 절삭력이 상향으로 작용하여 가공물의 고정이 유리하다.
④ 커터의 회전 방향과 가공물의 이송이 같은 방향의 가공 방법을 하향절삭이라 한다.

17. 원형 부분을 두 개의 동심의 기하학적 원으로 취했을 경우, 두 원의 간격이 최소가 되는 두 원의 반지름의 차로 나타내는 형상 정밀도는?

① 원통도　　　② 직각
③ 진원도　　　④ 평행도

18. 밀링가공에서 커터의 날수는 6개, 1날당의 이송은 0.2 mm, 커터의 바깥지름은 40 mm, 절삭속도 30 m/min일 때 테이블의 이송 속도는 약 몇 mm/min인가?

① 274　　　② 286
③ 298　　　④ 312

19. 밀링 분할판의 브라운 샤프형 구멍열을 나열한 것으로 틀린 것은?

① No.1 − 15, 16, 17, 18, 19, 20
② No.2 − 21, 23, 27, 29, 31, 33
③ No.3 − 37, 39, 41, 43, 47, 49
④ No.4 − 12, 13, 15, 16, 17, 18

20. 원주를 단식 분할법으로 32등분하고자 할 때,

다음 준비된 〈분할판〉을 사용하여 작업하는 방법으로 옳은 것은?

〈분할판〉
No. 1 : 20, 19, 18, 17, 16, 15
No. 2 : 33, 31, 29, 27, 23, 21
No. 3 : 49, 47, 43, 41, 39, 37

① 16구멍 열에서 1회전과 4구멍씩
② 20구멍 열에서 1회전과 10구멍씩
③ 27구멍 열에서 1회전과 18구멍씩
④ 33구멍 열에서 1회전과 18구멍씩

제2과목 : **기계제도 및 기초공학**

21. KS 재료 기호 중 열간압연 연강판 및 강대에서 드로잉용에 해당하는 재료 기호는?

① SNCD　　　② SPCD
③ SPHD　　　④ SHPD

22. 기준 치수 50에 대한 구멍 기준식 억지 끼워맞춤을 올바르게 표시한 것은?

① 50 X7/h7　　　② 50 H7/h7
③ 50 H7/s6　　　④ 50 F7/h7

23. 20 kgf의 힘을 가하여 원형 핸들을 돌릴 때 발생한 토크가 10 kgf·m이었다면 이 핸들의 지름은?

① 5 cm　　　② 10 cm
③ 50 cm　　　④ 100 cm

24. 그림과 같이 두 피스톤의 지름이 $P_1 = 32$ cm, $P_2 = 12$ cm일 때, 큰 피스톤(P_1)을 1 cm 움직이면 작은 피스톤(P_2)이 움직인 거리(cm)는 얼마인가?

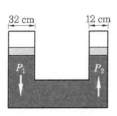

① 9.11   ② 8.11   ③ 7.11   ④ 6.11

25. 그림과 같은 지름 15 mm의 연강 인장시험편을 인장시험기에 장착하여 측정된 최대하중은 7,600 kgf이었다. 이때 발생한 응력은 약 얼마인가?

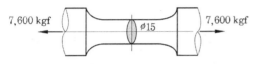

① 13 kgf/mm^2 ② 23 kgf/mm^2

③ 33 kgf/mm^2 ④ 43 kgf/mm^2

26. 그림과 같은 기하공차의 해석으로 가장 적합한 것은?

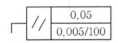

① 지정 길이 100 mm에 대하여 0.05 mm, 전체 길이에 대해 0.005 mm의 대칭도

② 지정 길이 100 mm에 대하여 0.05 mm, 전체 길이에 대해 0.005 mm의 평행도

③ 지정 길이 100 mm에 대하여 0.005 mm, 전체 길이에 대해 0.05 mm의 대칭도

④ 지정 길이 100 mm에 대하여 0.005 mm, 전체 길이에 대해 0.05 mm의 평행도

27. 도면과 같은 물체의 비중이 8일 때 이 물체의 질량은 약 몇 kg인가?

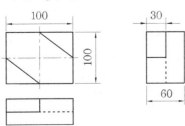

---

① 3.5   ② 4.2   ③ 4.8   ④ 5.4

28. 다음 중 기계제도의 기본원칙에 어긋나는 것을 [보기]에서 모두 고른 것은?

┌─────── [보기] ───────┐

a. 도면을 보관하기 위해 표제란이 보이게 A4 크기로 접었다.

b. 도면에 윤곽선, 표제란, 중심마크를 반드시 그려 넣어야 한다.

c. 실제 크기보다 2배 크기로 그림을 그려서 척도를 1 : 2로 기입한다.

d. 문장은 위에서 아래로 세로쓰기를 원칙으로 한다.

└────────────────────┘

① a, b   ② b, c

③ c, d   ④ a, d

29. 그림과 같이 100 N의 물체를 단면적 5 mm^{2}의 강선으로 매달았을 때 AB쪽에 발생하는 장력(F_1)과 응력의 크기는?

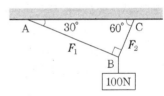

① $50\sqrt{3}$ N, $10\sqrt{3}$ N/mm^2

② $55\sqrt{3}$ N, 15 N/mm^2

③ 50 N, 10 N/mm^2

④ 50 N, 10 N/mm^2

30. 다음 도면에서 기하공차에 관한 설명으로 가장 적합한 것은?

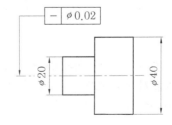

① $\phi20$부분만 원통도가 $\phi0.01$범위 내에 있어야 한다.

② $\phi20$과 $\phi40$부분의 원통도가 $\phi0.02$범위 내에 있어야 한다.

③ $\phi20$과 $\phi40$부분의 진직도가 $\phi0.02$범위 내에 있어야 한다.

④ $\phi20$부분만 진직도가 $\phi0.02$범위 내에 있어야 한다.

31. 풀리(pulley)나 기어(gear) 등이 장착되어 회전하는 축에서 발생되는 모멘트의 설명으로 옳은 것은?

① 굽힘 모멘트만 발생한다.

② 비틀림 모멘트만 발생한다.

③ 굽힘 모멘트와 비틀림 모멘트가 동시에 발생한다.

④ 굽힘 모멘트와 비틀림 모멘트가 전혀 발생하지 않는다.

32. 다음 도면에서 l로 표시된 부분의 길이(mm)는?

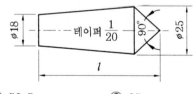

① 52.5

② 85

③ 140

④ 152.5

33. 피스톤 A_2의 반지름이 A_1의 반지름의 2배일 때, 힘 F_1과 F_2의 관계는?

① $F_1 = F_2$

② $F_2 = 2F_1$

③ $F_1 = 4F_2$

④ $F_2 = 4F_1$

34. 기준치수 49.000 mm, 최대 허용 치수 49.011 mm, 최소 허용 치수 48.985 mm일 때 위치수 허용차와 아래치수 허용차는?

(위치수 허용차)	(아래치수 허용차)
① +0.011 mm	−0.085mm
② −0.015 mm	−0.011mm
③ −0.025 mm	+0.025mm
④ +0.011 mm	−0.015mm

35. 다음 중 단면도의 분류에 있어서 그 종류가 다른 하나는?

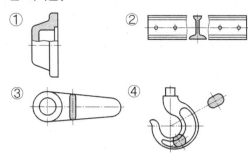

36. 다음 그림의 A점에 대한 모멘트(kgf · mm)는 얼마인가?

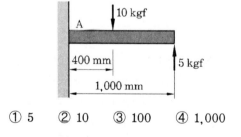

① 5 ② 10 ③ 100 ④ 1,000

37. 그림과 같은 등각 투상도에서 화살표 방향에서 본 면을 정면이라 할 때 제3각법으로 3면도가 올바르게 그려진 것은?

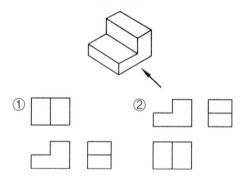

③ 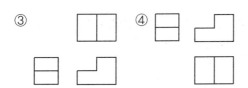 ④

인 스폿 용접

③ 덧붙임 폭 5 mm, 용접부 길이가 15 mm인 덧붙임 용접

④ 용접부 지름이 6 mm, 피치는 15 mm인 심 용접

38. [보기]와 같은 내용의 기하공차를 표시한 것 중 옳은 것은?

──── [보기] ────

길이 25 mm의 원기둥의 표면은 0.1 mm 만큼 차이가 있는 2개의 동심 원기둥 사이에 들어 있어야 한다.

①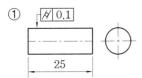

②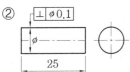

③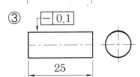

④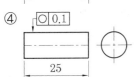

40. 다음 그림과 같은 용접의 맞대기 이음에서 하중을 P, 용접부의 길이를 l, 판두께를 t라 하면 용접부의 인장응력을 구하는 식은?

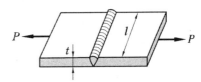

① $\sigma = \dfrac{P}{tl}$ 　② $\sigma = \dfrac{Pl}{t}$

③ $\sigma = \dfrac{tl}{P}$ 　④ $\sigma = P \cdot l \cdot t$

39. 도면에 나타난 용접기호의 지시사항을 가장 올바르게 설명한 것은?

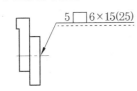

① 슬롯 너비 5 mm, 용접부 길이 15 mm인 플러그 용접 6개소

② 스폿의 지름이 6 mm이고, 피치는 15 mm

제3과목 : **자동제어**

41. 다음 개루프 전달 함수에 대한 제어 시스템의 근궤적의 개수는?

$$G(s)H(s) = \frac{K(s+1)}{\{s(s+2)(s+3)\}}$$

① 1　　② 2　　③ 3　　④ 4

42. 다음 그림과 같은 회로에서 입력전류에 대한 출력전압의 전달 함수는? (단, s : 라플라스연산자이다.)

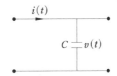

① Cs ② $\dfrac{1}{Cs}$

③ $\dfrac{C}{1+sT}$ ④ C

43. 그림에서 전달 함수 G 는?

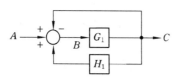

① $\dfrac{G_1}{1+H_1G_1-G_1}$ ② $\dfrac{G_1}{1+G_1-G_1H_1}$

③ $\dfrac{G_1A}{1+H_1G_1-G_1}$ ④ $\dfrac{G_1A}{1+AG_1-G_1H_1}$

44. 예열을 하여 발열 반응을 하는 프로세스 제어 시스템의 온도를 제어하는 데 있어 단순한 피드백 제어의 경우 예열 단계에서 오버슈트(over shoot)의 주된 원인이 되는 제어동작은?

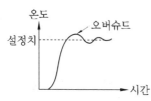

① 비례적분미분동작(PID 동작)
② 미분동작(D동작)
③ 적분동작(I동작)
④ 비례미분동작(PD 동작)

45. 다음 회로에서 시정수(time constant)는?

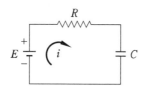

① RC ② C/R
③ R/C ④ $1/(RC)$

46. 다음 그림과 같은 형태의 보드(bode) 선도를 가지는 전달 함수는?

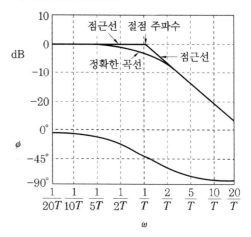

① $G(s)=\dfrac{1}{Ts}$ ② $G(s)=\dfrac{1}{Ts^2}$

③ $G(s)=\dfrac{1}{Ts^3}$ ④ $G(s)=\dfrac{1}{Ts+1}$

47. 전달 함수의 특성 방정식 $s^2+2\zeta\omega_n s+\omega_n^2=0$ 에서 ζ 를 제동비(damping ratio)라고 할 때, $\zeta=1$ 인 경우 생기는 것은?

① 무제동 (non damping)
② 임계제동 (critical damping)
③ 과제동 (over damping)
④ 아제동 (under damping)

48. 개회로 제어 시스템(open loop control system)을 적용하기에 적합하지 않은 제어계는?

① 외란 변수의 변화가 매우 작은 경우
② 여러 개의 외란 변수가 존재하는 경우
③ 외란 변수에 의한 영향이 무시할 정도로 작은 경우
④ 외란 변수의 특징과 영향을 확실히 알고 있는 경우

49. 자동창고의 구성요소 중 다음 설명에 해당되는 것은?

"입고 스테이션(station)에서 컴퓨터로부터 입고 명령을 받아 물건을 일정한 선반 위에 적재하고, 또한 출고 명령을 받아 출고 스테이션에 하역하는 기능을 가지고 있다."

① 랙(rack)
② 컨베이어(conveyor)
③ 컨트롤러(controller)
④ 스태커 크레인(stacker crane)

50. 개루프 전달 함수 $G(s) = \dfrac{s+2}{s^2}$ 시스템에 단위 계단입력 $r = 1$이 들어올 때, 폐루프 시스템의 정상 상태 오차는?

① 0   ② 1
③ 2   ④ ∞

51. 그림에서 2개의 피스톤 ㉠, ㉡의 단면적 A_1, A_2가 각각 $2\,\mathrm{m}^2$, $10\,\mathrm{m}^2$일 때, F_1으로 $1\,\mathrm{N}$의 힘으로 가하면 F_2에 생성되는 힘(N)은?

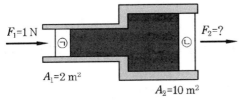

① 5   ② 10
③ 20   ④ 25

52. 응답이 최초로 희망값의 50%에 도달하는 데 필요한 시간을 무엇이라 하는가?

① 상승시간   ② 응답시간
③ 지연시간   ④ 정정시간

53. 다음 FND로 숫자 '2'를 표시하고자 할 때 옳은 데이터는?

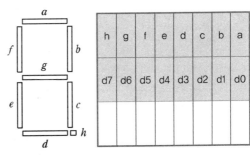

h	g	f	e	d	c	b	a
d7	d6	d5	d4	d3	d2	d1	d0

① 4AH   ② 4BH
③ 5AH   ④ 5BH

54. PLC에서 CPU의 자기진단 기능으로 발견될 수 없는 이상은?

① 메모리 이상
② 각종 링크 이상
③ 입·출력 버스 이상
④ 입·출력 접점 이상

55. PC 기반제어에서 'imechatronics.h' 파일이 컴퓨터의 다음 폴더에 있을 경우 참조선언 방법으로 옳은 것은?

Program Files – Microsoft Visual Studio – VC98 – include

① #include"imechatronics.h"
② #include(imechatronics.h)
③ #include[imechatronics.h]
④ #include<imechatronics.h>

56. 그림과 같은 되먹임 제어계의 전달 함수는?

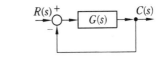

① $\dfrac{G(s)}{1+R(s)}$ ② $\dfrac{C(s)}{1+R(s)}$

③ $\dfrac{R(s)\,C(s)}{1+G(s)}$ ④ $\dfrac{G(s)}{1+G(s)}$

모의고사

57. 다음 공기압 회로도의 기기 순서를 옳게 나열한 것은?

진행 방향

① 루브리케이터 → 공기탱크 → 에어드라이어
② 에어드라이어 → 공기탱크 → 루브리케이터
③ 냉각기 → 공기탱크 → 드레인 배출구 붙이 필터
④ 드레인 배출구 붙이 필터 → 공기탱크 → 냉각기

58. 다음 설명에 해당되는 원리는?

> 정지된 유체 내에서 압력을 가하면 이 압력은 유체를 통하여 모든 방향으로 일정하게 전달된다.

① 연속의 법칙　　② 파스칼의 원리
③ 베르누이의 정리　④ 벤투리관의 원리

59. PI 제어기 설계 시 비례상수가 3이고, 적분시간이 5인 조절계의 전달 함수를 복소수 평면 S로 표현한 것으로 옳은 것은?

① $\dfrac{5}{3S}$　　② $\dfrac{3}{5S}$
③ $\dfrac{15S+5}{3S}$　④ $\dfrac{15S+3}{5S}$

60. 시퀀스제어와 비교한 PLC 제어의 특징으로 틀린 것은?

① 제어방식은 소프트 로직방식이다.
② 시스템 특징이 독립된 제어장치이다.
③ 소형화가 가능하며 시스템 확장이 용이하다.
④ 프로그램 변경만으로 제어내용의 변경이 가능하다.

제4과목 : 메카트로닉스

61. 다음 게이트 회로의 등가 논리식은?

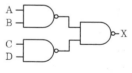

① $X = (A \cdot B)+(C \cdot D)$　② $X = (A \cdot B) \cdot (C \cdot D)$
③ $X = (A+B)+(C+D)$　④ $X = (A+B) \cdot (C+D)$

62. 그림과 같은 공압적인 표현은 어떤 논리를 표현하는가?

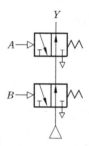

① NOT　　　　② AND
③ NOR　　　　④ NAND

63. 다음 중 스택 메모리의 특성을 나타낸 것은?

① FIFO 기억장치
② LIFO 기억장치
③ LILO 기억장치
④ FILO 기억장치

64. 다음 설명 중 틀린 것은?

① 코일은 직렬로 연결할수록 인덕턴스가 커진다.
② 콘덴서는 직렬로 연결할수록 용량이 커진다.
③ 저항은 병렬로 연결할수록 저항이 작아진다.
④ 리액턴스는 주파수의 함수이다.

65. 서미스터를 통해 들어오는 온도 측정값을 마이크로컴퓨터의 메모리에 저장하기 위해 필요한 인터페이스 장치로 맞는 것은?

① D－A 변환기
② A－D 변환기
③ AC－DC 변환기
④ DC－AC 변환기

66. 정격 전압에서 600 W의 전력을 소비하는 저항에 정격의 90%의 전압을 가했을 때 전력은?

① 486 W
② 540 W
③ 550 W
④ 560 W

67. 다음 그림과 같이 선반 척에 공작물을 물려 다이얼 게이지로 측정하였더니 4 mm의 눈금 움직임이 있었다. 이때 편심량의 크기는 몇 mm인가?

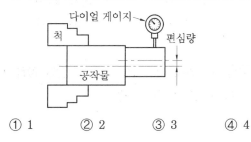

① 1
② 2
③ 3
④ 4

68. 다음 그림의 논리회로 기호는?

① OR 회로
② NOR 회로
③ NOT 회로
④ NAND 회로

69. 다음 중 일반적으로 브러시 교환이 필요한 서보모터는?

① 스테핑 모터
② DC 서보모터
③ 동기형 AC 서보모터
④ 유도기형 AC 서보모터

70. 다음 Op amp회로는 어떤 회로인가?

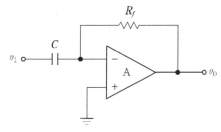

① 적분기
② 가산기
③ 증폭기
④ 미분기

71. 다음의 유접점 시퀀스 회로도와 PLC의 프로그램 표가 있을 때 ( ) 안에 들어갈 내용을 순서대로 올바르게 표현한 것은? (단, PLC의 명령은 입력(R), 출력(W), AND(A), OR(O), NOT(N)이다.)

Step	OP	Add
0	R	0.1
1	(가)	(나)
2	(다)	(라)
3	W	8.0
4	(마)	(바)
5	W	3.0

① O→8.0→A→0.2→R→8.0
② A→0.2→R→8.0→O→8.0
③ O→8.0→R→8.0→A→0.2
④ O→8.0→A→0.2→W→8.0

72. 다음 AD 변환기 중 변환속도가 가장 빠른 것은?

① 계수 비교형
② 병렬 비교형
③ 이중 적분형
④ 축차 비교형

73. 선반에서 척에 고정할 수 없는 불규칙하거나 대형의 가공물 또는 복잡한 가공물을 고정할 때 사용되는 것은?

① 면판
② 센터
③ 돌림판
④ 방진구

74. 그림과 같은 OP 엠프 회로에서 $R_1 = R_2 = R_3 = R_f = 2\,k\Omega$ 이고 입력 전압 $V_1 = V_2 = V_3 = 0.2\,V$이면 출력 전압 V_o[V]는?

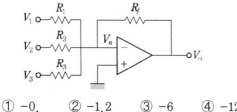

① $-0.$ ② -1.2 ③ -6 ④ -12

75. 8비트 어드레스 시스템인 경우, 그림에서 PA 의 신호에 의해 사용되는 장치가 활성화되기 위한 어드레스로 옳은 것은?

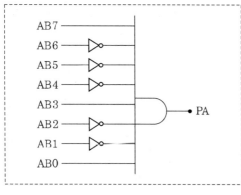

① 89H   ② 91H

③ 95H   ④ 99H

76. 마이크로프로세서의 ALU(Arithmetic and Logical Unit)에 기본 연산 방법은?

① 가산   ② 감산

③ 곱셈   ④ 나눗셈

77. 마이크로프로세서의 중앙처리장치가 기억장치에서 명령을 인출해 오는 사이클은?

① Fetch   ② Direct

③ Interrupt   ④ Execution

78. 다음 프로그램과 회로도에서 푸시 버튼 스위치가 SW6은 ON, SW7은 OFF 상태일 때의 2진수 8비트 표현값으로 옳은 것은? (단, x = 리던던시, JP3의 1번 단자가 LSB이고 8번 단자가 MSB이다.)

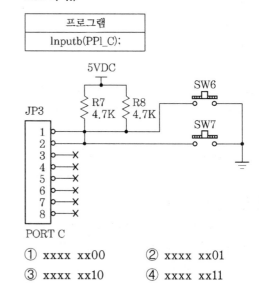

① xxxx xx00   ② xxxx xx01

③ xxxx xx10   ④ xxxx xx11

79. 다음 회로에서 저항 $R_2[\Omega]$ 전압 강하 V_2[V]는 몇 볼트(V)인가?

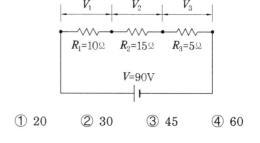

① 20   ② 30   ③ 45   ④ 60

80. 반도체에서 공핍층 양단에는 전위차가 존재하며 이러한 전위차는 전자가 움직이기 위한 에너지의 양이다. 이러한 전위차를 무엇이라고 하는가?

① 순간전압   ② 전압강하

③ 전위장벽   ④ 항복전압

모의고사 정답 및 해설

제1과목 : 기계가공법 및 안전관리

1. ②

정밀 입자가공은 연삭가공한 후에 다시 표면 정밀도를 올리기 위한 입자가공으로 호닝, 래핑, 슈퍼피니싱을 말한다. 배럴가공은 통 속에 가공물과 미디어(media)를 함께 넣고 회전시켜 거스러미를 제거하여 치수 정밀도를 높이는 입자가공이지만 미디어로 석영, 모래 외에 나무, 피혁, 톱밥 등도 사용되므로 정밀 입자가공으로 분류하지 않는다.

2. ②

어미나사의 피치를 P, 가공물의 피치를 p라고 하면,

$$\frac{p}{P} = \frac{A}{B} \times \frac{C}{D}$$

$$p = P \times \frac{A}{B} \times \frac{C}{D} = 8 \times \frac{20}{80} \times \frac{45}{90} = 1\,\text{mm}$$

3. ②

일감의 지름을 D, 회전수를 n, 절삭 저항력을 P, 절삭 효율을 η라고 하면,

절삭 속도 $v = \dfrac{\pi D n}{1,000}$

$\qquad = \dfrac{3.14 \times 100 \times 314}{1,000} = 98.6$

절삭 동력 $N = \dfrac{Pv}{75 \times 9.81 \times 60 \times \eta}$

$\qquad = \dfrac{736 \times 98.6}{75 \times 9.81 \times 60 \times 0.8} = 2.1$

4. ②

밀링 커터의 회전수 (n)

$= \dfrac{1,000v}{\pi D} = \dfrac{1,000 \times 100}{3.14 \times 100} = 318\,\text{rpm}$

테이블의 이송량 (f)

$= f_z \cdot Z \cdot n$

$= 0.1 \times 10 \times 318 = 318\,\text{mm/min}$

5. ④

서멧(cermet) 공구 : Al_2O_3 분말 약 70%에 TiC 또는 TiN 분말을 30% 정도 혼합하여 수소 분위기 속에서 소결하여 제작한다.

6. ④

- 단체 바이트(solid bite) : 바이트 중 날과 자루가 같은 재질이다.
- 스로어웨이 바이트(throw away bite) : 일명 클램프 바이트(clamped bite), 인서트 바이트(insert bite)라고 하며 기계적인 방법으로 고정하여 사용한다.
- 팁 바이트(welded bite) : 일명 용접 바이트라고 하며, 섕크(자루) 끝부분에 초경 등의 바이트를 용접(경납땜)하여 사용한다.

7. ②

- Resinoid계 숫돌(B) : 열경화성 합성수지 베이클라이트(bakelite)가 주성분이며 결합력이 강하고 탄성이 커서 고속도강이나 광학유리 등을 절단하기에 적합한 숫돌이다.
- Vitrified계 숫돌(V) : 결합제의 주성분은 점토와 장석이며, 연삭숫돌 결합제의 90% 이상을 차지할 만큼 가장 많이 사용하는 숫돌이다.
- Silicate계 숫돌(S) : 규산나트륨(Na_2SiO_2 ; 물유리)을 입자와 혼합, 성형하여 제작한 숫돌로 대형 숫돌에 적합하다.
- Rubber계 숫돌(R) : 주성분은 생고무이며, 첨가하는 유황의 양에 따라 결합도가 달라진다.

8. ④

$L = R \cdot \theta$ [L : 1눈금 길이, R : 곡률반지름, θ : 기울어진 각도(radian)]이므로

$R = \dfrac{L}{\theta}$, 여기서 $1° = 60'$ (분), $1' = 60''$ (초)이므로 $50''$ (초)는 $\dfrac{5°}{3600}$

$$\frac{5°}{3,600} = \frac{5}{3,600} \times \frac{\pi}{180} \text{ rad} = 0.0000242 \text{ rad}$$
$$\therefore R = \frac{0.002}{0.0000242} = 82.5$$

9. ④

소결 초경합금(sintered hard metal)
- W, Ti, Ta, Mo, Zr 등의 탄화물 분말을 Co, Ni을 결합제로 하여 1400℃ 이상의 고온으로 가열하면서 고압으로 소결 성형한 절삭공구 이다.
- 고온 고속절삭에서 경도를 유지하며 취성이 커서 진동이나 충격에는 약하므로 주의하여 사용하여야 한다.
- 미국은 카보로이(carboloy), 영국은 미디아(midia), 일본에서는 당가로이(tangaloy)라는 상품명으로 불린다.

10. ③

- 버니싱 : 1차로 가공된 가공물을 안지름보다 다소 큰 강구를 압입 통과시켜서 가공물의 표면을 소성 변형으로 가공한다.
- 래핑 : 가공물과 랩 사이에 미세한 분말 상태의 랩제(lapping powder)를 넣고 가공물에 압력을 가하면서 상대운동을 통해 표면을 매끄럽게 가공한다.
- 호닝 : 혼(hone)을 회전 및 직선 왕복 운동시켜 원통의 내면을 보링, 리밍, 연삭 등의 가공을 한 후에 진원도, 진직도, 표면거칠기 등을 더욱 좋게 하는 가공이다.
- 그라인딩 : 연삭숫돌(grinding wheel)을 고속으로 회전시켜, 가공물의 원통면이나, 평면을 극히 소량씩 가공하는 정밀 가공법이다.

11. ②

$$X = 52 + 2 \times 8.2$$
$$X_1 = \frac{r}{\tan 30°} + r = \frac{3}{0.5774} + 3 = 8.2$$
$$\therefore X = 52 + 2X_1 = 52 + 16.4 = 68.4$$

12. ④

편위량 $x = \dfrac{(D-d)L}{2l} = \dfrac{(50-30) \times 168}{2 \times 140} = 12$

13. ④

- 구면 측정에서 반지름(R)을 구하는 공식을 적용한다.
- $R = h^2 + \dfrac{r^2}{2h}$ (R : 구면의 반지름, r : 측정자로부터 구면계 다리까지의 거리, h : 게이지에 나타난 측정 차)

$$\bullet \ R = 0.5^2 + \frac{20^2}{2 \times 0.5} = 0.25 + 400 = 400.25$$

14. ②

- 플랭크 마모(flank wear) : 절삭공구의 절삭면에 평행하게 마모되는 현상
- 치핑(chipping) : 절삭공구 인선 일부가 미세하게 탈락되는 현상
- 크레이터 마모(crater wear) : 절삭공구의 상면 경사면이 오목하게 파여지는 현상
- 온도 파손(temperature failure) : 절삭온도의 상승은 절삭공구의 수명을 감소시키며, 마모가 발생

15. ①

절삭속도 $V = \dfrac{\pi DN}{1,000}$ 에서 N을 구하여 비례식으로 쉽게 풀이한다.

$N = \dfrac{1,000 V}{\pi D} = \dfrac{1,000 \times 150}{3.14 \times 75} = 637$ rpm 이므로 1분당 이송은 $637 \times 0.2 = 127.4$

1분 : 127.4 = 가공시간 : 300이므로

가공시간 $= \dfrac{300}{127.4} = 2.35$, 즉 약 2.4분 소요된다.

16. ③

상향절삭(up cutting)의 특징
- 상향절삭은 절삭력이 상향으로 작용하여 가공물의 고정이 불리하다.
- 하향절삭은 상향절삭에 비해 공구수명이 길다.
- 상향절삭은 가공면의 거칠기가 하향절삭보다 나쁘다.
- 커터의 회전방향과 가공물의 이송이 같은 방향의 가공방법을 하향절삭, 반대인 경우를 상향절삭이라 한다.
- 상향절삭은 하향절삭에 비하여 백래시(back lash)의 걱정은 적다.

17. ③

- 원통도 : 기준축선과 동축의 원통에서의 차를 표시한 값으로 나타낸다.
- 직각도 : 데이텀을 기준으로 규제형체의 평면이나 축 직선이 90°를 기준으로 한 완전한 직각으로부터 벗어난 크기로 나타낸다.
- 평행도 : 면, 선, 축심에 대하여 데이텀을 기준으로 이상적인 직선 또는 평면으로부터 벗어난 크기로 나타낸다.

18. ②

f=이송속도, f_z=날당 이송량, z=날수, n=회전수 (rpm)일 때 밀링가공에서 이송속도를 구하는 관계식 $f = f_z \times z \times n$을 적용한다. 먼저 절삭 속도 관계식에서 회전수 (n)를 구한다. ($f_z=0.2$, $z=6$)

- $V=\dfrac{\pi dn}{1,000}$에서 $n=\dfrac{1,000\,V}{\pi d}$이므로,

  $n=\dfrac{1,000 \times 30}{3.14 \times 40}=238.85\ \text{rpm}$

- $f=f_z \times z \times n = 0.2 \times 6 \times 238.85$

  $=286.62\ \text{mm/min}$

19. ④

밀링 분할판의 브라운 샤프형 구멍열

종류	분할판	구멍수의 종류
브라운 샤프형	NO.1	15 16 17 18 19 20
	NO.2	21 23 27 29 31 33
	NO.3	37 39 41 43 47 49

20. ①

- 원주의 단식 분할법(simple indexing)에 의하여 분할한다.
- $\dfrac{h}{H}=\dfrac{40}{N}$에서 32등분이므로 $\dfrac{40}{32}$을 적용한다.
- $\dfrac{40}{32}=1\dfrac{8}{32}=1\dfrac{4}{16}$으로 식을 변경할 수 있다.
- 그러므로 16구멍 열에서 1회전과 4구멍씩 전진하면서 가공한다.

제2과목 : 기계제도 및 기초공학

21. ③

KS D 3501 열간압연 연강판 및 강대

SPHC	일반용
SPHD	드로잉용
SPHE	디프 드로잉용

22. ③

구멍 기준식이 되려면 구멍의 종류가 H 구멍이어야 한

다. H7 구멍에 대한 끼워맞춤에 따른 축의 종류는 다음과 같다.

- 헐거운 끼워맞춤 : … f, g, h
- 중간 끼워맞춤 : js, k, m
- 억지 끼워맞춤 : n, p, r, s …

23. ④

토크(T)는 힘(F)과 회전 중심(O)에서 힘까지의 수직거리(l)의 곱이다. $T=F \times l$

원형 핸들의 경우 회전 중심은 핸들의 중심(O)이고 힘 (F)까지의 수직거리는 핸들의 반지름$\left(\dfrac{D}{2}\right)$이 된다.

$T=10=20\times\dfrac{D}{2}$, $D=1\ \text{m}=100\ \text{cm}$

24. ③

양쪽은 내부에 있는 유체의 이동에 의해 동일한 부피만큼 변화하므로 양쪽의 부피를 계산하여 움직인 거리를 구할 수 있다.

$\Delta V_1 = \Delta V_2$

$\dfrac{\pi \times 32^2}{4} \times 1 = \dfrac{\pi \times 12^2}{4} \times h$

$h = \dfrac{32^2}{12^2} = 7.11$

25. ④

응력(σ) $=\dfrac{\text{하중}}{\text{단면적}}$이므로

$\sigma = \dfrac{7,600}{\dfrac{\pi \times 15^2}{4}} = \dfrac{7,600}{176.7} = 43$

26. ④

그림에서는 지정 길이 100 mm에 대하여 0.005 mm,

전체 길이에 대해 $0.05\,\text{mm}$의 평행도를 나타낸다.

27. ②

질량＝체적 비중의 관계식을 적용한다.

- 비중(밀도)은 $\text{g/cm}^3=\text{kg}/1{,}000\,\text{cm}^3$
$$=\text{kg}/1{,}000{,}000\,\text{mm}^3$$
$$=\text{kg}/106\,\text{mm}^3$$
- 부피$=(100\times100\times60)-(50\times50\times30)$
$$=52{,}500(\text{mm}^3)$$
- 질량$=\dfrac{52{,}500\times8}{10^6}=4.2$

28. ③

- 실제 크기보다 2배 크기로 그림을 그려서 척도를 2 : 1로 기입한다.
- 문장은 가로쓰기를 원칙으로 한다.

29. ④

라미의 정리(lami's theory)를 적용한다.

$$\frac{F_1}{\sin\theta_1}=\frac{F_2}{\sin\theta_2}=\frac{F_3}{\sin\theta_3}\text{에서}\ \frac{F_1}{\sin150°}=\frac{100}{\sin90°}$$

이므로 $F_1=\dfrac{100\times\sin150°}{\sin90°}=50\,\text{N}$

$$\therefore\ \text{응력}=\frac{P}{A}=\frac{50}{5}=10\,\text{N/mm}^2$$

30. ③

도시에서는 진직도를 표시하며, $\phi20$과 $\phi40$부분의 진직도가 $\phi0.02$범위 내에 있어야 한다.

31. ③

- 전동축 : 풀리나 기어 등이 장착되어 회전하는 축은 굽힘 모멘트와 비틀림 모멘트가 동시에 작용한다.
- 스핀들(spindle) : 비틀림 모멘트가 작용한다.
- 차축(axle) : 굽힘 모멘트가 작용한다.

32. ④

$l=l_1+l_2$($l_1=$테이퍼 부분의 길이, $l_2=$ 삼각형 부분의 길이)

$\dfrac{D-d}{l_1}=\dfrac{1}{20}$ 에서 $l_1=140$

$l_2=\dfrac{25}{2}=12.5$이므로

$l=140+12.5=152.5$

33. ④

$P=\dfrac{F_1}{A_1}=\dfrac{F_2}{A_2}$ 에서

$\dfrac{F_1}{\dfrac{\pi d^2}{4}}=\dfrac{F_2}{\pi d^2}$ 이므로 $F_2=4F_1$

34. ④

- 위치수 허용차＝최대 허용 치수－기준치수
$$=49.011-49.000=+0.011$$
- 아래치수 허용차＝최소 허용 치수－기준치수
$$=49.000-48.985=-0.015$$

35. ①

- 부분 단면도(①번) : 일부분을 잘라내고 필요한 내부 모양을 그리기 위한 방법으로 파단선을 그어서 단면 부분의 경계를 표시한다.
- 회전 도시 단면도(②, ③번) : 핸들, 벨트풀리, 기어 등과 같은 바퀴의 암(arm), 림(rim), 리브(rib), 훅(hook), 축 등의 절단면은 회전시켜서 도시한다.
- 인출 회전 단면도(④번) : 단면의 모양이 여러 개로 표시되어 도면 내에 회전 단면을 그릴 여유가 없는 경우에 절단선과 연장선상이나 임의의 위치에 빼내어 도시한다.

36. ④

모멘트 $M=F\times L$이므로 합성 모멘트는 큰 값에서 작은 값을 뺀다.

$M=5\times1{,}000-10\times400=1{,}000\,\text{kgf}\cdot\text{mm}$

37. ③

제3각법의 도면 배열위치

- 정면도 : 화살표 방향에서 본 면
- 평면도 : 정면도 위에 도시
- 좌측면도 : 정면도 좌측에 도시
- 우측면도 : 정면도 우측에 도시

38. ①

① 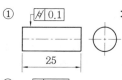 : 원통도를 표시, 길이 25 mm의 원기둥의 표면은 0.1 mm만큼 차이가 있는 2개의 동심 원기둥 사이에 들어 있어야 한다.

②  : 직각도를 표시한다.

③  : 진직도를 표시한다.

④ 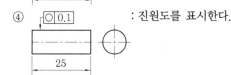 : 진원도를 표시한다.

39. ①

- 5 : 슬롯 너비 5 mm
- 6 : 용접 6개소
- 15 : 용접부의 길이 15 mm
- 25 : 피치 25 mm(인접한 용접부 간의 거리)

40. ①

용접이음에서 응력 계산

$$응력(\sigma) = \frac{하중(P)}{용접면적(tl)}$$

제3과목 : 자동제어

41. ③

근궤적이란 개루프 전달 함수의 이득정수 K를 0에서 ∞까지 변화시켰을 때의 특성방정식의 근의 이동 궤적을 말한다. 근궤적의 개수는 극점의 수와 같다. 여기서, 특성방정식이란 전달 함수의 분모를 0으로 놓은 방정식을 말한다.

(참고) 폐루프 시스템의 블록 선도가 그림과 같을 때 되먹임 신호는 $B(s) = H(s)C(s)$

개루프 전달 함수는 $\dfrac{B(s)}{E(s)} = G(s)H(s)$

앞먹임 전달 함수는 $\dfrac{C(s)}{E(s)} = G(s)$

폐루프 전달 함수는 $\dfrac{C(s)}{R(s)} = \dfrac{G(s)}{1+G(s)H(s)}$

42. ②

입력이 $i(t)$이고, 출력이 $v(t)$이므로

$$G(s) = \frac{\mathcal{L}[v(t)]}{\mathcal{L}[i(t)]} = \frac{\mathcal{L}\left[\dfrac{1}{C}\displaystyle\int i(t)dt\right]}{\mathcal{L}[i(t)]}$$

$$= \frac{\dfrac{1}{C}\dfrac{I(s)}{s}}{I(s)} = \frac{1}{Cs}$$

43. ②

$B = A + H_1 C - C$ ·················· ①

$C = G_1 B$

$B = \dfrac{C}{G_1}$ ·················· ②

식 ①의 B에 식 ②를 대입하면,

$$\frac{C}{G_1} = A - C + H_1 C$$

$$\frac{C}{G_1} + C - H_1 C = A$$

양변에 G_1을 곱하면,

$$C + G_1 C - G_1 H_1 C = G_1 A$$

$$(1 + G_1 - G_1 H_1)C = G_1 A$$

전달 함수를 구하면,

$$\frac{C}{A} = \frac{G_1}{1 + G_1 - G_1 H_1}$$

44. ③

- 비례(Proportion)동작(P) : 응답시간을 줄이는 효과가 있으며, 정상편차가 있는 경우에 적용한다. 비례대 Kp를 작게 하면, 진폭 감쇄비가 크게 되어 결국은 발산한다.
- 적분(Integral)동작(I) : 잔류편차는 제거되지만, 과도응답특성을 좋지 않게 한다. 적분시간(T_i)을 짧게 하면, 잔류편차를 줄이며 진폭감쇄비가 커진다. 따라서 정상상태 오차를 없애는데 사용한다.
- 미분(Differential)동작(D) : 미분시간(T_d)을 길게 하면

기준입력에 접근하는 속도가 빨라지고 현재치의 급변에 효과가 있다. 오버슈트, 과도응답특성을 향상시킨다.

45. ①

회로가 정전용량(C) 및 저항(R)으로 구성되는 경우 시정수 $\tau = RC$이다.

시스템이 주어진 변화에 얼마나 빨리 응답할 수 있는가를 나타내는 파라미터로서 얼마나 빨리 정상상태에 도달할 수 있는가를 가늠하는 척도 최종치의 63% 증가(또는 초기치의 37% 감소)하는 데 걸리는 시간이다.

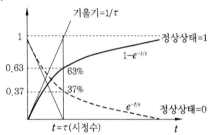

46. ④

1차 지연 요소의 보드 선도

전달 함수 $G(s) = \dfrac{1}{1+Ts}$

$$G(j\omega) = \frac{1}{1+j\omega T} = \frac{1}{1+\omega^2 T^2}(1-j\omega T)$$

이득 $g = 20\log \dfrac{1}{\sqrt{1+\omega^2 T^2}}$

$$= -10\log(1+\omega^2 T^2)$$

위상 $\theta = -\tan^{-1}\omega T$

47. ②

특성 방정식의 해를 구하면,

$s_1,\ s_2 = -\zeta\omega_n \pm j\omega_n\sqrt{1-\zeta^2}$ 이 된다.

$\zeta > 1$이면 $s_1,\ s_2 = -\zeta\omega_n \pm \omega_n\sqrt{\zeta^2-1}$ 이 되어 진동하지 않으면서 목표값에 도달한다.

$0 < \zeta < 1$이면 $s_1,\ s_2 = -\zeta\omega_n \pm j\omega_n\sqrt{1-\zeta^2}$ 이 되어 진동하면서 목표값에 도달한다.

$\zeta = 1$는 진동하지 않으면서 목표값에 도달하는 최소의 제동비이다. $\zeta = 1$인 경우의 제동을 임계제동이라고 한다.

48. ②

개회로 시스템
- 장점 : 간단하고 저가이다.
- 단점 : 여러 개의 외란 변수가 존재하는 경우에 대해 정확한 제어가 불가능하고 정확성면에서 떨어진다.

49. ④

자동창고 시스템의 구성요소
- 저장 랙(storage rack) : 하물을 저장하는 셀들로 구성
- 스태커 크레인(S/C) : 저장 및 불출 기계(S/R machine)
- 입출고 지점(I/O point)
- 컨베이어
- 지게차, 입출하 장비와 제어장치 및 컴퓨터

50. ①

자동 제어계의 정상상태 오차식

$r(t) = 1$ 스텝신호를 라플라스로 변환하면

$$R(s) = \frac{1}{s}$$

$$e_{ss} = \lim_{t\to\infty} e(t) = \lim_{s\to 0} sE(s) = \lim_{s\to 0} \frac{sR(s)}{1+G(s)}$$

$$e_{ss} = \lim_{s\to 0} \frac{s\cdot\dfrac{1}{s}}{1+\dfrac{s+2}{s^2}} = \lim_{s\to 0} \frac{s^2}{s^2+s+2}$$

$$= \lim_{s\to 0} \frac{0}{0+0+2} = 0$$

51. ①

파스칼의 원리 : 유체 내의 압력은 모든 부분에 똑같은 크기로 전달된다.

$$P = \frac{F_1}{A_1} = \frac{F_2}{A_2}$$

$$F_2 = F_1 \times \frac{A_2}{A_1} = 1 \times \frac{10}{2} = 5 \text{ N}$$

52. ③

- 상승 시간(rise time) tr : 신속성 척도
  - 일정한 정상상태 최종값의 10%에서 90%로 상승하여 도달할 때까지 소요 시간
- 정착 시간(settling time) ts : 빠른 안정화 척도
  - 최종값의 2% 또는 5% 이내에 들어가 머무르는 시

간, 제어 시스템이 허용오차 이내에 들어오는 데 걸리는 시간 척도
- 지연 시간(delay time) t_d
  - 최종값의 50%에 도달하는 시간
- 첨두값 시간(peak time) t_p
  - 처음으로 첨두값에 도달하기까지 걸리는 시간
- 최대 오버슈트(maximum overshoot) : 안정성 척도
  - 최종 정상 상태값과의 오차(제어 시스템의 상대 안정도의 척도)
- 정상상태 오차 e_{ss} : 정확도 척도
  - 과도응답이 소멸한 후에도 남게 되는 정상상태응답과의 오차

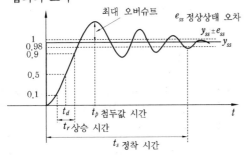

53. ④

h	g	f	e	d	c	b	a	FND
d7	d6	d5	d4	d3	d2	d1	d0	
0	1	0	1	1	0	1	1	2진수
5				B				Hex

54. ④

PLC에서 CPU의 자기진단 기능으로 발견되는 에러
- 연산에러(SFC 프로그램 포함)
- 확장명령 에러
- 퓨즈단선
- I/O 모듈 대조 에러
- 인텔리 모듈 프로그램 실행 에러
- 메모리 카드 액세스 에러
- 메모리 카드 조작 에러
- 외부전원 공급 OFF

55. ④

외부파일 포함(#include) :
#include 제어문 두 가지 형식 :
#include <파일명>
#include "파일명"

56. ④

$$C(s) = \{R(s) - C(s)\}G(s)$$
$$= R(s)G(s) - C(s)G(s)$$
$$C(s) + C(s)G(s) = R(s)G(s)$$
$$C(s)1 + G(s) = R(s)G(s)$$
$$\frac{C(s)}{R(s)} = \frac{G(s)}{1 + G(s)}$$

57. ③

공압 유닛기호

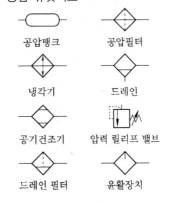

58. ②

- 연속의 법칙 : 유체가 관을 통해 흐른다면 입구에서 단위 시간당 들어가는 유체의 질량과 출구를 통해 나가는 유체의 질량은 같다.
- 파스칼의 원리 : 유체압력 전달 원리라 불리기도 하며 밀폐된 용기 속의 비압축성 유체의 어느 한 부분에 가해진 압력의 변화가 유체의 다른 부분에 그대로 전달된다는 원리이다.
- 베르누이의 정리 : 유체 흐름에 대한 기본 관계식으로 "유체의 속도가 높은 곳에서는 압력이 낮고, 유체의 속도가 낮은 곳에서는 압력이 높다"이다.
- 벤투리관의 원리 : 벤투리관이란 배관의 굵기가 서서히 축소되었다가 확대되는 관을 말하며 유체가 규칙적으로 벤투리관을 통해 흐르는 경우 배관의 통로가 넓은 곳에서는 압력이 높고 유체의 흐름속도는 느리다.

59. ④

PI 제어기 전달 함수
$$K(s) = K_p \left(1 + \frac{1}{T_i s}\right)$$

적분시간 $T_i = 5$, 비례상수 $K_p = 3$

$$K(s) = 3\left(1 + \frac{1}{5s}\right) = \frac{15s + 3}{5s}$$

60. ②

	시퀀스 제어	PLC 제어
제어 방식	하드 로직	소프트 로직

제어
기능
	릴레이(접점),
	타이머,
	카운터
		• 릴레이(AND, OR, NOT)
		• 업/다운 카운터
		• 쉬프트 레지스터
		• 간단한 가감산
		  (고기능, 대규모의
		  제어를 소형으로 실현)
		  (기능은 한정적이고,
		  규모에 따라 대형화)

제어 요소	유접점	무접점
제어 변경	배선 변경	프로그램 변경
시스템의 특징	독립된 제어 장치	• 시스템의 확장이 용이 • 컴퓨터와의 연결 가능

제4과목 : 메카트로닉스

61. ①

드 모르간의 법칙
$\overline{A \cdot B} = \overline{A} + \overline{B}$ 를 이용한다.

$$\overline{\overline{(A \cdot B)} \cdot \overline{(C \cdot D)}} = \overline{\overline{(A \cdot B)} + \overline{(C \cdot D)}}$$
$$= (A \cdot B) + (C \cdot D)$$

62. ③

그림에서 A와 B가 입력신호이고 Y가 출력신호이다. 그림과 같은 공압회로의 진리표는 다음과 같이 된다. 이것은 OR 논리와 반대이므로 NOR 논리라고 한다.

A	B	Y
0	0	1
0	1	0
1	0	0
1	1	0

63. ②

스택 메모리는 후입선출(last in first out) 방식이다. 후입선출은 영문자의 첫 글자를 따서 LIFO로 나타낸다.

64. ②

콘덴서를 직렬로 연결하면 용량이 작아진다. 콘덴서를 직렬 연결하는 경우의 합성 정전 용량(C)은 다음과 같다.

$$\frac{1}{C} = \frac{1}{C_1} + \frac{1}{C_2} + \frac{1}{C_3} + \cdots$$

콘덴서를 병렬 연결하는 경우의 합성 정전 용량(C)은 다음과 같다.

$$C = C_1 + C_2 + C_3 + \cdots$$

65. ②

서미스터의 온도 측정값은 아날로그 신호이고 마이크로컴퓨터는 디지털 신호로 메모리에 저장하므로 A-D 변환기가 필요하다.

66. ①

$P = \dfrac{V^2}{R}$ 이므로 저항이 일정하다면 전력은 전압의 제곱에 비례한다. 이 저항에 정격의 90% 전압이 가해졌다면 소비전력은 다음과 같다.

$$P = \frac{(0.9V)^2}{R} = 0.81\frac{V^2}{R} \text{ 이 되므로}$$
$$P = 0.81 \times 600 = 486 \text{ W이다.}$$

67. ②

회전체이므로 다이얼 게이지의 측정치는 공작물 편심량의 2배가 된다.

$$\therefore \text{편심량} = \frac{4}{2} = 2 \text{ mm}$$

68. ③

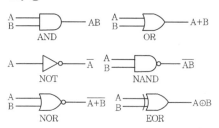

69. ②

서보전동기의 종류와 특징

분류	종류	장점	단점
DC	DC 서보 전동기	• 기동 토크가 크다. • 크기에 비해 큰 토크 발생한다. • 효율이 높다. • 제어성이 높다. • 속도제어 범위가 넓다. • 비교적 가격이 싸다.	• 브러시 마찰로 기계적 손상이 크다. • 브러시의 보수가 필요하다. • 접촉부의 신뢰성이 떨어진다. • 브러시에 의해 노이즈가 발생한다. • 정류 한계가 있다. • 사용 환경에 제한이 있다. • 방열이 나쁘다.
AC	동기형 서보 전동기	• 브러시가 없어 보수가 용이하다. • 내 환경성이 높다. • 정류에 한계가 없다. • 신뢰성이 높다. • 고속, 고 토크 이용 가능하다. • 방열이 좋다.	• 시스템이 복잡하고 고가이다. • 전기적 시정수가 크다. • 회전 검출기가 필요하다.
AC	유도형 서보 전동기	• 브러시가 없어 보수가 용이하다. • 내환경성이 좋다. • 정류에 한계가 없다. • 자석을 사용하지 않는다. • 고속, 고 토크 이용 가능하다. • 방열이 좋다. • 회전 검출기가 불필요하다.	• 시스템이 복잡하고 고가이다. • 전기적 시정수가 크다.

70. ④

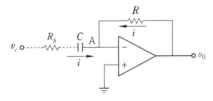

• 높은 진동수의 잡음신호가 크게 증폭될 수 있다.
• 이를 방지하기 위해 축전기에 저항을 직렬로 연결하기도 한다.

71. ①

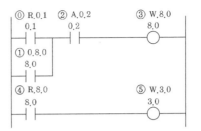

래더 다이어그램에서 병렬 연결은 OR 연산이며 직렬연결은 AND 연산에 해당한다.

72. ②

A/D 변환기 종류와 특징
• 병렬 비교형 : 아날로그 입력이 병렬 비교기들에 의해서 레벨이 비교되어 4비트의 2진수로 동시에 부호화되어 출력된다.
• 2중 경사 적분형 : 적분기, 제어회로, 클럭, 비교기, 출력 카운터로 구성된다. 이 변환기는 입력 신호에 비례하는 펄스수를 카운트함으로써 변환, 정밀도 측정에 유리하다.
• 축차 비교(근사)형 : 변환의 신뢰성이 높고, 단조성 및 고속 변환이 가능하기 때문에 컴퓨터 주변 회로의 데이터 변환 시스템의 대부분에 이용
• 계단형 A/D변환기
• 전압-주파수 : 이 변환기의 최대 장점은 입력 신호가 적분기에 의해 적분되기 때문에 잡음에 대해서 아주 강하다. 반면에 변환 사이클수가 높지 않기 때문에 속도가 늦은 단점이 있다.
• 램프 A/D 변환기 : 이 변환기의 특징은 회로가 간단하다. 속도는 전압-주파수 변환기보다 약간 빠르다.

73. ①

• 면판(face plate) : 선반에서 척에 고정할 수 없는 불규칙하거나 대형의 가공물 또는 복잡한 가공물을 고정할 때 사용된다.
• 센터(center) : 선반에서 가공물을 고정할 때 주축 또는 심압축에 설치한다.
• 돌림판(driving plate) : 척을 선반에서 떼어내고 센터로 지지하기가 곤란할 때 주축의 회전력을 가공물에 전달하기 위하여 돌리개(dog)와 함께 사용된다.
• 방진구(work rest) : 선반에서 가늘고 긴 가공물을 절삭할 때 진동을 방지하기 위하여 베드(bed)나 왕복대 새들에 설치하여 사용한다.

74. ①

$$V_o = -\frac{R_f}{R_1}(V_1 + V_2 + V_3)$$
$$= -(02 + 0.2 + 0.2)$$
$$= -0.6$$

75. ①

AB0~7의 입력을 받아서 AND 게이트를 거쳐 PA 출력이 나온다.

AB1, AB2, AB4, AB5, AB6은 NOT 게이트가 있기 때문에 입력값이 반전되게 된다.

입력	AB7	AB6	AB5	AB4	AB3	AB2	AB1	AB0
값	1	0	0	0	1	0	0	1
16진수	8				9			

76. ①

연산장치(ALU, Arithmetic and Logicl Unit)
1. 내부장치
- 가산기(adder) : 산술연산을 수행하는 회로, 두 개 이상의 수의 합을 계산하는 논리회로
- 보수기(complementer) : 뺄셈을 사용할 때 사용하는 보수를 만들어주는 논리회로
- 시프터(shifter) : 2진수의 각 자리를 왼쪽 또는 오른쪽으로 이동해주는 회로
- 오버플로(overflow) 검출기 : 산술기의 결과가 해당 레지스터의 용량을 초과했을 때를 검출해주는 회로
2. 레지스터(Register)
- 누산기(accumulator) : 산술과 논리연산의 중간값을 임시적으로 보관하기 위한 레지스터
- 저장 레지스터(storage register) : 주기억 장치로 보내는 데이터를 임시적으로 저장하는 레지스터
- 데이터 레지스터(data register) : 연산을 위한 데이터를 일시적으로 기억하는 레지스터
- 상태 레지스터(status register) : 산술과 논리 연산의 결과로 나오는 캐리, 부호, 오버플로 등의 상태를 기억하는 레지스터
- 인덱스 레지스터(index register) : 명령 주소를 수정하거나 색인 주소를 지정할 때 사용하는 레지스터
- 부동소수점 레지스터(floating point register) : 부동소수점 연산에 사용되는 레지스터

77. ①

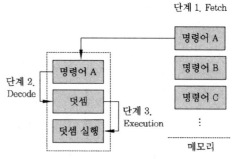

단계 1. Fetch

- Fetch : 메모리에 저장된 명령어를 레지스터로 복사
- Decode : 레지스터의 명령어를 기계어로 번역
- Execution : 기계어로 번역된 명령어 실행

78. ③

- 포트 2번 : 풀업저항 4.7k를 연결해서 입력이 1이 된다.
- 포트 1번 : 풀업저항 4.7k가 병렬로 2개 연결되므로 2.35k가 연결되기에 입력이 0이 된다.

79. ③

직렬회로이므로 전체를 먼저 계산하여 각단의 전압강하를 계산한다.

전체 전류 $I_T = \dfrac{V}{R_T} = \dfrac{90}{30} = 3$ A

$V_2 = I_T \times R_2 = 3 \times 15 = 45$ V

80. ③

- 전압강하 : 전압강하는 전압이 저항을 만나면 전압이 작아지는데 이를 전압강하라고 한다. 전압강하는 전압의 강하기를 말하는 것이다.
- 전위장벽 : pn 접합을 사이에 두고 공핍 영역 양쪽 경계의 전위차(potential difference)는 전자가 전계를 가로질러 움직이는 데 필요한 에너지양과 같다. 이 전위차를 장벽 전위(barrier potential)라고 하며 voltage 단위로 나타낸다.
- 항복전압 : 다이오드 또는 트랜지스터가 파괴되기 전 견딜 수 있는 역방향 전압의 한계이다.

과년도 출제문제 해설
생산자동화산업기사 필기 2000제

2020년 3월 10일 인쇄
2020년 3월 15일 발행

저 자 : 이학재
펴낸이 : 이정일

펴낸곳 : 도서출판 **일진사**
www.iljinsa.com
(우) 04317 서울시 용산구 효창원로 64길 6
전화 : 704-1616 / 팩스 : 715-3536
등록 : 제1979-000009호 (1979.4.2)

값 16,000 원

ISBN : 978-89-429-1618-4